普通高等院校安全工程专业"十二五"

化工安全

主 编 刘秀玉
副主编 朱明新 王文和

国防工业出版社
·北京·

内 容 简 介

本书从化学品安全基础、化工泄漏及其控制、燃烧与爆炸理论、防火防爆技术、化工厂安全设计、典型的化工反应过程安全、典型化工操作过程安全技术、化工事故应急救援等9个方面进行了阐述。内容系统,既注重理论知识的传授,也注重将化工安全的基本理论和分析方法与化工生产中的具体问题相结合。

本书可作为高等院校安全工程、化学工程专业本科教材,同时也可作为从事化学工业、石油化学工业的生产、储运、科研、设计、安全、监察等专业人员和管理人员的参考书。

图书在版编目(CIP)数据

化工安全/刘秀玉主编. --北京:国防工业出版社, 2013.1

普通高等院校安全工程专业"十二五"规划教材
ISBN 978-7-118-08505-1

Ⅰ.①化… Ⅱ.①刘… Ⅲ.①化工安全—高等教育—教材 Ⅳ.①TQ086

中国版本图书馆 CIP 数据核字(2012)第 263931 号

※

国防工业出版社出版发行
(北京市海淀区紫竹院南路 23 号　邮政编码 100048)
涿中印刷厂印刷
新华书店经售

*

开本 787×1092　1/16　印张 16¾　字数 405 千字
2013 年 1 月第 1 版第 1 次印刷　印数 1—4000 册　定价 34.00 元

(本书如有印装错误,我社负责调换)

国防书店:(010)88540777　　　发行邮购:(010)88540776
发行传真:(010)88540755　　　发行业务:(010)88540717

普通高等院校安全工程专业"十二五"规划教材
编 委 会 名 单
(按姓氏笔画排序)

门玉明	长安大学
王　志	沈阳航空航天大学
王文和	重庆科技学院
王洪德	大连交通大学
尤　飞	南京工业大学
申世飞	清华大学
田　宏	沈阳航空航天大学
司　鹄	重庆大学
伍爱友	湖南科技大学
刘秀玉	安徽工业大学
刘敦文	中南大学
余明高	河南理工大学
陈阮江	中南大学
袁东升	河南理工大学
梁开武	重庆科技学院
景国勋	河南理工大学
蔡　芸	中国人民武装警察部队学院

前　言

我国是化学品生产和使用大国,化工行业在国民经济中发挥着越来越重要的作用。然而,由于化工生产过程涉及的化学品绝大多数为易燃、易爆、有毒、腐蚀性强的物质,危险化学品数量多,生产工艺要求苛刻,生产装置的大型化、连续化和自动化,极易发生破坏性很大的事故,严重威胁职工的生命和国家财产安全。因此,安全问题在化工生产过程中占据着非常重要的位置。

本书考虑到化学工业的主要危险是火灾、爆炸和有毒有害,首先,从危险源出发,介绍了化学品的分类和危险特性,重点阐述了化工泄漏、扩散模式及泄漏控制措施;其次,从火灾、爆炸两类事故发生的机理出发,阐述了燃烧、爆炸的基本概念及其发生机理,并介绍了防火防爆的技术措施;最后,从化工厂的建厂、生产以及管理为线,重点阐述了化工厂安全设计、典型化工反应过程安全技术、典型化工操作过程的安全技术以及化工应急救援等内容。希望读者通过学习能在今后的工程设计、技术开发、科学研究和生产管理中,运用这些知识分析、评价和控制危险,促进化学工业的发展和生产顺利进行。

本书旨在为高等院校安全工程、化学工程专业本科生提供系统性较强的教材,同时也可作为从事化学工业、石油化学工业的生产、储运、科研、设计、安全、监察等专业人员和管理人员的参考书。

本书由安徽工业大学刘秀玉(第1、3、7章)、张浩(第6章)、常州大学汪巍(第2章)、沈阳航空航天大学王若菌(第5、8章)、南京工业大学朱明新(第4章、9.1节、9.2节)、重庆科技学院王文和(9.3节)等同志编写,刘秀玉同志负责统稿。在本书的编写过程中,作者参阅并引用了大量文献资料,在此对原著作者表示感谢。

由于作者水平有限,书中内容不当之处在所难免,敬请各位专家、读者批评指正。

编　者

2012 年 11 月

目　录

第1章　绪论 … 1

1.1　化学工业的发展与对安全的新要求 … 1
1.1.1　化学工业的发展 … 1
1.1.2　化学工业生产的特点 … 2
1.1.3　化学工业生产的危险因素 … 4
1.1.4　化学工业发展对安全的新要求 … 6

1.2　化学工业安全理论和技术的发展动向 … 7
1.2.1　化学工业危险性评价和安全工程概述 … 7
1.2.2　安全系统工程的开发和应用 … 9
1.2.3　人机工程学、劳动心理学和人体测量学的应用 … 9
1.2.4　化学工业安全技术的新进展 … 10

1.3　化学工业事故的预防和控制 … 11
1.3.1　化学工业事故分类 … 11
1.3.2　化学工业事故特点 … 11
1.3.3　化学工业安全事故的预防和控制原则 … 12
1.3.4　化学工业安全生产的技术措施 … 13

思考题 … 14

第2章　化学品安全基础 … 15

2.1　化学品分类 … 15
2.1.1　《全球化学品统一分类和标签制度》 … 15
2.1.2　《化学品分类和危险性公示通则》 … 16

2.2　化学品的危险特性 … 18
2.2.1　爆炸物的危险特性 … 18
2.2.2　易燃气体的危险特性 … 20
2.2.3　易燃气溶胶的危险特性 … 21
2.2.4　氧化性气体的危险特性 … 21
2.2.5　压力下气体的危险特性 … 22
2.2.6　易燃液体的危险特性 … 24
2.2.7　易燃固体的危险特性 … 26
2.2.8　自反应物质或混合物的危险特性 … 27
2.2.9　自燃液体的危险特性 … 28

  2.2.10 自燃固体的危险特性 … 28
  2.2.11 自热物质和混合物的危险特性 … 29
  2.2.12 遇水放出易燃气体的物质或混合物的危险特性 … 29
  2.2.13 氧化性液体的危险特性 … 30
  2.2.14 氧化性固体的危险特性 … 30
  2.2.15 有机过氧化物的危险特性 … 30
  2.2.16 金属腐蚀剂的危险特性 … 30
 2.3 化学品安全基础 … 31
  2.3.1 危险化学品的安全储存 … 31
  2.3.2 危险化学品的安全运输 … 34
  2.3.3 危险化学品的安全包装 … 35
  2.3.4 危险化学品安全信息 … 37
 思考题 … 37

第3章 化工泄漏及其控制 … 38

 3.1 化工泄漏情况分析 … 38
  3.1.1 化工泄漏的危害 … 38
  3.1.2 常见的泄漏源 … 39
  3.1.3 化工泄漏的主要设备 … 40
  3.1.4 造成泄漏的主要原因 … 40
 3.2 泄漏量计算 … 41
  3.2.1 液体经小孔泄漏的源模式 … 41
  3.2.2 储罐中液体经小孔泄漏的源模式 … 43
  3.2.3 液体经管道泄漏的源模式 … 45
  3.2.4 气体或蒸气经小孔泄漏的源模式 … 50
  3.2.5 闪蒸液体的泄漏源模式 … 52
  3.2.6 易挥发液体蒸发的源模式 … 56
 3.3 泄漏后物质扩散方式及扩散模型 … 57
  3.3.1 物质扩散方式及影响因素 … 57
  3.3.2 湍流扩散微分方程与扩散模型 … 60
  3.3.3 Pasquill-Gifford模型 … 65
 3.4 化工泄漏控制 … 72
  3.4.1 化工泄漏控制的原则 … 72
  3.4.2 化工泄漏的检测技术 … 73
  3.4.3 化工泄漏的预防 … 77
  3.4.4 化工泄漏应急处理 … 80
 思考题 … 81

第4章 燃烧与爆炸理论 … 83

 4.1 燃烧及燃烧条件 … 83

  4.1.1 燃烧的定义及本质 …………………………………………… 83
  4.1.2 燃烧的条件 ………………………………………………… 84
 4.2 燃烧形式及过程 …………………………………………………… 85
  4.2.1 气体燃烧 …………………………………………………… 85
  4.2.2 液体燃烧 …………………………………………………… 86
  4.2.3 固体燃烧 …………………………………………………… 86
  4.2.4 完全燃烧和不完全燃烧 …………………………………… 87
 4.3 闪点、燃点与自燃点 ……………………………………………… 87
  4.3.1 闪燃和闪点 ………………………………………………… 87
  4.3.2 点燃与燃点 ………………………………………………… 89
  4.3.3 自燃与自燃点 ……………………………………………… 89
 4.4 燃烧理论 …………………………………………………………… 91
  4.4.1 活化能理论 ………………………………………………… 91
  4.4.2 过氧化理论 ………………………………………………… 92
  4.4.3 连锁反应理论 ……………………………………………… 92
 4.5 燃烧速度及燃烧温度 ……………………………………………… 94
  4.5.1 气体燃烧速度 ……………………………………………… 94
  4.5.2 液体燃烧速度 ……………………………………………… 95
  4.5.3 固体物质的燃烧速度 ……………………………………… 95
  4.5.4 燃烧热及热值 ……………………………………………… 96
  4.5.5 燃烧温度 …………………………………………………… 96
 4.6 爆炸及其分类 ……………………………………………………… 97
  4.6.1 爆炸的概念及其特征 ……………………………………… 97
  4.6.2 爆炸的破坏作用 …………………………………………… 97
  4.6.3 爆炸的分类 ………………………………………………… 98
  4.6.4 常见爆炸基本概念 ………………………………………… 99
 4.7 爆炸极限及计算 …………………………………………………… 101
  4.7.1 爆炸极限 …………………………………………………… 101
  4.7.2 爆炸极限的影响因素 ……………………………………… 101
  4.7.3 爆炸极限的计算 …………………………………………… 104
 4.8 粉尘爆炸 …………………………………………………………… 107
  4.8.1 粉尘基础知识 ……………………………………………… 107
  4.8.2 粉尘爆炸的条件 …………………………………………… 108
  4.8.3 粉尘爆炸的机理 …………………………………………… 110
  4.8.4 粉尘爆炸的影响因素 ……………………………………… 112
  4.8.5 粉尘爆炸基本参数及其实验测量方法 …………………… 113
 4.9 爆温、爆压与爆强 ………………………………………………… 120
  4.9.1 爆炸温度和压力 …………………………………………… 120
  4.9.2 爆炸强度 …………………………………………………… 122
思考题 …………………………………………………………………… 126

第5章 防火防爆技术 ... 127

5.1 火灾爆炸事故物质条件的排除 ... 127
- 5.1.1 取代或控制用量 ... 127
- 5.1.2 惰性化处理 ... 128
- 5.1.3 工艺参数的安全控制 ... 129
- 5.1.4 防止泄漏 ... 131
- 5.1.5 通风排气 ... 132
- 5.1.6 气体检测与报警 ... 132

5.2 防明火与高温表面 ... 133
- 5.2.1 明火 ... 133
- 5.2.2 高温表面 ... 135

5.3 消除摩擦与撞击 ... 135
- 5.3.1 摩擦、撞击及其危害 ... 135
- 5.3.2 不发火地面 ... 135

5.4 防止电气火花 ... 136
- 5.4.1 电火花与电弧 ... 136
- 5.4.2 爆炸危险场所危险区域划定 ... 136
- 5.4.3 电气防爆的原理 ... 138
- 5.4.4 防爆电气设备分类、特性及选型 ... 139

5.5 防静电 ... 144
- 5.5.1 静电的产生 ... 144
- 5.5.2 静电的危害 ... 145
- 5.5.3 预防和控制静电危害的技术措施 ... 145

5.6 防雷击 ... 148
- 5.6.1 雷电的产生、分类及危害 ... 148
- 5.6.2 防雷装置 ... 149
- 5.6.3 防雷设计有关规定 ... 150
- 5.6.4 化工储罐区防雷措施 ... 150

思考题 ... 151

第6章 化工厂安全设计 ... 152

6.1 厂区布局安全设计 ... 153
- 6.1.1 厂址的选择 ... 153
- 6.1.2 工厂总平面的安全布局 ... 156
- 6.1.3 建筑设计 ... 161

6.2 化工工艺安全设计 ... 167
- 6.2.1 确定生产技术路线的原则 ... 168
- 6.2.2 工艺流程图 ... 168
- 6.2.3 管线配置图 ... 169

6.2.4　工艺装置的安全要求 …………………………………………………… 169
　　　6.2.5　过程物料的安全分析 …………………………………………………… 174
　　　6.2.6　过程路线的选择 ………………………………………………………… 177
　　　6.2.7　工艺设计安全校核 ……………………………………………………… 178
　6.3　化工单元区域的安全规划 ……………………………………………………… 180
　　　6.3.1　化工单元区域的规划 …………………………………………………… 180
　　　6.3.2　化工单元区域的管线配置 ……………………………………………… 182
　　　6.3.3　化工单元装置和设施的安全设计 ……………………………………… 184
　　　6.3.4　公用工程设施安全 ……………………………………………………… 184
　思考题 …………………………………………………………………………………… 189

第7章　典型的化工反应过程安全 ……………………………………………………… 190
　7.1　氧化(过氧化)反应 ……………………………………………………………… 190
　　　7.1.1　氧化反应的含义 ………………………………………………………… 190
　　　7.1.2　氧化反应的安全技术要点 ……………………………………………… 190
　7.2　还原反应 ………………………………………………………………………… 191
　7.3　硝化反应 ………………………………………………………………………… 193
　　　7.3.1　硝化及硝化产物 ………………………………………………………… 193
　　　7.3.2　混酸制备的安全 ………………………………………………………… 193
　　　7.3.3　硝化器 …………………………………………………………………… 194
　　　7.3.4　硝化过程安全技术 ……………………………………………………… 194
　7.4　氯化反应 ………………………………………………………………………… 195
　7.5　催化反应 ………………………………………………………………………… 196
　　　7.5.1　催化过程的安全技术 …………………………………………………… 196
　　　7.5.2　催化重整 ………………………………………………………………… 197
　　　7.5.3　催化加氢 ………………………………………………………………… 198
　7.6　裂解反应 ………………………………………………………………………… 198
　　　7.6.1　热裂解 …………………………………………………………………… 199
　　　7.6.2　催化裂解 ………………………………………………………………… 199
　　　7.6.3　加氢裂解 ………………………………………………………………… 201
　7.7　聚合反应 ………………………………………………………………………… 201
　　　7.7.1　高压下乙烯聚合 ………………………………………………………… 202
　　　7.7.2　氯乙烯聚合 ……………………………………………………………… 203
　7.8　电解反应 ………………………………………………………………………… 205
　　　7.8.1　电解过程 ………………………………………………………………… 205
　　　7.8.2　离子膜电解食盐生产氯碱工艺 ………………………………………… 206
　　　7.8.3　电解槽 …………………………………………………………………… 206
　7.9　磺化、烷基化和重氮化反应 …………………………………………………… 207
　　　7.9.1　磺化 ……………………………………………………………………… 207
　　　7.9.2　烷基化 …………………………………………………………………… 207

  7.9.3 重氮化 ··············· 208
 思考题 ··············· 208

第8章 典型化工操作过程安全技术 ··············· 209

 8.1 加热操作 ··············· 209
  8.1.1 加热操作过程的危险性分析 ··············· 209
  8.1.2 加热操作过程安全技术 ··············· 209
 8.2 冷却、冷凝和冷冻操作 ··············· 210
  8.2.1 冷却与冷凝 ··············· 210
  8.2.2 冷冻 ··············· 210
  8.2.3 冷却、冷凝操作过程的安全技术 ··············· 211
  8.2.4 冷冻操作过程的安全技术 ··············· 211
 8.3 筛分、过滤操作 ··············· 212
  8.3.1 筛分 ··············· 212
  8.3.2 过滤 ··············· 213
  8.3.3 筛分、过滤操作过程的危险性分析和安全技术 ··············· 214
 8.4 粉碎、混合操作 ··············· 215
  8.4.1 粉碎 ··············· 215
  8.4.2 混合 ··············· 215
  8.4.3 粉碎、混合操作过程危险性分析和安全技术 ··············· 216
 8.5 熔融、干燥操作 ··············· 218
  8.5.1 熔融 ··············· 218
  8.5.2 干燥 ··············· 218
  8.5.3 干燥操作过程危险性和安全技术 ··············· 218
 8.6 蒸发、蒸馏操作 ··············· 219
  8.6.1 蒸发 ··············· 219
  8.6.2 蒸馏 ··············· 219
  8.6.3 蒸发和蒸馏操作过程安全技术 ··············· 220
 8.7 吸收、萃取操作 ··············· 221
  8.7.1 吸收 ··············· 221
  8.7.2 萃取及其操作过程的危险性分析 ··············· 222
  8.7.3 吸收操作过程危险性分析 ··············· 222
  8.7.4 吸收操作过程安全技术 ··············· 222
 8.8 输送操作 ··············· 223
  8.8.1 液体输送 ··············· 223
  8.8.2 固体输送 ··············· 225
  8.8.3 气体输送 ··············· 225
 思考题 ··············· 226

第 9 章 化工事故应急救援 227

9.1 应急救援系统概述 227
9.1.1 事故应急救援的概念及意义 227
9.1.2 相关的技术术语 228
9.1.3 应急救援系统的组成 228
9.1.4 应急救援系统的运作程序 230

9.2 化工事故应急救援预案 232
9.2.1 应急救援预案编制概述 232
9.2.2 应急救援预案类型与内容的确定 233
9.2.3 事故应急救援预案的编写 237

9.3 化工事故应急救援行动 241
9.3.1 应急设备与资源 241
9.3.2 应急救援行动的一般程序与评估程序 242
9.3.3 通知和通信联络程序 245
9.3.4 现场应急对策的确定和执行 246

思考题 253

第 1 章 绪 论

化学工业是国民经济的重要支柱产业,经济的快速发展对化工产品的需求及种类、数量与日俱增,现代社会已经离不开化工生产。进入 21 世纪以来,我国化学工业取得了长足的进展。但化学工业生产的危险性高、污染重等特点也越来越被政府和公众所关注。本章就化学工业的发展、生产特点及对安全的新要求、化学工业安全理论和技术的发展、化学工业事故的预防与控制等做简要介绍。

1.1 化学工业的发展与对安全的新要求

1.1.1 化学工业的发展

现代化学工业始于 18 世纪的法国,随后传入英国。19 世纪,以煤为基础原料的有机化学工业在德国迅速发展起来。但那时的煤化学工业按其规模并不十分巨大,主要着眼于各种化学产品的开发,所以当时化工过程开发主要是由工业化学家率领、机械工程师参加进行的。技术人员的专业也是按其从事的产品生产分类的,如染料、化肥、炸药等。直到 19 世纪末,化学工业萌芽阶段的工程问题,都是采用化学(家)加机械(工程师)的方式解决的。

现代化学工业的发展时期是在美国开始的。19 世纪末 20 世纪初,石油的开采和大规模石油炼厂的兴建为石油化学工业的发展和化学工程技术的产生奠定了基础。与以煤为基础原料的煤化学工业相比,炼油业的化学背景不那么复杂多样化,因此有可能也有必要进行工业过程本身的研究,以适应大规模生产的需要。这就是在美国产生以"单元操作"为主要标志的现代化学工业的背景。

1888 年,美国麻省理工学院开设了世界上最早的化学工程专业,接着,宾夕法尼亚大学、土伦大学和密执安大学也先后设置了化学工程专业。这个时期化学工程教育的基本内容是工业化学和机械工程。1915 年 12 月麻省理工学院一个委员会的委员 A. D. LittIe 首次正式提出了单元操作的概念。20 世纪 20 年代石油化学工业的崛起推动了各种单元操作的研究。

由于单元操作的发展,20 世纪 30 年代以后,化学机械从纯机械时代进入以单元操作为基础的化工机械时期。20 世纪 40 年代,因战争需要,三项重大开发同时在美国出现。这三项重大开发是流化床催化裂化制取高级航空燃料油、丁苯橡胶的乳液聚合以及制造首批原子弹的曼哈顿工程。前两者是用 20 世纪 30 年代逐级放大的方法完成的,放大比例一般不超过 50:1。但曼哈顿工程由于时间紧迫和放射性的危害,必须采用较高的放大比例,达 1000:1 或更高一些。这就要求依靠更加坚实的理论基础,以更加严谨的数学形式表达单元操作的理论。

曼哈顿工程的成功大大促进了单元操作在化学工业中的应用。20 世纪 50 年代中期提出了传递过程原理,把化学工业中的单元操作进一步解析为三种基本操作过程,即动量传递、热量传递和质量传递以及三者之间的联系。同时在反应过程中把化学反应与上述三种传递过程一并研究,用数学模型描述过程。连同电子计算机的应用以及化工系统工程学的兴起,使得化学工业发展进入更加理性、更加科学化的时期。

20世纪60年代初,新型高效催化剂的发明,新型高级装置材料的出现,以及大型离心压缩机的研究成功,开始了化工装置大型化的进程,把化学工业推向一个新的高度。此后,化学工业过程开发周期已能缩短至4年~5年,放大倍数达500倍~20000倍。

化学工业过程开发是指把化学实验室的研究结果转变为工业化生产的全过程。它包括实验室研究、模试、中试、设计、技术经济评价和试生产等许多内容。过程开发的核心内容是放大。由于化学工程基础研究的进展和放大经验的积累,特别是化学反应工程理论的迅速发展,使得过程开发能够按照科学的方法进行。中间试验不再是盲目地、逐级地,而是有目的地进行。化学工业过程开发的一个重要进展是,可以用电子计算机进行数学模拟放大。中间试验不再像过去那样只是收集或产生关联数据的场所,而是检验数学模型和设计计算结果的场所。现代化学工业过程开发可以概括为:

(1) 利用现有的情报资料、技术数据、同类过程的成熟经验、小试或模试的实验结果和化学化工知识,把化学工业过程抽象为理论模型。

(2) 进行工业装置的概念设计,并根据概念设计相似缩小为中试装置。

(3) 比较电子计算机的数学模拟和中试结果,反复比较,不断修正数学模型,使其达到一定精度,用于放大设计。

目前化学工业开发的趋势是,不一定进行全流程的中间试验,对一些非关键设备和很有把握的过程不必试验,有些则可以用计算机在线模拟和控制来代替。

现代的技术进步一日千里。20世纪最后几十年的发明和发现,比过去两千年的总和还要多。化学工业也是如此。在这几十年中,化学工业在世界范围取得了长足进展。化学工业在很大程度上满足了农业对化肥和农药的需要。随着化学工业的发展,天然纤维已丧失了传统的主宰地位,人类对纤维的需要有近2/3是由合成纤维提供的。塑料和合成橡胶渗透到国民经济的所有部门,在材料工业中已占据主导地位。医药合成不仅在数量上而且在品种和质量上都有了较大发展。化学工业的发展速度已显著超过国民经济的平均发展速度,化工产值在国民生产总值中所占的比例不断增加,其他工业部门对化学工业的依赖程度越来越大,化学工业已发展成为国民经济的支柱产业和发展高技术的基石。

20世纪70年代后,随着化学工业的大发展,现代化学工程技术渗入到了各个加工领域,生产技术面貌发生了显著变化。同时,化学工业也面临来自能源、原料和环保三大方面的挑战,进入一个既有挑战又有重大机遇的发展阶段。

在原料、能源供应日趋紧张和环境保护压力的条件下,化学工业正在通过技术进步尽量提高其对原料的利用和减少其对能源的消耗;为了满足整个社会日益增长的能源需求,化学工业正在努力提供新的技术手段,用化学的方法为人类提供多种途径的新能源;为了自身的发展,化学工业正在开辟新的原料来源,为以后的发展奠定丰富的原料基础;随着电子计算机的发展和应用,化学工业正在进入高度自动化的阶段;一些高新技术,如激光、模拟酶的应用,正在使化学工业生产的效率显著提高,技术面貌发生根本性的变化;由于有了更新的技术手段,化学工业对环境的污染进一步得到控制,而且也为其他行业的环境保护发挥作用,并将为改善人类的生存条件做出新的贡献。

1.1.2 化学工业生产的特点

化工行业生产工艺的特殊性,决定了化工生产具有很多不同于其他工业生产的特点。

1. 生产装置密集

化工行业的生产过程通常是在由多种设备连接而成的整套装置中进行的。整套装置包括主体反应设备、罐类、管路、阀件、泵类、仪表等元件。多数化工产品的生产流程较长,工序较多、较繁杂,因此,需要通过多组管路将单个设备紧凑有序地连接成整套的生产装置,并通过若干的化工单元操作,得到目标产品。对于精细化工行业来说,其生产特点是化工产品品种多、更新换代快,批量小,因此,化工生产,特别是精细化学品的生产,往往采用多功能模式的生产装置,涵盖能满足多品种综合生产所需要的工艺流程,以降低制造成本,并尽可能缩短新产品的上市周期,从而能使设备利用的潜在能力得以充分的发挥,显著提高经济效益。

2. 知识和技术密集

化工产品的生产是综合性较强的技术密集型的生产过程。一个化工产品的研究开发,要经过市场调研、工艺路线探索、工艺开发、风险研究、工程化放大、工业化生产、应用研究、市场开发、甚至技术服务等各个方面的全面考虑和具体实施。这不仅需要解决一系列的化工技术难题,还渗透着多领域多行业的技术和知识,包括多领域的经验和手段。化工产品种类繁多,新的产品不断出现,更新换代快,需要不断进行新产品的技术开发和应用开发,所以研究开发费用很大。例如:医药的研究经费,常常需要占药品销售额的8%～10%,这就导致了较强的技术垄断性。随着科学技术的不断发展和技术进步,化工生产正朝着工艺流程更为复杂、设备更为先进、操作自动化程度更高的现代化生产过程快速发展,这就要求化工生产企业必须充实人才队伍,接受先进知识,重视风险控制,更新现有设备,以满足快速发展的需要。

3. 资金密集

由于化工生产是在多个操作单元装置连接而成的整套装置中进行的,这就决定了化工行业是一个资金密集型的行业。在化工产品的生产过程中,所涉及的生产工艺流程比较长,导致了设备装置的投资额较大,而装置的生产能力受操作周期和设备利用率等条件的限制,所以,流动资金占用的时间相对较长。此外,在化工生产过程中,往往存在高温、高压、低温以及较强的腐蚀性等苛刻的工艺条件,因此,用于化工生产设备维修和保养维护等方面的相关费用相对高于其他生产工业。

4. 资源密集

虽然化工行业对国民经济的发展和人民生活的保障、改善做出了重大的贡献,创造了巨大的财富,但是,对于资源环境也造成了严重的损害,带来了沉重的影响。在化工产品的生产过程中,通常原材料的消耗成本占产品总制造成本的60%～70%,其中大部分原材料的获得需要消耗自然资源,这些自然资源大多为不可再生资源,如石油资源和矿石资源等。随着世界经济的快速发展,这些不可再生的资源将变得越来越稀少,这就使得整个化学工业对资源和能源的需求越来越受到约束。因此,化学工业需要不断进行技术革新,提高产品收率和质量,降低原材料消耗,并且要保证生产安全。着眼未来,化工行业如何走可持续发展的道路,是我们面临和必须解决的重要问题。

5. 高毒性、高污染、高风险

高毒性、高污染和高风险是化工行业不可忽视的问题,其贯穿于绝大多数化工产品的生产流程之中。在一个化工产品的生产过程中,从原料采购、运输、仓储到生产的每一个环节都使用大量的危险化学品,这些化学品有的具有毒性,有的具有不稳定性等特殊危险特性,因此,它们蕴含着隐患和风险。而且,在生产过程中,会产生很多中间产物或是副产物,导致大量废气、废水、废渣的产生,如果这些"三废"物质处理不及时或处理不当,会对人身安全和生态环境造成严重的影响。此外,化工过程涉及的化学反应复杂多样,人们对其认识还远远不够,常常会因为一些反应条件突变导致未知反应的发生,而导致灾难性事故。因此,化工生产具有一定的高风险性。如何保证化工安全生产是化工行业安全、环保和可持续发展必须解决的首要问题。

1.1.3 化学工业生产的危险因素

进入20世纪后,化学工业迅速发展,环境污染和重大工业事故相继发生。1930年12月比利时发生了"马斯河谷事件"。在马斯河谷地区由于铁工厂、金属工厂、玻璃厂和锌冶炼厂排出的污染物被封闭在逆温层下,浓度急剧增加,使人感到胸痛、呼吸困难,一周之内造成60人死亡,许多家畜也相继死去。1960年到1977年的18年中,美国和西欧发生重大火灾和爆炸事故360余起,死伤1979人,损失数十亿美元。我国化学工业事故也是频繁发生,从1950年到1999年的50年中,发生各类伤亡事故23425起,死伤25714人,其中因火灾和爆炸事故死伤4043人。

随着化学工业的发展,涉及的化学物质的种类和数量显著增加。很多化工物料的易燃性、易爆性、反应性和毒性本身决定了化学工业生产事故的多发性和严重性。反应器、压力容器的爆炸以及燃烧传播速度超过声速的爆轰,都会产生破坏力极强的冲击波,冲击波将导致周围厂房建筑物的倒塌,生产装置、储运设施的破坏以及人员的伤亡。多数化工物料对人体有害,设备密封不严,特别是在间歇操作中泄漏的情况很多,容易造成操作人员的急性或慢性中毒。据我国化工部门统计,因一氧化碳、硫化氢、氮氧化物、氨、苯、二氧化碳、二氧化硫、光气、氯化钡、氯气、甲烷、氯乙烯、磷、苯酚、砷化物等化学物质造成中毒、窒息的死亡人数占中毒死亡总人数的87.6%。而这些物质在一般化工厂中是常见的。

可见,大多数化工危险都具有潜在的性质,即存在着"危险源",危险源在一定的条件下可以发展成为"事故隐患",而事故隐患继续失去控制,则转化为"事故"的可能性会大大增加。因此,可以得出以下结论:危险失控,可导致事故;危险受控,能获得安全。因而辨识危险源成为重要问题。目前国内外流行的安全评价技术,就是在危险源辨识的基础上,对存在的事故危险源进行定性和定量评价,并根据评价结果采取优化的安全措施。提高化工生产的安全性,需要增加设备的可靠性,同样也需要强化现代化的安全管理。

美国保险协会(AIA)对化学工业的317起火灾、爆炸事故进行调查,分析了主要和次要原因,把化学工业危险因素归纳为以下九个类型。

1. 工厂选址

(1) 易遭受地震、洪水、暴风雨等自然灾害。
(2) 水源不充足。
(3) 缺少公共消防设施的支援。
(4) 有高湿度、温度变化显著等气候问题。
(5) 受邻近危险性大的工业装置影响。
(6) 邻近公路、铁路、机场等运输设施。
(7) 在紧急状态下难以把人和车辆疏散至安全地。

2. 工厂布局

(1) 工艺设备和储存设备过于密集。
(2) 有显著危险性和无危险性的工艺装置间的安全距离不够。

(3) 昂贵设备过于集中。
(4) 对不能替换的装置没有有效的防护。
(5) 锅炉、加热器等火源与可燃物工艺装置之间距离太小。
(6) 有地形障碍。

3. 结构

(1) 支撑物、门、墙等不是防火结构。
(2) 电气设备无防护措施。
(3) 防爆通风换气能力不足。
(4) 控制和管理的指示装置无防护措施。

4. 对加工物质的危险性认识不足

(1) 在装置中原料混合,在催化剂作用下自然分解。
(2) 对处理的气体、粉尘等在其工艺条件下的爆炸范围不明确。
(3) 没有充分掌握因误操作、控制不良而使工艺过程处于不正常状态时的物料和产品的详细情况。

5. 化工工艺

(1) 没有足够的有关化学反应的动力学数据。
(2) 对有危险的副反应认识不足。
(3) 没有根据热力学研究确定爆炸能量。
(4) 对工艺异常情况检测不够。

6. 物料输送

(1) 各种单元操作时对物料流动不能进行良好控制。
(2) 产品的标示不完全。
(3) 风送装置内的粉尘爆炸。
(4) 废气、废水和废渣的处理。
(5) 装置内的装卸设施。

7. 误操作

(1) 忽略关于运转和维修的操作教育。
(2) 没有充分发挥管理人员的监督作用。
(3) 开车、停车计划不适当。
(4) 缺乏紧急停车的操作训练。
(5) 没有建立操作人员和安全人员之间的协作体制。

8. 设备缺陷

(1) 因选材不当而引起装置腐蚀、损坏。
(2) 设备不完善,如缺少可靠的控制仪表等。
(3) 材料的疲劳。
(4) 对金属材料没有进行充分的无损探伤检查或没有经过专家验收。
(5) 结构上有缺陷,如不能停车而无法定期检查或进行预防维修。
(6) 设备在超过设计极限的工艺条件下运行。
(7) 对运转中存在的问题或不完善的防灾措施没有及时改进。

(8) 没有连续记录温度、压力、开停车情况及中间罐和受压罐内的压力变动。

9. 防灾计划不充分

(1) 没有得到管理部门的大力支持。
(2) 责任分工不明确。
(3) 装置运行异常或故障仅由安全部门负责,只是单线起作用。
(4) 没有预防事故的计划,或即使有也很差。
(5) 遇有紧急情况未采取得力措施。
(6) 没有实行由管理部门和生产部门共同进行的定期安全检查。
(7) 没有对生产负责人和技术人员进行安全生产的继续教育和必要的防灾培训。

瑞士再保险公司统计了化学工业和石油工业的 102 起事故案例,分析了上诉 9 类危险因素所起的作用,表 1-1 为统计结果。

由表 1-1 可以看出,设备缺陷问题是第一位的危险,若能消除此项危险因素,则化学工业和石油工业的安全就会获得有效改善。在化学工业中,"4"和"5"两类危险因素占较大比例。这是由以化学反应为主的化学工业的特征所决定的。在石油工业中,"2"和"3"两类危险因素占较大比例。石油工业的特点是需要处理大量可燃物质,由于火灾、爆炸的能量很大,所以装置的安全间距和建筑物的防火层不适当时就会形成较大的危险。另外,误操作问题在两种工业危险中都占较大比例。操作人员的疏忽常常是两种工业事故的共同原因,而在化学工业中所占比重更大一些。在以化学反应为主体的装置中,误操作常常是事故的重要原因。

表 1-1 化学工业和石油工业的危险因素

类 别	危险因素	危险因素的比例	
		化学工业	石油工业
1	工厂选址问题	3.5	7.0
2	工厂布局问题	2.0	12.0
3	结构问题	3.0	14.0
4	对加工物质的危险性认识不足	20.2	2.0
5	化工工艺问题	10.6	3.0
6	物料输送问题	4.4	4.0
7	误操作问题	17.2	10.0
8	设备缺陷问题	31.1	46.0
9	防灾计划不充分	8.0	2.0

1.1.4 化学工业发展对安全的新要求

装置规模的大型化,生产过程的连续化无疑是化工生产发展的方向,但要充分发挥现代化工生产优势,必须实现安全生产,确保长期、连续、安全运行,减少经济损失。

化工装置大型化,在基建投资和经济效益方面的优势是无可争辩的。但是,大型化是把各种生产过程有机地联合在一起,输入输出都是在管道中进行。许多装置互相连接,形成一条很长的生产线。规模巨大、结构复杂,不再有独立运转的装置,装置间互相作用、互相制约。这样就存在许多薄弱环节,使系统变得比较脆弱。为了确保生产装置的正常运转并达到规定目标的产品,装置的可靠性研究变得越来越重要。所谓可靠性是指系统设备、元件在规定的条件下和预定的时间内完成规定功能的概率。可靠性研究用的较多的是概率统计方法。化工装置可靠性研究需要完善数学工具，建立化工装置和生产的模拟系统。概率与数理统计方法以及系统工程学方法将更多地渗入化工安全研究领域。

化工装置大型化使得加工能力显著增大，大量化学物质都处在工艺过程中，增加了物料外泄的危险性。化工生产中的物料多半本身就是能源和毒性源，一旦外泄就会造成重大事故，给生命和财产带来巨大灾难。这就需要对过程物料和装置结构材料进行更为详尽的考察，对可能的危险做出准确的评估并采取恰当的对策，对化工装置的制造加工工艺也提出了更高的要求。化工安全设计在化工设计中变得更加重要。

化工装置大型化必然带来生产的连续化和操作的集中化，以及全流程的自动控制，省掉了中间储存环节，生产的弹性大大减弱。生产线上每一环节的故障都会对全局产生严重影响。对工艺设备的处理能力和工艺过程的参数，要求更加严格，对控制系统和人员配置的可靠性也提出了更高的要求。

新材料的合成、新工艺和新技术的采用，可能会带来新的危险性。面临从未经历过的新的工艺过程和新的操作，更加需要辨识危险，对危险进行定性和定量评价，并根据评价结果采取优化的安全措施。因此，对危险进行辨识和评价的安全评价技术的重要性越来越突出。化学工业的技术进步为满足人类的食、衣、住、行等诸方面的需求做出了重要贡献。但作为负面结果，在化学工业生产过程中也出现了新的危险性。化工安全必须采用新的理论方法和新的技术手段应对化学工业生产中出现的新的隐患，与化学工业同步发展。

1.2　化学工业安全理论和技术的发展动向

化工安全工程是一门涉及范围很广、内容极为丰富的综合性学科。它涉及数学、物理、化学、生物、天文、地理等基础科学；电工学、材料力学、劳动卫生学等应用科学；以及化工、机械、电力、冶金、建筑、交通运输等工程技术科学。在过去几十年中，化工安全的理论和技术随着化学工业的发展和各学科知识的不断深化，取得了较大进展。除了对火灾、爆炸、静电、辐射、噪声、职业病和职业中毒等方面的研究不断深入外，还把系统工程学的理论和方法应用于安全领域，派生出了一个新的分支——安全系统工程学。化工装置和控制技术的可靠性研究发展很快，化工设备故障诊断技术、化工安全评价技术，以及防火、防爆和防毒的技术和手段都有了很大发展。

1.2.1　化学工业危险性评价和安全工程概述

近年来一些大型化工企业为了防止重大的灾难性事故，提出了不少安全评价方法。这些方法的核心内容是辨识和评价危险性。所谓危险性是指在各类生产活动中造成人员伤亡和财产损失的潜在性原因，处理不当有可能发展成为事故。安全工程的目的是采取措施，使危险性发展成为事故的可能尽量减少，所以这种评价也叫做危险性评价。危险性评价需要确定危险性发展成为事故的频率，即利用统计资料得出一定时间内危险性导致事故的次数；还需要估算出每次事故造成的损失的严重程度，即人员伤亡和财产损失的数值。两者之间的乘积称为危险率或风险率。把评价出的风险率与可接受的风险率进行比较，确定被评价对象的危险状况，并据此制定相应的安全措施。为确保化工建设项目（工程）安全设施与主体工程同时设计、施工、投产，国家规定，凡符合危险性大的六种建设项目（工程），必须在可行性报告获得批准后，建设单位

(业主)应当委托具备资质的单位编制《建设项目(工程)劳动安全卫生预评价(咨询)报告》，并通过专家评审，以指导初步设计。目前危险性评价方法因测定数据、评价时间和评价费用的限制，仍以定性评价为主，主要是危险性的辨识。下面简略介绍几种常用的安全工程评价方法。

1. 经验系统化方法

该类方法是通过以往的事故经验把评价对象的危险性辨识出来。

1) 安全检查表法

把评价对象划分为子系统，如厂区选址、公用工程、工艺流程、设备配置、安全装置、人机工程、消防设施等，根据过去的经验，找出危险性所在并附以有关的规范要求，按序编制成表，在设计和生产中系统检查时应用。

2) 危险性预先分析法

在每一项工程活动之前，特别是在设计开始阶段，就对系统中的危险性类别、存在的条件、导致事故的后果进行概略的分析，搞清楚潜在的危险性，以避免采用不安全的工艺技术路线、危险性高的原材料和设备等。如果必须采用时，也要考虑必要的安全措施，使危险性不至于发展成为事故。

3) DOW 化学公司法

美国 DOW 化学公司根据工厂所用原料的物性及其危险性，结合加工工艺的一般和特殊危险性换算成爆炸指数，然后按指数大小确定危险等级，并据此确定在建筑结构、消防设施、电器仪表、控制方法等方面的要求。目前广泛采用的是该公司《火灾、爆炸危险性指数评价方法》第七版。

2. 系统解剖分析法

当开发化学工业新工艺，新建或改建装置时，对其中的危险性还没有足够的认识，这时需要对系统进行解剖，研究各个组成部分的作用及其发生故障时对系统的影响。英国帝国化学公司(ICI)开发的危险性可操作研究方法采用的就是系统解剖的方法。其主要内容是对危险性进行严格检查，理论依据是工艺流程的状态参数如温度、压力、流量等，一旦与设计值发生偏离，就会出现问题或发生危险。用这种方法对工艺流程进行全面考察，对其中每一阶段的工艺参数用规定好的关键词提问，提出会出现什么偏离、产生什么样的后果。这种方法可以充分发挥各类专业人员的知识特长，集思广益，发现工艺中的危险性。

3. 逻辑推导法

逻辑推导法是采用逻辑推理的方法辨识危险性。事件树法和事故树法就属于这种方法。事件树法是选定一个事件作为初始事件，按照逻辑推理的方法推论其发展过程。在每个过程的节点都有两个发展方向，即成功和失败。从初始事件不断推论下去，直至找出事件发展的所有可能结果。事故树法则相反，它是以一个事故结果作为起始事件，通过分析找出直接原因作为中间事件。然后再找出中间事件的直接原因。这样一步步推导下去，直至找到所有的事故原因。逻辑推导法的特点是能找出凭经验辨识不出的危险性及其组合。

4. 人的失误分析法

根据统计，人为失误造成的事故占事故总数的 75%～90%。由于人受心理、素质、社会、家庭、环境等因素的影响，造成工作失误的原因很多。近年来为防止人的失误采取了以下三项措施。

(1) 设计安全、自动防止故障的安全设备，即使操作失误也不会发生事故。

(2) 从人机工程学的原理设计控制室和操作程序,尽量减少失误行为。

(3) 提高人的素质,采取科学的安全管理方法,防止人为失误。

安全性评价可根据以上三项措施的实施情况来进行。

无论是危险性评价还是安全措施,都有多种方法,至于针对某一具体工厂,何种方法为优并无定论。只有根据实际情况选择最合理的评价方法,确定优化的安全措施。

1.2.2 安全系统工程的开发和应用

系统工程是20世纪中期兴起的一门具有重要意义的学科。随着科学技术的迅速发展,现代工业化生产的规模不断扩大,工程技术日趋复杂,系统工程的理论和方法在科学技术的许多领域得到广泛应用,对促进现代科学技术的发展发挥了重要作用。20世纪70年代以来,在安全工程和技术领域,不断地研究和应用系统工程的理论和方法,在辨识危险、预测事故、事故概率分析以及安全评价等方面,都取得了重要进展,并不断发展完善,派生出了一个新的学科——安全系统工程学。安全系统工程的开发和应用,使安全管理发生根本性的变化,把安全工程学推向一个新的高度。

安全系统工程的开发和应用起始于军事装备的研究。1962年,美国发表了"关于空军弹道导弹开发的安全系统工程"的军事说明书。1977年,美国又颁布了军事标准"系统安全程序技术要求"。随着现代兵器的开发和原子能工业的兴起,产品的安全成为重要问题。系统安全工程在工业上的应用,初期主要用于产品安全问题,随后在安全工程和安全管理领域,推广应用了安全系统工程方法,并相继产生了许多有关安全诊断和危险性评价的方法。

安全系统工程作为一种科学的方法体系,具有以下特点。

(1) 对于计划、设计、加工制造、运行等全过程中的安全技术和安全管理问题,进行系统的考虑,便于找出其中固有的和潜在的危险因素。

(2) 便于对生产系统的安全性进行定性和定量的分析评价,对事故进行预测,确定系统安全的最优方案。

(3) 便于实现安全技术的标准化和安全管理的系统化。

安全系统工程是把生产或作业中的安全作为一个整体系统,对设计、施工、操作、维修、管理、环境、生产周期和费用等构成系统的各个要素进行全面分析,确定各种状况的危险特点及导致灾难性事故的因果关系,进行定性和定量的分析和评价,从而对系统的安全性做出准确预测,使系统事故减少至最低程度。在既定的作业、时间和费用范围内取得最佳的安全效果。

1.2.3 人机工程学、劳动心理学和人体测量学的应用

前面已经提到,多数工业事故都是由于人员失误造成的。在工业生产中,人的作用日益受到重视。围绕人展开的研究,如人机工程学、劳动心理学、人体测量学等方面都取得了较大进展。

1. 人机工程学

人机工程学是现代管理科学的重要组成部分。它应用生物学、人类学、心理学、人体测量学和工程技术科学的成就,研究人与机器的关系,使工作效率达到最佳状态。主要研究内容如下。

(1) 人机协作。人的优点是对工作状况有认知能力和适应能力,但容易受精神状态和情绪变化的支配。而且人易于疲劳,缺乏耐久性。机械则能持久运转,输出能量较大,但对故障和外界干扰没有自适应能力。人和机械都取其长、弃其短,密切配合,组成一个有机体,从根本上提

高人机系统的安全性和可靠性,获得最佳工作效率。

(2) 改善工作条件。人在高温、辐射、噪声、粉尘、烟雾、昏暗、潮湿等恶劣条件下容易失误,引发事故,改善工作条件则可以保证人身安全,提高工作效率。

(3) 改进机具设施。机具设施的设计应该适合人体的生理特点,这样可以减少失误行为。比如按照以上人机工程学原理设计控制室和操作程序,可以强化安全,提高工作效率。

(4) 提高工作技能。对操作者进行必要的操作训练,提高其操作技能,并根据操作技能水平选评其所承担的工作。

(5) 因人制宜。研究特殊工种对劳动者体能和心智的要求,选派适宜的人员从事特殊工作。

2. 劳动心理学

劳动心理学是从心理学的角度研究照明、色调、音响、温度、湿度、家庭生活与劳动者劳动效率的关系。主要内容如下:

(1) 根据操作者在不同工作条件下的心理和生理变化情况,制订适宜的工作和作息制度,促进安全生产,提高劳动效率。

(2) 发生事故时除分析设备、工艺、原材料、防护装置等方面存在的问题外,同时考虑事故发生前后操作者的心理状态,从而可以从技术上和管理上采取防范措施。

3. 人体测量学

人体测量学是通过人体的测量指导工作场所安全设计、劳动负荷和作息制度的确定以及有关的安全标准的制订。它需要测定人体各部分的相关尺寸、执行器官活动所涉及的范围。除了生理方面的测定外,还要进行心理方面的测试。人体测量学的成果为人机工程学、安全系统工程等现代安全技术科学所采用。

1.2.4　化学工业安全技术的新进展

近几十年来,在安全技术领域广泛应用各个技术领域的科学技术成果,在防火、防爆、防中毒、防止机械装置破损、预防工伤事故和环境污染等方面,都取得了较大发展,安全技术已发展成为一个独立的科学技术体系。对安全的认识不断深化,实现安全生产的方法和手段日趋完善。

(1) 设备故障诊断技术和安全评价技术迅速发展。随着化学工业的发展,高压技术的应用越来越普遍,因此,对压力容器的安全监测变得极为重要。无损探伤技术得到迅速发展,声发射技术和红外热像技术在探测容器的裂纹方面,断裂力学在评价压力容器寿命方面都得到了重要应用。

危险性具有潜在的性质,在一定条件下可以发展成事故,也可以采取措施抑制其发展,所以危险性辨识成为重要课题。目前国内外积极推行的安全评价技术,就是在危险性辨识的基础上,对危险性进行定性和定量评价,并根据评价结果采取优化的安全措施。

(2) 监测危险状况、消除危险因素的新技术不断出现。危险状况测试、监视和报警的新仪器不断投入应用。不少国家广泛采用了烟雾报警器、火焰监视器。感光报警器、可燃性气体检测报警仪、有毒气体浓度测定仪、噪声测定仪、电荷密度测定仪和嗅敏仪等仪器也相继投入使用。

消除危险因素的新技术、新材料和新装置的研究不断深入。橡胶和纺织行业已有效地采用了放射性同位素静电中和剂,在烃类燃料和聚合物溶液中,抗静电添加剂已投入使用。压力、温度、流速、液位等工艺参数自动控制与超限保护装置被许多化工企业所采用。

(3) 救人灭火技术有了很大进展。许多国家在研制高效能灭火剂、灭火机和自动灭火系统等方面取得了很大进展。如美国研制成功的新灭火抢救设备空中飞行悬挂机动系统，具有救人灭火等多种功能。法国研制的含有玻璃纤维的弹性软管，能耐800℃的高温，当人在软管中迅速滑落时，不会灼伤，手和脸部的皮肤也不会擦伤。

(4) 预防职业危害的安全技术有了很大进步。在防尘、防毒、通风采暖、照明采光、噪声治理、振动消除、高频和射频辐射防护、放射性防护、现场急救等方面都取得了很大进展。

(5) 化工生产和化学品储运工艺安全技术、设施和器具等的操作规程及岗位操作规定，化工设备设计、制造和安装的安全技术规范不断趋于完善，管理水平也有了很大提高。

1.3　化学工业事故的预防和控制

1.3.1　化学工业事故分类

能够引起人身伤害、导致生产中断或国家财产损失的事件称为事故。为方便管理，一般把事故分为以下几类。

(1) 生产事故。在生产过程中，由于违反工艺规程、岗位操作法或操作不当等原因，造成原料、半成品或成品损失的事故，称为生产事故。

(2) 设备事故。化工生产装置、动力机械、电器及仪表装置、运输设备、管道、建筑物、构筑物等，由于各种原因造成损坏、损失或减产等事故，称为设备事故。

(3) 火灾爆炸事故。凡发生着火、爆炸造成财产损失或人员伤亡的事故均属于此列。

(4) 质量事故。凡产品或半成品不符合国家或企业规定的质量标准；基建工程不按设计施工或工程质量不符合设计要求；机、电设备检修质量不符合要求；原料或产品保管不善或包装不良而变质；采购的原料不符合规格要求而造成损失，影响生产和检修计划的完成等，均为质量事故。

(5) 其他事故。凡因其他原因影响或客观上未认识到以及自然灾害而发生的各种不可抗拒的灾害性事故，称为其他事故。

1.3.2　化学工业事故特点

化工事故的特征基本上是由所用原料特征、加工工艺方法和生产规模所决定的。为了预防事故，就必须了解化工生产的一些特点。

1. 火灾爆炸中毒事故多且后果严重

很多化工原料本身具有易燃易爆、有毒、有腐蚀性，这是导致火灾爆炸中毒事故频发的一个重要原因。根据我国近30年的统计资料表明，化工火灾爆炸事故的死亡人数占因工死亡人数的13.8%，居第一位；中毒窒息事故占12%，居第二位。化工生产中，反应器、压力容器的爆炸不但会造成巨大的损害，而且会产生巨大的冲击波，从而对附近建筑物产生巨大的冲击力，导致其崩裂、倒塌。而生产中管线和设备的损坏，会导致大量易燃气体或液体泄放，这样气体在空气中形成蒸气云团，并且与空气混合达到爆炸下限，还会随风漂移，在遇到明火的时候就会发生爆炸。

多数化学物品对人体有害，生产中由于设备密封不严，特别是在间歇操作中泄漏的情况很多,极易造成操作人员的急性和慢性中毒。而且现在化工装置趋于大型化,这样就使得大量化学物质处于工艺过程中或储存状态,一旦发生泄漏,人员很难逃离并导致中毒。

2. 正常生产时易发生事故

据统计资料显示,正常生产时发生事故造成的死亡占因工死亡总数的66.7%,而非正常生产活动仅占12%。由于化工生产本身具有涉及危险品多、生产工业条件要求苛刻及生产规模大型化等特点,极易发生生产事故。比如:化工生产中有许多副反应生成,有些机理尚不完全清楚,有些则是在危险边缘附近进行生产的,这样生产条件稍一波动就会发生严重事故;化学工艺中影响各种参数的干扰因素很多,设定的参数很容易发生偏移,这样就会出现生产失调或失控现象,也极易发生事故。此外,由于人的素质或人机工程设计等方面的问题,在操作过程中也会发生误操作,从而导致事故发生。

3. 化工设备自身问题多

化工设备的材质和加工缺陷以及易蚀的特点也会导致化工生产事故频发。化工厂的设备一般都是在严酷的生产条件下运行的,腐蚀介质的作用,振动、压力波动造成的疲劳,高低温对材料性质的影响,这些都是安全方面应引起重视的问题。化工设备在制造时除了选择正确的材料外,还要求有正确的加工方法。防止设备在制造过程中劣化,从而成为安全隐患。

4. 事故的集中和多发

化工装置中高负荷的塔槽、压力容器、反应釜、经常开闭的阀门等,运转一定时间后,常会出现多发故障或集中发生故障的情况,这是因为设备进入到寿命周期的故障频发阶段。对待这样的情况,就要加强设备检测和监护措施,及时更换到期设备。

1.3.3　化学工业安全事故的预防和控制原则

根据化学生产事故发生的原因和特点,采取相应的措施预防和控制化工安全事故的发生。主要预防和控制措施如下:

(1) 科学规划及合理布局。要求对化工企业的选址进行严格规范,充分考虑企业周围环境条件、散发可燃气蒸气和可燃粉尘厂房的设置位置、风向、安全距离、水源情况等因素,尽可能地设置在城市的郊区或城市的边缘,从而减轻事故发生后的危害。

(2) 严把建厂审核和设备选型关。化工企业的生产房应按国家有关规范要求和生产工艺进行设计,充分考虑防火分隔、通风、防泄漏、防爆等因素;同时,设备的设计、选型、选材、布置及安装均应符合国家规范和标准,根据不同工艺流程的特点,选用相应的防爆、耐高温或低温、耐腐蚀、满足压力要求的材质,采用先进技术进行制造和安装,从而消除先天性火灾隐患。

(3) 加强生产设备的管理。设备材料经过一段时间的运行,受高温、高压、腐蚀影响后,就会出现性能下降、焊接老化等情况,可能引发压力容器及管道爆炸事故。此外,还要做好生产装置系统的安全评价。

(4) 严格安全操作。化工生产过程中的安全操作包括很多方面:首先,必须严格执行工艺技术规程,遵守工艺纪律;然后,严格执行安全操作规程,保证生产安全进行,员工人身不受到伤害;此外,还要做到在发现紧急情况时,先尽最大努力妥善处理,防止事态扩大,然后及时报告。

(5) 强化教育培训且做好事故预案。化工企业从业人员要确保相对稳定,企业要严格执行职工的全员消防安全知识培训、特殊岗位安全操作规程培训并持证上岗、处置事故培训等,要制定事故处置应急预案并进行演练,不断提高职工业务素质水平和生产操作技能,提高职工事故状态下的应变能力。

(6) 落实安全生产责任制并杜绝责任事故。从领导到管理人员,明确并落实安全生产责任制,特别是强化各生产经营单位的安全生产主体责任,加大责任追究力度,对严重忽视安全生产的,不仅要追究事故直接责任人的责任,同时还要追究有关负责人的领导责任,防止因为管理松懈、"三违"等造成事故。随着化工安全生产职责的明确,责任的落实,管理环节严谨,基本可以杜绝责任事故的发生。

(7) 强化安全生产检查。每年组织有关部门对化工企业进行各种形式的安全生产检查,及时发现企业存在的各种事故隐患,开出整改通知书,责令企业限期整改;在安监部门监督整改的基础上进行及时复查,形成闭环管理,防止出现脱节。狠抓整改落实工作,对整改不及时企业加大监督,暂扣安全生产许可证,明确一旦发生事故,将从重从严追究有关责任。

另外,还要重视日常检查,提高安全生产事故预见性和应急处理能力。总之,化工生产要牢记"安全为天、安全出速度、安全出效益"这一宗旨,强化安全管理,严格控制重大化工危险源,采取一定的预防和控制措施,保证化工生产安全有序进行。

1.3.4 化学工业安全生产的技术措施

安全技术措施是为消除生产过程中各种不安全、不卫生因素,防止伤害和职业性危害,改善劳动条件和保证安全生产而在工艺、设备、控制等各方面采取一些技术上的措施。安全技术措施是提高设备装置本质安全性的重要手段。"本质安全"一词源于防爆电气设备,这种电气设备没有任何附加的安全装置,完全利用本身构造的设计,限制电路在低电压和低电流下工作,防止产生高热和火花而引起火灾或引燃爆炸性混合物。设备和装置的本质安全性是指对机械设备和装置安装自保系统,即使人操作失误,其本身的安全防护系统能自动调节和处理,以保护设备和人身安全。安全技术措施必须在设备、装置和工程设计时就要予以考虑,并在制造或建设时给予解决和落实,使设备和装置投产后能安全、稳定地运转。

不同的生产过程存在的危险因素不完全相同,需要的安全技术措施也有所差异,必须根据各种生产的工艺过程、操作条件、使用的物质(含原料、半成品、产品)、设备以及其他有关设施,在充分辨识潜在危险和不安全部位的基础上选择适用的安全技术措施。

安全技术措施包括预防事故发生和减少事故损失两个方面,这些措施归纳起来主要有以下几类。

(1) 减少潜在危险因素。在新工艺、新产品的开发时,尽量避免使用具有危险性的物质、工艺和设备,即尽可能用不燃和难燃的物质代替可燃物质,用无毒和低毒物质代替有毒物质,这样火灾、爆炸、中毒事故将因失去基础而不会发生。这种减少潜在危险因素的方法是预防事故的最根本措施。

(2) 降低潜在危险因素的数值。潜在危险因素往往达到一定的程度或强度才能施害。通过一些方法降低它的数值,使之处在安全范围以内就能防止事故发生。如作业环境中存在有毒气体,可安装通风设施,降低有毒气体的浓度,使之达到容许值以下,就不会影响人身安全和健康。

(3) 隔离操作或远距离操作。由事故致因理论得知,伤亡事故的发生必须是人与施害物相互接触,如果将两者隔离开来或保持一定距离,就会避免人身事故的发生或减弱对人体的危害。例如,对放射性、辐射和噪声等所采取的提高自动化生产程度,设置隔离屏障,防止人员接触危险有害因素都属于这方面的措施。

(4) 联锁。当设备或装置出现危险情况时,以某种方法强制一些元件相互作用,以保证安全操作。例如,当检测仪表显示出工艺参数达到危险值时,与之相连的控制元件就会自动关闭或调节系统,使之处于正常状态或安全停车。目前由于化工、石油化工生产工艺越来越复杂,联锁的应用也越来越多。这是一种很重要的安全防护装置,可有效地防止人的误操作。

(5) 设置薄弱环节。在设备或装置上安装薄弱元件,当危险因素达到危险值之前这个地方预先破坏,将能量释放,防止重大破坏事故发生。例如,在压力容器上安装安全阀或爆破膜,在电气设备上安装保险丝等。

(6) 坚固或加强。有时为了提高设备的安全程度,可增加安全系数,加大安全裕度,提高结构的强度,防止因结构破坏而导致事故发生。

(7) 封闭。封闭就是将危险物质和危险能量局限在一定范围之内,防止能量逆流,可有效地预防事故发生或减少事故损失。例如,使用易燃易爆、有毒有害物质,把它们封闭在容器、管道里边,不与空气、火源和人体接触,就不会发生火灾、爆炸和中毒事故。将容易发生爆炸的设备用防爆墙围起来,一旦爆炸,破坏能量不至于波及周围的人和设备。

(8) 警告牌示和信号装置。警告可以提醒人们注意,及时发现危险因素或危险部位,以便及时采取措施,防止事故发生。警告牌示是利用人们的视觉引起注意;警告信号则可利用听觉引起注意。目前应用比较多的可燃气体、有毒气体检测报警仪,既有光也有声的报警,可以从视觉和听觉两个方面提醒人们注意。

此外,还有生产装置的合理布局、建筑物和设备间保持一定的安全距离等其他方面的安全技术措施。随着科学技术的发展,还会开发出新的更加先进的安全防护技术措施。

思 考 题

1. 简述化学工业的生产特点。
2. 简述化学工业生产的事故特点。
3. 化学工业安全生产对策措施有哪些?
4. 化学工业生产的危险因素有哪些?

第 2 章 化学品安全基础

从 20 世纪 40 年代开始，化学工业得到了长足的发展，化学品给人类的生活带来了巨大的便利，极大地提高和改善了人们的生活质量，加速了社会发展的进程。但是，化学品通常具有易燃易爆、有毒有害、腐蚀及放射性等危险特性，使得化学工业领域，尤其是化学品领域的火灾、爆炸、中毒等事故频繁发生，因而造成了巨大的人员伤亡、财产损失或重大环境污染事件。因此，掌握化学品的相关知识，加强化学品安全管理，这是化学工业安全领域的工作重点之一。本章主要介绍化学品的分类、危险品的危险特性以及化学品的安全基础知识。

2.1 化学品分类

目前世界上大约拥有数百万种化学物质，常用的约为 7 万种，且每年大约上千种新化学物质问世。其性质各不相同，每一种危险化学品通常具有多种危险特性，但在多种危险特性中，必有一种对人类危害最大的危险特性。因此在对化学品分类时，要掌握"择重归类"的原则，即根据化学品的主要危险特性来进行分类。

2.1.1 《全球化学品统一分类和标签制度》

多年来，联合国有关机构以及美国、日本、欧洲各工业发达国家都通过化学品立法对化学品的危险性分类、包装和标签做出明确规定。由于各国对化学品危险性定义的差异，可能造成某种化学品在一国被认为是易燃品，而在另一国被认为是非易燃品，从而导致该化学品在一国作为危险化学品管理而另一国却不认为是危险化学品。在国际贸易中，遵守各国法规的不同危险性分类和标签要求，既增加贸易成本，又耗费时间。为了健全危险化学品的安全管理，保护人类健康和生态环境，同时为尚未建立化学品分类制度的发展中国家提供安全管理化学品的框架，有必要统一各国化学品统一分类和标签制度，消除各国分类标准、方法学和术语学上存在的差异，建立全球化学品统一分类和标签制度。

1992 年，联合国环境和发展大会通过了《21 世纪议程》，建议到 2000 年提供全球化学品统一分类和配套的标签制度，包括化学品安全数据说明书和易理解的图形符号。

1995 年，国际劳工组织，经济合作与发展组织（OECD）以及联合国经济和社会理事会的危险货物运输问题专家小组委员会和协调有关专家，完成化学品统一分类和标签制度建议书的起草工作。

2002 年，联合国在南非约翰内斯堡召开的可持续发展全球首脑会议上通过了《行动计划》，其中指出：鼓励各国尽早执行新的全球化学品统一分类和标签制度，以期让该制度到 2008 年能够全面运转。

2003 年，联合国经济和社会理事会正式审议通过了《全球化学品统一分类和标签制度》（GHS）文书，并授权将其翻译成联合国 5 种正式语言文字，在全世界散发。

GHS主要是就化学物质分类和危险公示内容而制定全球统一的规范。提供一个在国际上容易理解的危险通信系统,以提高人类健康和环境的保护;为尚未有相关系统的国家,提供公认的工作架构;减少化学物质测试及评估的必要性及为国际化学物质贸易提供方便。GHS内容包括:①按照物理危害性、健康危害性和环境危害性对化学物质和混合物进行分类的标准;②危险性公示要素,包括包装标签和化学品安全技术说明书。目前GHS共设有28个危险性分类,包括16个物理危害性分类种类、10个健康危害性分类种类以及2个环境危害性分类种类。具体见表2-1。

表2-1 GHS危险性分类表

物理危害性	健康危害性	环境危害性
爆炸性物质	急性毒性	危害水生环境物质
易燃气体	皮肤腐蚀/刺激性	(1)水生急性毒性
易燃气溶胶	严重眼损伤/眼刺激性	(2)水生慢性毒性
氧化性气体	呼吸或皮肤致敏性	危害臭氧层
高压气体	生殖细胞致突变性	
易燃液体	致癌性	
易燃固体	生殖毒性	
自反应物质	特定靶器官系统毒性(单次接触)	
发火液体	特定靶器官系统毒性(反复接触)	
发火固体	吸入危险性	
自燃物质		
遇水放出易燃气体物质		
氧化性固体		
氧化性液体		
有机过氧化物		
金属腐蚀剂		

我国2005年起多次派专家代表团参加联合国有关机构召开的GHS标准制定,修订国际会议。2006年制定了标准GB 20576～20602—2006,并规定这些标准自2008年1月1日起在生产领域实施,自2008年12月31日起在流通领域实施。2011年5月1日起,强制实行GHS制度。

2.1.2 《化学品分类和危险性公示通则》

国家质量技术监督局于1986年、1990年先后发布了国家标准GB 6944—1986《危险货物分类和品名编号》及GB 13690—1992《常用危险化学品分类及标志》把常用的1074种危险化学品分为8类,并规定了常用危险化学品的危险性类别、危险标志及危险特性等内容。后来,这两个标准又进行了更新,现在的标准是GB 6944—2005《危险货物分类和品名编号》及《常用危险化学品分类及标志》、GB 13690—2009《化学品分类和危险性公示通则》。GB 13690—2009是对应于联合国《化学品分类及标记全球协调制度》(GHS)第二修订版,与其一致性程度为非等效,其有关技术内容与GHS中一致。

在GB 13690—2009《化学品分类和危险性公示通则》中对危险化学品按理化危险进行分类如下:

(1)爆炸物:指在外界作用下(如受热、受压、撞击等),能发生剧烈的化学反应,瞬时产生大量的气体和热量,使周围压力急骤上升,发生爆炸,对周围环境造成破坏的物品,也包括无整体爆炸危险,但具有燃烧、抛射及较小爆炸危险的物品,如火药、TNT 等。

爆炸物种类包括:

① 爆炸性物质和混合物。

② 爆炸性物品,但不包括下述装置:其中所含爆炸性物质或混合物由于其数量或特性,在意外或偶然点燃或引爆后,不会由于迸射、发火、冒烟、发热或巨响而在装置之外产生任何效应。

③ 在①和②中未提及的为产生实际爆炸或烟火效应而制造的物质、混合物和物品。

(2) 易燃气体:指在 20℃和 101.3kPa 标准压力下,与空气有易燃范围的气体。

(3) 易燃气溶胶:指气溶胶喷雾罐,系任何不可重新灌装的容器,该容器由金属、玻璃或塑料制成,内装强制压缩、液化或溶解的气体,包含或不包含液体、膏剂或粉末,配有释放装置,可使所装物质喷射出来,形成在气体中悬浮的固态或液态微粒或形成泡沫、膏剂或粉末或处于液态火气态。

(4) 氧化性气体:指一般通过提供氧气,比空气更能导致或促使其他物质燃烧的任何气体。

(5) 压力下气体:它包括压缩气体、液化气体、溶解气体、冷冻液化气体。

(6) 易燃液体:指闪点不高于 93℃的液体。

(7) 易燃固体:指容易燃烧或通过摩擦可能引燃或助燃的固体。

易于燃烧的固体为粉末、颗粒状或糊状物质,它们在与燃烧着的火柴等火源短暂接触即可点燃和火焰迅速蔓延的情况下,都是非常危险的。

(8) 自反应物质或混合物:自反应物质或混合物是即使没有氧(空气)也容易发生激烈放热分解的热不稳定液态或固态物质或者混合物。本定义下不包括根据统一分类制度分类为爆炸物、有机过氧化物或氧化物质的物质和混合物。

自反应物质或混合物如果在实验室试验中其组分容易引爆、迅速爆燃或在封闭条件下加热时显示剧烈效应,应视为具有爆炸性质。

(9) 自燃液体:指即使数量小也能在与空气接触后 5min 之内引燃的液体。

(10) 自燃固体:指即使数量小也能在与空气接触后 5min 之内引燃的固体。

(11) 自热物质和混合物:自热物质是发火液体或固体以外,与空气反应不需要能源供应就能够自己发热的固体或液体物质或混合物;这类物质或混合物与发火液体或固体不同,因为这类物质只有数量很大(千克级)并经过长时间(几小时或几天)才会燃烧。

物质或混合物的自热导致自发燃烧是由于物质或混合物与氧气(空气中的氧气)发生反应并且所产生的热没有足够迅速地传导到外界而引起的。当热产生的速度超过热损耗的速度而达到自燃温度时,自燃便会发生。

(12) 遇水放出易燃气体的物质或混合物:指通过与水作用,容易具有自燃性或放出危险数量的易燃气体的固态或液态物质或混合物。

(13) 氧化性液体:指本身未必燃烧,但通常因放出氧气可能引起或促使其他物质燃烧的液体。

(14) 氧化性固体:指本身未必燃烧,但通常因放出氧气可能引起或促使其他物质燃烧的固体。

(15) 有机过氧化物:指含有二价—O—O—结构的液态或固态有机物质,可以看做是一个或两个氢原子被有机基替代的过氧化氢衍生物。有机过氧化物是热不稳定物质或混合物,容易放热自加速分解。另外,它们可能具有下列一种或几种物质:①易于爆炸分解;②迅速燃烧;

③对撞击或摩擦敏感;④与其他物质发生危险反应。

如果有机过氧化物在实验室试验中,在封闭条件下加热时组分容易爆炸、迅速爆燃或表现出剧烈效应,则可认为它具有爆炸性质。

(16) 金属腐蚀剂:腐蚀金属的物质或混合物是通过化学作用显著损坏或毁坏金属的物质或混合物。

GB 13690—2009《化学品分类和危险性公示通则》中按健康危险分类如下:

(1) 急性毒性:指在单剂量或在24h内多计量口服或皮肤接触一种物质,或吸入接触4h之后出现的有害效应。

(2) 皮肤腐蚀/刺激:皮肤腐蚀是对皮肤造成不可逆损伤;即施用试验物质达到4h后,可观察到表皮和真皮坏死。皮肤刺激是施用试验物质达到4h后对皮肤造成可逆损伤。

(3) 严重眼损伤/眼刺激:严重眼睛损伤是在眼前部表面施加试验物质之后,对眼部造成在施用21天内并不完全可逆的组织损伤,或严重的视觉物理衰退。眼刺激时在眼前部表面施加施用物质之后,在眼部产生在施用21天内完全可逆的变化。

(4) 呼吸或皮肤过敏:指吸入后会导致气管超过敏反应的物质。皮肤过敏物是皮肤接触后会导致过敏反应的物质。

就皮肤过敏和呼吸过敏而言,对于诱发所需的数值一般低于引发所需数值。

(5) 生殖细胞致突变性:本危险类别涉及的主要是可能导致人类生殖细胞发生可传播给后代的突变的化学品,但是,在本危险类别内对物质和混合物进行分类时,也要考虑活体外致突变性/生殖毒性试验和哺乳动物活体内体细胞中的致突变型/生殖毒性试验。

(6) 致癌性:指可导致癌症或增加癌症发生率的化学物质或化学物质混合物。

(7) 生殖毒性:它包括对成年雄性和雌性性功能和生育能力的有害影响,以及在后代中的发育毒性。

在标准中,生殖毒性细分为两个主要标题:①对性功能和生育能力的有害影响;②对后代发育的有害影响。

(8) 特异性靶器官系统毒性一次接触:本条款的目的是提供一种方法,用以划分由于单次接触而产生特异性、非致命性靶器官/毒性的物质。所有可能损害机能的,可逆和不可逆的,即时或延迟的显著健康影响都包括在内。

(9) 特异性靶器官系统毒性反复接触:本条款的目的是对由于反复接触而产生特异性靶器官/毒性的物质进行分类。所有可损害机能的,可逆和不可逆的,即时或延迟的显著健康影响都包括在内。

(10) 吸入危险:本危险性我国还未转化成为国家标准。本条款的目的是对可能对人类造成吸入毒性危险的物质或混合物进行分类。

GB 13690—2009《化学品分类和危险性公示通则》中按环境危险分类包括:①危害水生环境;②急性水生毒性。

包括生物积累潜力、快速降解性和慢性水生毒性。

2.2 化学品的危险特性

2.2.1 爆炸物的危险特性

爆炸性物质在外界的作用下(如受热、受压、撞击等),能发生剧烈的化学反应,瞬间化为一团火光,形成烟雾并产生轰隆巨响,附近形成强烈的爆炸风,建筑物或被破坏或受到强烈振动。爆炸性物质爆炸过程具有三个主要特征:反应过程放出大量热、反应速度极快并能自动传播、反应过程中生成大量气体产物。这三个条件是任何爆炸性反应所必须具备的,而且这三者互相关联,缺一不可。

1. 反应过程的放热性

化学反应能否成为爆炸反应的最重要的基础条件,也是爆炸过程的能量来源,没有这个条件,爆炸过程就根本不能发生,反应也就不能自行延续,因此也就不可能出现爆炸过程的自动传播。例如:

$$PbC_2O_4 \longrightarrow 2CO_2 + Pb - 69.9kJ \tag{1}$$

$$Ag_2C_2O_4 \longrightarrow 2CO_2 + 2Ag + 123.4kJ \tag{2}$$

对于草酸盐的分解反应来说,反应(1)草酸铅的分解是吸热反应,它们需要外界提供热量反应才能进行,不对外界做功,因而不能爆炸。反应(2)是放热反应,能够发生爆炸。

又如硝酸铵的分解反应:

$$NH_4NO_3 \xrightarrow{\text{低温加热}} NH_3 + HNO_3 - 170.7kJ \tag{3}$$

$$NH_4NO_3 \xrightarrow{\text{用雷管引爆}} N_2 + 2H_2O + 0.5O_2 + 126.4kJ \tag{4}$$

反应(3)是硝酸铵用作化肥在农田里发生的缓慢分解反应,反应过程吸热,根本不能爆炸。当硝酸铵被雷管引爆,就按反应(4)发生放热的分解反应,可以用作矿山炸药。

爆炸反应过程所放出的热量称爆炸热(或爆热)。它是反应的定容热效应,是爆炸破坏能力的标志,是炸药类物质的重要危险特性。

2. 反应过程的高速度

混合爆炸物质是事先充分混合、氧化剂和还原剂充分接近的体系,许多炸药的氧化剂和还原剂共存于一个分子内,所以它们能够发生快速的逐层传递的化学反应,使爆炸过程能以极快的速度进行,这是爆炸反应同一般化学反应的一个最突出的不同点。一般化学反应也可以是放热的,而且有许多化学反应放出的热量甚至比爆炸物质爆炸时放出的热量大得多,但它未能形成爆炸现象,其根本原因就在于它们的反应速度慢。例如1kg木材的燃烧热为16700kJ,它完全燃烧需要10min;1kg梯恩梯炸药爆炸热只有4200kJ,它的爆炸反应只需要几十微秒;两者所需的时间相差千万倍。由于爆炸物质的反应速度极快,爆炸反应所放出的能量来不及逸出,全部聚集在爆炸物质爆炸前所占据的体积内,从而造成了一般化学反应所无法达到的能量密度。正是由于这个原因,爆炸物质爆炸才具有巨大的功率和强烈的破坏作用。

3. 反应过程必须形成气体产物

气体在通常大气条件下密度比固体和液体物质要小得多,它具有可压缩性,它比固体和液体有大得多的体积膨胀系数,是一种优良的工质。爆炸物质在爆炸瞬间生成大量气体产物,由于爆炸反应速度极快,它们来不及扩散膨胀,都被压缩在爆炸物质原来所占有的体积内,爆炸过程在生成气体产物的同时释放出大量的热量,这些热量也来不及逸出,都加热了生成的气体产物,如CO、CO_2、H_2和水蒸气等,这样就导致在爆炸物质原来所占有的体积造成处于高温高压状态的气体。这种气体作为工质,在瞬间膨胀就可以做功,由于功率巨大,就能对周围物体、设备、房屋造成巨大的破坏作用。例如,1L炸药在爆炸瞬间可以产生1000L左右的气体产物,它们被强烈地压缩在原有的体积内,再由于3000℃~5000℃的高温,这样就形成了数十万个大气压的高温高压气体源,它们瞬间膨胀,功率是巨大的,破坏力也是巨大的。由上述可见,爆炸过程必须有气体产物生成是发生爆炸现象的必要条件。

爆炸过程必须生成气态产物才能造成爆炸作用。这一结论也可以通过一些不生成气体产物的强烈放热反应不具备爆炸作用，来说明生成气体产物是产生爆炸作用的必要条件。例如，铝热剂反应：

$$2Al+Fe_2O_3 =\!=\!= Al_2O_3-2Fe+841kJ \tag{5}$$

此反应热效应很大，而且反应速度也相当快，但终究由于不形成气体产物而不具有爆炸能力，但当反应过程中遇到水时，会导致水迅速汽化，然后与铝发生反应，被铝还原成氢气，在高温作用下爆炸。

2.2.2 易燃气体的危险特性

在大气压力下，20℃时，于空气中可以点燃的气体属于易燃气体。

1. 主要危险特性

极易燃烧爆炸。与空气混合能形成爆炸性混合物。遇明火、高热能引起燃烧爆炸。

2. 常见的易燃气体

1) 氢气

理化特性：无色无臭气体；不溶于水、乙醚、乙醇；熔点(℃)：-259.2；沸点(℃)：-252.8；临界压力(MPa)：1.30。

危险特性：与空气混合形成爆炸性混合物，遇热或明火即会发生爆炸，气体比空气轻，在室内使用和储存时，漏气上升滞留屋顶不易排出，遇火星会引起爆炸，氢气与氟、氯、溴等卤素会激烈反应。

灭火方法：切断气源，若不能立即切断气源，则不允许熄灭正在燃烧的气体。喷水冷却容器，可能的话将容器从火场移至空旷处。灭火剂：雾状水、泡沫、二氧化碳、干粉。

泄漏处理：迅速撤离泄漏污染区至上风处，并进行隔离，控制人员进入。切断火源。应急处理人员戴自给正压式呼吸器，穿消防防护服。合理通风，加快扩散。如有可能，将漏出气体用排风机送至空旷地方或装设适当喷头烧掉，漏气容器妥善处理，修复检验后再用。

储运注意事项：存于阴凉、通风仓间内。仓内温度不宜超过30℃。远离火种热源。防止阳光直射。应与氧气、压缩空气、氧化剂卤素等分开存放。仓间内照明通风等设施应用防爆型，开关设在仓外。并配备相应的消防器材，禁止使用易产生火花的机械设备和工具。验收时要注意品名、验瓶日期、先进仓的先用，轻装轻卸，防止钢瓶及附件破损。

2) 乙炔

理化特性：爆炸下限(%)：2.1；引燃温度(℃)：305；爆炸上限(%)：80.0；最小点火能(mJ)：0.02。

危险特性：极易燃烧爆炸。与空气混合能形成爆炸性混合物。遇明火、高热能引起燃烧爆炸。与氧化剂接触会猛烈反应。与氟氯等接触会发生剧烈的化学反应。能与铜、银、汞等的化合物生成爆炸性物质。

灭火方法：切断气源。若不能立即切断气源，则不允许熄灭正在燃烧的气体。喷水冷却容器，可能的话将容器从火场移至空旷处。灭火剂：雾状水、泡沫、二氧化碳、干粉。

泄漏应急处理：迅速撤离泄露污染区人员至上风区，并进行隔离，严格限制出入。切断火源。建议应急处理人员戴自给正压式呼吸器，穿消防防护服，尽可能切断泄漏源。合理通风，加速扩散。喷雾状水稀释、溶解。构筑围堤或挖坑收容产生的大量废水。如有可能，将漏出气用排风机送至空旷地方或装设适当喷头烧掉。漏气容器要妥善处理,修复、检验后再用。

储运注意事项:乙炔蝗包装法通常是溶解在溶剂及多孔物中,装入钢瓶内。充装要控制流速,注意防止静电积聚。储存于阴凉、通风仓间内。仓储温度不超过30℃。远离火种、热源,防止阳光直射。应与氧气、压缩空气、卤素(氟、氯、溴)、氧化剂等分开存放。储存间内的照明、通风等设施应采用防爆型,开关设在仓外。配备相应品种和数量的消防器材。禁止使用易产生火花的机械设备和和工具。验收时要注意品名,注意验瓶日期,先进仓的先用。搬运时轻装轻卸,防止钢瓶及附件破损。

2.2.3 易燃气溶胶的危险特性

气溶胶的危险特性取决于气溶胶喷雾中内装物的性质。

(1) 如果内装物所含可燃成分按质量达到或超过85%,且化学燃烧热量达到或超过30kJ/g,则适用于易燃气体项。

(2) 如果内装物所含可燃成分按质量计为1%或更低,且化学燃烧热量低于20kJ/g,则适用于非易燃、无毒气体项。

2.2.4 氧化性气体的危险特性

氧化性气体是一般通过提供氧气,比空气更能够导致或促使其他物质燃烧的任何气体。

1. 主要危险特性

氧化性气体的主要危险特性是燃烧爆炸危险性。燃烧性:助燃,是易燃物、可燃物燃烧爆炸的基本要素之一,能氧化大多数活性物质。

2. 常见的氧化性气体

1) 氧气

理化性质:无色无臭气体;熔点(℃):-218.8;沸点(℃):-182.83;临界温度(℃):-118.4;临界压力(MPa):5.08;溶解性:溶于水、乙醇。

燃烧爆炸危险性:是易燃物、可燃物燃烧爆炸的基本要素之一,能氧化大多数活性物质。与易燃物(如乙炔、甲烷等)形成爆炸性的混合物。禁配物:易燃或可燃物、活性金属粉末、乙炔。消防措施:用水保持容器冷却,以防受热爆炸,急剧助长火势。迅速切断气源,用水喷淋保护切断气源的人员,然后根据着火原因选择适当灭火剂灭火。

健康危害:常压下当氧气浓度超过40%时,有可能发生氧中毒。吸入40%~60%的氧气时,出现胸骨后不适感、轻咳,进而胸闷、胸骨后烧灼感和呼吸困难,咳嗽加剧;严重时可发生肺水肿,甚至出现呼吸窘迫综合症。吸入氧浓度在80%以上时,出现面部肌肉抽动、面色苍白、眩晕、心动过速、虚脱,继而全身强直性抽搐、昏迷、呼吸衰竭而死亡。

长期处于氧分压为60kPa~100kPa(相当于吸入40%~60%的氧气)的条件下可发生眼损害,严重者可失明。

储运条件:储存于阴凉、通风的库房。远离火种、热源。库温不超过30℃。应与易(可)燃物、活性金属粉末分开存放,切记混储。储备区应备有泄漏应急处理设备。氧气钢瓶不得玷污油脂。采用钢瓶运输时必须戴好钢瓶上的安全帽。钢瓶一般平放,并应将口朝同一方向,不可交叉;高度不得超过车辆的防护栏板,并用三角木垫卡牢,防止滚动。严禁与易燃物或可燃物、活性金属粉末等混装混运,夏季应早晚运输,防止日光曝晒。铁路运输时要禁止溜放。

泄漏应急处理:迅速撤离泄漏污染区人员至上风处,并立即隔离,严格限制出入。建议应急处理人员戴自给正压式呼吸器，穿一般作业工作服。避免与可燃物或易燃物接触。尽可能切断泄漏源。合理通风，加速扩散。漏气容器要妥善处理，修复、检验后再用。

2）氯气

理化性质：熔点(℃)：-101；沸点(℃)：-34.5；相对密度(水=1.0)：1.47；相对密度(空气=1.0)：2.48；临界温度(℃)：144；易溶于水、碱液。

燃烧性：助燃。

危险特性：为黄绿色有刺激性气味的气体，氯气不燃但可助燃。一般可燃物大都能在氯气中燃烧，一般易燃气体或水蒸气也都能与氯气形成爆炸性混合物。氯气能与许多化学品如乙炔、乙醚、燃料气、氢气、金属粉末等猛烈反应发生爆炸或生成爆炸性物质。对金属和非金属都有腐蚀作用。

灭火方法：本品不燃，消防人员必须佩戴过滤式防毒面具或隔离式呼吸器、穿全身防护服，在上风处灭火。切断气源。喷水冷却容器，可能的话将容器从火场移至空旷处。灭火剂：雾状水、泡沫、干粉。

泄漏应急处理：迅速撤离泄漏污染区人员至上风处，并立即进行隔离，小泄漏时隔离150m，大泄漏时450m，严格限制出入。建议应急处理人员戴自给正压式呼吸器，穿防毒服。尽可能切断泄漏源。合理通风，加速扩散。喷雾状水稀释、溶解。构筑围堤或挖坑收容产生的大量废水。如有可能，用管道将泄漏物导入还原剂（酸式硫酸钠或酸式碳酸钠）溶液。也可将漏气钢瓶浸入石灰乳液中。

储存注意事项：应储存于阴凉、通风仓间内，仓间温度不宜超过30℃，远离火种、热源，防止阳光直射。应与易燃或可燃物、金属粉末等分开储存。不可混装混运。液氯储存区要建低于自然地面的围堤。搬运时应轻装轻放，防止钢瓶及附件破损。

2.2.5 压力下气体的危险特性

压力下气体包括压缩气体、液化气体、溶解气体、冷冻液化气体。压缩气体和液化气体是指储存于耐压容器中的压缩、液化或加压溶解的气体。在钢瓶中处于气体状态的气体称为压缩气体，处于液体状态的气体称为液化气体。

1. 主要危险特性

1）易燃烧爆炸

在《易燃易爆化学物品消防安全监督管理品名表》中列举的压缩气体和液化气体，超过半数是易燃气体，易燃气体的主要危险特性就是易燃易爆，处于燃烧浓度范围之内的易燃气体，遇着火源都能着火或爆炸，有的甚至只需极微小能量就可燃爆。易燃气体与易燃液体、固体相比，更容易燃烧，且燃烧速度快，一燃即尽。简单成分组成的气体比复杂成分组成的气体易燃、燃速快、火焰温度高、着火爆炸危险性大。氢气、一氧化碳、甲烷的爆炸极限的范围分别为：4.1%～74.2%、12.5%～74%、5.3%～15%。同时，由于充装容器为压力容器，受热或在火场上受热辐射时还易发生物理性爆炸。

2）扩散性

压缩气体和液化气体由于气体的分子间距大，相互作用力小，所以非常容易扩散，能自发地充满任何容器。气体的扩散性受密度影响：比空气轻的气体在空气中可以无限制地扩散，易与空气形成爆炸性混合物；比空气重的气体扩散后，往往聚集在地表、沟渠、隧道、厂房死角等处，长时间不散，遇着火源发生燃烧或爆炸。掌握气体的密度及其扩散性，对指导消防监督检查，评定火灾危险性大小,确定防火间距,选择通风口的位置都有实际意义。

3) 可缩性和膨胀性

压缩气体和液化气体的热胀冷缩比液体、固体大得多,其体积随温度升降而胀缩。因此容器(钢瓶)在储存、运输和使用过程中,要注意防火、防晒、隔热,在向容器(钢瓶)内充装气体时,要注意极限温度压力,严格控制充装,防止超装、超温、超压造成事故。

4) 静电性

压缩气体和液化气体从管口或破损处高速喷出时,由于强烈的摩擦作用,会产生静电。带电性也是评定压缩气体和液化气体火灾危险性的参数之一,掌握其带电性有助于在实际消防监督检查中,指导检查设备接地、流速控制等防范措施是否落实。

5) 腐蚀毒害性

主要是一些含氢、硫元素的气体具有腐蚀作用。如氢、氨、硫化氢等都能腐蚀设备,严重时可导致设备裂缝、漏气。对这类气体的容器,要采取一定的防腐措施,要定期检验其耐压强度,以防万一。压缩气体和液化气体,除了氧气和压缩空气外,大都具有一定的毒害性。

6) 窒息性

压缩气体和液化气体都有一定的窒息性(氧气和压缩空气除外)。易燃易爆性和毒害性易引起注意,而窒息性往往被忽视,尤其是那些不燃无毒气体,如二氧化碳、氮气、氦、氩等惰性气体,一旦发生泄漏,均能使人窒息死亡。

7) 氧化性

压缩气体和液化气体的氧化性主要有两种情况:一种是明确列为助燃气体的,如氧气、压缩空气、一氧化二氮;一种是列为有毒气体,本身不燃,但氧化性很强,与可燃气体混合后能发生燃烧或爆炸的气体,如氯气与乙炔混合即可爆炸,氯气与氢气混合见光可爆炸,氟气遇氢气即爆炸,油脂接触氧气能自燃,铁在氧气、氯气中也能燃烧。因此,在消防监督中不能忽视气体的氧化性,尤其是列为有毒气体的氯气、氟气,除了注意其毒害性外,还应注意其氧化性,在储存、运输和使用中要与其他可燃气体分开。

2. 注意事项

(1) 严禁超量灌装,防止钢瓶受热。

(2) 压缩气体和液化气体不允许泄漏,其原因除剧毒、易燃外,还因有些气体相互接触后会发生化学反应引起爆炸。因此,内容物性质相互抵触的气瓶应分库储存。例如,氢气钢瓶与液氯钢瓶、氢气钢瓶与氧气钢瓶、液氯钢瓶与液氨钢瓶等,均不得同室混放。易燃气体不得与其他种类化学危险物品共同储存。此外气瓶应直立放置整齐,最好用框架或栅栏围护固定,并留出通道。

(3) 油脂等可燃物在高压纯氧的冲击下极易起火燃烧,甚至爆炸。因此,应严禁氧气钢瓶与油脂类接触,如果瓶体沾着油脂时,应立即用四氯化碳揩净。

(4) 仓库应阴凉通风,远离热源、火种,防止日光曝晒,严禁受热。库内照明应采用防爆照明灯。库房周围不得堆放任何可燃材料。

(5) 气瓶入库验收要注意包装外形无明显外伤;附件齐全;封闭紧密,无漏气现象;超过使用期限不准延期使用。

(6) 装卸时必须轻装轻卸,严禁碰撞、抛掷、溜坡或横倒在地上滚动等。搬运时不可把钢瓶阀对准人身,注意防止钢瓶安全帽跌落。搬运氧气瓶时,工作服和装卸工具不得沾有油污。

(7) 储运中钢瓶阀门应旋紧,不得泄漏。储存中如发现钢瓶漏气,应迅速打开库门通风,拧紧钢瓶阀,并将钢瓶立即移至安全场所。若是有毒气体,应戴上防毒面具。失火时应尽快将钢瓶移出火场,若搬运不及,可用大量水冷却钢瓶降温,以防高温引起钢瓶爆炸。灭火人员应站立在上风处和钢瓶侧面。

(8) 运输时必须戴好钢瓶上的安全帽。钢瓶一般应平放,并应将瓶口朝向同一方向,不可交叉;高度不得超过车辆的防护拦板,并用三角木垫卡牢,防止滚动。

(9) 为了便于区分钢瓶中所灌装的气体,国家有关部门已统一规定了钢瓶的标志,包括钢瓶的外表面颜色、所用字样和字样颜色等,应按照规定执行。

(10) 各种钢瓶必须严格按照国家规定,进行定期技术检验。钢瓶在使用过程中,如发现有严重腐蚀或其他严重损伤,应提前进行检验。

(11) 平时在储运气瓶时应检查:
① 气瓶上的漆色及标志与各种单据上的品名是否相符,包装、标志、防震胶圈是否齐备,气瓶钢印标志的有效期。
② 安全帽是否完整、拧紧,瓶壁是否有腐蚀、损坏、凹陷、鼓泡和伤痕等。
③ 耳听钢瓶是否有"咝咝"漏气声。
④ 凭嗅觉检测现场有否强烈刺激性臭味或异味。

2.2.6 易燃液体的危险特性

国家标准 GB 6944—2005 规定,将闭杯试验闪点等于或低于61℃的液体物质、液体混合物或含有固体物质的液体物质统称为易燃液体。

1. 分项

第3.1项　低闪点液体(闪点<-18℃),如汽油、乙醚。
第3.2项　中闪点液体(-18℃≤闪点<23℃),如原油、显影液。
第3.3项　高闪点液体(23℃≤闪点≤61℃),如煤油、碘酒。

2. 主要危险特性

1) 挥发性

由于分子的运动,易燃液体具有一定的挥发性,即液体分子能挣脱液体表面的吸附而挥发到空气中。挥发性越强,易燃液体蒸气越易与空气形成爆炸性混合气体,火灾危险性越大。挥发能力的大小与液体本身的性质有关,而且还与环境温度(越高越易挥发)、暴露面(越大挥发量越大)等因素有关。

2) 易燃易爆性

液体的燃烧或爆炸实际上是液体的蒸气燃烧,即当易燃液体表面蒸气浓度在空气中达到一定量时,遇到点火源发生燃烧或爆炸。

3) 热膨胀性

与压缩气体和液化气体的热膨胀性相类似,当储存在密闭容器内的易燃液体受热之后,体积会膨胀,这样本来在密闭容器内的易燃液体挥发出的蒸气的空间就会变小,从而容器内蒸气压力增大,当超过了容器所能承受的压力,就会造成容器的破裂。

所以易燃液体都应该储存在阴凉处,高温的时候应用喷洒冷水的方法进行冷却。

4) 流动性

凡是液体它就有流动性。而为什么说流动性也是主要的危险特性呢?这是因为一旦发生易燃液体的泄漏,因为液体的流动性就会使火灾危险区域扩大,使很大一片区域都可能存在有达到爆炸极限的易燃液体的蒸气。这样一旦有火源,就会造成火灾和爆炸的危险。

可以通过设置水封井(在含有易燃气体或油污的污水管网中)、防火堤(变配电所中防止变压器油泄漏)来防止易燃液体流动性导致的火灾蔓延。

5) 静电性

这个危险性在讲静电的时候也讲过了,在这儿就不多说了。可能是液体与输送管壁间产生的,也可能是液体与液体之间产生的。

6) 毒害性、腐蚀性

绝大多数的易燃液体及其蒸气都具有一定的毒性,会通过与皮肤的接触或呼吸吸入人体,致使人昏迷或窒息而死。有的易燃液体及其蒸气还有刺激性和腐蚀性,会通过呼吸道、消化道等途径刺激或灼伤皮肤或器官,造成机体组织的坏死。

所以,在扑救易燃液体火灾时应配戴好防护用具,如出现头晕、恶心等症状,应立即离开现场,以保证自身安全。

3. 常见的几种易燃液体

1) 原油

物化性质:暗黄、棕色及绿黑色。由碳氢化合物的混合物。

危险特性:易燃。遇高热、明火有燃烧危险。遇热分解,释出有毒的烟雾,吸入大量蒸气会引起神经症状。

泄漏处置:首先切断一切火源,戴好防毒面具与手套,用沙土吸收,倒置空旷的地方掩埋。

2) 汽油

用途:发动机燃料。

物化性质:水白色芳香味挥发性液体。比水轻。

危险特性:易燃。易挥发,蒸气能与空气形成爆炸性混合物。遇明火,高热,强氧化剂有引起燃烧的危险。爆炸极限 1.4%～7.6%。吸入大量的蒸气时,会引起严重的中枢神经障碍。

泄漏处置:消防方法——小面积可以用雾状水扑救,面积较大的时候用干粉、泡沫、二氧化碳、沙土。首先切除一切火源,在周围设置雾状水幕,用沙土吸收,倒置空旷的地方任其蒸发。

(1) 挥发性:沸点较低(50℃～150℃),常温下极易挥发。

(2) 易燃性:闪点低(一般都在 0℃以下),接触明火即燃。

(3) 爆炸性:汽油蒸气的爆炸极限范围(0.76%～8%)。

(4) 受热自燃性:自燃点 280℃～456℃。

带电性和流动性。

3) 醇类(R-OH)

代表物:乙醇(32061)。

物化性质:能与水等有机溶剂混溶。

沸点 78℃;闪点 13℃;自燃点 423℃。

危险特性:蒸气能与空气形成爆炸性混合物,爆炸极限(4%～19%);微毒。

乙醇火灾可用抗溶性泡沫,干粉或二氧化碳扑救。用水冷却火场中的容器,驱散蒸气,赶走逸出的液体,使稀释成不燃性混合物。

泄漏处置:戴放毒面具与手套,用水冲洗,经稀释的污水放入废水系统。大面积泄漏周围应设雾状水幕抑制爆炸。

4) 醚类(R-O-R′)

醚一般具有较低的沸点和闪点,属于易燃液体,具有很大的火灾危险性。

代表物:乙醚(31026)。

用途:溶剂,萃取剂。

物化特性:易挥发,有刺激性气味。微溶于水。

危险特性:极易燃。在空气中于氧长期接触或受光照会生成不稳定的过氧化物,受热能自行着火爆炸。当浓度达到7%~10%时,能引起呼吸系统和循环系统的麻痹,最后致死。

消防方法:小面积火用雾状水,大火用干粉、泡沫、沙土、二氧化碳。用水保持火场容器冷却。

泄漏处理:首先切断一切火源,戴防毒面具与手套,在四周设置雾状水幕;用沙土吸收,倒置空旷地方任其蒸发。

沸点34℃;闪点−45℃;自燃点180℃;爆炸极限2%~48%;容易被氧化生成少量很不稳定过氧化物,而引发危险。一般储存温度不超过28℃,并与氧化剂物质隔开。

其火灾可用抗溶性泡沫、二氧化碳或干粉扑灭。

5) 含硫化合物

代表物:二硫化碳(CS_2,33648)。

物化性质:无色或淡黄色易挥发,易燃液体。不溶于水。

危险特性:极易燃,蒸气即使接触亮着的普通灯泡也可燃着。蒸气能与空气形成爆炸性混合物,爆炸极限1%~45%;与铝、锌、钾、氯等反应剧烈,有引起着火、爆炸的危险。易产生和积聚静电。属于易燃、易爆、高毒、高挥发性液体。

消防方法:用水、泡沫、干粉、二氧化碳灭火。

泄漏处置:戴防毒面具和手套,用沙土吸收,送至空旷安全处烧掉,大面积泄漏时周围应设雾状水幕抑制爆炸。相对密度1.3,储存可用水封,其火灾一般同时使用水和干粉扑救。

6) 芳香烃类

芳香烃类化合物直接来源于石油,常见的有苯、甲苯和二甲苯。

代表物:苯,相对密度0.8794;沸点80.1℃;闪点−11℃;自燃点562.2℃;爆炸极限1.3%~7.1%。挥发性大,易形成爆炸性混合物,与氧化剂接触反应剧烈,易产生和积聚静电。储存阴凉通风,温度不超过30℃,与氧化剂分开存放。苯的火灾可用泡沫、干粉、二氧化碳扑救。

2.2.7 易燃固体的危险特性

易燃固体指燃点低(一般在300℃以下),对热、撞击、摩擦敏感,易被外部火源点燃,燃烧迅速,并可能发出有毒烟雾或有毒气体的固体,但不包括已列入爆炸品的物质。这类物质大部分都是化工原料及其制品。

易燃固体按燃点的高低、易燃性的大小燃烧时的剧烈程度可分为两类。

一级易燃固体,这类物质的燃点低,容易燃烧,爆炸,燃烧速度快,且放出气体的毒性大,如赤磷、硝化棉等。

二级易燃固体,这类物质与一级易燃固体相比较,燃烧性能差,燃烧速度慢,燃烧所放出的气体毒性小。如一些金属易燃粉末,如镁粉、铝粉、硝基芳烃、硫磺等。

1. 主要危险特性

1) 易燃性

这类物质的燃点是比较低的,所以在能量较小的热源或受撞击、摩擦的作用下就会很快受热达到燃点。而且易燃固体的自燃点都要比易燃液体和气体的自燃点低,所以非常容易起火燃烧。而且易燃固体与氧化剂相接触,立即发生燃烧,甚至发生爆炸(黑火药配方)。

2) 爆炸性

大多数的易燃固体是还原剂,非常容易与氧化剂、强酸等发生反应,当反应剧烈的时候,就会引起爆炸。而且,易燃固体与空气接触面积越大,其越容易燃烧,燃烧速度就越快,如粉末状的物质、铝粉、镁粉等,不仅易燃,还易飞散到空气中形成爆炸性混合物,遇火源即发生粉尘爆炸。

3) 毒害性

许多的易燃固体本身具有毒性,或燃烧后生成有毒的物质。例如硫燃烧产生二氧化硫,是具有窒息、腐蚀和毒性的气体,红磷不仅本身有毒,燃烧后产生五氧化二磷,是一种烟雾性的有毒气体。

2. 常见的易燃固体的性质

例如:红磷。

物化性质:红色至紫色粉末,无臭。有毒,有刺激性。不溶于水。

危险特性:遇热、火种、摩擦和撞击极易燃烧。与大多数的氧化剂所组成的混合物都具有十分敏感的爆炸性能。例如氯酸钾与红磷混合后,即使在含有水分的情况下,稍经摩擦火撞击就会燃烧或爆炸。而且红磷燃烧后产生的五氧化二磷烟雾是有毒的。

消防处置:小火时用黄砂、干粉、石粉等闷熄。大火时用水灭,要注意水流向。

2.2.8 自反应物质或混合物的危险特性

自反应物质是指热不稳定性液体或固体物质或混合物,即使没有氧(空气),也易发生强烈放热分解反应。这一概念不包括 GHS 分类为爆炸品、有机过氧化物或氧化物的物质和混合物。

当自反应物质或混合物具有在实验室试验以有限条件加热时易于爆炸、快速爆燃或显现剧烈反应时,可认为其具有爆炸特性。自反应物质和混合物按下列原则分为"A~G"7个类型。

(1) 包装内,会发生爆炸或快速爆燃的任何自反应物质或混合物,分类为 A 型自反应物质。

(2) 在包装内,具有爆炸特性,既不会爆炸也不会快速爆燃,但易发生受热爆燃的任何自反应物质或混合物,分类为 B 型自反应物质。

(3) 在包装内,具有爆炸特性,不会发生爆炸、快速爆燃或受热爆燃的任何自反应物质或混合物,分类为 C 型自反应物质。

(4) 在实验室试验中以下情况的任何自反应物质或混合物:

① 有限条件加热时部分爆燃,不会快速爆燃,没有呈剧烈反应。

② 有限条件加热时完全不会爆炸,会缓慢燃烧,没有呈剧烈反应。

③ 有限条件加热时完全不会爆炸或爆燃,呈中等反应。

将被确定为 D 型自反应物质。

(5) 在实验室试验中,有限条件加热时完全不会爆炸又不爆燃,呈微反应或不反应的任何自反应物质或混合物,分类为 E 型自反应物质。

(6) 在实验室试验中,有限条件加热时既不会在空化状态爆炸,也完全不会爆燃,呈微反应或不反应,低爆炸能量或无爆炸能量的任何自反应物质或混合物,分类为 F 型自反应物质。

(7) 在实验室试验中,有限条件加热时既不会在空化状态爆炸,也完全不会爆燃,并且不发生反应,无任何爆炸能量,只要是热稳定的(50kg 包装的自加速分解温度为 60℃～75℃),对于液体混合物,用沸点不低于 150℃ 的稀释剂减感的任何自反应物质或混合物,确定为 G 型自反应物质。如果该混合物不是热稳定的,或用沸点低于 150℃ 的稀释剂减感,则该混合物应确定为 F 型自反应物质。

2.2.9　自燃液体的危险特性

自燃液体是即使数量小也能在与空气接触后 5min 之内引燃的液体。自燃液体的危险特性遇空气自燃性。

储存方式:置于阴凉、通风、低温、干燥处,远离热源和火源。

与不相容物质隔离储存:禁止与氧化剂等一起储存和运输;在运输和储存中与氧化剂等隔离开;禁止与氧化剂、酸和碱等一起储存和运输。

消防:使用二氧化碳、干粉或泡沫。

2.2.10　自燃固体的危险特性

自燃固体指自燃点低(自热自燃点低于 200℃),在空中易于发生氧化反应,放出热量,而自行燃烧的物品。也就是说,这类物品无需在外界火源的作用下,由于其自身受空气氧化或外界温度、湿度的影响,能发热并积热不散达到自燃点而引起燃烧。

1. 分级

根据自燃的难易程度及危险性大小,分为两级。

一级自燃物品:这类物品自燃点低,化学性质比较活泼,在空气中极易氧化或分解,并放出热量,使其自燃,如黄磷等。

二级自燃物品:这类物品化学性质虽然较稳定,但自燃点较低,如果通风不良,在空气中氧化所放出的热量积聚不散,也能引起自燃。这类物品都是含有油脂的物质。

2. 主要危险特性

1) 遇空气自燃性(如黄磷)

一部分自燃物品可以与空气中的氧发生氧化还原反应,同时放出大量的热,最后达到自燃点而自燃。例如黄磷,它的自燃点非常低,约 30℃,即使在常温下,遇到空气就会自燃起火,生成有毒的五氧化二磷烟雾,后者遇水生成有剧毒的偏磷酸。

2) 积热自燃性(硝化纤维胶片、油纸、油布等)

自燃物品发生氧化还原反应,产生的热量由于散热不良而造成积热不散,从而导致温度升高达到自燃点而引起自燃。例如油纸或油布,由于油在纸或布上,遇空气中的氧接触的面积就会增大了,氧化的时候产生的热量也就相应的增多了,而且堆放在一起的油纸或油布等散热不良,造成积热不散,从而导致达到自燃点而引起自燃。

3) 遇湿易燃易爆性(硼、锌、铝的烷基化合物等)

一些有机金属化合物,还原性较强,不但在空气中能发生自燃,遇水还会强烈地分解,放出易燃的气体,使火势更加猛烈,甚至发生爆炸。

4) 常见的自燃物品的性质

例如:黄磷。

物化性质:不溶于水。自燃点低,在空气中会冒白烟自燃。毒性比较强。其碎屑接触皮肤,会引起严重的皮肤灼伤,蒸气会刺激眼睛、鼻,吸入过多,则会引起组织坏死。

消防处置:用雾状水灭火,应必须注意防止飞溅,也可用沙土或泥土覆盖。消防队员必须穿戴橡胶衣、裤、胶靴。并戴防毒口罩。

2.2.11 自热物质和混合物的危险特性

自热物质是发火液体或固体以外,与空气反应不需要能源供应就能够自己发热的固体或液体物质或混合物;这类物质或混合物与发火液体或固体不同,因为这类物质只有数量很大(千克级)并经过长时间(几小时或几天)才会燃烧。

2.2.12 遇水放出易燃气体的物质或混合物的危险特性

这类物品是指遇水或受潮时,发生剧烈的化学反应,并放出大量的易燃气体和热量的物品。有些不需明火,即能燃烧或爆炸,遇湿易燃物品又常常称为遇水燃烧物品。

1. 分级

根据遇水或受潮后发生反应的剧烈程度和危险性大小,遇湿易燃物品可分为两级。

一级遇湿易燃物品:遇水发生剧烈的反应,产生大量的可燃气体并且放出大量的热,容易引起燃烧和爆炸,如活泼的碱金属(钾、钠、锂等)、金属硫化物等。

二级遇湿易燃物品:遇水发生的反应比较缓慢,放出的热量比较少,产生的可燃气体一般要在火源作用下才能引起燃烧的物质,如湿金属镁粉、锌粉等。

2. 主要危险特性

1) 遇水易燃易爆性(金属钠、电石等)

这主要是一级遇湿易燃物品的危险特性。例如金属钠,可以使水分解放出氢,并且放出大量的热,使氢着火。

2) 遇氧化剂、酸着火爆炸性

这主要是二级遇湿易燃物品的危险特性。它们遇到水后不会起这么剧烈的化学反应,但是当遇到酸性溶液的时候,会发生剧烈的化学反应,并且放出大量的易燃气体,从而引起燃烧和爆炸。

3) 自燃危险性(碱金属、硼氢化物)

有些物品,例如碱金属,由于它们的化学性质非常的活泼,暴露在空气中或氧气中就能自行着火自燃。

4) 毒害性和腐蚀性(如磷化物)

很多的遇湿易燃物品本身就有毒性。另外金属磷化物(磷化钙、磷化铝)等遇湿易燃物品,遇水或受潮则生成具有腐蚀性的碱,同时放出有毒的气体。

3. 常见的几种遇湿易燃物品的性质

1) 金属钠

危险特性:高度反应性的易燃、易爆物品,遇水或潮气都会剧烈反应生成氢氧化钠和氢气,并放出大量的热,引起着火或爆炸。并且吸入钠的烟雾或蒸气对上呼吸道的黏膜有强烈的刺激和腐蚀作用。

消防处置:由于它可以与水发生剧烈的化学反应,所以不能用水作灭火剂。应用干砂、干粉灭火。并且在处置钠的时候,一定要戴好防护眼镜、手套、安全帽等防护用品。

2) 碳化钙(CaC_2)

又名电石。遇水或吸收空气中的水分，则生成乙炔。乙炔又是极易引燃爆炸的，所以它的危险性可想而知。

危险特性：产生的乙炔很容易与空气形成爆炸性混合物，非常危险。

消防处置：不能用水来作为灭火剂。应用干砂、水泥浆或闷熄。

2.2.13 氧化性液体的危险特性

氧化性液体是本身未必燃烧，但通常因放出氧气可能引起或促使其他物质燃烧的液体。

2.2.14 氧化性固体的危险特性

氧化性固体是本身未必燃烧，但通常因放出氧气可能引起或促使其他物质燃烧的固体。

2.2.15 有机过氧化物的危险特性

氧化剂是指处于高氧化态，具有强氧化性，易分解并放出氧和热量的物质。包括含有过氧基的无机物，其本身不一定可燃，但能导致可燃物燃烧，与松软的粉末状可燃物能组成爆炸性化合物，对热、振动或摩擦较敏感。

有机过氧化物是指分子组成中含有过氧基的有机物，其本身易燃易爆，极易分解，对热、振动或摩擦极为敏感。

1. 特性

氧化剂的危险特性主要表现在8个方面：①强烈的氧化性；②受热撞击分解性；③可燃性；④与可燃物质作用的自燃性；⑤与酸作用的分解性；⑥与水作用的分解性；⑦强氧化剂与弱氧化剂作用的分解性；⑧腐蚀毒害性。

有机过氧化物的特性：①分解爆炸性；②易燃性；③伤害性。

2. 分类

氧化剂一般分为两个级别：一级氧化剂、二级氧化剂。

3. 消防注意事项

（1）仓库不得漏水，并应防止酸雾侵入。严禁与酸类、易燃物、有机物、还原剂、自燃物品、遇湿易燃物品等混存混运。

（2）不同品种的氧化剂，应根据其性质及灭火方法的不同，选择适当的库房分类存放以及分类运输。

（3）储运过程中，力求避免摩擦、撞击，防止引起爆炸。对氯酸盐、有机过氧化物等物更应特别注意。

（4）仓库储存前后及运输车辆装卸前后，均应清扫、清洗。严防混入有机物、易燃物等杂质。

2.2.16 金属腐蚀剂的危险特性

腐蚀金属的物质或混合物是通过化学作业显著损坏或毁坏金属的物质或混合物。其危险特性主要是腐蚀性。

常见金属腐蚀剂：

1. 三氯化铁

三氯化铁200g,硝酸300mL,水100mL混合溶液可腐蚀大多数钢种。腐蚀方法:室温浸蚀。

危险特性:受高热分解产生有毒的腐蚀性烟气。

溶解性:易溶于水,不溶于甘油,易溶于甲醇、乙醇、丙酮、乙醚。

灭火剂:水、泡沫、二氧化碳。

泄漏应急处理:隔离泄漏污染区,限制出入。建议应急处理人员戴自给式呼吸器,穿防酸碱工作服。不要直接接触泄漏物。小量泄漏:用洁净的铲子收集于干燥、洁净、有盖的容器中。也可以用大量水冲洗,洗水稀释后放入废水系统。大量泄漏:用塑料布、帆布覆盖,减少飞散。然后收集、回收或运至废物处理场所处置。

储运注意事项:储存于阴凉、通风仓间内。远离火种、热源,防止阳光直射。保持容器密封。应与金属粉末、易燃或可燃物、还原剂等分开存放。分装和搬运作业要注意个人防护。搬运时要轻装轻卸,防止包装及容器损坏。

2. 盐酸

容积比1∶1的工业盐酸水溶液可以腐蚀大多数钢种。腐蚀方法:60℃~80℃热蚀,时间:易切削钢5min~10min;碳素钢等5min~20min;合金钢等15min~20min。

理化特性:无色或微黄色发烟液体,有刺鼻的酸味;熔点(℃):−114.8(纯);沸点(℃):108.6(20%);饱和蒸气压(kPa):30.66(21℃)。

危险特性:能与一些活性金属粉末发生反应,放出氢气。遇氰化物能产生剧毒的氰化氢气体。与碱发生中合反应,并放出大量的热。具有较强的腐蚀性。

灭火方法:用碱性物质如碳酸氢钠、碳酸钠、消石灰等中和。也可用大量水扑灭。

应急处理:迅速撤离泄漏污染区人员至安全区,并进行隔离,严格限制出入。建议应急处理人员戴自给正压式呼吸器,穿防酸碱工作服。不要直接接触泄漏物。尽可能切断泄漏源。小量泄漏:用砂土、干燥石灰或苏打灰混合。也可以用大量水冲洗,洗水稀释后放入废水系统。大量泄漏:构筑围堤或挖坑收容。用泵转移至槽车或专用收集器内,回收或运至废物处理场所处置。

储存注意事项:储存于阴凉、通风的库房。库温不超过30℃,相对湿度不超过85%。保持容器密封。应与碱类、胺类、碱金属、易(可)燃物分开存放,切忌混储。储区应备有泄漏应急处理设备和合适的收容材料。

2.3 化学品安全基础

2.3.1 危险化学品的安全储存

1. 危险化学品储存的基本要求

根据GB 15603—1995《常用化学危险品储存通则》的规定,储存危险化学品基本安全要求如下:

(1) 储存危险化学品必须遵照国家法律、法规和其他有关的规定。

(2) 危险化学品必须储存在经公安部门批准设置的专门的危险化学品仓库中,经销部门自管仓库储存危险化学品及储存数量必须经公安部门批准。未经批准不得随意设置危险化学品储存仓库。

（3）危险化学品露天堆放，应符合防火、防爆的安全要求，爆炸物品、一级易燃物品、遇湿燃烧物品、剧毒物品不得露天堆放。

（4）储存危险化学品的仓库必须配备有专业知识的技术人员，其库房及场所应设专人管理，管理人员必须配备可靠的个人安全防护用品。

（5）储存的危险化学品应有明显的标志，标志应符合 GB 190—2009《常用危险化学品分类明细表》的规定。同一区域储存两种或两种以上不同级别的危险化学品时，应按最高等级危险化学品的性能标志。

（6）危险化学品贮存方式分为三种：隔离储存、隔开储存、分离储存。

（7）根据危险化学品性能分区、分类、分库储存。各类危险品不得与禁忌物料混合储存。灭火方法不同的危险化学品不能同库储存。

（8）储存危险化学品的建筑物、区域内严禁吸烟和使用明火。

（9）剧毒化学品以及储存数量构成重大危险源的其他危险化学品必须在专用仓库内单独存放，实行双人收发、双人保管制度。储存单位应当将储存剧毒化学品以及构成重大危险源的其他危险化学品的数量、地点以及管理人员的情况，报当地公安部门和负责危险化学品安全监督管理综合工作的部门备案。

（10）危险化学品专用仓库，应当符合国家标准对安全、消防的要求，设置明显标志。危险化学品专用仓库的储存设备和安全设施应当定期检测。

（11）危险化学品单位应当制定本单位事故应急救援预案，配备应急救援人员和必要的应急救援器材、设备，并定期组织演练。

危险化学品事故应急救援预案应当报设区的市级人民政府负责危险化学品安全监督管理综合工作的部门备案。

2. 危险化学品的储存安排及储存限量

（1）危险化学品储存安排取决于危险化学品分类、分项、容器类型、储存方式和消防的要求。

（2）遇火、遇热、遇潮能引起燃烧、爆炸或发生化学反应，产生有毒气体的危险化学品不得在露天或在潮湿、积水的建筑物中储存。

（3）受日光照射能发生化学反应引起燃烧、爆炸、分解、化合或能产生有毒气体的危险化学品应储存在一级建筑物中，其包装应采取避光措施。

（4）爆炸物品不准和其他类物品同储，必须单独隔离限量储存。

（5）压缩气体和液化气体必须与爆炸物品、氧化剂、易燃物品、自燃物品、腐蚀性物品隔离储存。易燃气体不得与助燃气体、剧毒气体同储；氧气不得和油脂混合储存，盛装液化气体的容器，属压力容器的，必须有压力表、安全阀、紧急切断装置，并定期检查，不得超装。

（6）易燃液体、遇湿易燃物品、易燃固体不得与氧化剂混合储存，具有还原性的氧化剂应单独存放。

（7）有毒物品应储存在阴凉、通风、干燥的场所，不要露天存放，不要接近酸类物质。

（8）腐蚀性物品，包装必须严密，不允许泄漏，严禁与液化气体和其他物品共存。

3. 储存易燃易爆品的要求

GB 17914—1999《易燃易爆性商品储藏养护技术条件》作了明确的规定，储存易燃易爆品

储存条件如下:

(1) 建筑条件。应符合 GB 50016—2006《建筑设计防火规范》的要求,库房耐火等级不低于三级。

(2) 库房条件。储藏易燃易爆商品的库房,应冬暖夏凉、干燥、易于通风、密封和避光;根据各类商品的不同性质、库房条件、灭火方法等进行严格的分区、分类、分库存放;爆炸品宜储藏于一级轻顶耐火建筑的库房内;低、中闪点液体、一级易燃固体、自燃物品、压缩气体和液化气体宜储藏于一级耐火建筑的库房内;遇湿易燃物品、氧化剂和有机过氧化物可储藏于一、二级耐火建筑的库房内;二级易燃固体、高闪点液体可储藏于耐火等级不低于三级的库房内。

(3) 安全条件。商品避免阳光直射,远离火源、热源、电源,无产生火花的条件。

除按规定分类储存外,以下品种应专库储藏。

① 爆炸品:黑色火药类、爆炸性化合物分别专库储藏。

② 压缩气体和液化气体:易燃气体、不燃气体和有毒气体分别专库储藏。

③ 易燃液体均可同库储藏;但甲醇、乙醇、丙酮等应专库储存。

④ 易燃固体可同库储藏;但发孔剂 H 与酸或酸性物品分别储藏;硝酸纤维素酯、安全火柴、红磷及硫化磷、铝粉等金属粉类应分别储藏。

⑤ 自燃物品:黄磷,烃基金属化合物,浸动、植物油制品必须分别专库储藏。

⑥ 遇湿易燃物品专库储藏。

⑦ 氧化剂和有机过氧化物一、二级无机氧化剂与一、二级有机氧化剂必须分别储藏,但硝酸铵、氯酸盐类、高锰酸盐、亚硝酸盐、过氧化钠、过氧化氢等必须分别专库储藏。

(4) 环境卫生条件。库房周围无杂草和易燃物;库房内经常打扫,地面无漏撒商品,保持地面与货垛清洁卫生。

4. 储存毒害品的要求

GB 17916—1999《毒害性商品储藏养护技术条件》作了明确的规定。储存毒害品的条件如下:

(1) 库房条件。库房结构完整、干燥、通风良好。机械通风排毒要有必要的安全防护措施;库房耐火等级不低于二级。

(2) 安全条件。①仓库应远离居民区和水源。②商品避免阳光直射、曝晒,远离热源、电源、火源,库内在固定方便的地方配备与毒害品性质适应的消防器材、报警装置和急救药箱。③不同种类毒害品要分开存放,危险程度和灭火方法不同的要分开存放,性质相抵的禁止同库混存。④剧毒品应专库贮存或存放在彼此间隔的单间内,执行"五双"制度(双人验收、双人保管、双人发货、双把锁、双本账),安装防盗报警装置。

(3) 环境卫生条件。库区和库房内要经常保持整洁。对散落的毒品、易燃、可燃物品和库区的杂草及时清除。用过的工作服、手套等用品必须放在库外安全地点,妥善保管或及时处理。更换储藏毒品品种时,要将库房清扫干净。

(4) 温湿度条件。库区温度不超过 35℃为宜,易挥发的毒品应控制在 32℃以下;相对湿度应在 85%以下,对于易潮解的毒品应控制在 80%以下。

5. 储存腐蚀性物品的要求

GB 17915—1999《腐蚀性商品储藏养护技术条件》作了明确的规定。储存腐蚀性物品的条件如下:

(1) 库房条件。库房应是阴凉、干燥、通风、避光的防火建筑。建筑材料最好经过防腐蚀处理;储藏发烟硝酸、溴素、高氯酸的库房应是低温、干燥通风的一、二级耐火建筑;溴氢酸、碘氢酸要避光储藏。

(2) 货棚、露天货场条件。货棚应阴凉、通风、干燥,露天货场应比地面高、干燥。

(3) 安全条件。商品避免阳光直射、曝晒,远离热源、电源、火源,库房建筑及各种设备符合GB 50016—2006《建筑设计防火规范》的规定;按不同类别、性质、危险程度、灭火方法等分区分类储藏,性质相抵的禁止同库储藏。

(4) 环境卫生条件。库房地面、门窗、货架应经常打扫,保持清洁;库区内的杂物、易燃物应及时清理,排水沟保持畅通。

2.3.2 危险化学品的安全运输

危险化学品的运输,区别于其他物品的运输,一旦出现事故,具有影响大、危害大、伤亡人数多的特点。随着城市发展和人民生活水平不断提高,对危险化学品需求越来越大,因此出事故的概率也会越来越高,危险化学品的运输管理具有重要意义。

1. 危险化学品运输安全技术与基本要求

化学品在运输中发生事故比较常见,全面了解化学品的安全运输,掌握有关化学品的安全运输规定,对降低运输事故具有重要意义。

(1) 国家对危险化学品的运输实行资质认定制度,未经资质认定,不得运输危险化学品。

(2) 托运危险物品必须出示有关证明,在指定的铁路、交通、航运等部门办理手续。托运物品必须与托运单上所列的品名相符,托运未列入国家品名表内的危险物品,应附交上级主管部门审查同意的技术鉴定书。

(3) 危险物品的装卸人员,应按装运危险物品的性质,佩戴相应的防护用品,装卸时必须轻装、轻卸,严禁摔拖、重压和摩擦,不得损毁包装容器,并注意标志,堆放稳妥。

(4) 危险物品装卸前,应对车(船)搬运工具进行必要的通风和清扫,不得留有残渣,对装有剧毒物品的车(船),卸车后必须洗刷干净。

(5) 装运爆炸、剧毒、放射性、易燃液体、可燃气体等物品,必须使用符合安全要求的运输工具;禁止用电瓶车、翻斗车、铲车、自行车等运输爆炸物品。运输强氧化剂、爆炸品及用铁桶包装的一级易燃液体时,没有采取可靠的安全措施,不得用铁底板车及汽车挂车;禁止用叉车、铲车、翻斗车搬运易燃、易爆液化气体等危险物品;温度较高地区装运液化气体和易燃液体等危险物品,要有防晒设施;放射性物品应用专用运输搬运车和抬架搬运,装卸机械应按规定负荷降低25%;遇水燃烧物品及有毒物品,禁止用小型机帆船、小木船和水泥船承运。

(6) 运输爆炸、剧毒和放射性物品,应指派专人押运,押运人员不得少于2人。

(7) 运输危险物品的车辆,必须保持安全车速,保持车距,严禁超车、超速和强行会车。运输危险物品的行车路线,必须事先经当地公安交通管理部门批准,按指定的路线和时间运输,不可在繁华街道行驶和停留。

(8) 运输易燃、易爆物品的机动车,其排气管应装阻火器,并悬挂"危险品"标志。

(9) 运输散装固体危险物品,应根据性质,采取防火、防爆、防水、防粉尘飞扬和遮阳等措施。

(10) 禁止利用内河以及其他封闭水域运输剧毒化学品。通过公路运输剧毒化学品的,托运人应当向目的地的县级人民政府公安部门申请办理剧毒化学品公路运输通行证。办理剧毒化学品公路运输通行证时,托运人应当向公安部门提交有关危险化学品的品名、数量、运输始发地和目的地、运输路线、运输单位、驾驶人员、押运人员、经营单位和购买单位资质情况的材料。

(11) 运输危险化学品需要添加抑制剂或者稳定剂的，托运人交付托运时应当添加抑制剂或者稳定剂，并告知承运人。

(12) 危险化学品运输企业，应当对其驾驶员、船员、装卸管理人员、押运人员进行有关安全知识培训。驾驶员、装卸管理人员、押运人员必须掌握危险化学品运输的安全知识，并经所在地设区的市级人民政府交通部门考核合格，船员经海事管理机构考核合格，取得上岗资格证，方可上岗作业。

2. 做好运输准备工作，安全驾驶

运输危险化学品由于货物自身的危害性，应配置明显的符合标准的"危险品"标志。佩戴防火罩、配备相应的灭火器材和防雨淋的器具。车辆的底板必须保持完好，车厢的底板若是铁质的，应铺垫木板或橡胶板。载运危险化学品的车辆必须处于良好的技术状态，做好行车前车辆状况检查。行驶过程中，司机要选择平坦的道路，控制车速、车距，遇有情况，应提前减速，避免紧急制动。路途不能随意停车，装载剧毒、易燃易爆物品的车辆不得在居民区、学校、集市等人口稠密处停放。运输途中驾驶员要精力充沛、思想集中，杜绝酒后开车、疲劳驾驶和盲目开快车，保证安全行驶。

3. 运输系统危害辨识

危险化学品的运输中，危害不仅存在，而且形式多样，很多危险源不是很容易就被发现。所以运输人员应采取一些特定的方法对其潜在的危险源进行识别，危害辨识是控制事故发生的第一步，只有识别出危险源的存在，找出导致事故的根源，才能有效控制事故的发生。

4. 事故应急处置

运输危险化学品因为交通事故或其他原因，发生泄漏，驾驶员、押运员或周围的人要尽快设法报警，报告当地公安消防部门或地方公安机关，可能的情况下尽可能采取应急措施，或将危险情况告知周围群众，尽量减少损失。

运输的危险化学品若具有腐蚀性、毒害性，在处理事故过程中，采取危险化学品"一书一签"（安全技术说明书、安全标签）中相应的应急处理措施，尽可能降低腐蚀性、毒害性物品对人的伤害。现场施救人员还应根据有毒物品的特性，穿戴防毒衣、防毒面具、防毒手套、防毒靴，防止通过呼吸道、皮肤接触进入人体，穿戴好防护用品，可减少身体暴露部分与有毒物质接触，减少伤害。

5. 加强对现场外泄化学品监测

危险化学品泄漏处置过程中，还应特别注意对现场物品泄漏情况进行监测。特别是剧毒或易燃易爆化学品的泄漏更应该加强监测，向有关部门报告检测结果，为安全处置决策提供可靠的数据依据。

2.3.3 危险化学品的安全包装

危险化学品包装安全按照包装的结构强度、防护性能及内装物的危险程度，GB 12463—2009《危险货物的运输包装通用技术条件》把危险货物包装分成3个等级。

(1) Ⅰ级包装：适用于具有较大危险性的化学品，包装强度要求高。

(2) Ⅱ级包装：适用于具有中等危险性的化学品，包装强度要求较高。

(3) Ⅲ级包装：适用于具有危险性小的化学品，包装强度要求一般。

GB 12463—2009《危险货物的运输包装通用技术条件》还规定了这些包装的基本要求、性能试验和检验方法等，也规定了包装容器的类型和标记代号。GB 15098—1994《危险货物运输包装类别划分原则》规定了划分各类危险化学品运输包装类别的基本原则。

由于包装伴随危险品运输全过程,情况复杂,直接关系危险化学品运输的安全,因此各国都重视对危险化学品包装进行立法。我国自1985年以后相继颁布了有关危险化学品包装的标准:GB 190—2009《危险货物包装标志》、GB 12463—2009《危险货物运输包装通用技术条件》和JT 12463—1988《公路水路危险货物包装基本要求和性能试验》等。《危险化学品安全管理条例》也对危险化学品包装的生产和使用做出了明确规定。

危险化学品包装的基本要求如下:

(1) 危险货物运输包装应结构合理,具有一定强度,防护性能好。包装的材质、形式、规格、方法和单件质量(重量),应与所装危险货物的性质和用途相适应,并便于装卸、运输和储存。

(2) 包装应质量良好,其构造和封闭形式应能承受正常运输条件下的各种作业风险,不应因温度、湿度或压力的变化而发生任何渗(撒)漏,包装表面应清洁,不允许粘附有害的危险物质。

(3) 包装与内装物直接接触部分,必要时应有内涂层或进行防护处理,包装材质不得与内装物发生化学反应而形成危险产物或导致削弱包装强度。

(4) 内容器应予固定。如属易碎性的应使用与内装物性质相适应的衬垫材料或吸附材料衬垫妥实。

(5) 盛装液体的容器,应能经受在正常运输条件下产生的内部压力。灌装时必须留有足够的膨胀余量(预留容积),除另有规定外,并应保证在温度55℃时内装液体不致完全充满容器。

(6) 包装封口应根据内装物性质采用严密封口、液密封口或气密封口。

(7) 盛装需浸湿或加有稳定剂的物质时,其容器封闭形式应能有效地保证内装液体(水、溶剂和稳定剂)的百分比,在储运期间保持在规定的范围以内。

(8) 有降压装置的包装,其排气孔设计和安装应能防止内装物泄漏和外界杂质进入,排出的气体量不得造成危险和污染环境。

(9) 复合包装的内容器和外包装应紧密贴合,外包装不得有擦伤内容器的凸出物。

(10) 无论是新型包装、重复使用的包装、还是修理过的包装均应符合危险货物运输包装性能试验的要求。

(11) 包装所采用的防护材料及防护方式,应与内装物性能相容且符合运输包装件总体性能的需要,能经受运输途中的冲击与振动,保护内装物与外包装,当内容器破坏、内装物流出时也能保证外包装安全无损。

(12) 危险化学品的包装内应附有与危险化学品完全一致的化学品安全技术说明书,并在包装(包括包装件)上加贴或者栓挂与包装内危险化学品完全一致的化学品标签。

(13) 盛装爆炸品包装的附加要求:

① 盛装液体爆炸品容器的封闭形式,应具有防止渗漏的双重保护。

② 除内包装能充分防止爆炸品与金属物接触外,铁钉和其他没有防护涂料的金属部件不得穿透外包装。

③ 双重卷边接合的钢桶,金属桶或以金属做衬里的包装箱,应能防止爆炸物进入隙缝。钢桶或铝桶的封闭装置必须有合适的垫圈。

④ 包装内的爆炸物质和物品,包括内容器,必须衬垫妥实,在运输中不得发生危险性移动。

⑤ 盛装有对外部电磁辐射敏感的电引发装置的爆炸物品,包装应具备防止所装物品受外部电磁辐射源影响的功能。

危险货物包装产品出厂前必须通过性能试验,各项指标符合相应标准后,才能打上包装标记投入使用。如果包装设计、规格、材料、结构、工艺和盛装方式等有变化,都应分别重复作试验。试验合格标准由相应包装产品标准规定。

危险化学品包装容器及其安全要求如下:

不同的包装容器,除应满足包装的通用技术要求外,还要根据其自身的特点,满足各自的安全要求。常用的包装容器材料有钢、铝、木材、各种纤维板、塑料、编织材料、多层纸、金属(钢、铝除外)、玻璃、陶瓷以及柳条、竹篾等,其中作为危险化学品包装容器的材质,钢、铝、塑料、玻璃、陶瓷等用得较多。容器的形状也多为桶、箱、罐、瓶、坛等形状。在选取危险化学品容器的材质和形状时,应充分考虑所包装的危险化学品的特性,例如腐蚀性、反应活性、毒性、氧化性和包装物要求的包装条件,例如压力、温湿度、光线等,同时要求选取的包装材质和所形成的容器要有足够的强度,在搬运、堆叠、震动、碰撞中不能出现破坏而造成包装物的外泄。

质检部门应当对危险化学品的包装物、容器的产品质量进行定期的或者不定期的检查。

2.3.4 危险化学品安全信息

危险化学品安全信息应该危险化学品燃爆、毒性和环境危害安全使用、泄漏应急处理、主要理化参数、法律法规等方面信息的综合性文件。

(1) 第一部分标识。危险化学品名称、结构及其编码方面的信息,包括品名(中文名称、英文名称)、分子式、结构式、分子量、危险货物编号、UN编号、危险性类别。

(2) 第二部分成分及理化特性。危险化学品的主要成分和物理化学方面的特性,包括主要成分、外观与性状、主要用途、熔点、沸点、相对密度(水=1)、相对蒸气密度(空气=1)、饱和蒸气压、燃烧热、临界温度、临界压力、溶解性。

(3) 第三部分燃烧爆炸危险特性危险化学品燃烧爆炸特性和由此产生的危害,包括燃烧性、闪点、引燃温度、爆炸极限、危险特性、燃烧(分解)产物、稳定性、聚合危害、禁忌物、其他燃烧爆炸特性、灭火方法等。

(4) 第四部分毒性及健康危害性。危险化学品作用于生物体引起生理功能或正常组织的病理改变方面的性能,包括最同容许浓度、侵入途径、毒性(LD_{50}、LC_{50})、监测方法、健康危害。

(5) 第五部分急救。现场作业人员意外地受到危险化学品伤害时,所需采取的自数或互救的简要的处理方法,包括皮肤接触、眼睛接触、吸入、食入。

(6) 第六部分防护措施。预防和防护毒物对人体危害的措施,包括工程控制、呼吸系统防护、眼睛防护、手防护、其他防护要求。

(7) 第七部分包装与储运。危险化学品包装、储存运输的方法和要求,包括包装方法、包装类别、包装标志、储运注意事项。

(8) 第八部分泄漏处置及废弃。危险化学品泄漏后现场可采用的简单有效的应急措施和注意事项,及化学品最后废弃处置的方法,包括泄漏处置方法、废弃方法。

思 考 题

1. GHS将化学品分为哪几类?
2. 每类化学品的危险特性是什么?
3. 化学品的安全标志有哪些?
4. 化学品在储运过程中应注意哪些安全事项?

第3章 化工泄漏及其控制

化工企业生产过程中，多数物料都具有腐蚀性，特别是高温、高压、生产链长和系统的长周期运行环境下，装置在生产、储运等环节，常常会发生泄漏。泄漏既损失了物料，又污染了环境，严重的甚至引起火灾、爆炸、中毒等事故，给企业安全生产带来了极大的危害。导致泄漏的因素很多，有人的因素及物的因素等。知道一些常见的泄漏源，充分准确地掌握泄漏量的大小，掌握危险有害物质泄漏后的扩散范围，对明确现场救援与实施现场控制处理非常重要。

本章利用传质学、流体力学、大气扩散学的基本原理描述可能的泄漏、扩散过程，为化工安全生产提供理论支持。

3.1 化工泄漏情况分析

3.1.1 化工泄漏的危害

根据工业化国家数据资料统计，发生在化工企业的着火和人员中毒事故，有56%是由物料泄漏发现不及时或处理不当引起的。如何防范泄漏，这是化工企业有效控制事故发生的重点之一。

化工生产过程中泄漏物质主要有常压液体、加压液化气体、低温液化气体、加压气体四种类型。常压下液态的物料泄漏后四处流淌，同时蒸发为气体扩散；常压下加压压缩、液化存储的物料一旦泄漏至空气中会迅速膨胀，气化为常压下的大量气体，迅速扩散至大范围空间，如液态烃、液氯、液氨。如果泄漏的物质有毒性，将造成扩散范围的人员中毒；如果有燃烧爆炸性，将可能形成火球、池火灾、蒸汽云爆炸、沸腾液体扩展蒸汽爆炸等严重的火灾爆炸事故，给生产和生活带来很大的危害。泄漏造成的危害是巨大的，主要有下面几个方面。

1. 物料和能量损失

泄漏首先流失了有用物料和能量。泄漏增加了物料消耗，使企业成本上升，效益下降。价格昂贵的物质泄漏所造成经济损失巨大，而像水、蒸气这些便宜的物质则容易被人忽视，但是积累起来损失也会很严重。据原建设部1996年统计，我国城市供水损失的60%以上为管网漏失，而漏失率占总供水量的13%~15%，损失惊人。

泄漏还会降低生产装置和机器设备的运转率，严重的泄漏还会导致生产无法正常运行，装置被迫停车抢修，造成更为严重的经济损失。

2. 引发事故灾害

泄漏是导致化工企业发生火灾、爆炸事故的主要原因有：一是因为生产物料几乎都是易燃易爆物质；二是空气无处不在；三是由于生产工艺、安装、检修等过程，离不开火源。因此，在生产过程中，一旦物料泄漏到周围大气中，或由于负压操作、系统串气，空气窜入生产装置内，都极有可能发生着火、爆炸、中毒等事故，造成厂毁人亡。例如：炼油厂减压塔渣油温度高达370℃，一旦泄漏就极易自燃;减压塔内为负压操作,若空气漏入塔内,与高温油气混合极易发生爆炸,后果不堪设想。

据日本对石化联合企业灾害事故统计的768起事故中,由泄漏引起的多达332起,占事故总数的42%;产生泄漏的部位最多的是配管,包括阀门和法兰,约137起,占泄漏总数的41%。

3. 环境污染

泄漏是生产环境恶化、造成环境污染的重要根源。泄漏到环境中的物质一般难以回收,严重污染了空气、水及土壤。如很多化工厂区气味难闻,烟雾弥漫,对环境造成严重污染,严重地危害着职工的身体健康。

3.1.2 常见的泄漏源

一般情况下,可以根据泄漏面积的大小和泄漏持续时间的长短,将泄漏源分为两类:一是小孔泄漏,此种情况通常为物料经较小的孔洞长时间泄漏,上游的条件并不因此而立即受到影响,如反应器、储罐、管道上出现小孔,或者法兰、机泵、转动设备等处密封失效;二是大面积泄漏,是指经较大孔洞在很短时间内泄漏出大量物料,如大管径管线断裂、爆破片爆裂,反应器因超压爆炸等瞬间泄漏出大量物料。

图3-1显示了化工厂中常见的小孔泄漏的情况。对于这些泄漏,物质从储罐和管道上的孔洞和裂纹,以及法兰、阀门和泵体的裂缝和严重破坏或断裂的管道中泄漏出来。

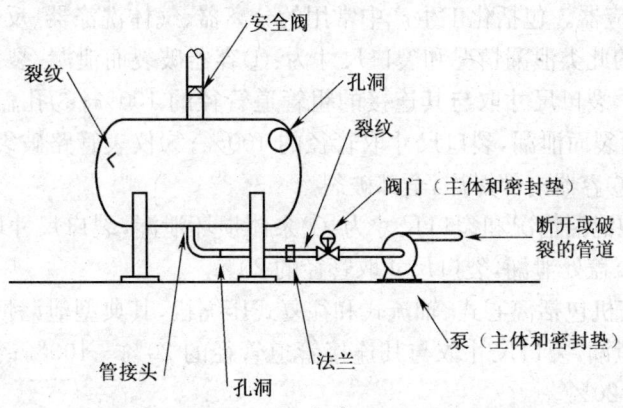

图3-1 化工厂中常见的小孔泄漏

图3-2显示了物料的物理状态是怎样影响泄漏过程的。对于存储于储罐内的气体或蒸气,裂缝导致气体或蒸气泄漏出来。对于液体,储罐内液面以下的裂缝导致液体泄漏出来。如果液体存储压力大于其大气环境下沸点所对应的压力,那么液面以下的裂缝,将导致泄漏的液体

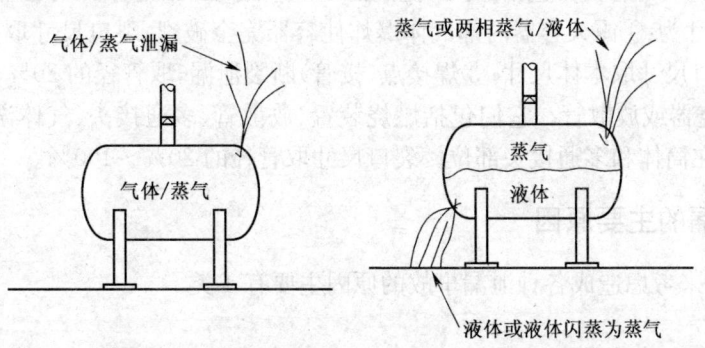

图3-2 蒸气和液体以单相或两相状态从容器中泄漏出来

的一部分闪蒸为蒸气。由于液体的闪蒸，可能会形成小液滴或雾滴，并可能随风而扩散开来。液面以上的蒸气空间的裂缝能够导致蒸气流，或气液两相流的泄漏，这主要依赖于物质的物理特性。

3.1.3 化工泄漏的主要设备

根据各种设备泄漏情况分析，可将化工厂中易发生泄漏的设备归纳为以下10类：管道、挠性连接器、过滤器、阀、压力容器或反应器、泵、压缩机、储罐、加压或冷冻气体容器及火炬燃烧器或放散管等。

（1）管道。管道包括管道、法兰和接头，其典型泄漏情况和裂口尺寸分别取管径的20%～100%、20%和20%～100%。

（2）挠性连接器。挠性连接器包括软管、波纹管和铰接器，其典型泄漏情况和裂口尺寸为：①连接器本体破裂泄漏，裂口尺寸取管径的20%～100%；②接头处的泄漏，裂口尺寸取管径的20%；③连接装置损坏泄漏，裂口尺寸取管径的100%。

（3）过滤器。过滤器由过滤器本体、管道、滤网等组成，其典型泄漏情况和裂口尺寸分别取管径的20%～100%和20%。

（4）阀。阀的典型泄漏情况和裂口尺寸为：①阀壳体泄漏，裂口尺寸取管径的20%～100%；②阀盖泄漏，裂口尺寸取管径的20%；③阀杆损坏泄漏，裂口尺寸取管径的20%。

（5）压力容器、反应器。包括化工生产中常用的分离器、气体洗涤器、反应釜、热交换器、各种罐和容器等。常见的此类泄漏情况和裂口尺寸为：①容器破裂而泄漏，裂口尺寸取容器本身尺寸；②容器本体泄漏，裂口尺寸取与其连接的粗管道管径的100%；③孔盖泄漏，裂口尺寸取管径的20%；④喷嘴断裂而泄漏，裂口尺寸取管径的100%；⑤仪表管路破裂泄漏，裂口尺寸取管径的20%～100%；⑥容器内部爆炸，全部破裂。

（6）泵。泵的典型泄漏情况和裂口尺寸为：①泵体损坏泄漏，裂口尺寸取与其连接管径的20%～100%；②密封压盖处泄漏，裂口尺寸取管径的20%。

（7）压缩机。压缩机包括离心式、轴流式和往复式压缩机，其典型泄漏情况和裂口尺寸为：①压缩机机壳损坏而泄漏，裂口尺寸取与其连接管道管径的20%～100%；②压缩机密封套泄漏，裂口尺寸取管径的20%。

（8）储罐。露天储存危险物质的容器或压力容器，也包括与其连接的管道和辅助设备，其典型泄漏情况和裂口尺寸为：①罐体损坏而泄漏，裂口尺寸为本体尺寸；②接头泄漏，裂口尺寸为与其连接管道管径的20%～100%；③辅助设备泄漏，酌情确定裂口尺寸。

（9）加压或冷冻气体容器。包括露天或埋地放置的储存器、压力容器或运输槽车等，其典型泄漏情况和裂口尺寸为：①露天容器内部气体爆炸使容器完全破裂，裂口尺寸取本体尺寸；②容器破裂而泄漏，裂口尺寸取本体尺寸；③焊接点（接管）断裂泄漏，取管径的20%～100%。

（10）火炬燃烧器或放散管。它们包括燃烧装置、放散管、多通接头、气体洗涤器和分离罐等，泄漏主要发生在筒体和多通接头部位。裂口尺寸取管径的20%～100%。

3.1.4 造成泄漏的主要原因

从人—机系统来考虑造成各种泄漏事故的原因主要有4类。

1. 设计失误

（1）基础设计错误，如地基下沉，造成容器底部产生裂缝，或设备变形、错位等。

(2) 选材不当,如强度不够、耐腐蚀性差、规格不符等。
(3) 布置不合理,如压缩机和输出管没有弹性连接,因振动而使管道破裂。
(4) 选用机械不合适,如转速过高、耐温、耐压性能差等。
(5) 选用计测仪器不合适。
(6) 储罐、储槽未加液位计,反应器(炉)未加溢流管或放散管等。

2. 设备原因

(1) 加工不符合要求,或未经检验擅自采用代用材料。
(2) 加工质量差,特别是不具有操作证的焊工焊接质量差。
(3) 施工和安装精度不高,如泵和电机不同轴、机械设备不平衡、管道连接不严密等。
(4) 选用的标准定型产品质量不合格。
(5) 对安装的设备没有按《机械设备安装工程及验收规范》进行验收。
(6) 设备长期使用后未按规定检修期进行检修,或检修质量差造成泄漏。
(7) 计测仪表未定期校验,造成计量不准。
(8) 阀门损坏或开关泄漏,又未及时更换。
(9) 设备附件质量差,或长期使用后材料变质、腐蚀或破裂等。

3. 管理原因

(1) 没有制定完善的安全操作规程。
(2) 对安全漠不关心,已发现的问题不及时解决。
(3) 没有严格执行监督检查制度。
(4) 指挥错误,甚至违章指挥。
(5) 让未经培训的工人上岗,知识不足,不能判断错误。
(6) 检修制度不严,没有及时检修已出现故障的设备,使设备带病运转。

4. 人为失误

(1) 误操作,违反操作规程。
(2) 判断错误,如记错阀门位置而开错阀门。
(3) 擅自脱岗。
(4) 思想不集中。
(5) 发现异常现象不知如何处理。

3.2 泄漏量计算

3.2.1 液体经小孔泄漏的源模式

系统与外界无热交换,流体流动的不同能量形式遵守如下的机械能守恒方程:

$$\int \frac{\mathrm{d}p}{\rho} + \frac{\Delta a u^2}{2} + \Delta g z + F = \frac{W_s}{m} \tag{3-1}$$

式中:p 为压力(Pa);ρ 为流体密度(kg/m³);a 为动能校正因子,无因次;u 为流体平均速度(m/s);g 为重力加速度,$g = 9.81$m/s²;z 为高度(m);F 为阻力损失(J/kg);W_s 为轴功率(J);m 为质量(kg)。

动能校正因子与速度分布有关,应用速度分布曲线进行计算。对于层流,a 取 0.5,对于塞流,a 取 1.0;对于湍流,$a \to 1$。

对于不可压缩流体,密度 ρ 恒为常数,有

$$\int \frac{\mathrm{d}p}{\rho} = \frac{\Delta p}{\rho} \tag{3-2}$$

泄漏过程暂不考虑轴功率,即 $W_s = 0$,则有

$$\frac{\Delta p}{\rho} + \frac{\Delta u^2}{2} + \Delta gz + F = 0 \tag{3-3}$$

液体在稳定的压力作用下,经薄壁小孔泄漏,如图 3-3 所示。

容器内的压力为 p_1,小孔直径为 d,面积为 A,容器外为大气压力。此种情况,容器内液体流速可以忽略,不考虑摩擦损失和液位变化,可得

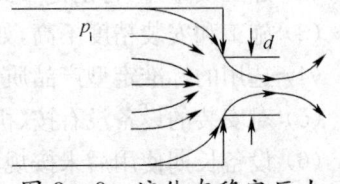

图 3-3 液体在稳定压力作用下经薄壁小孔泄漏

$$\frac{\Delta p}{\rho} + \frac{\Delta u^2}{2} = 0 \tag{3-4}$$

$$u = \sqrt{\frac{2p_1}{\rho}} \tag{3-5}$$

$$Q = \rho u A = A\sqrt{2p_1\rho} \tag{3-6}$$

式中:Q 为单位时间内流体流过任一截面的质量,称为质量流量(kg/s)。

考虑到因惯性引起的截面收缩以及摩擦引起的速度减低,引入孔流系数 C_0,则经小孔泄漏的实际质量流量为

$$Q = \rho u A C_0 = A C_0 \sqrt{2p_1\rho} \tag{3-7}$$

C_0 的取值:

(1) 薄壁小孔(壁厚 $\leqslant d/2$),$Re > 10^5$,$C_0 = 0.61$。

(2) 修圆小孔(图 3-4) $C_0 = 1$。

(3) 厚壁小孔($d/2 <$ 壁厚 $\leqslant 4d$),或在孔处伸有一段短管(图 3-5),$C_0 = 0.81$。但在很多情况下难以确定泄漏孔口的孔流系数,为了保证安全裕量,确保估算出最大的泄漏量和泄漏速度,C_0 值可取 1。

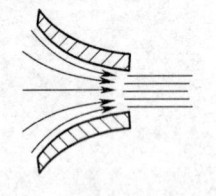

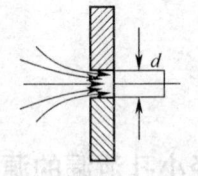

图 3-4 修圆小孔   图 3-5 厚壁小孔或器壁连有短管

【例 3-1】 某液体在容器中以稳定的 0.2MPa 的压力完全湍流流动,液体的密度为 1000kg/m³,因时久腐蚀的原因,容器底部有一小孔发生泄漏,孔径为 5mm,壁厚 $\leqslant d/2$,孔流系数 $C_0 = 0.61$,容器外部为大气压;问经小孔泄漏的实际质量流量为多少?

解:按液体经小孔的泄漏源模式(3-7)计算:

$$Q = AC_0\sqrt{2p_1\rho} = \frac{\pi}{4} \times 0.005^2 \times 0.61 \times (2 \times 0.2 \times 10^6 \times 1000)^{0.5} = 0.24 \text{kg/s}$$

【例 3-2】 上午 8:30 时,工厂的操作人员注意到输送苯的管道压力降低了,于是立即将压力恢复到 690MPa。10 时,操作人员发现了一个管道上直径为 6.35mm 的小孔并立即进行了修补。请估算出流出苯的总量。苯的密度为 897.4kg/m³。

解: 观察到压力降低是管道上出现小孔的象征。假设小孔在 8:30 到 10 时一直存在,且小孔为圆滑的小孔,则

$$Q = AC_0\sqrt{2p_1\rho} = \frac{\pi}{4} \times 0.00635^2 \times 0.61 \times (2 \times 690 \times 10^5 \times 897.4)^{0.5} = 0.673 \text{kg/s}$$

从 8:30 到 10 时流出苯的总质量为

$$m = 0.673 \times 90 \times 60 = 3632 \text{kg}$$

3.2.2 储罐中液体经小孔泄漏的源模式

如图 3-6 所示的液体储罐,距液体位高度 z_0 处有一小孔,在静压能和势能的作用下,液体经小孔向外泄漏,泄漏过程可由机械能守恒方程描述,罐内液体流速忽略,罐内液体压力为 p_g,外部为大气压(表压 $p=0$),如前面定义孔流系数 C_0,泄漏速度为

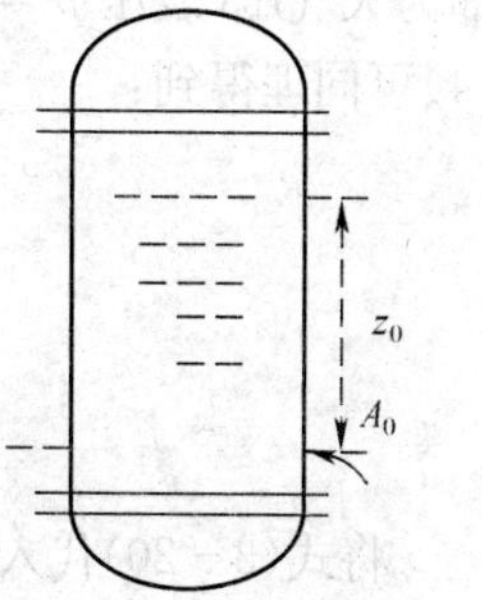

$$\frac{\Delta p}{\rho} + \Delta gz + F = C_0^2\left(\frac{\Delta p}{\rho} + g\Delta z\right) \quad (3-8)$$

将式(3-8)代入式(3-3)中,可求泄漏速度 u:

$$u = C_0\sqrt{\frac{2p_g}{\rho} + 2gz} \quad (3-9)$$

图 3-6 液体经储罐上的小孔泄漏

小孔截面积为 A,则质量流量 Q 为

$$Q = \rho u A = \rho AC_0\sqrt{\frac{2p_g}{\rho} + 2gz} \quad (3-10)$$

由式(3-9)和式(3-10)可知,随着泄漏过程的延续,储罐内液位高度不断下降,泄漏速度和质量流量也随之减少。如果储罐通过呼吸阀或弯管与大气相通,则内外压差 Δp 为 0,则式(3-10)可简化为

$$Q = \rho AC_0\sqrt{2gz} \quad (3-11)$$

若储罐的横截面积为 A_0,则经小孔泄漏的最大液体量 m 为

$$Q = \rho A_0 z_0 \quad (3-12)$$

取一微元时间内液体的泄漏量:

$$dm = \rho A_0 dz \quad (3-13)$$

并且罐内液体质量的变化速率,即为泄漏质量:

$$\frac{dm}{dt} = -Q \quad (3-14)$$

将式(3-11)、式(3-13)代入式(3-14),得

$$\frac{dz}{dt} = -\frac{C_0 A}{A_0}\sqrt{2gz} \quad (3-15)$$

设定边界条件:$t=0, t=t, z=z_0, z=z$,对式(3-15)进行积分,有

$$\sqrt{2gz} - \sqrt{2gz_0} = -\frac{gC_0A}{A_0}t \tag{3-16}$$

当液体泄漏到泄漏点位置时,泄漏停止,$z=0$,为此,得到总的泄漏时间为

$$t = \frac{A_0}{C_0 gA}\sqrt{2gz_0} \tag{3-17}$$

将式(3-16)代入式(3-11)中得到随时间变化的质量流量关系:

$$Q = \rho A C_0 \sqrt{2gz_0} - \frac{\rho g A^2 C_0^2}{A_0}t \tag{3-18}$$

式中:ρ 为流体密度(kg/m³);C_0 为孔流系数;A 为泄漏孔面积(m²);A_0 为储罐截面积(m²);z_0 为泄漏点以上液体的高度(m);g 为重力加速度(9.81m/s²);t 为泄漏时间(s)。

如果储罐内盛装的是易燃液体,为防止可燃蒸气大量泄漏至空气中,或空气大量进入储罐内的气相空间,形成爆炸性混合物,通常情况下会采取通氮气保护的措施。液体表压为 p_g,外部为大气压(表压 $p=0$),内外压差即为 p_g,则根据式(3-10)、式(3-12)、式(3-13)、式(3-14)可同理得到:

$$\frac{dz}{dt} = -\frac{C_0 A}{A_0}\sqrt{\frac{2p_g}{\rho} + 2gz} \tag{3-19}$$

$$z = z_0 - \frac{C_0 A}{A_0}\sqrt{\frac{2p_g}{\rho} + 2gz_0} + \frac{g}{2}\left(\frac{C_0 A}{A_0}\right)^2 t^2 \tag{3-20}$$

将式(3-20)代入式(3-10)得到任意时刻的质量流量 Q:

$$Q = \rho C_0 A \sqrt{\frac{2p_g}{\rho} + 2gz_0} - \frac{\rho g (C_0 A)^2}{A_0}t \tag{3-21}$$

式中:p_g 为储罐内液体表压(Pa)。

根据式(3-21)可求出不同时间的泄漏质量流量。

【例3-3】 图3-7所示为某一盛装丙酮液体的储罐,上部装设有呼吸阀与大气连通。在其下部有一泄漏孔,直径为4cm。已知丙酮的密度为800kg/m³。求:(1)最大泄漏量;(2)泄漏质量流量随时间变化的表达式;(3)最大泄漏时间;(4)泄漏量随时间的变化表达式。

解:(1)最大泄漏量应为泄漏点液位以上所有液体量,即

$$m = \rho A_0 z_0 = 800 \times \frac{\pi}{4} \times 4^2 \times 10 \text{kg} = 100480 \text{kg}$$

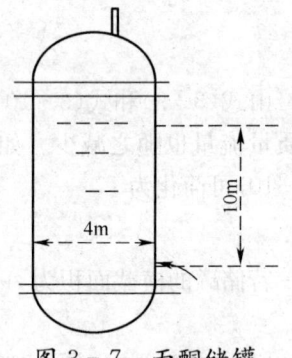

图 3-7 丙酮储罐上的小孔泄漏

(2)储罐上的泄漏孔可当做修圆小孔,即 C_0 值取 1,则泄漏质量流量随时间变化的表达式为

$$Q = \rho C_0 A \sqrt{2gz_0} - \frac{\rho g (C_0 A)^2}{A_0}t$$

$$= 800 \times 1 \times \frac{\pi}{4} \times 0.04^2 \sqrt{2 \times 9.8 \times 10} - \frac{800 \times 9.8 \times \left(1 \times \frac{\pi}{4} \times 0.04^2\right)^2}{\frac{\pi}{4} \times 4^2}t$$

$$= 14.07 - 0.000985t$$

(3) 最大泄漏时间应为储罐小孔上的丙酮恰好泄漏完,此时,泄漏质量流量应为 0,即
$$Q = 14.07 - 0.000985t = 0$$
得到最大泄漏时间
$$t_{\max} = \frac{14.07}{0.000985}\text{s} = 14285\text{s} = 3.97\text{h}$$

(4) 任意时间内总的泄漏量为泄漏质量流量对时间的积分为
$$W = \int_0^t Q\mathrm{d}t = \int_0^t (14.07 - 0.000985t)\mathrm{d}t = 14.07t - 0.0004925t^2$$

给定最大泄漏时间以内的任一时间,根据上式即可计算已经泄漏的液体总量,超过最大泄漏时间的任一时间的总的泄漏量等于最大泄漏量。

【例 3-4】 有一常压甲苯储罐,内径 1m,下部因腐蚀产生一个小孔,孔直径为 10mm,小孔上方甲苯液位初始高度为 3m,巡检人员于上午 7:00 发现泄漏,马上进行堵漏处理,完工后,小孔上方液位高度为 1.8m,请计算巡检人员发现时已泄漏掉甲苯的量和泄漏始于何时?已知甲苯的密度为 $900\text{kg}/\text{m}^3$, $C_0 = 1$。

解:堵漏处理好时,已经泄漏掉的甲苯的量为
$$W = (3 - 1.8) \times \frac{\pi}{4} \times 1^2 \times 900 = 848.23\text{kg}$$

$z_0 = 3\text{ m}$, $\rho = 900\text{ kg}/\text{m}^3$, $g = 9.81\text{ m/s}^2$, $C_0 = 1$, $A = 0.01^2 \times \pi/4 = 7.854 \times 10^{-5}\text{ m}^2$, $A_0 = 1^2 \times \pi/4 = 0.7854\text{ m}^2$,则泄漏质量流量随时间的变化式为
$$Q = \rho C_0 A \sqrt{2gz_0} - \frac{\rho g (C_0 A)^2}{A_0}t$$
$$= 900 \times 1 \times 7.854 \times 10^{-5} \sqrt{2 \times 9.81 \times 3} - \frac{9.81 \times (1 \times 7.854 \times 10^{-5})}{0.7854}t$$
$$= 0.5423 - 6.934 \times 10^{-5}t$$

任一时间内总的泄漏量 W 为泄漏质量流量对时间的积分:
$$W = \int_0^t Q\mathrm{d}t = \int_0^t (0.5423 - 6.934 \times 10^{-5}t)\mathrm{d}t = 0.5423t - 3.467 \times 10^{-5}t^2$$

令
$$W = 0.5423t - 3.467 \times 10^{-5}t^2 = 848.23$$

解得
$$t_1 = 13878\text{s}, t_2 = 1764\text{s}$$

在达到最大泄漏时间之前,泄漏量应是泄漏时间的增函数,因此,只有 $t_2 = 1764\text{s}$ 符合要求,也就是说,泄漏掉 848.23kg 甲苯用时 1764s。
$$1764 / 60 = 29.4\text{min}$$

已知早上 7:00 发现泄漏并即时堵漏,则泄漏约始于早上 6:31 分左右,总泄漏掉的甲苯为 848.23kg。

3.2.3 液体经管道泄漏的源模式

化工生产中,通常采用圆形管道输送流体。如果管道发生爆裂、折断等,可造成液体经管口泄漏,其泄漏过程可用式(3-3)来描述。其中阻力损失 F 的计算是估算泄漏速度和泄漏量的关键。液体在管路中的流动阻力可以分为直管阻力和局部阻力。直管阻力是流体流经一定直径

的直管时,由于流体与管壁之间的摩擦而产生的阻力。局部阻力是流体流经管路中的阀门、弯头等,由于速度或方向改变而引起的阻力。

1. 直管阻力 F_1 的计算

$$F = \lambda \frac{l}{d} \frac{u^2}{2} \tag{3-22}$$

式中:λ 为摩擦系数,无因次;l 为管长(m);d 为管径(m);u 为流速(m/s)。

摩擦系数 λ 的计算与表征流体流动类型的参数 Re 数有关。雷诺数 Re 是管径、流速、流体密度和黏度组成的无因次数据,即 $Re = du\rho/\mu$。根据 Re 的大小可以判断流体流动的类型为层流、湍流还是过渡流。

(1) $Re \leqslant 2000$ 时,属层流:

$$\lambda = \frac{64}{Re}$$

(2) $2000 \leqslant Re \leqslant 4000$ 时,即层流向湍流过渡,层流或断流的 λ 计算式均可应用。工程上为安全起见,常将过渡流视为湍流处理。对于过渡流,有一个扎依倾科(Зайченко)经验公式可参考:

$$\lambda = 0.0025 Re^{1/3}$$

(3) $Re > 4000$ 时,属湍流,λ 不仅与 Re 有关,还与相对粗糙度 ε/d 有关。ε 为管壁粗糙度,指管壁上突出物的平均高度,如果没有实测 ε 值,可查表表 3-1。d 为圆管内径。

1) 对于光滑管

(1) $4000 \leqslant Re \leqslant 10^6$ 时,有 Blasius 公式,即

$$\lambda = \frac{0.3164}{Re^{0.25}}$$

(2) $2500 \leqslant Re \leqslant 10^7$ 时,有

$$\frac{1}{\sqrt{\lambda}} = 2\lg(Re\sqrt{\lambda}) - 0.8$$

2) 对于粗糙管

(1) $Re > 2000$ 时,有 Colebrook 公式,即

$$\frac{1}{\sqrt{\lambda}} = -2\lg\left(\frac{\varepsilon}{3.7d} + \frac{2.51}{Re\sqrt{\lambda}}\right)$$

该公式有一个简化形式,称为阿里特苏里(Альтшуль)公式,即

$$\lambda = 0.11\left(\frac{\varepsilon}{d} + \frac{68}{Re}\right)^{0.25}$$

(2) $Re > 10000$ 时,有

$$\lambda = \frac{1}{2\lg\left(\frac{3.7d}{\varepsilon}\right)^2}$$

此公式的简化形式称为希夫林松(Шифринсон)公式,即

$$\lambda = 0.11\left(\frac{\varepsilon}{d}\right)^{0.25}$$

以上是采用一些公式对 λ 值进行计算,也可以采取更简单的办法,就是根据雷诺数 Re 和相对粗糙度 ε/d,由莫迪图查得 λ 值,如图 3-8 所示。图 3-8 按雷诺准数范围可分为如下四个区域。

① 滞流区（$Re \leqslant 2000$），$\lambda = 64/Re$，与 ε/d 无关，λ 和 Re 准数成直线关系。

② 过渡区（$2000 < Re < 4000$），流动处于不稳定状态，在此区域内滞流或湍流的 $\lambda \sim Re$ 曲线都可应用。为安全起见，对于流动阻力的计算，一般将湍流时的曲线延伸，以查取 λ 值。

③ 湍流区（$Re \geqslant 4000$ 及虚线以下的区域），λ 与 Re 和 ε/d 均有关，在这个区域内对于不同的 ε/d 标绘出一系列曲线；其中最下面的一条曲线为流体通过光滑管的摩擦系数 λ 与 Re 的关系曲线。

④ 完全湍流区（在图中虚线以上的区域），λ 与 Re 无关，仅与 ε/d 有关。

表 3-1　工业管材的粗糙度

管　材	ε/mm	管　材	ε/mm
铜、铝管	0.0015	新钢管	0.12
玻璃、塑料管	0.001	旧钢管	0.5~1
橡胶软管	0.01~0.03	普通铸铁管	0.5
混凝土管	0.33	新铸铁管	0.25
木材管	0.25~1.25	旧铸铁管	1~3
普通钢管	0.2	沥青铁管	0.12
无缝钢管	0.04~0.17	镀锌铁管	0.15

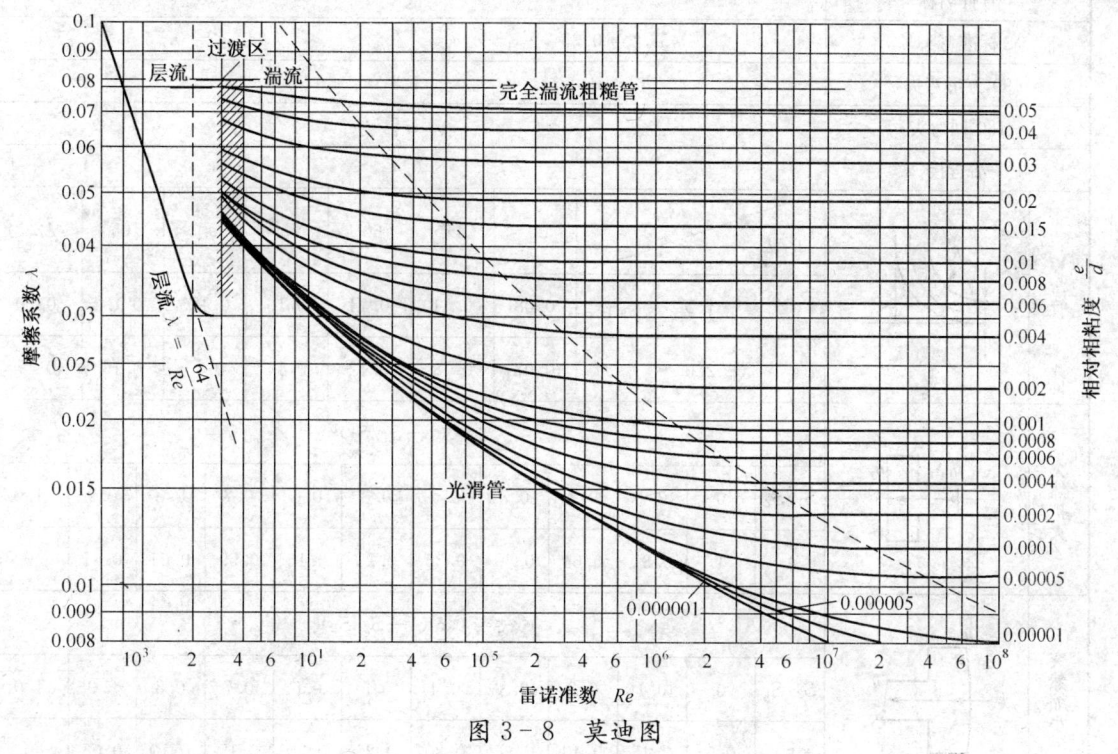

图 3-8　莫迪图

2. 局部阻力的计算

流体在圆管内流动，由于管件、阀门、流通截面的缩小或扩大而产生阻力，称为局部阻力。局部阻力可按当量长度或动能折合来计算。

（1）按当量长度计算：

$$F = \lambda \frac{l_e}{d} \frac{u^2}{2} \tag{3-23}$$

式中：l_e 为当量长度(m)。

(2) 按动能计算：

$$F = \zeta \frac{u^2}{2} \quad (3-24)$$

式中：ζ 为局部阻力系数，可由表 3-2 和表 3-3 查得。

表 3-2 闸阀、旋塞、蝶形阀等的局部阻力系数

闸阀	开度	全开	3/4			1/2		1/4		
	ζ	0.17	0.9			4.5		24		
旋塞	开度 $\alpha/(°)$	5	10	15	20	25	30	40	50	60
	ζ	0.05	0.29	0.75	1.56	3.10	5.47	17.3	52.6	206
蝶形阀	开度 $\alpha/(°)$	5	10	15	20	25	30	40	50	60
	ζ	0.24	0.52	0.90	1.54	2.51	3.91	10.8	32.6	118
标准螺旋阀		当阀门全开时，$\zeta = 2.90$								

表 3-3 管件的局部阻力系数

管件名称			ζ							
标准弯头			45°, $\zeta = 0.35$				90°, $\zeta = 0.75$			
90°方形弯头			1.3							
180°回弯头			1.5							
活管接			0.4							
弯管		R/d \ ϕ	30°	45°	60°	75°	90°	105°	120°	
		1.5	0.08	0.11	0.14	0.16	0.175	0.19	0.20	
		2.0	0.07	0.10	0.12	0.14	0.15	0.16	0.17	
突然扩大		$\zeta = (1 - S_1/S_2)^2$								
		S_1/S_2	0	0.1	0.2	0.3	0.4	0.5	0.6	0.7	0.8	0.9	1.0
		ξ	1	0.81	0.64	0.49	0.36	0.25	0.16	0.09	0.04	0.01	0
突然缩小		$\zeta = 0.5(1 - S_2/S_1)^2$								
		S_2/S_1	0	0.1	0.2	0.3	0.4	0.5	0.6	0.7	0.8	0.9	1.0
		ξ	0.5	0.45	0.40	0.35	0.30	0.25	0.20	0.15	0.10	0.05	0
流器入的大出容口		$\zeta = 1$ (用管中流速)								

(续)

管件名称	ζ					
入管口(容器→管)	ζ=0.5	ζ=0.25	ζ=0.04	ζ=0.56	ζ=3~1.3	ζ=0.5+0.5cosθ +0.2cos²θ

3. 总的阻力损失计算

总的阻力损失为直管阻力损失和局部阻力损失之和：

$$F = \lambda \left(\frac{l + \sum l_e}{d} \right) \frac{u^2}{2} \text{ 或 } F = \lambda \left(\frac{l}{d} \right) \frac{u^2}{2} + \sum \xi \left(\frac{u^2}{2} \right) \tag{3-25}$$

【例 3-5】 如有一含苯污水储罐(图 3-9)，气相空间表压为 0，在下部有一 $\phi100mm$ 的输送管线通过一闸阀与储罐相连。在苯输送过程中，闸阀全开。在距储罐 20m 处，管线突然断裂。已知水的密度 $\rho = 1000 \text{ kg/m}^3$，黏度 $\mu = 1.0 \times 10^{-3}$ kgm/(m·s)，计算泄漏的最大质量流量。

解： 依题意有：$d = 0.1 \text{ m}, l = 20 \text{ m}, \Delta p = 0$。查表 3-2，闸阀全开，局部阻力系数为 0.17。

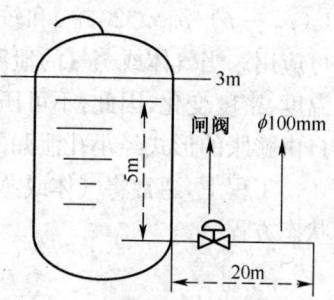

考虑液面与管线断裂处为计算截面，忽略储罐内苯的流速。

图 3-9 含苯污水储罐泄漏

$$Re = \frac{du\rho}{\mu} = \frac{0.1 \times u \times 1000}{1.0 \times 10^{-3}} = 10^5 u$$

假设管道为光滑管，选用 Blasius 公式计算 λ

$$\lambda = \frac{0.3164}{Re^{0.25}}$$

总的阻力损失根据式(3-25)计算有

$$F = \lambda \left(\frac{l}{d} \right) \frac{u^2}{2} + \sum \xi \left(\frac{u^2}{2} \right) = \frac{0.3164}{Re^{0.25}} \times \frac{20}{0.1} \times \frac{u^2}{2} + 0.17 \times \frac{u^2}{2}$$

$$= \frac{0.3164}{(10^5 u)^{0.25}} \times 100 u^2 + 0.085 u^2 = 1.78 u^{1.75} + 0.085 u^2$$

应用式(3-3)

$$\frac{\Delta p}{\rho} + \frac{\Delta u^2}{2} + \Delta gz + F = 0$$

将已知数据代入上式并整理，有

$$0.5 u^2 + 1.78 u^{1.75} + 0.085 u^2 = 5 \times 9.8$$

将等式两边同乘以 2，得

$$1.17 u^2 + 3.56 u^{1.75} = 98$$

可以通过试差法来求得流速 u

初设 $u = 5.4\,\text{m/s}$,等式左端为 102.2,显然不符。
重设 $u = 5.2\,\text{m/s}$,等式左端为 95.38,显然不符。
再设 $u = 5.28\,\text{m/s}$,等式左端为 98.09,基本符合。
误差:$(98.09 - 98)/98 \times 100\% = 0.09\%$,已很小。验证雷诺数

$$Re = 10^5 u = 10^5 \times 5.28 = 5.28 \times 10^5$$

计算结果显示雷诺数 Re 在 $4000 < Re < 10^6$ 内,说明 u 的设定正确。

泄漏的最大质量流量 Q 为

$$Q = \rho u A = 1000 \times 5.28 \times 0.1^2 \times \frac{\pi}{4} = 41.47\,\text{kg/s}$$

3.2.4 气体或蒸气经小孔泄漏的源模式

前面讨论了用能量守恒方程描述液体的泄漏过程,其中一条很重要的假设是液体为不可压缩流体,密度恒定不变。而对于气体或蒸气,这条假设只有在初始状态和终态压力变化较小($(p_0 - p)/p_0 < 20\%$)和较低的气体流速(小于 0.3 倍声音在气体中的传播速度)的情况下才可应用。当气体或蒸气的泄漏速度大到与气体的声速相近,或超过声速时,会引起很大的压力、温度、密度变化,因此,不可压缩流体的假设的结论不能再应用。本节讨论可压缩气体或蒸气以自由膨胀的形式经小孔泄漏的情况。

工程上,通常将气体或蒸气近似为理想气体,它们的压力、密度、温度等参数遵循理想气体状态方程

$$p = \frac{R}{M}\rho T \tag{3-26}$$

式中:p 为绝对压力(Pa);R 为理想气体常数(8.314 J/mol·K);M 为气体摩尔质量(kg/mol);ρ 为气体密度(kg/m³);T 为温度(K)。

气体和蒸气的流动,可分为滞流和自由扩散泄漏。对滞流泄漏,气体通过孔流出,摩擦损失很大;很少一部分来自气体压力的内能会转化为动能。对自由扩散泄漏,大多数压力能转化为动能;过程通常假设为等熵。

滞流泄漏的源模型,需要有关孔洞物理结构的详细信息;在这里不予考虑。自由扩散泄漏源模型仅仅需要孔洞直径。

自由扩散泄漏如图 3-10 所示。机械能守恒方程(3-1)描述了可压缩气体或蒸气的流动。假设可以忽略潜能的变化,没有轴功,得到描述经孔洞可压缩流动的机械能守恒方程的简化形式

$$\int \frac{\mathrm{d}p}{\rho} + \Delta\left(\frac{u^2}{2}\right) + F = 0 \tag{3-27}$$

若孔流系数为 C_0,忽略气体或蒸气的初始动能,初始点(下标为"0")选在速度为 0、压力为 p_0 处。到任意的终止点(无下标)积分。其结果为

$$C_0^2 \int_{p_0}^{p} \frac{\mathrm{d}p}{\rho} + \frac{u^2}{2} = 0 \tag{3-28}$$

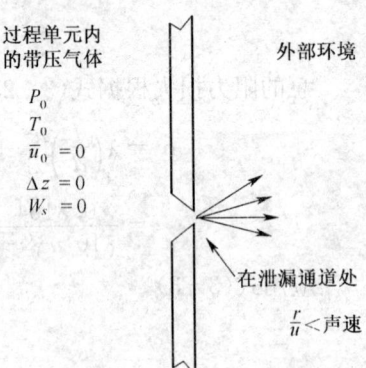

图 3-10 气体自由扩散泄漏

气体或蒸气在小孔内绝热流动,其压力与密度的关系可用绝热方程或称等熵方程描述

$$pv^\gamma = \frac{p}{\rho^\gamma} = 常数 \tag{3-29}$$

式中:γ为绝热指数,是等压热容与等容热容的比值,$\gamma = C_p/C_v$。几种类型气体绝热指数γ见表3-4,也可按表3-5近似选取γ值。

把式(3-29)代入式(3-28)并积分,得到等熵扩散中任意点处流体速度的方程,即

$$u^2 = 2C_0^2 \frac{\gamma}{\gamma-1} \frac{p_0}{\rho_0}\left[1-\left(\frac{p}{p_0}\right)^{(\gamma-1)/\gamma}\right] = \frac{2C_0^2 RT_0}{M}\frac{\gamma}{\gamma-1}\left[1-\left(\frac{p}{p_0}\right)^{(\gamma-1)/\gamma}\right] \tag{3-30}$$

T_0是泄漏源的温度。使用连续性方程

$$Q = \rho u A \tag{3-31}$$

得到质量流率的表达式

$$Q = C_0 A p_0 \sqrt{\frac{2M}{RT_0}\frac{\gamma}{\gamma-1}\left[\left(\frac{p}{p_0}\right)^{2/\gamma} - \left(\frac{p}{p_0}\right)^{(\gamma+1)/\gamma}\right]} \tag{3-32}$$

式(3-32)描述了在等熵膨胀中任意点处的质量流率。

对于许多安全性研究,都需要通过小孔流出蒸气的最大流量。这由式(3-32)对p/p_0微分,并设微商等于零来确定。得到引起最大流速的压力比为

$$\frac{p_{\text{choked}}}{p_0} = \left(\frac{2}{\gamma+1}\right)^{\gamma/(\gamma-1)} \tag{3-33}$$

塞压p_{choked}是导致孔洞,或管道流动流量最大的下游最大压力。当下游压力小于p_{choked}时:①在绝大多数情况下,在洞口处流体的流速是声速;②通过降低下游压力,不能进一步增加其流速及质量流量,它们独立于下游环境。这种类型的流动称为塞流、临界流或音速流。

式(3-33)的一个有趣的特点是对于理想气体来说,塞压仅仅是热容比γ的函数。因此对于空气泄漏到大气环境($p_{\text{choked}} = 14.7\text{psia} = 1\text{atm}$),如果上游压力比14.7/0.528=27.8psia大,则通过孔洞时流动将被扼止,流量达到最大化。在过程工业中,产生塞流的情况很常见。表3-5列出了几种气体的p_{choked}值。

表3-4 几种气体的绝热指数

气体	空气、氮气、氧气、氢气	水蒸气、油燃气	甲烷过热蒸气
γ	1.40	1.33	1.30

表3-5 气体的γ和p_{choked}值

气体	γ	p_{choked}
单原子	约1.67	$0.487P_0$
双原子和空气	约1.40	$0.528P_0$
三原子	约1.32	$0.542P_0$

把式(3-33)代入式(3-32),可确定最大流量

$$Q_{\text{choked}} = C_0 A p_0 \sqrt{\frac{\gamma M}{RT_0}\left(\frac{2}{\gamma+1}\right)^{(\gamma+1)/(\gamma-1)}} \tag{3-34}$$

式(3-34)要求塞压p_{choked}大于大气压p才能使用。

对于锋利的孔,在雷诺数大于30000的情况下,流出系数C_0取常数0.61。然而,对于塞流,

流出系数随下游压力的下降而增加。对这些流动和C_0不确定的情况,推荐使用保守值1.0。

【例3-6】 某生产厂有一空气柜,因外力撞击,在空气柜一侧出现一个小孔。小孔面积为1.96cm²,空气柜中的空气经此小孔泄漏入大气。已知空气柜中的压力为2.5×10^5Pa,温度T_0为330K,大气压力为10^5Pa,绝热指数$\gamma=1.40$。求空气泄漏的最大质量流量。

解: 先根据式(3-33)来判断空气泄漏的塞压

$$p_{\text{choked}} = \left(\frac{2}{\gamma+1}\right)^{\gamma/(\gamma-1)} p_0 = \left(\frac{2}{1.4+1}\right)^{1.4/(1.4-1)} \times 2.5\times10^5 = 1.32\times10^5 \text{Pa}$$

大气压力为1.01×10^5Pa,小于塞压,将导致塞流。则空气泄漏的最大质量流量可按式(3-34)计算,C_0值取1

$$Q_{\text{choked}} = C_0 p_0 A \sqrt{\frac{\gamma M}{RT_0} \left(\frac{2}{\gamma+1}\right)^{(\gamma+1)/(\gamma-1)}}$$

$$= 1\times2.5\times10^5\times1.96\times10^{-4} \sqrt{\frac{1.4\times29\times10^{-3}}{8.314\times330} \times \left(\frac{2}{1.4+1}\right)^{(1.4+1)/1.4-1}}$$

$$= 1.09 \text{kg/s}$$

若C_0值取0.61,则

$$Q_{\text{choked}} = 0.61\times1.09 = 0.665 \text{ kg/s}$$

3.2.5 闪蒸液体的泄漏源模式

通常采用加压液化的方法来储存某些气体,储存温度在其正常沸点之上,如此种气体泄漏,因压力的瞬间降低,一部分会迅速气化为气体,从高压下的气液平衡状态转变为常压下的气液平衡状态。气化时所需要的热由液体达到常压下的沸点所提供,液相部分的温度由储存时的温度降至常压下的沸点温度,这种现象称为闪蒸。之后液体吸收环境热量,继续蒸发气化。存储温度高于其沸点温度的受压液体,由于闪蒸会存在很多问题。如果储罐、管道、或其他盛装设备出现孔洞,部分液体闪蒸为蒸气,若此气体为可燃气体,与空气混合后会形成爆炸性混合气,遇点火源即会发生火灾爆炸事故;若此气体为有毒气体,则会因扩散作用覆盖大范围面积,易为人员吸入,有可能造成大面积中毒。

闪蒸发生的速度很快,其过程可假设为绝热。过热液体中的额外能量使液体蒸发,并使其温度降到新的沸点。如果m是初始液体的质量,C_p是液体的热容,T_0是降压前液体的温度,T_b是降压后液体的沸点,则包含在过热液体中额外的能量为

$$Q = mC_p(T_0 - T_b) \tag{3-35}$$

该能量使液体蒸发。如果ΔH_v是液体的蒸发热,蒸发的液体质量m_v为

$$m_v = \frac{Q}{\Delta H_v} = \frac{mC_p(T_0 - T_b)}{\Delta H_v} \tag{3-36}$$

液体蒸发比例为

$$F_v = \frac{m_v}{m} = \frac{C_p(T_0 - T_b)}{\Delta H_v} \tag{3-37}$$

式(3-37)基于假设在T_0到T_b的温度范围内液体的物理特性不变。没有此假设时更一般的表达形式将在下面介绍。

温度T的变化导致的液体质量m的变化为

$$dm = \frac{mC_p}{\Delta H_v} dT \tag{3-38}$$

在初始温度 T_0(液体质量为 m)与最终沸点温度 T_b(液体质量为 $m-m_v$)区间内,对式(3-38)进行积分,得

$$\int_m^{m-m_v} \frac{\mathrm{d}m}{m} = \int_{T_0}^{T_b} \frac{C_p}{\Delta H_v} \mathrm{d}T \qquad (3-39)$$

$$\ln\left(\frac{m-m_v}{m}\right) = -\frac{\overline{C_p}(T_0-T_b)}{\overline{\Delta H_v}} \qquad (3-40)$$

式中:$\overline{C_p}$ 和 $\overline{\Delta H_v}$ 分别是 T_0 到 T_b 温度范围内的平均热容和平均蒸发潜热。求解液体蒸发比率 $F_v = m_v/m$,可得

$$F_v = 1 - \exp[-\overline{C_p}(T_0-T_b)/\overline{\Delta H_v}] \qquad (3-41)$$

【**例 3-7**】 0.4536kg 的饱和水存储在温度为 350°F 的容器里。容器破裂了,压力下降至 1atm。使用①水蒸气表、②式(3-37)和③式(3-41)计算水的蒸发比例。

解:① 初始状态是 $T_0 = 350°F$ 的饱和液体水。由水蒸气表

$$p = 927.8 \text{kPa}$$
$$H = 748 \text{kJ/kg}$$

最终温度是 1atm 下的沸点,或 212°F。该此温度和饱和状态下

$$H_{\text{vapor}} = 2675.6 \text{kJ/kg}$$
$$H_{\text{liquid}} = 418.8 \text{kJ/kg}$$

因为是绝热过程,$H_{\text{final}} = H_{\text{initial}}$,蒸气比为

$$H_{\text{final}} = H_{\text{liquid}} + F_v(H_{\text{vapor}} - H_{\text{liquid}})$$
$$748 = 418.8 + F_v(2675.6 - 418.8)$$
$$F_v = 0.1459$$

14.59% 质量的初始液体蒸发了。

② 对于 212°F 下的液体水

$$C_p = 2349.1 \text{J/kg K}$$
$$\Delta H_v = 2256.8 \text{kJ/kg}$$

由式(3-37),有

$$F_v = \frac{C_p(T_0-T_b)}{\Delta H_v} = \frac{2349.1 \times (350-212)}{2256.8 \times 10^3} = 0.1436$$

③ 液体水在 T_0 和 T_b 之间的平均特性为

$$\overline{C_p} = 2418.9 \text{ J/kg} \cdot °F$$
$$\overline{\Delta H_v} = 2141.4 \text{ kJ/kg}$$

将它们代入式(3-41)中

$$F_v = 1 - \exp\left(-\frac{\overline{C_p}(T_0-T_b)}{\overline{\Delta H_v}}\right) = 1 - \exp\left(-\frac{2418.9 \times (350-212)}{2141.4 \times 10^3}\right) = 0.1443$$

同来自水蒸气表的实际值相比,这两个表达式的计算结果都较好。

对于包含有多种易混合物质的液体,闪蒸计算非常复杂,这是由于更易挥发组分首先闪蒸。求解这类问题的方法有很多。

由于存在两相流情况,通过孔洞和管道泄漏出的闪蒸液体需要特殊考虑,即有几个特殊的情况需要考虑。如果泄漏的流程长度很短(通过薄壁容器上的孔洞),则存在不平衡条件,以及液体没有时间在孔洞内闪蒸;液体在孔洞外闪蒸。应使用描述不可压缩流体通过孔洞流出的

方程。

如果泄漏的流程长度大于10cm(通过管道或厚壁容器),那么就能达到平衡闪蒸条件,且流动是塞流。可假设塞压与闪蒸液体的饱和蒸气压相等,结果仅适用于储存在高于其饱和蒸气压环境下的液体。在此假设下,质量流率由下式给出:

$$Q_m = AC_0\sqrt{2\rho_f(p-p^{sat})} \quad (3-42)$$

式中:A是释放面积(m^2);C_0是流出系数,无量纲;ρ_f是液体密度(kg/m^3),p是储罐内压力(Pa);p^{sat}是闪蒸液体处于周围温度情况下的饱和蒸气压(Pa)。

【例3-8】 液氨存储在温度为24℃、压力为1.4×10^6Pa的储罐中。一根直径为0.0945m的管道在离储罐很近的地方断裂了,使闪蒸的氨漏了出来。液氨在此温度下的饱和蒸气压是0.968×10^6Pa,密度是603kg/m^3。请计算通过该孔的质量流率。假设是平衡闪蒸。

解: 式(3-42)适用于平衡闪蒸的情况。假设流出系数为0.61。那么,有

$$\begin{aligned}Q_m &= AC_0\sqrt{2\rho_f(p-p^{sat})} \\ &= 0.61\times\frac{3.14\times(0.0945)^2}{4}\times\sqrt{2\times603\times(1.4\times10^6-0.968\times10^6)} = 97.6 kg/s\end{aligned}$$

对储存在其饱和蒸气压下的液体,$p=p^{sat}$,式(3-42)将不再有效。这需要更详细的方法。考虑初始静止的液体加速通过孔洞。假设动能占支配地位,忽略潜能的影响。那么,根据机械能守恒(式(3-1)),引入比容(单位是体积/质量)$v=1/\rho$,可以写出

$$-\int_1^2 v dp = \frac{\bar{u}_2^2}{2} \quad (3-43)$$

质量通量G(单位是质量/(面积·时间))定义为

$$G = \rho\bar{u} = \frac{\bar{u}}{v} \quad (3-44)$$

联立式(3-44)和式(3-43),假设质量通量是常数,得

$$-\int_1^2 v dp = \frac{\bar{u}_2^2}{2} = \frac{G^2 v_2^2}{2} \quad (3-45)$$

求解质量通量G,假设点2被定义为沿管长的任意一点,得

$$G = \frac{\sqrt{-2\int v dp}}{v} \quad (3-46)$$

式(3-46)包含有一个最大值,在该处塞流发生。在塞流情况下,$dG/dp=0$。对式(3-46)微分,并将其结果设为零,得

$$\frac{dG}{dp} = 0 = -\frac{(dv/dp)}{v^2}\sqrt{-2\int v dp} - \frac{1}{\sqrt{-2\int v dp}} \quad (3-47)$$

$$0 = -\frac{G(dv/dp)}{v} - \frac{1}{vG} \quad (3-48)$$

求解式(3-48)中的G,可以得到

$$G = \frac{Q_m}{A} = \sqrt{-\frac{1}{(dv/dp)}} \quad (3-49)$$

两相流的比容为

$$v = v_{fg}F_v + v_f \tag{3-50}$$

式中：v_{fg} 是蒸气和液体之间的比容差；v_f 是液体的比容；F_v 是蒸气质量比率。

式(3-50)对压力进行微分，得

$$\frac{dv}{dp} = v_{fg}\frac{dF_v}{dp} \tag{3-51}$$

但是，由式(3-37)，有

$$dF_v = -\frac{C_p}{\Delta H_v}dT \tag{3-52}$$

由克拉修斯—克拉佩龙方程，在饱和状态下有

$$\frac{dp}{dT} = \frac{\Delta H_v}{Tv_{fg}} \tag{3-53}$$

将式(3-53)和式(3-52)代入式(3-51)，得

$$\frac{dv}{dp} = -\frac{v_{fg}^2}{\Delta H_v^2}TC_p \tag{3-54}$$

联立式(3-54)和式(3-49)，可得到质量流率为

$$Q_m = \frac{\Delta H_v A}{v_{fg}}\sqrt{\frac{1}{TC_p}} \tag{3-55}$$

注意，式(3-55)中的温度 T 是来自克拉修斯—克拉佩龙方程的绝对温度，与热容没有关系。

在闪蒸蒸气喷射时会形成一些小液滴。这些小液滴很容易就被风带走，离开泄漏发生处。经常假设所形成的液滴的量同闪蒸的量是相等的。

【例 3-9】 丙烯存储在温度为 25℃、压力为其饱和蒸气压的储罐中。储罐上有一个 1cm 直径的洞。请估算在该情况下，通过该洞流出的丙烯的质量流率。已知：$\Delta H_v = 3.34 \times 10^5$ J/kg；$v_{fg} = 0.042 \text{ m}^3/\text{kg}$；$p^{sat} = 1.15 \times 10^6$ Pa；$C_p = 2.18 \times 10^3$ J/kg·K。

解： 该例题中使用式(3-55)。孔洞面积为

$$A = \frac{\pi d^2}{4} = \frac{3.14 \times (1 \times 10^{-2})^2}{4} = 7.85 \times 10^{-5} \text{ m}^2$$

使用式(3-55)，得

$$Q_m = \frac{\Delta H_v A}{v_{fg}}\sqrt{\frac{1}{TC_p}} = 3.34 \times 10^5 \times \frac{7.85 \times 10^{-5}}{0.042} \times \sqrt{\frac{1.0}{2.18 \times 10^3 \times 298}} = 0.774 \text{kg/s}$$

表 3-6 给出了部分液化气体泄漏至大气中的闪蒸率及有关参数。从表 3-6 可以看出，液化气体一旦泄漏，会在瞬间蒸发，形成大量气体。

表 3-6 部分液化气体的闪蒸率

气体名称	沸点/℃	蒸发潜热/kJ·kg⁻¹ (×4.186)	H_1/kJ·kg⁻¹ (×4.186)	H_2/kJ·kg⁻¹ (×4.186)	闪蒸率	气液体积比
氨	-33.4	327.42	66.9	7.1	0.183	799.9
丙烷	-42.1	101.1	35.7	-1.13	0.364	253.8
丙烯	-47.7	104.7	186.0	149.7	0.346	272.6
丁烷	-0.5	92.15	-419.3	-430.7	0.124	224.3
氯	-34.05	68.84	71.6	57.2	0.209	445.3

3.2.6 易挥发液体蒸发的源模式

化工生产中经常需要使用大量的有机溶剂、油品等易挥发液体，如果装置或存储容器中这些易挥发液体发生泄漏至地面或围堰中，会逐渐向大气蒸发。根据传质过程的基本原理，该蒸发过程的传质推动力为蒸发物质的气液界面与大气之间的浓度梯度。因此，液体蒸发为气体的摩尔通量可用下式表示

$$N = k_c \Delta C \tag{3-56}$$

式中：N 为摩尔通量（mol/m²·s）；k_c 为传质系数（m/s）；ΔC 为浓度梯度（mol/m³）。

若液体在某一温度 T 下的饱和蒸气压为 p^{sat}（单位为 Pa），则在气液界面处，其浓度 C_1 可由理想气体状态方程得到

$$C_1 = \frac{p^{sat}}{RT} \tag{3-57}$$

同理可得到蒸发物质在大气中分压为 p 时的摩尔浓度，则 ΔC 可由下式表达

$$\Delta C = \frac{p^{sat} - p}{RT} \tag{3-58}$$

一般 $p^{sat} \gg p$，式（3-58）简化为

$$\Delta C = \frac{p^{sat}}{RT} \tag{3-59}$$

液体的蒸发质量流量 Q 是其摩尔通量 N 与蒸发面积 A、蒸发物质摩尔质量 M 的乘积

$$Q = N \cdot A \cdot M = \frac{k_c M A p^{sat}}{RT} \tag{3-60}$$

式中：k_c 为传质系数（m/s）。用式（3-61）确定所研究物质的传质系数 k_c 与某种参考物质的传质系数 k_0 的比值

$$\frac{k_c}{k_0} = \left(\frac{D}{D_0}\right)^{2/3} \tag{3-61}$$

气相扩散系数可由物质的分子量 M 估算，即

$$\frac{D}{D_0} = \sqrt{\frac{M_0}{M}} \tag{3-62}$$

联立式（3-62）和式（3-61）可得

$$k_c = k_0 \left(\frac{M_0}{M}\right)^{1/3} \tag{3-63}$$

经常用水作为参照物质，其传质系数为 0.83cm/s。

当液体向静止大气蒸发时，传质过程为分子扩散，当液体向流动大气蒸发时，传质过程为对流传质过程。对流传质系数比分子扩散系数要高 1 个～2 个数量级。

【例 3-10】 有一敞口瓶装乙醇翻倒后，致使 2m² 内均为乙醇液体。大气温度为 16℃，乙醇的饱和蒸气压为 4kPa，乙醇的传质系数 k_c 为 1.2×10^{-3}m/s。求乙醇蒸发的质量流量。

解：乙醇（C_2H_5OH）的分子量为 46，乙醇的摩尔质量 M 为 4.6×10^{-2}kg/mol。根据式（3-60）计算乙醇蒸发的质量流量，已知：$R = 8.314$J/(mol·K)，$T = 273 + 16 = 289$K，$k_c = 1.2 \times 10^{-3}$m/s，$M = 4.6 \times 10^{-2}$kg/mol，$A = 2$m²，$p^{sat} = 4000$Pa，则

$$Q = \frac{k_c M A p^{sat}}{RT} = \frac{1.2\times10^{-3}\times4.6\times10^{-2}\times2\times4000}{8.314\times289} = 1.84\times10^{-4}\text{kg/s}$$

【例 3-11】 一个直径为 1524mm 的装有甲苯的大型敞口储罐。假设温度为 298K，压强为 1atm，试估算该储罐中甲苯的蒸发速率。

解：甲苯的分子量为 92。用水作为参考物质，由式(3-63)估算传质系数：

$$k_c = 0.83\times\left(\frac{18}{92}\right)^{1/3} = 0.482$$

饱和蒸气压已知

$$p^{sat} = 28.2\text{mmHg} = 3758.23\text{Pa}$$

液池面积为

$$A = \frac{\pi d^2}{4} = \frac{3.14\times(1.524)^2}{4} = 1.82\text{m}^2$$

用式(3-60)计算蒸发速率

$$Q_m = \frac{Mk_c A p^{sat}}{RT} = \frac{0.092\times0.482\times10^{-2}\times1.82\times3758.23}{8.314\times298}$$
$$= 0.00122\text{kg/s} = 1.22\text{g/s} = 73.2\text{g/min}$$

对于液池中的液体沸腾，沸腾速率受周围环境与池中液体间的热量传递的限制。热量通过以下方式进行传递：①地面的热传导；②空气的传导与对流；③太阳辐射或(和)邻近区域的热源辐射，如火源。

沸腾初始阶段，通常由来自地面的热量传递控制。特别是对于正常沸点低于周围环境或地面温度的溢出液体更是如此。来自地面的热量传递，由如下简单的一维热量传递方程模拟：

$$q_s = \frac{k_s(T_g - T)}{(\pi\alpha_s t)^{1/2}} \tag{3-64}$$

式中：q_s 是来自地面的热通量；k_s 是土壤的热传导率；T_g 是土壤温度；T 是液池温度；α_s 是土壤的热扩散率；t 是溢出后的时间。

式(3-64)没有进行保守的考虑。

假设所有的热量都用于液体的沸腾，则沸腾速率的计算如下：

$$Q_m = \frac{q_s A}{\Delta H_v} \tag{3-65}$$

式中：Q_m 是质量沸腾速率；q_g 是地面向液池的热量传递，由式(3-64)确定；A 是液池面积；ΔH_v 是液池中液体的气化热。

随后，来自太阳的热辐射和空气的热对流起重要作用。对于溢出到绝热堤防上的液体，这些热量可能是仅有的能量供给。这种方法对于液化天然气(LNG)、乙烷和乙烯似乎能够得到令人满意的结果。含碳较多的烃类(C_3 及其以上)，则需要更详细的热量传递机理。该模型也忽略了地面上可能存在的能够对热量传递行为产生重大改变的水冻结所带来的影响。

3.3 泄漏后物质扩散方式及扩散模型

3.3.1 物质扩散方式及影响因素

在化工生产中，所使用的物料大多具有易燃易爆、有毒有害的危险特性，一旦由于某种原因发生泄漏，则泄漏出来的物料将在浓度梯度和风力的作用下在大气中扩散。本章介绍泄漏物质扩散方式及影响因素，旨在为泄漏危险程度的判别和事故发生控制机人员疏散区域的判定提供参考。

1. 泄漏物质扩散方式

物质泄漏后，会以烟羽、烟团两种方式在空气中传播、扩散，利用扩散模式可描述泄漏物质在事故发生地的扩散过程。一般情况下，对于泄漏物质密度与空气接近的情况或经很短时间的空气稀释后即与空气接近的情况，可用图3-11所示的烟羽扩散模式描述连续泄漏物质的扩散过程，通常泄漏时间较长。图3-12所示的烟团扩散模式描述的是瞬时泄漏源泄漏物质的扩散过程。瞬时泄漏源的特点是泄漏在瞬间完成。连续泄漏源，如连接在大型储罐上的管道穿孔、挠性连接器处出现的小孔或缝隙的泄漏、连续的烟囱排放等。瞬时泄漏泄漏源，如液化气体钢瓶破裂、瞬时冲料形成的事故排放、压力容器安全阀的异常启动、放空阀的瞬间错误开启等。

泄漏物质的最大浓度是在释放发生处（可能不在地面上）。由于有毒物质与空气的湍流混合和扩散，因此在下方向的浓度较低。

2. 扩散模式及影响因素

物质泄漏后，会以烟羽（图3-11）或烟团（图3-12）两种方式在空气中传播、扩散。泄漏物质的最大浓度是在释放发生处（可能不在地面上）。由于有毒物质与空气的湍流混合和扩散，其在下风向的浓度较低。

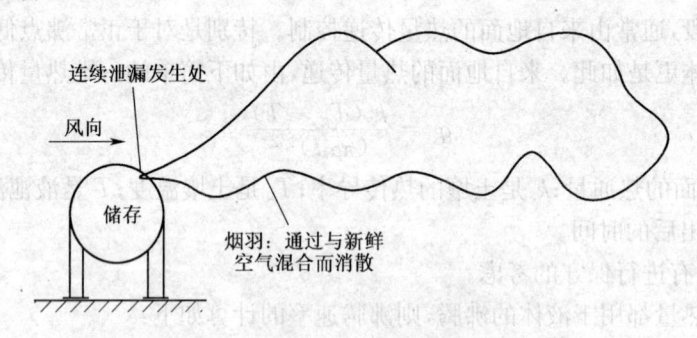

图3-11 物质连续泄漏形成的典型烟羽

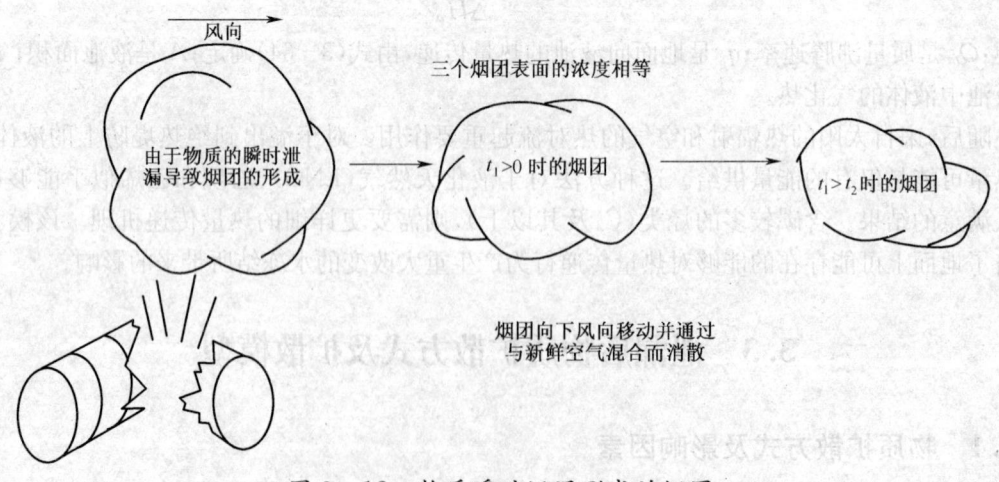

图3-12 物质瞬时泄漏形成的烟团

众多因素影响着有毒物质在大气中的扩散:①风速;②大气稳定度;③地面条件(建筑物、水、树);④泄漏处离地面的高度;⑤物质释放的初始动量和浮力。

随着风速的增加,图 3-11 中的烟羽变的又长又窄;物质向下风向输送的速度变快了,但是被大量空气稀释的速度也加快了。

大气稳定度与空气的垂直混合有关。白天,空气温度随着高度的增加迅速下降,促使了空气的垂直运动。夜晚,空气温度随高度的增加下降不多,导致较少的垂直运动。白天和夜晚的温度变化如图 3-13 所示。有时相反的现象也会发生。在相反的情况下,温度随着高度的增加而增加,导致最低限度的垂直运动。这种情况经常发生在晚间,因为热辐射导致地面迅速冷却。

大气稳定度划分三种稳定类型:不稳定、中性和稳定。对于不稳定的大气情况,太阳对地面的加热要比热量散失的快,因此,地面附近的空气温度比高处的空气温度高,这在上午的早些时候可能会被观测到。这导致了大气不稳定,因为较低密度的空气位于较高密度的空气的下面。这种浮力的影响增强了大气的机械湍流。对于中性稳定度,地面上方的空气暖和,风速增加,减少了输入的太阳能或日光照射的影响。空气的温度差不影响大气的机械湍流。对于稳定的大气情况,太阳加热地面的速度没有地面的冷却速度快;因此地面附近的温度比高处空气的温度低。这种情况是稳定的,因为较高密度的空气位于较低密度的空气的下面。浮力的影响抑制了机械湍流。

地面条件影响地表的机械混合和随高度而变化的风速。树木和建筑物的存在加强了这种混合,而湖泊和敞开的区域,则减弱了这种混合。图 3-14 显示了不同地表情况下风速随高度的变化。

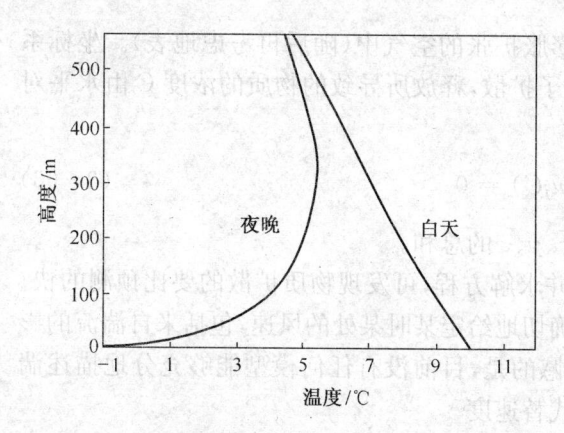

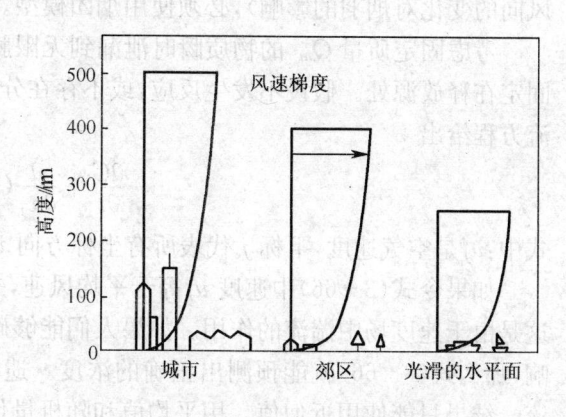

图 3-13 白天和夜晚空气温度随高度的变化   图 3-14 地面情况对垂直风速梯度的影响

泄漏高度对地面浓度的影响很大。随着释放高度的增加,地面浓度降低,这是因为烟羽需要垂直扩散更长的距离,如图 3-15 所示。

泄漏物质的浮力和动量改变了泄漏的有效高度。图 3-16 说明了这些影响。高速喷射所具有的动量将气体带到高于泄漏处,导致更高的有效泄漏高度。如果气体密度比空气小,那么泄漏的气体一开始具有浮力,并向上升高。如果气体密度比空气大,那么泄漏的气体开始就具有沉降力,并向地面下沉。泄漏气体的温度和分子量决定了相对于空气(分子量为 28.97)的气体密度。对于所有气体,随着气体向下风向传播和同新鲜空气混合,最终将被充分稀释,并认为具有中性浮力。此时,扩散由周围环境的湍流所支配。

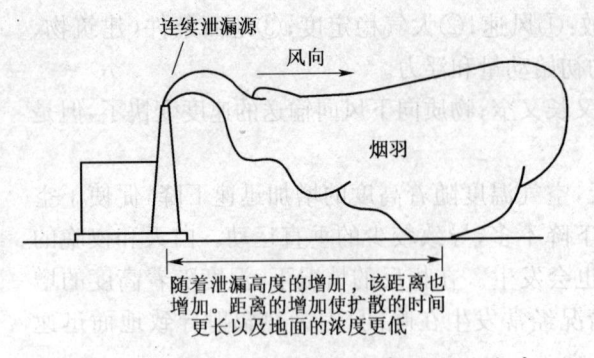

图 3-15 增加泄漏高度将降低地面浓度

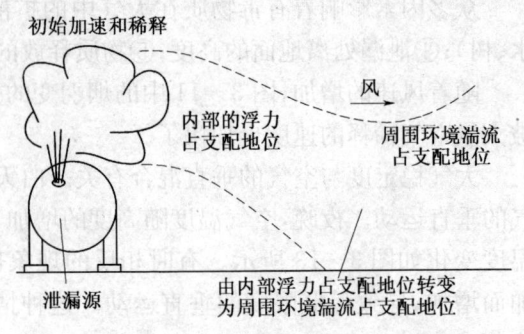

图 3-16 泄漏物质的初始加速度和浮力影响烟羽的特性

3.3.2 湍流扩散微分方程与扩散模型

经常用到两种类型的蒸汽云扩散模型：烟羽和烟团模型。烟羽模型描述来自连续释放物质的稳态浓度。烟团模型描述一定量的单一物质释放后的暂时浓度。两种模型的区别如图 3-11 和图 3-12 所示。如气体自烟囱的连续释放可使用烟羽模型描述，稳态烟羽在烟囱下风向形成。而由于储罐的破裂导致的一定量的物质突然泄漏可以使用烟团模型描述，形成一个巨大的蒸汽云团，并渐渐远离破裂处。

烟团模型能用来描述烟羽；烟羽只不过是连续释放的烟团。然而，如果稳态烟羽信息是所需要的所有信息，那么建议使用烟羽模型，因为它比较容易使用。对于涉及动态烟羽的研究（如风向的变化对烟羽的影响），必须使用烟团模型。

考虑固定质量 Q_m^* 的物质瞬时泄漏到无限膨胀扩张的空气中（随后再考虑地表）。坐标系固定在释放源处。假设不发生反应，或不存在分子扩散，释放所导致的物质的浓度 C 由水平对流方程给出

$$\frac{\partial C}{\partial t} + \frac{\partial}{\partial x_j}(u_j C) = 0 \tag{3-66}$$

式中：u_j 是空气速度，下标 j 代表所有坐标方向 x、y、z 的总和。

如果令式(3-66)中速度 u_j 等于平均风速，并求解方程，可发现物质扩散的要比预测的快。这是由于速度场中湍流的作用。如果人们能够确切地给定某时某处的风速，包括来自湍流的影响，那么式(3-66)就能预测出正确的浓度。遗憾的是，目前没有任何模型能够充分地描述湍流。结果只能使用近似值。用平均值和随机量代替速度

$$u_j = \overline{u_j} + u_j' \tag{3-67}$$

式中：$\overline{u_j}$ 是平均速度；u_j' 是由湍流引起的随机波动，浓度 C 也随速度场而波动；因此

$$C = \overline{C} + C' \tag{3-68}$$

式中：$\overline{C}$ 是平均浓度；C' 是随机波动。

由于 C 和 u_j 在平均值附近波动，所以有

$$\overline{u_j'} = 0$$
$$\overline{C'} = 0 \tag{3-69}$$

把式(3-67)和式(3-68)代入式(3-66)，并使结果对时间平均，有

$$\frac{\partial \overline{C}}{\partial t} + \frac{\partial}{\partial x_j}(\overline{u_j}\,\overline{C}) + \frac{\partial}{\partial x_j}\overline{u_j' C'} = 0 \tag{3-70}$$

$\overline{u_j C'}$ 项和 $\overline{u'_j \overline{C}}$ 项时平均为零（$\overline{\overline{u_j} C'} = \overline{u'_j \overline{C}} = 0$），但是湍流项 $\overline{u'_j C'}$ 不一定等于零，仍保留在方程中。

要描述湍流，还需要其他方程。通常的方法是定义旋涡扩散率 K_j（单位是面积/时间），即

$$\overline{u'_j C'} = -K_j \frac{\partial \overline{C}}{\partial x_j} \tag{3-71}$$

把式（3-71）代入式（3-70），得

$$\frac{\partial \overline{C}}{\partial t} + \frac{\partial}{\partial x_j}(\overline{u_j} \overline{C}) = \frac{\partial}{\partial x_j}\left(K_j \frac{\partial \overline{C}}{\partial x_j}\right) \tag{3-72}$$

如果假设空气是不可压缩的，那么

$$\frac{\partial \overline{u_j}}{\partial x_j} = 0 \tag{3-73}$$

式（3-72）变为

$$\frac{\partial \overline{C}}{\partial t} + \overline{u_j} \frac{\partial \overline{C}}{\partial x_j} = \frac{\partial}{\partial x_j}\left(K_j \frac{\partial \overline{C}}{\partial x_j}\right) \tag{3-74}$$

式（3-74）结合适当的边界条件和初始条件，就形成了扩散模型的理论基础。这个方程可对各种情况进行求解。

图3-17和图3-18所示是用于扩散模型的坐标系。x 轴是从释放处径直向下风处的中心线，并且可针对不同的风向旋转。y 轴是距离中心线的距离，z 轴是高于释放处的高度。点$(x, y, z) = (0, 0, 0)$ 是释放点。坐标$(x, y, 0)$ 是释放处所在的水平面，坐标$(x, 0, 0)$ 沿中心线或 x 轴。

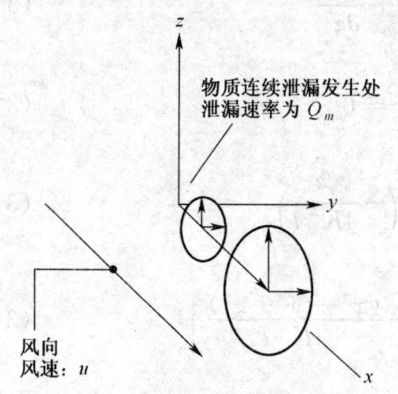

图3-17 有风时稳定情况下连续点源泄漏
（注意坐标系统：x 为下风向，y 为横风向，z 为垂直风向）

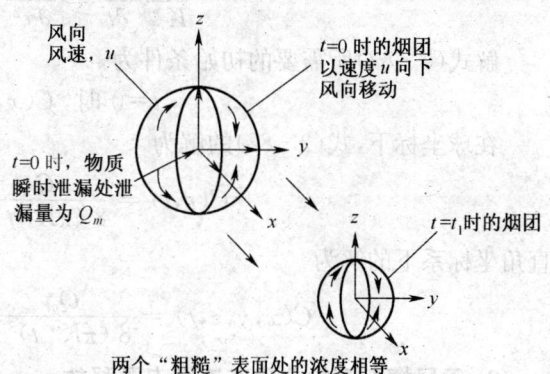

图3-18 有风时的烟团

1. 无风情况下的稳态连续点源释放

无风情况下的稳态连续点源释放的适用条件是：①质量释放速率不变（Q_m = 常数）；②无风（$\overline{u_j} = 0$）；③稳态（$\partial \overline{C}/\partial t = 0$）；④涡流扩散率不变（所有方向上 $K_j = K^*$）。对于这种情况，式（3-74）简化为

$$\frac{\partial^2 \overline{C}}{\partial x^2} + \frac{\partial^2 \overline{C}}{\partial y^2} + \frac{\partial^2 \overline{C}}{\partial z^2} = 0 \tag{3-75}$$

通过定义半径为 $r^2 = x^2 + y^2 + z^2$，式（3-75）将更易处理。根据 r 变换式（3-75）为

$$\frac{d}{dr}\left(r^2 \frac{d\overline{C}}{dr}\right) = 0 \tag{3-76}$$

对于连续的稳态释放，任何点 r 处的浓度流量从一开始就必须与泄漏速率 Q_m（单位是质量/时间）相等。这可由如下的流量边界条件，进行数学表达

$$-4\pi r^2 K^* \frac{d\overline{C}}{dr} = Q_m \tag{3-77}$$

边界条件为

$$当 r \to \infty 时, \overline{C} \to 0 \tag{3-78}$$

将式(3-77)分离,并在任意点 r 和 $r=\infty$ 之间进行积分,得

$$\int_{\overline{C}}^{0} d\overline{C} = -\frac{Q_m}{4\pi K^*} \int_{r}^{\infty} \frac{dr}{r^2} \tag{3-79}$$

式(3-79)中的 $\overline{C}$,得

$$\overline{C}(r) = \frac{Q_m}{4\pi K^* r} \tag{3-80}$$

通过变换,很容易证明式(3-80)和式(3-76)同解,同时也是此种情况下的解。将式(3-80)变换成直角坐标系,得

$$\overline{C}(x,y,z) = \frac{Q_m}{4\pi K^* \sqrt{x^2+y^2+z^2}} \tag{3-81}$$

2. 无风时的烟团

无风时的烟团的适用条件是:①烟团释放,即一定量 Q_m^* 的物质(单位为质量)瞬时释放;②无风($\overline{u_j}=0$);③涡流扩散率不变(所有方向上 $K_j = K^*$)。

对于这种情况,式(3-74)化简为

$$\frac{1}{K^*}\frac{\partial \overline{C}}{\partial t} = \frac{\partial^2 \overline{C}}{\partial x^2} + \frac{\partial^2 \overline{C}}{\partial y^2} + \frac{\partial^2 \overline{C}}{\partial z^2} \tag{3-82}$$

解式(3-82)所需要的初始条件为

$$t=0 \text{ 时}, \overline{C}(x,y,z,t) = 0 \tag{3-83}$$

在球坐标下,式(3-82)的解为

$$\overline{C}(r,t) = \frac{Q_m^*}{8(\pi K^* t)^{3/2}} \exp\left(-\frac{r^2}{4K^* t}\right) \tag{3-84}$$

直角坐标系下的解为

$$\overline{C}(x,y,z,t) = \frac{Q_m^*}{8(\pi K^* t)^{3/2}} \exp\left[-\frac{(x^2+y^2+z^2)}{4K^* t}\right] \tag{3-85}$$

3. 无风情况下的非稳态连续点源释放

其适用条件是:① 恒定的质量释放率($Q_m =$ 常数);②无风($\overline{u_j} = 0$);③涡流扩散率不变(所有方向上 $K_j = K^*$)。对于这种情况,根据式(3-83)给出的初始条件和式(3-78)给出的边界条件,式(3-74)可简化为式(3-82)。通过将瞬时解对时间积分可进行求解。球坐标系下的结果为

$$\overline{C}(r,t) = \frac{Q_m}{4\pi K^* r} \text{efrc}\left(\frac{r}{2\sqrt{K^* t}}\right) \tag{3-86}$$

在直角坐标系下为

$$\overline{C}(x,y,z,t) = \frac{Q_m}{4\pi K^* \sqrt{x^2+y^2+z^2}} \text{erfc}\left(\frac{\sqrt{x^2+y^2+z^2}}{2\sqrt{K^* t}}\right) \tag{3-87}$$

当 $t \to \infty$ 时,式(3-86)和式(3-87)可简化为相应的稳态解(式(3-80)和式(3-81))。

4. 有风情况下的稳态连续点源释放

其适用条件是:①连续释放($Q_m =$ 常数);②风只沿 x 轴方向吹($\overline{u_j} = \overline{u_x} = u =$ 常数);

③涡流扩散率不变(所有方向上 $K_j = K^*$),如图 3-17 所示。对于这种情况,式(3-74)简化为

$$\frac{u}{K^*}\frac{\partial \overline{C}}{\partial x} = \frac{\partial^2 \overline{C}}{\partial x^2} + \frac{\partial^2 \overline{C}}{\partial y^2} + \frac{\partial^2 \overline{C}}{\partial z^2} \qquad (3-88)$$

根据式(3-77)和式(3-78)所表达的边界条件,可对式(3-88)求解。在任意点处的平均浓度为

$$\overline{C}(x,y,z) = \frac{Q_m}{4\pi K^* \sqrt{x^2+y^2+z^2}} \exp\left[-\frac{u}{2K^*}(\sqrt{x^2+y^2+z^2}-x)\right] \qquad (3-89)$$

如果假设烟羽细长(烟羽很长、很细,并且没有远离 x 轴),即

$$y^2 + z^2 \ll x^2 \qquad (3-90)$$

利用 $\sqrt{1+a} \approx 1+a/2$,式(3-89)可简化为

$$\overline{C}(x,y,z) = \frac{Q_m}{4\pi K^* x} \exp\left[-\frac{u}{4K^* x}(y^2+z^2)\right] \qquad (3-91)$$

沿烟羽的中心线,$y=z=0$,有

$$\overline{C}(x) = \frac{Q_m}{4\pi K^* x} \qquad (3-92)$$

5. 涡流扩散率是方向的函数时的无风时的烟团

与情况 2 相同,但涡流扩散率是方向的函数。适用条件是:①烟团释放($Q_m^* = $ 常数);②无风($\overline{u_j} = 0$);③ 每一坐标方向都有不同的恒定不变的涡流扩散率(K_x、K_y、K_z)。此种情况下,式(3-74)可简化为

$$\frac{\partial \overline{C}}{\partial t} = K_x \frac{\partial^2 \overline{C}}{\partial x^2} + K_y \frac{\partial^2 \overline{C}}{\partial y^2} + K_z \frac{\partial^2 \overline{C}}{\partial z^2} \qquad (3-93)$$

方程的解为

$$\overline{C}(x,y,z,t) = \frac{Q_m^*}{8(\pi t)^{3/2}\sqrt{K_x K_y K_z}} \exp\left[-\frac{1}{4t}\left(\frac{x^2}{K_x}+\frac{y^2}{K_y}+\frac{z^2}{K_z}\right)\right] \qquad (3-94)$$

6. 有风情况下稳态连续点源释放

涡流扩散率是方向的函数与情况 4 相同,但涡流扩散率是方向的函数。适用条件是:①连续释放($Q_m = $ 常数);②稳态($\partial \overline{C}/\partial t = 0$);③风向仅仅沿 x 轴方向($\overline{u_j} = \overline{u_x} = u = $ 常数);④每一坐标方向都有不同的但是恒定的涡流扩散率(K_x、K_y、K_z);⑤接近细长的烟羽(式(3-90))。

式(3-74)简化为

$$u\frac{\partial \overline{C}}{\partial x} = K_x \frac{\partial^2 \overline{C}}{\partial x^2} + K_y \frac{\partial^2 \overline{C}}{\partial y^2} + K_z \frac{\partial^2 \overline{C}}{\partial z^2} \qquad (3-95)$$

方程的解为

$$\overline{C}(x,y,z) = \frac{Q_m}{4\pi x \sqrt{K_x K_y}} \exp\left[-\frac{u}{4x}\left(\frac{y^2}{K_y}+\frac{z^2}{K_z}\right)\right] \qquad (3-96)$$

沿烟羽的中心线,$y=z=0$,平均浓度为

$$\overline{C}(x) = \frac{Q_m}{4\pi x \sqrt{K_y K_z}} \qquad (3-97)$$

7. 有风时的烟团

与情况 5 相同,但有风。图 3-18 显示了其几何形状。适用条件是:①烟团释放($Q_m^* = $ 常

数);②风向仅仅沿 x 轴方向($\overline{u_j} = \overline{u_x} = u =$ 常数);③每一坐标方向都有不同的但是恒定的涡流扩散率(K_x、K_y、K_z)。

通过简单的坐标移动,就可解决此问题。情况 5 代表了围绕在释放源周围的固定烟团。如果烟团随风沿 x 轴移动,则用随风移动的新坐标系 $x - ut$ 代替原来的坐标系 x,就可得到解。变量 t 是自烟团释放以后的时间,u 是风速。解就是式(3-94),只不过变换成了新坐标系。

$$\overline{C}(x,y,z,t) = \frac{Q_m}{4(\pi t)^{3/2}\sqrt{K_x K_y K_z}}\exp\left\{-\frac{1}{4t}\left[\frac{(x-ut)^2}{K_x} + \frac{y^2}{K_y} + \frac{z^2}{K_z}\right]\right\} \quad (3-98)$$

8. 释放源在地面上的无风时的烟团

与情况 5 相同,但释放源在地面上。地面代表了不能渗透的边界。结果是,浓度是情况 5 中浓度的两倍。解是式(3-94)的两倍,即

$$\overline{C}(x,y,z,t) = \frac{Q_m^*}{4(\pi t)^{3/2}\sqrt{K_x K_y K_z}}\exp\left[-\frac{1}{4t}\left(\frac{x^2}{K_x} + \frac{y^2}{K_y} + \frac{z^2}{K_z}\right)\right] \quad (3-99)$$

9. 释放源在地面上的稳态烟团

与情况 6 相同,但释放源在地面上;如图 3-19 所示。地面代表了不能渗透的边界。结果是,浓度是情况 6 中浓度的两倍。解是式(3-96)的两倍,即

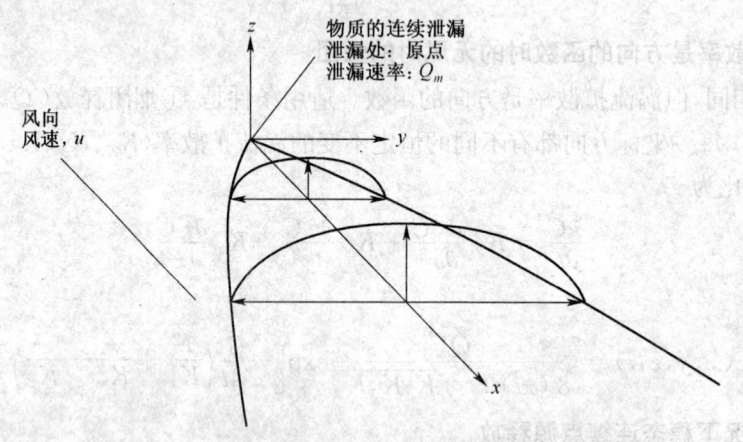

图 3-19 泄漏源位于地面的稳定状态的烟羽

$$\overline{C}(x,y,z) = \frac{Q_m^*}{2\pi x \sqrt{K_x K_y}}\exp\left[-\frac{u}{4x}\left(\frac{y^2}{K_y} + \frac{z^2}{K_z}\right)\right] \quad (3-100)$$

10. 连续的稳态源

释放源在地面上方 H_r 高度 对于这种情况,地面起着距离释放源 H 远的不能渗透的边界的作用。结果为

$$\overline{C}(x,y,z) = \frac{Q_m}{4\pi x \sqrt{K_y K_z}}\exp\left(-\frac{uy^2}{4K_y x}\right)\times$$
$$\left\{\exp\left[-\frac{u}{4K_z x}(z-H_r)^2\right] + \exp\left[-\frac{u}{4K_z x}(z+H_r)^2\right]\right\} \quad (3-101)$$

如果 $H_r = 0$,式(3-101)就简化为释放源在地面上的情况,即式(3-100)。

3.3.3 Pasquill-Gifford 模型

情况 1~情况 10 都依赖于指定的涡流扩散度 K_j 的值。通常情况下,K_j 随着位置、时间、

风速和主要天气情况而变化。虽然涡流扩散率这一方法在理论上是有用的,但实验上不方便,并且不能提供有用的关系框架。

Sutton 提出了如下的扩散系数的定义,解决了这一难题。

$$\sigma_x^2 = \frac{1}{2}\overline{C}^2(ut)^{2-n} \tag{3-102}$$

同样,可给出 σ_y 和 σ_z 的表达式。扩散系数 σ_x、σ_y 和 σ_z 分别代表下风向、侧风向和垂直方向(x,y,z)浓度的标准偏差。扩散系数的值要比涡流扩散率的值更容易通过实验得到。

扩散系数是大气情况及释放源下风向距离的函数。大气情况可根据六种不同的稳定度等级进行分类,见表 3-7。稳定度等级依赖于风速和日照程度。白天,风速的增加导致更加稳定的大气稳定度,而在夜晚则相反。这是由于从白天到夜晚,在垂直方向上温度的变化引起。

表 3-7 使用 Pasquill-Gifford 扩散模型的大气稳定度等级

表面风速 /(m/s)	白天日照①			夜间条件②	
	强	适中	弱	很薄的覆盖或者 >4/8 低沉的云	≤3/8 朦胧
<2	A	A-B	B	F	F
2~3	A-B	B	C	E	F
3~4	B	B-C	C	D③	E
4~6	C	C-D	D③	D③	D③
>6	C	D③	D③	D③	D③

稳定度等级:
A:极度不稳定; B:中度不稳定; C:轻微不稳定;
D:中性稳定; E:轻微稳定; F:中度稳定
① 强烈的日光照射是指英国盛夏正午期间的充足的阳光。弱的日光照射是指严冬时期类似的情况。
② 夜间是指日落前 1h 到破晓后 1h 这一段时间。
③ 对于白天或夜晚的多云情况以及日落或日出后数小时的任何天气情况,不管风速有多大,都应该使用中等稳定度等级 D

对于连续源的扩散系数 σ_y 和 σ_z,由图 3-20 和图 3-21 中给出,相应的关系式由表 3-8 给出。没有给出 σ_x 的值,因为有理由假设 $\sigma_x = \sigma_y$。烟团释放的扩散系数 σ_y 和 σ_z 由图 3-22 给出,方程由表 3-9 给出。烟团的扩散系数是基于有限的数据(表 3-8)得到的,是不够精确的。

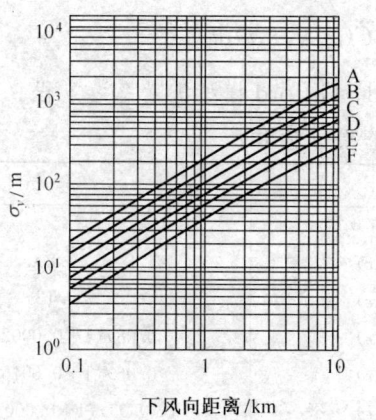

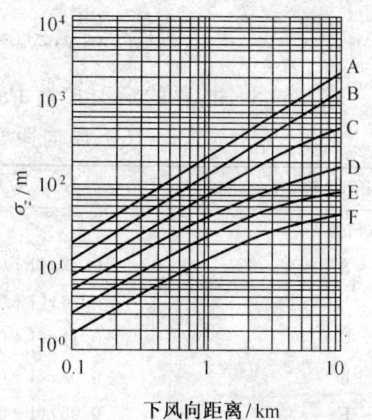

图 3-20 泄漏位于农村时 Pasquill-Gifford 烟羽模型的扩散系数

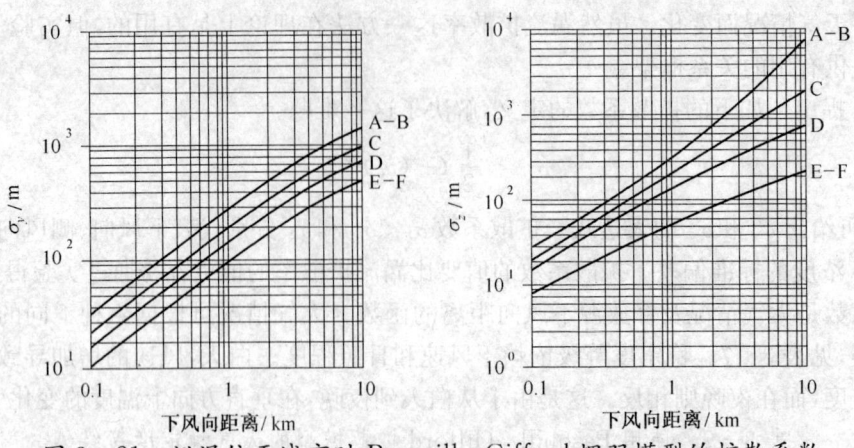

图 3-21 泄漏位于城市时 Pasquill-Gifford 烟羽模型的扩散系数

Pasquill 用式(3-102)重新得到了情况 1～情况 10 的方程。这些方程和其相应的扩散系数就是众所周知的 Pasquill-Gifford 模型。

1. 地面上瞬时点源的烟团

坐标系固定在释放点,风速 u 恒定,风向仅沿 x 方向。这种情况与情况 7 相同。其结果与式(3-98)相近:

$$\overline{C}(x,y,z,t) = \frac{Q_m^*}{\sqrt{2}\pi^{3/2}\sigma_x\sigma_y\sigma_z}\exp\left\{-\frac{1}{2}\left[\left(\frac{x-ut}{\sigma_x}\right)^2 + \frac{y^2}{\sigma_y^2} + \frac{z^2}{\sigma_z^2}\right]\right\} \quad (3-103)$$

地面浓度,可令 $z=0$,求得

$$\overline{C}(x,y,0,t) = \frac{Q_m^*}{\sqrt{2}\pi^{3/2}\sigma_x\sigma_y\sigma_z}\exp\left\{-\frac{1}{2}\left[\left(\frac{x-ut}{\sigma_x}\right)^2 + \frac{y^2}{\sigma_y^2}\right]\right\} \quad (3-104)$$

地面上沿 x 轴的浓度可令 $y=z=0$,求得

$$\overline{C}(x,0,0,t) = \frac{Q_m^*}{\sqrt{2}\pi^{3/2}\sigma_x\sigma_y\sigma_z}\exp\left[-\frac{1}{2}\left(\frac{x-ut}{\sigma_x}\right)^2\right] \quad (3-105)$$

气云中心坐标在 $(ut,0,0)$ 处。该移动气云中心的浓度为

$$\overline{C}(ut,0,0,t) = \frac{Q_m^*}{\sqrt{2}\pi^{3/2}\sigma_x\sigma_y\sigma_z} \quad (3-106)$$

站在固定点 (x,y,z) 处的个体,所接受的全部剂量 D_{tid} 是浓度的时间积分,即

$$D_{tid}(x,y,z) = \int_0^\infty \overline{C}(x,y,z,t)\mathrm{d}t \quad (3-107)$$

表 3-8 推荐的烟羽扩散 Pasquill-Gifford 模型扩散系数方程

(下风向距离 x 的单位是 m)

Pasquill-Gifford 稳定度等级	σ_y/m	σ_z/m
农村条件		
A	$0.22x(1+0.0001x)^{-1/2}$	$0.20x$
B	$0.16x(1+0.0001x)^{-1/2}$	$0.12x$
C	$0.11x(1+0.0001x)^{-1/2}$	$0.08x(1+0.0002x)^{-1/2}$
D	$0.08x(1+0.0001x)^{-1/2}$	$0.06x(1+0.0015x)^{-1/2}$
E	$0.06x(1+0.0001x)^{-1/2}$	$0.03x(1+0.0003x)^{-1}$
F	$0.04x(1+0.0001x)^{-1/2}$	$0.016x(1+0.0003x)^{-1}$

(续)

Pasquill-Gifford 稳定度等级 城市条件	σ_y/m	σ_z/m
A—B	$0.32x(1+0.0004x)^{-1/2}$	$0.24x(1+0.0001x)^{+1/2}$
C	$0.22x(1+0.0004x)^{-1/2}$	$0.20x$
D	$0.16x(1+0.0004x)^{-1/2}$	$0.14x(1+0.0003x)^{-1/2}$
E—F	$0.11x(1+0.0004x)^{-1/2}$	$0.08x(1+0.0015x)^{-1/2}$

地面的全部剂量，可依照式(3-107)对式(3-104)进行积分得到。结果为

$$D_{tid}(x,y,0) = \frac{Q_m^*}{\pi\sigma_y\sigma_z u}\exp\left(-\frac{1}{2}\frac{y^2}{\sigma_y^2}\right) \quad (3-108)$$

地面上沿 x 轴的全部剂量为

$$D_{tid}(x,0,0) = \frac{Q_m^*}{\pi\sigma_y\sigma_z u} \quad (3-109)$$

图 3-22 Pasquill-Gifford 烟团模型的扩散系数

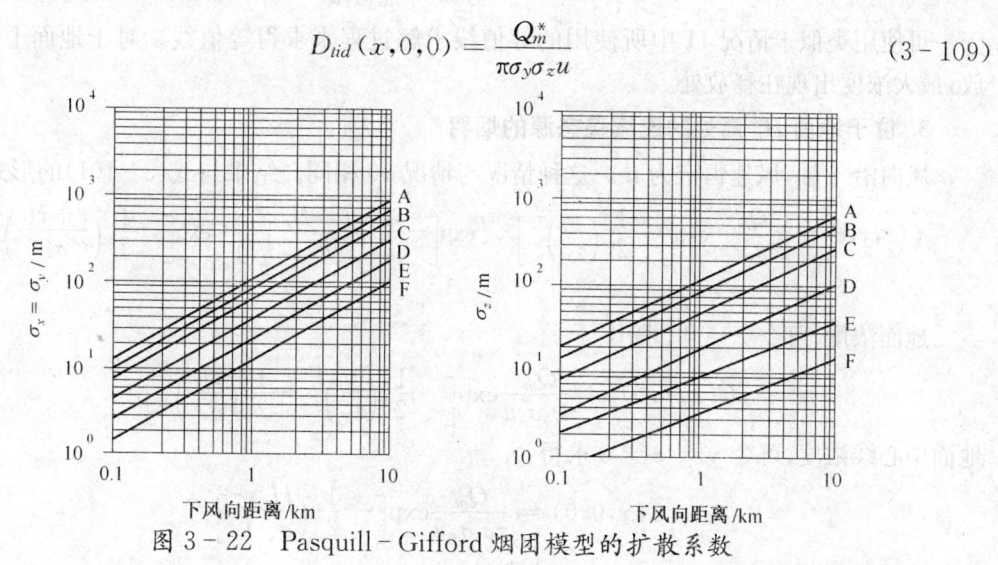

表 3-9 推荐的烟团扩散 Pasquill-Gifford 模型扩散系数方程(下风向距离 x 的单位是 m)

Pasquill-Gifford 稳定度等级	σ_y 或者 σ_x/m	σ_z/m
A	$0.18x^{0.92}$	$0.60x^{0.75}$
B	$0.14x^{0.92}$	$0.53x^{0.73}$
C	$0.10x^{0.92}$	$0.34x^{0.71}$
D	$0.06x^{0.92}$	$0.15x^{0.70}$
E	$0.04x^{0.92}$	$0.10x^{0.65}$
F	$0.02x^{0.89}$	$0.05x^{0.61}$

通常情况下，需要用固定浓度定义气云边界。连接气云周围相等浓度的点的曲线称为等值线。对于指定的浓度 $\overline{C}^*$，地面上的等值线通过用中心线浓度方程(式(3-105))除以一般的地面浓度方程(式(3-104))来确定。直接对 y 求解该方程

$$y = \sigma_y\sqrt{2\ln\left(\frac{\overline{C}(x,0,0,t)}{\overline{C}(x,y,0,t)}\right)} \quad (3-110)$$

过程是：①指定 $\overline{C}^*$、u 和 t；②用式(3-105)确定沿 x 轴的浓度 $\overline{C}(x,0,0,t)$，定义沿 x 轴的气云边界；③在式(3-110)中令 $\overline{C}(x,y,0,t)=\overline{C}^*$，确定由步骤②确定的每一个中心线上的 y 值。对于每一个所需要的 t 值，可重复使用该过程。

2. 地面上的连续稳态源的烟羽

风向为沿 x 轴,风速恒定为 u。这种情况与情况 9 相同。其结果与式(3-100)的形式相近:

$$\overline{C}(x,y,z) = \frac{Q_m}{\pi\sigma_y\sigma_z u}\exp\left[-\frac{1}{2}\left(\frac{y^2}{\sigma_y^2}+\frac{z^2}{\sigma_z^2}\right)\right] \tag{3-111}$$

地面浓度,可令 $z=0$,求出:

$$\overline{C}(x,y,0) = \frac{Q_m}{\pi\sigma_y\sigma_z u}\exp\left[-\frac{1}{2}\left(\frac{y}{\sigma_y}\right)^2\right] \tag{3-112}$$

下风向,沿烟羽中心线的浓度可令 $y=z=0$ 求出:

$$\overline{C}(x,0,0) = \frac{Q_m}{\pi\sigma_y\sigma_z u} \tag{3-113}$$

可使用类似于情况 11 中所使用的等值线求解过程来求得等值线。对于地面上的连续释放,最大浓度出现在释放处。

3. 位于地面 H_r 高处的连续稳态源的烟羽

风向沿 x 轴,风速恒定为 u。这种情况与情况 10 相同。结果与式(3-101)的形式相近:

$$\overline{C}(x,y,z) = \frac{Q_m}{2\pi\sigma_y\sigma_z u}\exp\left[-\frac{1}{2}\left(\frac{y}{\sigma_y}\right)^2\right]\times\left\{\exp\left[-\frac{1}{2}\left(\frac{z-H_r}{\sigma_z}\right)^2\right]+\exp\left[-\frac{1}{2}\left(\frac{z+H_r}{\sigma_z}\right)^2\right]\right\} \tag{3-114}$$

地面浓度,可令 $z=0$,求出:

$$\overline{C}(x,y,0) = \frac{Q_m}{\pi\sigma_y\sigma_z u}\exp\left[-\frac{1}{2}\left(\frac{y}{\sigma_y}\right)^2-\frac{1}{2}\left(\frac{H_r}{\sigma_z}\right)^2\right] \tag{3-115}$$

地面中心线浓度,可令 $y=z=0$ 求得:

$$\overline{C}(x,0,0) = \frac{Q_m}{\pi\sigma_y\sigma_z u}\exp\left[-\frac{1}{2}\left(\frac{H_r}{\sigma_z}\right)^2\right] \tag{3-116}$$

地面上沿 x 轴的最大浓度 $\overline{C}_{\max}$,由下式求得:

$$\overline{C}_{\max} = \frac{2Q_m}{e\pi u H_r^2}\left(\frac{\sigma_z}{\sigma_y}\right) \tag{3-117}$$

下风向地面上最大浓度出现的位置,可从下式求得:

$$\sigma_z = \frac{H_r}{\sqrt{2}} \tag{3-118}$$

求解最大浓度和下风向距离的过程是:使用式(3-118)确定距离,然后使用式(3-117)计算最大浓度。

4. 位于地面 H_r 高处的瞬时点源的烟团

坐标系位于地面并随烟团移动。对于这种情况,烟团中心在 $x=ut$ 处。平均浓度为

$$\overline{C}(x,y,z,t) = \frac{Q_m^*}{(2\pi)^{3/2}\sigma_x\sigma_y\sigma_z}\exp\left[-\frac{1}{2}\left(\frac{y}{\sigma_y}\right)^2\right]\times$$

$$\left\{\exp\left[-\frac{1}{2}\left(\frac{z-H_r}{\sigma_z}\right)^2\right]+\exp\left[-\frac{1}{2}\left(\frac{z+H_r}{\sigma_z}\right)^2\right]\right\} \tag{3-119}$$

时间相关性通过扩散系数来完成,因为,随着烟团从释放处向下风向运动,它们的值也发生变化。如果没有风($u=0$),式(3-119)预测的结果是不正确的。

在地面,即 $z=0$,浓度可通过如下方程计算:

$$\overline{C}(x,y,0,t) = \frac{Q_m^*}{\sqrt{2}\pi^{3/2}\sigma_x\sigma_y\sigma_z}\exp\left[-\frac{1}{2}\left(\frac{y}{\sigma_y}\right)^2 - \frac{1}{2}\left(\frac{H_r}{\sigma_z}\right)^2\right] \quad (3-120)$$

沿地面中心线的浓度，可令 $y = z = 0$ 求出：

$$\overline{C}(x,0,0,t) = \frac{Q_m^*}{\sqrt{2}\pi^{3/2}\sigma_x\sigma_y\sigma_z}\exp\left[-\frac{1}{2}\left(\frac{H_r}{\sigma_z}\right)^2\right] \quad (3-121)$$

通过应用式(3-107)～式(3-120)，可得到地面上的全部剂量。结果为

$$D_{tid}(x,y,0) = \frac{Q_m^*}{\pi\sigma_y\sigma_z u}\exp\left[-\frac{1}{2}\left(\frac{y}{\sigma_y}\right)^2 - \frac{1}{2}\left(\frac{H_r}{\sigma_z}\right)^2\right] \quad (3-122)$$

5. 位于地面 H_r 高处的瞬时点源的烟团

坐标系位于地面的释放点。对于这种情况，用相似于情况 7 所使用的坐标变化可得到结果。结果为

$$\overline{C}(x,y,z,t) = \exp\left[-\frac{1}{2}\left(\frac{x-ut}{\sigma_x}\right)^2\right] \times \quad (3-123)$$

［使用移动坐标系的烟团方程(式(7-165)～式(7-167)]

式中：t 是自从烟团释放后的时间。

3.3.3.1 最坏事件情形

对于烟羽，最大浓度通常是在释放点处。如果释放是在高于地平面的地方发生，那么地面上的最大浓度出现在释放处的下风向上的某一点。

对于烟团，最大浓度通常在烟团的中心。对于释放发生在高于地平面的地方，烟团中心将平行于地面移动，并且地面上的最大浓度直接位于烟团中心的下面。对于烟团等值线，随着烟团向下风向的移动，等值线将接近于圆形。等值线的直径一开始随着烟团向下风向的移动而增加，然后达到最大，最后将逐渐减小。

如果不知道天气条件或不能确定，那么可进行某些假设，来得到一个最坏情形的结果；即估算一个最大浓度。Pasquill-Gifford 扩散方程中的天气条件可通过扩散系数和风速予以考虑。通过观察估算浓度用的 Pasquill-Gifford 扩散方程，很明显扩散系数和风速在分母上。因此，通过选择导致最小值的扩散系数和风速的天气条件和风速，可使估算的浓度最大。通过观察图 3-20～图 3-22，能够发现 F 稳定度等级可以产生最小的扩散系数。很明显，风速不能为零，所以必须选择一个有限值。EPA 认为，当风速小到 1.5m/s 时，F 稳定度等级能够存在。

3.3.3.2 Pasquill-Gifford 扩散模型的局限性

Pasquill-Gifford 或高斯扩散仅应用于气体的中性浮力扩散，在扩散过程中，湍流混合是扩散的主要特征。它仅对距离释放源在 0.1km～10km 范围内的距离有效。

由高斯模型预测的浓度是时间平均值。因此，局部浓度的时间值有可能超过所预测的平均浓度值，这对于紧急反应可能是重要的。这里介绍的模型是假设 10min 的时间平均。实际的瞬间浓度可能会在由高斯模型计算出来的浓度的 2 倍范围内变化。

【例 3-12】 在某一个阴天，一个有效高度为 60m 的烟囱，正在以 80g/s 的速度排放二氧化硫。风速为 6m/s。烟囱位于农村。请确定：①下风向 500m 处地面上二氧化硫的平均浓度；②下风向 500m、横风向 50m 处地面上二氧化硫的平均浓度；③径直下风向地面上的最大平均浓度的位置和数值。

解：①属于连续排放。径直下风向地面浓度由式(3-116)给出：

$$\overline{C}(x,0,0) = \frac{Q_m}{\pi\sigma_y\sigma_z u}\exp\left[-\frac{1}{2}\left(\frac{H_r}{\sigma_z}\right)^2\right]$$

由表3-7,大气稳定度等级是D。

扩散系数可由图3-21或表3-8得到。用表3-8:

$$\sigma_y = 0.08x(1+0.0001x)^{-1/2}$$
$$= 0.08 \times 500 \times (1+0.0001 \times 500)^{-1/2} = 39.0\text{m}$$
$$\sigma_z = 0.06x(1+0.0015x)^{-1/2}$$
$$= 0.06 \times 500 \times (1+0.0015 \times 500)^{-1/2} = 22.7\text{m}$$

代入式(3-116),得

$$\overline{C}(500,0,0) = \frac{80}{3.14 \times 39.0 \times 22.7 \times 6}\exp\left[-\frac{1}{2}\left(\frac{60}{22.7}\right)^2\right] = 1.45 \times 10^{-4}\text{g/m}^3$$

② 横风向50m处的平均浓度可通过式(3-115)及设$y=50$得到。直接应用来自①的结果：

$$\overline{C}(500,50,0) = \langle C \rangle(500,0,0)\exp\left[-\frac{1}{2}\left(\frac{y}{\sigma_y}\right)^2\right] = (1.45 \times 10^{-4})\exp\left[-\frac{1}{2}\left(\frac{50}{39}\right)^2\right]$$
$$= 6.37 \times 10^{-5}\text{g/m}^3$$

③ 最大浓度的位置由方程(3-118)确定：

$$\sigma_z = \frac{H_r}{\sqrt{2}} = \frac{60}{\sqrt{2}} = 42.4\text{m}$$

由图3-20,对于D稳定度等级,在下风向大约1200m处$\sigma_z = 42.4$m。由图3-20或表3-8,$\sigma_y = 88$m。最大浓度由式(3-117)确定：

$$\overline{C}_{\max} = \frac{2Q_m}{e\pi u H_r^2}\left(\frac{\sigma_z}{\sigma_y}\right) = \frac{2 \times 80}{2.72 \times 3.14 \times 6 \times 60}\left(\frac{42.4}{88}\right) = 4.18 \times 10^{-4}\text{g/m}^3$$

【例3-13】 氯在精细化工过程中使用。源模型研究表明,对于某个特殊的事故场景,1.0kg的氯瞬时泄漏出来。泄漏发生在地面。居民区距离泄漏源500m。请确定：①气云中心到达居民区所需时间,假设风速为2m/s;②居民区氯的最大浓度。将结果与氯的ERPG-1值1.0ppm(3.0mg/m³)进行比较,什么样的大气稳定度和风速会产生最大浓度;③确定气云最大浓度低于ERPG-1值所必须移动的距离,使用②中的条件;④根据ERPG-1确定下风向地面5km处气云的大小。假设在所用的情况下氯气云泄漏都是中性浮力(这可能是不正确的假设)。

解：①对于下风向500m距离和2m/s的风速,气云中心达到居民区所需要的时间为

$$t = \frac{x}{u} = \frac{500}{2} = 250\text{s} = 4.2\text{min}$$

对于紧急警告,该时间很短。

② 最大浓度出现在释放源下风向的气云中心。浓度由式(3-106)给出：

$$\overline{C}(ut,0,0,t) = \frac{Q_m^*}{\sqrt{2}\pi^{3/2}\sigma_X\sigma_Y\sigma_Z}$$

选择稳定度条件,使式(3-106)中的$\overline{C}$最大。这需要扩散系数的值最小。由图3-22,任一个扩散系数的最小值都发生在F稳定度。这种情况对应着有着薄云和少云的夜晚条件,同时风速小于3m/s。烟团中的最大浓度也出现在居民区中离释放源最近的点。这发生在500m处,因此有

$$\sigma_x = \sigma_y = 0.02x^{0.89} = 0.02 \times 500^{0.89} = 5.0\text{m}$$

$$\sigma_z = 0.05x^{0.61} = 0.05 \times 500^{0.61} = 2.2\text{m}$$

由式(3-106)有

$$\overline{C} = \frac{1.0}{\sqrt{2} \times 3.14^{3/2} \times 5.0^2 \times 2.2} = 2.31 \times 10^{-3}\text{kg/m}^3 = 2310\text{mg/m}^3$$

将其单位转变为 ppm。假设压力为 1atm,温度为 298K,浓度为 798ppm。这比 1.0ppm 的 ERPG-1 高很多。如果是在户外和泄漏源的下风向,那么,工厂内的人和任何一个处在紧邻居民区内的人都将过量暴露。

③ 气云中心的浓度由式(3-106)给出。代入已知数据,可以得

$$3.0 \times 10^{-6} = \frac{1.0}{\sqrt{2} \times 3.14^{3/2} \sigma_y^2 \sigma_z}$$

$$\sigma_y^2 \sigma_z = 4.24 \times 10^4 \text{m}^3$$

使用表 3-9 中提供的方程,求解下风向距离。因此对于 F 级大气稳定度:

$$\sigma_y^2 \sigma_z = (0.02x^{0.89})^2 (0.05x^{0.61}) = 4.24 \times 10^4 \text{m}^3$$

通过试差法求解 x,得到 $x = 8.0\text{km}$。

④ 下风向中心线的浓度由式(3-105)给出:

$$\overline{C}(x,0,0,t) = \frac{Q_m^*}{\sqrt{2}\pi^{3/2}\sigma_x\sigma_y\sigma_z}\exp\left[-\frac{1}{2}\left(\frac{x-ut}{\sigma_x}\right)^2\right]$$

烟团中心到达下风向 5km 处,所需要的时间为

$$t = \frac{x}{u} = \frac{5000}{2} = 2500\text{s}$$

在下风向 5km 处,假设大气为 F 稳定度情况,计算

$$\sigma_x = \sigma_y = 0.02x^{0.89} = 39.2\text{m}$$

$$\sigma_z = 0.05x^{0.61} = 9.0\text{m}$$

代入已知数据,得

$$3.0 \times 10^{-6} = \frac{1.0}{\sqrt{2}\pi^{3/2} \times 39.2^2 \times 9.0}\exp\left[-\frac{1}{2}\left(\frac{x-5000}{39.2}\right)^2\right]$$

式中:x 的单位是 m。$(x-5000)$ 代表了烟羽的宽度。求解该值,得

$$0.326 = \exp\left[-\frac{1}{2}\left(\frac{x-5000}{39.2}\right)\right]$$

$$x - 5000 = 87.8\text{m}$$

在 ERPG-1 浓度的基础上,该处的气云宽度为 87.8m。在 2m/s 的风速下,将需要大约 $\frac{87.8}{2} = 43.9\text{s}$ 的时间。

恰当的紧急程序是警告居民待在室内,将窗户关闭并停止通风,直到气云过去。同样需要指出的是,工厂应该尽可能减少泄漏的氯气的量。

3.4 化工泄漏控制

3.4.1 化工泄漏控制的原则

(1) 无论气体泄漏还是液体泄漏,泄漏量的多少都是决定泄漏后果严重程度的主要因素,

而泄漏量又与泄漏时间有关。因此,控制泄漏应该尽早地发现泄漏并且尽快地阻止泄漏。

(2) 通过人员巡回检查可以发现较严重的泄漏,利用泄漏检测仪器、气体泄漏检测系统可以早期发现各种泄漏。

(3) 利用停车或关闭遮断阀停止向泄漏处供应料可以控制泄漏。一般来说,与监控系统联锁的自动停车速度快,仪器报警后由人工停车速度较慢,需 3min～15min。

3.4.2 化工泄漏的检测技术

在生产过程中要对泄漏进行有效的治理,就要及时发现泄漏,准确地判断和确定产生泄漏的位置,找到泄漏点。特别是对于容易发生泄漏的部位和场所,通过检测及早发现泄漏的蛛丝马迹,这样就可以采取控制措施,把泄漏消灭在萌芽状态。

实际中,可以凭经验和借助仪器、设备进行化工泄漏检测。经验法主要针对一些较明显的泄漏,可以通过看、听、闻、摸直接感知发现,这种方法主要是依赖人的敏感性、经验和责任心。而在比较危险的场合,使用泄漏检测仪器能够做到在不中断生产运行的情况下,诊断设备的运行状况,判断故障发生部位、损伤程度、有无泄漏,并能准确地分析产生泄漏的原因。

如热像仪在夜间也能很清楚地发现泄漏异常;超声波、声脉冲、声发射技术,采用高敏的传感器能够捕捉到人耳听不到的泄漏声,经处理后,转换成人耳能够听到的声音,判定是否泄漏并进行定位;在介质中加入易于检测的物物作为示踪剂(如氦气、氩气、臭味剂、燃料等),发生泄漏时可以快速地检测到;光纤传感器检测法根据泄漏物质引起的环境温度变化,对管道进行连续测量,可以判断是否发生了泄漏。

1. 视觉检漏方法

通过视觉来检测泄漏,常用的光学仪器主要有内窥镜、井中电视和红外线检测仪器。对于能见度较低的环境,可用激光发射器——激光笔在照射物上形成光点,易于确定泄漏点的位置。

(1) 内窥镜。内窥镜跟医院检查胃病用的胃镜是一样的。1980 年,我国第一次向南太平洋发射的运载火箭的发动机的弯曲导管,就是直接由医院的大夫使用胃镜检查的。在检查深孔、锅炉炉膛、换热器管束、塔器设备内部和焊缝根部的内表面等人进不去、看不见的狭窄位置用内窥镜检测,无需拆卸、破坏和组装,非常方便。

内窥镜由光学纤维制成,是一种精密的光学仪器,在物镜一端有光源,另一端是目镜。使用时,把物镜端伸入要观察的地方,启动光源,调节目镜的焦距,就能清晰地看到内部图像,可发现有无泄漏和准确地判断产生泄漏的原因。

(2) 摄像观察。利用伸入管道、设备内部的摄像头及配套电视,人就能直观地探测到内部缺陷。

① 自动摄像系统:Syncrude 集团在其 Canada 公司的油砂炼油厂和帝国石油炼厂的两个焦炭塔上,于 1994 年和 1995 年分别安装了自动摄像系统。焦炭塔的直径很大,最小的一个是 9.1m。塔在高温高压下工作,摄像头在塔内的位置和方向可以控制调节。应用中发现,在焦炭输送波纹管和裙座上有两个漏洞和裂缝。

② 井中电视:它能够很好地检查下水管道的泄漏及破损。我国香港特别行政区政府从 1996 年起有计划地对全港 2 万多个斜坡中的自来水及污水管道进行电视探测,效果比较理想。但缺点是成本较高,要求管道停产并开口,每段探测管道还不能太长。以雷迪公司生产的 TeleapacMainland 井中电视仪器为例,其主电缆长度 200m,从两头往中间探测,最大探测管道长度为 400m,限制了在长距离管道上的应用。

(3) 红外线检测技术。红外线是波长在 $0.76\mu m \sim 1000\mu m$ 的电磁波,在电磁波连续频谱中位于无线电波和可见光之间的区域。

自然界的一切物体都辐射红外线,但温度不同的材料辐射强弱也不同。这一自然现象为利用红外线探测技术探测和判别被测目标的温度高低与热场分布提供了技术基础。

红外线检测技术最早用于军事侦察。20世纪以来,在电力系统和石油化工厂开始得到推广应用。对运行中的设备进行测温、泄漏检测、探伤等,特别是热成像技术,即使在夜间无光的情况下,也能得到设备的热分布图像。根据被测物体各部位的温度差异以及同一部位在不同时期所检测的温度差异,结合设备结构等状况,可以诊断设备的运行状况、有无故障、故障发生部位、损伤程度及引起故障的原因。在化工等连续性生产作业中,对那些始终处于高电压、大电流、高速运转的生产设备,能够进行在线检测,不用中断生产。在发达国家,它早已成为诊断设备内部缺陷和异常、保证工业生产安全的重要手段,被誉为现代工业检测技术领域的"火眼金睛"。

红外检测技术常用的设备有红外测温仪、红外热像仪和红外热电视。红外测温仪的外形像支手枪,适用于遥测现场物体的温度,现场使用非常方便。例如,西北光学仪器厂生产的红外测温仪,质量仅有 1kg,测量范围为 $0 \sim 1200$℃。

红外热像仪和热电视能把肉眼看不见的红外线图像转变为可见光图像,但在图像的分辨率和温度的定量分析方面,热像仪比热电视要高一些,价格也贵得多。

由于管道、容器内的介质大都跟周围环境有显著的温差,所以可以通过热像仪检测管道周围温度的变化来判断泄漏,特别是用于肉眼看不见的介质如天然气、高压蒸气的泄漏检测。壳牌石油公司认为,使用热像仪诊断泄漏部位比超声波法快且有效。美国等发达国家多使用直升机巡线载红外热成像仪器低空飞行,每天能检测几百千米的管道。

热像仪在夜间也能很清楚地发现泄漏异常。原油在输送过程中必须保持较高的温度,所以夜间通过热像仪能够很清楚地找到管道,那里是一条亮线。

根据红外热像检测本身的特点,该技术广泛用于检测加热炉、蒸馏塔、保温管线表面温度、储罐液位、热介质安全阀和蒸气疏水器性能状态、旋转机器轴承过热等。比如,可定期检查重整反应器热点,出现热点表示内部套筒件存在焊缝,在套筒和耐火材料衬里后面有热气体存在。如不能及时查明热点,这种高氢含量使用场合就可能引起氢气爆炸事故。

2. 声音检漏方法

泄漏发生时,流体喷出管道与管壁摩擦、流体穿过漏点时形成湍流以及和空气、土壤等的撞击等都会产生泄漏声波。特别是窄缝泄漏过程中,由于流体在横截面上流速的差异产生压力脉动,因而形成声源。对泄漏声波进行的分析表明,泄漏产生声波的频谱很宽,为数千赫至500kHz,它跟孔的大小、介质压力等因素都有密切的关系,高压气体的泄漏往往产生刺耳的叫声。

采用高灵敏的声波换能器能够捕捉到泄漏声,并将接收到的信号转变成电信号,经放大、滤波处理后,转换成人耳能够听到的声音,同时在仪表上显示,就可发现泄漏点。

遇到人不能靠近的狭窄空间内的情况,如锅炉炉膛内的管道、管束的检漏,可用声导管,它有隔热的作用。声导管有直管和弯管两种形式。

(1) 超声波检漏。检漏仪器若是采用宽频带接收,必然受到环境噪声的干扰。比如,风吹动树叶产生的"沙沙"声就和电缆漏气声十分相似,宽带超声检漏仪很难区分这两种信号。

环境噪声大部分在可听声频范围内,即 20Hz~20kHz。而超声波部分干扰少,容易同低频部分分开,易于被超声波仪器测出。另外,超声波是高频信号,其强度随着离开声源的距离而迅速衰减,很容易被阻隔或遮蔽。因此,超声波方向性很强,从而使泄漏位置的判断相对简单;超声波检漏灵敏度高,定位准确,操作和携带方便。

常见的检漏仪器大都是根据超声波原理,接收频率为20kHz～100kHz,能在15m以外发现压力为35kPa的容器上0.25mm的漏孔。探头部分外接类似卫星接收天线的抛物面聚声盘。可以提高接收的灵敏件和方向性;外接塑料软管,可用于弯曲管道的检漏。

超声检漏仪也可用于检测高压电缆、绝缘体、变压器及其他电器是否有放电现象,因为伴随着局部放电,会产生频率在70kHz～150kHz的超声波。

(2) 无压力系统的泄漏检测。在停产系统内外没有压差的情况下,可在系统内部放置一个超生波源,使之充满强烈的超声。超声波可从缝隙处泄漏出来,用超声检漏仪探头对设备扫描,寻找漏孔处逸出的超声波,从而找到穿孔点。这一装置还能用在检测冷库、冰箱和集装箱门的密封性能,秦山核电站就用它成功地检测了密封门。

(3) 声脉冲快速检漏。在管内介质中传播的声波,遇到管壁畸变(如漏洞、裂缝或异物、堵塞等)会产生反射回波,回波的存在是声脉冲检测的依据。因此,在管道的一端置一个声脉冲发送、接收装置,根据发送相接收到回波的时间差,就可计算出管道缺陷的位置。

实践表明,根据回波信号的极性可判断出缺陷的类别:先下后上者为穿透性缺陷,先上后下者为堵塞。也就是说,缺陷(孔洞)越大,回波信号越大。

声脉冲检漏方法虽然不如涡流、漏磁等方法精细,但操作简便、检测速度快,可达500根/h。一次可检测100m左右长的管道,适用于快速检漏,且不受管子弯曲的影响。大亚湾核电站在1998年检修中,仅用两台仪器就完成了2万根冷凝器铣管检漏工作。

(4) 声发射。所谓"声发射"检测技术,就是利用容器在高压作用下缺陷扩展时所产生的声音信号来评价材料的性能。

固体材料在外力的作用下发生变形或断裂时,其内部晶格的错位、晶界滑移或者内部裂纹产生和发展,都会释放出声波,这种现象称为声发射现象。其发射的频带从声频直到数兆频。多数金属,特别是钢铁材料,其发射的频带均在超声波范围内。现在主要测取超声波范围,可排除噪声的干扰。对于关键性生产设备,若发现难以修复的内部缺陷,经安全评定认可后在其规定的寿命内仍继续按正常操作参数运行的情况,可在该缺陷附近设置声发射仪监控;当缺陷发展成裂纹及裂纹扩展时,仪器都会记录下特有的波形。

声发射还是一种很有希望的检漏技术,已用于压力容器、油罐罐底、阀门、埋地管道等领域。

3. 嗅觉检漏方法

由于不同的介质气味各异,嗅觉能够感知、判断泄漏的存在。很多动物的嗅觉比人灵敏得多。比如狗的灵敏度是人的近百万倍,是气相色谱仪的10亿倍,常被用来检漏。近年来,以电子技术为基础的气体传感器得到了迅猛的发展和普及。

(1) 狗鼻子。加拿大帝国石油资源公司研究了30多种检测油气泄漏的技术,认为现有技术不但费用高,只适用于小口径管道,也难以检测出微小的泄漏。他们想到另一种方法:在管道内注入一种有气味的化学物质,它随泄漏的油气一起排出。靠什么来探测这种气味呢?——狗。经试验,训练一只拉布拉多狗大约需要14周,成功率高达97%,既便宜,又可靠。特别是在泥浆深1.5m外加1.5m深水的沼泽地带更有优越性,人无法靠近管道,但是狗在小船上就能闻到泄漏。

(2) 可燃性气体检测报警器。对于石油企业中的天然气、液化石油气、煤气、烯类、乙醇、丙酮等常见气体,多用可燃性气体(或有毒气体)检测报警仪监测泄漏。可燃件气体检测报警器俗称"电子鼻",可以测量空气中各种可燃性气体的含量。当含量达到或超过规定浓度时,报警器发出声光报警信号,提醒人们尽快采取补救措施,是安全生产的重要保证。

(3) 有毒气体检测报警器。在工业生产中,有毒有害的化学物质很多,如硫化氢、二氧化硫、一氧化碳、氨、苯等。这些物质的泄漏,很容易导致中毒事故,对人体造成伤害。有毒气体检测报警器能够自动地连续检测空气中有毒气体的浓度,当有毒气体浓度达到一定值时,发出声光报警信号,告诉人们采取措施避免中毒事故发生。

4. 示踪剂检漏方法

为了更加方便、快捷地发现泄漏,人们在介质中加入一种易于检测的化学物质,称为示踪剂。由于使用场合的不同,人们创造了很多种方法,其中使用最早的就是在天然气中加臭氧。

(1) 氦气。氦气(He)以其在空气中含量低、轻、扩散速度快、无毒、惰性等优点,日益得到普及。氦气用氦质谱仪检漏,这是目前灵敏度最高的检漏仪器,对于密封容器的微量泄漏进行快速定位和定量测量最为有效,在航天、高压容器制造、汽轮机、高压开关等领域发挥着重要作用。

(2) 氢气。氢气(H_2)也是一种理想的示踪剂。在所有气体中,它密度最轻,黏滞性最小,渗透性最强,也极易被氢气探测仪发现。

充气电缆常用氢气检漏,即以氢气(5%)和氯气(95%)的混合气体作为示踪剂,用氢气检漏仪对漏气点进行精确定位。这种气体非常安全,遇明火不燃烧爆炸,查到漏点后能立即进行修复工作,无需等待气体排放完。

(3) 放射性示踪剂。中国科学院上海原子核研制所研究成功了一种放射性管内示踪检漏仪,曾于1992年在斯里兰卡的两条输油管道上成功进行了现场示范。

仪器由探测器、传动机械、磁带记录装置和电池组成,全部装在一个铝球内。操作方法是:首先配制20ms示踪液(碘131),泵入管道,如有泄漏,示踪剂即漏出附着在泥土中,然后送入检漏仪。检漏仪记录沿线放射性变化,从而推断泄漏的存在并定位。

这种检漏方法简单、灵敏度高,并免去了人力巡检。

(4) 全氟碳示踪剂。全氟碳示踪剂(PFT)是一种人造惰性气体,是美国能源部布鲁克哈文国家实验室的成果。

美国80%以上的地下电力网是铺设在充满高压绝缘流体的管道中的。绝缘流体可对电缆提供冷却和绝缘保护,但有时也带来腐蚀,造成穿孔、泄漏。一旦发生泄漏,使用特殊探测仪器可以方便地检测发现PFT示踪剂,从而对泄漏点进行精确定位。PFT已经成为重要的检漏手段,而以前需要在电缆中冷冻绝缘流体,再检查哪一侧有压力损失、费时、费力。

(5) 油罐泄漏示踪剂。美国研制出了一种挥发性化学示踪剂,把它注入油罐内,与油品混合,在罐底土壤中插入空心探头采取罐底气体样品进行分析,如果含有示踪剂物质,则油罐存在泄漏。

5. 试压过程中的泄漏检测

打压试验是管道检漏的有效方法。将水管压力逐步提高到承压极限的60%~90%,最好选择阴天或无月光的晚上,然后开着汽车、亮着大灯,沿管道行走。一般来说,有暗漏的地方会变成明漏,漏点上方水雾、尘土飞扬,非常容易发现。这种方法不需要仪器和专业人员,定位准确,简单有效。

压力试验必须建立的标准是"可接受的泄漏速度"。实际上,由于外界温度变化等多种因素均可带来压力变化。英国石油学会推荐,把管道正常工作压力下管段容量为 $1m^3$ 时泄漏量为 $0.05L/h$ 作为可接受的泄漏速度的上限。

(1) 水泡法。水泡法又分外涂肥皂水和沉水检漏两种,这是古老而又常用的方法,比较简单、直观,目前我国在装置开车前气密性试验中仍沿用这种方法。其缺点是灵敏度低、劳动强度大。

① 肥皂水法:用压风机向系统打入空气后,在焊缝、结合部位等可能泄漏处涂以肥皂水(质量分数为10%),观察是否冒泡。

② 沉水检测:将气瓶等容积不大的容器在规定的试验压力下放入水中,观察有无气泡出现,判断严密性。

(2) 化学指示剂检测。常用的化学指示剂是氨和二氧化硫。氨和二氧化硫通常都是不可见的气体,但是当两者化合时,就产生白色蒸气,易于辨别和检查。在打压的空气中加入1%的氨气,在容器外壁焊缝等可疑部位贴上经处理过的纸条或绷带,观察是否变色。一般使用5%的硝酸汞水溶液或酚酞试剂浸渍纸条(或绷带)。如有泄漏,前者会在纸条上呈现黑色,后者则为红色斑点。

化学指示剂对压力部件的铸件检查很有用。当水压试验仅能产生一点儿渗漏、但探测不到缺陷时,效果很好,特别是对于复杂的压缩机部件中心部分的开孔和通道的检查,用其他所有类型的检测方法均难以进行且不可靠,唯独用化学指示剂方法既可行又可靠。

(3) 着色渗透检漏。着色渗透检测经常用来检测非磁性材料表面缺陷,也可以用来探测容器中的泄漏。这是一种简单方便而又十分有效的检查手段。

(4) 水压试验中的异常情况处理。在耐压试验中,压力表指针来回不停地跳动,大多是因容器内部有气体所致,应卸压将气体排尽,再做试验;加压时压力表指针不上升(甚至下跌),则可能材料已屈服;突然听到异常声响,压力表指针又迅速下落,大多是发生泄漏(若焊缝破裂,容器应报废或返修)容器表面油漆脱落,可能局部明显变形。当遇到上述情况时,应停止升压,查明原因后分别处理。

3.4.3 化工泄漏的预防

泄漏治理的关键是要坚持预防为主,采取积极的预防措施,有计划地对装置进行防护、检修、改造和更新,变事后堵漏为事前预防,可以有效地减少泄漏的发生,减轻其危害。

1. 提高认识,加强管理

(1) 从思想上要树立"预防泄漏就等于提高经济效益"的认识。

(2) 完善管理、按章行事,这是防止泄漏的重要措施。

事实上,各种物质的泄漏根本原因都是管理上出问题。制定一套完善的管理措施是非常必要的,如:"巡回检查制";强化劳动纪律;经常对职工进行业务培训和职业教育,提高技术素质和责任感。职工要熟悉生产工艺流程和设备,了解、掌握泄漏产生的原因和条件,才能做到心中有数,及早采取措施,减少泄漏发生。

③ 要加强立法,以提高管理者的责任。美国联邦法律规定,化工产品储罐必须设置二次封闭。

除此之外,还必须依靠多种技术措施,进行综合治理。

2. 可靠性设计

(1) 紧缩工艺过程。可靠性理论告诉我们,环节越多,可靠性越差。当前,化工行业将紧缩工艺过程作为提高生产装置安全性的一项关键技术,即尽量缩小工艺设备,用危害性小的原材料和工艺步骤,简化工艺和装置,减小危险物存储量。

(2) 生产系统密闭化。生产工艺中的各种物料流动和加工处理过程应该全部密闭在管道、容器内部。

(3) 正确选择材料和材料保护措施。材料选用的正确与否,直接关系到设计的成败。材质要与使用的温度、压力、腐蚀性等条件相适应,能够满足耐高温、强腐蚀等苛刻条件。不能适应的要采取防腐蚀、防磨损等保护措施。设计时要依据适当的设计标准,根据工艺条件和储存介质的特性,正确选择材料材质、结构、连接方式、密封装置等,落实可靠的措施;把好采购物资的质量关,按设计标准选用符合要求的材料,进厂前要做好质量抽样检查,对代用材料,一定要由设计单位重新核算,严禁使用低等级代替高等级材料;控制好设备的现场制作、安装过程质量关,选择有资质的施工单位按规范施工,加强施工过程的管理.出现缺陷立即整改,确保设备、管线的质量符合要求。

(4) 冗余设计。为了提高可靠性,应提高设防标准,要提倡合理的多用钢材。比如在强腐蚀环境中,壁厚一般都设计有一定的腐蚀裕量,重要的场合可使用双层壁。我国现行的结构设计标准安全度较低,应大幅度提高。

(5) 降额使用。对生产设施最大额定值的降额使用是提高可靠性的重要措施。设施的各项技术指标(特别是工作压力)是指最大额定值,在任何情况下都不能超过,即使是瞬时的超过也不允许。要综合考虑异常情况、异常反应、操作失误、杂质混入以及静电、雷击等引起的后果,比如要重视防震设计。

(6) 合理的结构形式。结构形式是设计的核心,是由多种因素决定的。为了避免零件的磨损,要有一个润滑系统,进而为了防止润滑油泄漏,尽量使用固体润滑剂。为避免设备和管道冻裂,必须采取保温、伴热等措施。

正确地选择连接方法,并尽量减少连接部位。由于焊接在强度和密封性能上效果较好,应尽量采用焊接。

压力管道尽量采用无缝钢管,且宜采用焊接,但由于直径<25mm的管道焊接强度不佳,且易使焊渣落入管内引起管道堵塞,应采取承插管件连接,或采用锥管螺纹连接。对于强腐蚀性尤其是含HF等介质的易产生缝隙腐蚀的管道,不得在螺纹处施以密封焊,否则一旦泄漏,后果不堪设想。要考虑振动和热应力的影响,对于容易产生应力载荷的部位,应采取减振、热胀补偿等消除应力的措施,防止焊缝破裂或连接处破坏而造成泄漏。

阀门内漏可能造成反应失控,可设两个阀门串联以提高可靠性。为防止误操作,各种物料管线应按规定涂色,以便区分。阀门的开关应有明显标志,采用带有开关标志的阀门,对重要阀门采取挂牌、加锁等措施。

如果泵输送的介质温度达到自燃点以上,应能遥控切断泵。

(7) 正确地选择密封装置。密封结构设计应合理。采用先进的密封技术,如机械密封、柔性石墨、液体密封胶,改进落后的、不完善的密封结构。正确选择密封垫圈,在高温、高压和强腐蚀性介质中,宜采用聚四氟乙烯材料或金属垫圈。如果填料密封达不到要求,可加水封和油封。许多泵改成端面机械密封后,效果较好,应优先选用。

(8) 变动密封。变动密封为静密封,也是密封技术的突破。如泵和原动机之间,使用磁力传动,取消密封结构,这种密封传动称为封闭型传动。还有封闭型谐波齿轮传动、曲轴波纹管传动等,但是主要的还是磁力传动。

磁力传动由内磁转子、密封隔套、外磁转子等零件组成,如同电动机的定子与转子之间被一层隔套隔开。当外磁转子受到外力作用而旋转时,内磁转子就在磁场的带动下随着外磁转子一起转动。

磁力传动结构简单,易于制造和装配,使用寿命长。如磁力泵,在 20 世纪 80 年代中期已成为屏蔽泵的调整产品,有稳定增长的趋势。此外,磁力传动还用于磁力釜、截止阀等地方。

(9) 设计应方便使用维修。设计时应考虑装配、操作、维修、检查的方便,同时也有利于处理应急事故和及时堵漏。开关应设在便于操作处。阀门尽量设在一起,空中阀门应设置平台,以便操作。有密封装置的部位,特别是动密封部位,要留有足够的空间,以便更换和堵漏。法兰和压盖螺栓应便于安装和拆卸,空间位置不能太小;对于容易出现泄漏以及重要的部位和设备,应设副线、备用容器和设备。

(10) 新管线、新设备投用前要严格按照规程做好耐压试验、气压试验和探伤,严防有隐患的设施投入生产。

3. 日常维护措施

生产装置状况不良常常是引发泄漏事故的直接原因,因此及时检修是非常重要的。生产装置在新建和检修投产前,必须进行气密性检测,确保系统无泄漏。

设备交付投用后,必须正确使用与维护。生产装置要经常进行检查、保养、维修、更换,及时发现并整改隐患,以保证系统处于良好的工作状态。如发现配件、填料破损要及时维修、更换,及时紧固松弛的法兰螺丝。要严格按规程操作,不得超温、超压、超振动、超位移、超负荷生产,控制正常生产的操作条件,减少人为操作所导致的泄漏事故;必须定期对装置进行全面检修,更换改进零部件、密封件,消除泄漏隐患。如金陵石化在对炼油厂两套常减压常压塔进料段进行联合检查时,发现衬里开裂,气孔有缺陷,每周期都出现切向进料处焊缝泄漏,造成塔壁迅速腐蚀。改为径向进料后,消除了多年的隐患。严格执行设备维护保养制度,认真做好润滑、盘车、巡检等工作,做到运转设备振动不超标,密封点无漏气、漏液。出现故障时,要及时发现,及时按维护检修规程维修,及时消除缺陷,防止问题、故障及后果扩大。如果设备老化、技术落后,泄漏此起彼伏,就应该对其更新换代,从根本上解决泄漏问题,加强管理。强化全员参与意识,树立预防泄漏就等于提高经济效益的思想,完善各项管理制度和操作规程;加强职工业务培训,提高员工操作技能。

4. 设备监测

把好设备监测关,实现泄漏的超前预防。泄漏事故的发生往往跟生产设备状况不良有直接的关系。利用有关仪器对生产装置进行定期检测和在线检测,分析并预测发展趋势。提前预测和发现问题,在泄漏发生之前对设备、管线进行维修,及时消除事故隐患,使检修有的放矢,避免失修或过剩维修,减少突发性泄漏事故的发生,提高经济效益。还可以通过常规的无损检测技术与超声波、涡流、渗透、磁粉、射线和红外热成像、声发射、全息照相等监测技术,使状态监测与故障诊断更加准确、快速。

5. 规范操作

控制正常生产的操作条件,如压力、温度、流量、液位等。防止出现操作失误和违章操作,减少人为操作所致的泄漏事故。为此,有"操作前思考 30s"的提法。

6. 控制泄漏发生后损失的措施

(1) 装设泄漏报警仪表。如可燃气体报警器、火灾报警器等。

(2) 将泄漏事故与安全装置联锁。应采用自动停车、自动排放、自动切除电源等安全联锁自控技术。一般来说，与监控系统联锁的自动停车系统速度快，仪表报警后由人工停车较慢，需要 3min～15min。

(3) 采用工艺控制装置。当设备和管道断裂、填料脱落、操作失误以致发生泄漏等特殊情况时，为防止介质大量外泄引起着火、爆炸而应设置停车、紧急切断物料的安全装置。

(4) 设立泄漏物收集装置。

(5) 采用泄漏防火、防爆装置。自动喷淋水的洒水装置，可形成水幕，将系统隔离，控制气体扩散方向；用蒸汽、惰性气体（氮气）吹扫流程，可置换、吹散、稀释油气；还有消防泡沫灭火设施等。

3.4.4 化工泄漏应急处理

1. 化工泄漏应急处理关键环节

泄漏发生后，如果能及时发现，采取迅速、有效的应急处理方法，可以把事故消灭在萌芽状态。应对泄漏的处理方法，关键是 3 个环节。

(1) 及时找出泄漏点，控制危险源。危险源控制可从两方面进行，即工艺应急控制和工程应急控制。工艺应急主要措施有切断相关设备（设施）或装置进料，公用工程系统的调度、撤压、物料转移、喷淋降温、紧急停工、惰性气体保护、泄漏危险物的中和、稀释等。工程应急主要措施有设备设施的抢修、带压堵漏、泄漏危险物的引流、堵截等。

(2) 抢救中毒、受伤和解救受困人员。这一环节是应急救援过程的重要任务。主要任务是将中毒、受伤和受困人员从危险区域转移至安全地带，进行现场急救或转送到医院进行救治。

(3) 泄漏物的处置。现场物料泄漏时，要及时进行覆盖、收容、稀释处理，防止二次事故的发生。从许多起事故处理经验来看，这一环节如不能有效地进行，将会使事故影响大大增加。对泄漏控制或处理不当，可能会失去处理事故的最佳时机，使泄漏转化为火灾、爆炸、中毒等更大的恶性事故。

化工企业要制定有效的应急预案，泄漏发生后，根据具体情况，进行有效地救援，控制泄漏，努力避免处理过程中发生伤亡、中毒事故，把损失降到最低程度。

应急情况，就是泄漏发生 1h 内可危及生命的情况。应急是指当事故发生时，无论其原因如何，都要采用的一种措施。

几乎所有事故都是在很短的时间内酿成的，时间成为最大限度减少损失的标志之一，所以，应急是关键。在泄漏发生期间，做到早发现、早动作，把事故扼制于萌芽状态，不仅损失小，处理难度也小。

2. 化工泄漏应急管理与措施

目前，我国对各种突发泄漏灾害事故的处理，与发达国家相比，还存在相当大的差距。多年以来，各种泄漏灾害事故很多，而我们总是当灾害来临以后再去应付、抢险，往往不得要领，失去处理事故的最佳时机，眼看着事故蔓延恶化。

对于泄漏灾害应该以人的生命和能力为中心，人们首要的是保护自己的生命，在采取严格的保护措施以后，再去抢险。

3. 化工泄漏事故抢险指挥

指挥是抢险获得成功的关键，而抢险指挥是相当复杂、危险的。

1) 对指挥员的要求

作为指挥员,一定要做到"知己知彼"。既要熟悉工艺流积、工艺特点、物料物理化学性质、火灾特点、具体处置的对策,又要掌握自己的抢险水平和装备技术。只有对安全、事故处理设施情况了然于心,才能在事故处理中充分发挥它们的作用,达到控制泄漏、扑灭火灾、防止爆炸、减少损失与伤亡的目的。

其次,指挥员要善于在极短的时间内对事故变化做出反应,随着火情的变化发展,快速做出判断和决策,适时指挥,掌握主动。

由于火场情况错综复杂、千变万化,不容许指挥有迟疑或指挥连续性上有间断,否则就可能带来灾难性后果。特别是大型石化生产装置发生火灾,高温浓烟,给人以惊慌、恐惧、紧张、忙乱和威胁之感。例如,大型液化气罐发生大面积撕裂,强烈燃烧,火焰对其他罐威胁极大,自身也随时都有可能爆炸。此时是进是退,往往意见不一。在关键时刻,指挥员应该果断、大胆地捕捉和创造战机,有序协调行动。

2) 充分利用生产工艺处理手段制止泄漏,运用消防手段处理火灾

由于工业生产工艺流程复杂,物料多种多样,只有配合岗位处置才能减少失误。过去很多教训就是由于对工业生产工艺设施不甚了解、不会指挥岗位技术人员而导致的。

要调动岗位技术人员与消防队员一道,分工合作,一边实施工艺手段措施(如降温、降压、关阀、断料、导流、倒灌、放空、停车、终止反应、输入惰性气体等),一边运用消防手段协同作战。

3) 战术上一般采取先控制、后消灭的策略

首先控制泄漏、火势的蔓延,然后制止泄漏、消灭火灾。

4) 指挥员灵活控制泄漏事故现场

工业企业的厂房、设备、物料、产品有其特点,如:厂房建筑的管道多;相互贯通;生产设备排列紧密;极易连锁反应。

处理管道煤气泄漏火灾时,可按照以下 5 个步骤处置:逐步关阀,降低气压;通入蒸汽,改变气质;由远及近,逐步降温;水封切割,灭火关阀;掩护更换,防止意外。

油罐、液化气罐泄漏的风险极大,如西安液化气罐大爆炸、青岛黄岛油库的火灾,都是泄漏导致爆炸,爆炸又导致大泄漏,引起更大面积的火灾相连续的燃爆。如南京炼油厂油罐火灾,上下都烧,周围油罐林立,管线相通,随时都有燃烧导致相邻油罐的爆炸和燃烧。这类泄漏和燃爆相互转化、不定型的事故处理,风险最大,处理难度大,决策应慎之又慎,稳中求胜。

5) 当出现以下情况时,应立即下令撤退

(1) 在易燃易爆原料储罐火灾扑救中,风向突变,直接威胁到邻近设备,必须调整部署时;出现火焰突然变自增亮,罐体发生颤动,并发出"嘶嘶"声等爆炸前兆时。

(2) 供水突然中断,不能立即恢复供水,即将发生重大险情时。

(3) 抢险队员个人防护装备发生故障,又不能马上排除时。

撤退时应有开花或喷雾水流掩护,应从上风向或侧风方向撤离。

思 考 题

1. 化工企业中常见的泄漏源有哪些?
2. 在有风和无风的条件下,泄漏的物质扩散有什么不同?
3. 气体或蒸气的扩散模式有哪些?

4. 某工厂的聚合反应以氯乙烯为原料，由于工艺参数瞬间突然变化恢复正常，致使聚合反应釜上的安全阀动作，造成0.5kg的氯乙烯瞬间泄漏。安全阀的排放高度为16m。当气象条件为强太阳辐射，风速为3.2m/s时，请估算下风向500m处地面的氯乙烯的浓度。这次的安全泄放是否会造成危险？

5. 某一常压甲苯储罐，内径3m，在其下部因腐蚀产生面积为12.6cm²的小孔，小孔上方的甲苯液位高度为4m，巡检人员上午9:00发现泄漏，立即进行堵漏处理，堵漏完成后，小孔上方液位高度为2m。请计算甲苯的泄漏量和泄漏始于何时。

6. 垃圾焚化炉有一个有效高度为100m的烟囱。在一个阳光充足的白天，风速为2m/s，在下风向直径为200m处测得二氧化硫浓度为$5.0\times10^{-5}\,g/m^3$。请估算从该烟囱排放出的二氧化硫的质量流量，并估算地面上二氧化硫的最大浓度及其位于下风向的位置。

7. 预防化工泄漏的技术措施有哪些？

第4章 燃烧与爆炸理论

化工生产的原料及中间体往往具有易燃、易爆、有毒有害、腐蚀性等特性,同时存在富氧或氧化剂的工作环境,设备设施常常处于高温、高压、高速、腐蚀等恶劣运行条件,连续性强的化工过程一旦出现异常,如未能有效控制,极易引发火灾、爆炸事故,造成人员伤亡、设备损坏、财产损失和环境破坏等严重后果。明确燃烧和爆炸的基本原理,掌握事故发生规律有利于有效地利用燃烧为工业生产及生活服务,避免火灾及爆炸事故的发生。本章将重点介绍燃烧和爆炸的基本理论。

4.1 燃烧及燃烧条件

4.1.1 燃烧的定义及本质

燃烧是可燃物与助燃物(空气、氧气或其他氧化性物质)发生的一种发热发光的剧烈氧化还原反应。失控的燃烧便酿成了火灾。一切燃烧反应均是氧化还原反应,但并非氧化还原反应都是燃烧过程。能够被氧化的物质不一定都能燃烧,而能燃烧的物质一定能被氧化。氧气和空气是常见的助燃物,即氧化剂,但燃烧反应中的氧化不仅局限于可燃物和氧的化合,例如氢气在氯气中燃烧,氯气是氧化剂。

燃烧过程有三个特征:放热、发光、生成新物质。许多时候燃烧还伴随着浓烟,一般燃烧放出的热可以维持剩余物质持续燃烧。例如,金属钠、炽热的铁与氯气的反应,都是同时伴有放热、发光的氧化反应,都属于燃烧。

在燃烧反应过程中,总是伴随着化学键的断裂和生成,断键过程吸收热量,生成键过程放出热量,燃烧反应过程中生成键的过程放出热量远远大于断键过程吸收的热量,所以燃烧总是放出热量。由于断键需要一定的能量,所以燃烧开始需要一定的初始温度。根据物理化学的自由能理论,燃烧反应物的自由能 $G_{反应物}$ 高,燃烧过程放出热量,产物的自由能 $G_{产物}$ 低,整个过程中物质的自由能减少,即 $\Delta G = G_{产物} - G_{反应物}$,$\Delta G < 0$,所以燃烧过程开始后能自发进行。

铁、铝、锌等金属在空气中能够被氧化生成金属氧化物,铜溶解在硝酸中发生化学反应,虽然都是放热过程,但不发光,故都不属于燃烧现象。燃烧能发出光也是由于急剧放出大量的热量造成的,燃烧产物——气体、固体粒子、半分解产物等处于炽热状态,被热量激发到较高能量状态,回到低能量状态时,多余的能量以光的形式放出,因此发光。生石灰和水反应生成氢氧化钙,同时放出热量,但热量不足以使其发出可见光,所以这个过程也不属于燃烧过程。

燃烧过程中,物质会改变原有的性质变成新物质。例如,木炭、燃油点着后即碳和氢等元素与空气中的氧进行激烈的氧化反应,生成 CO_2 和 H_2O 等新物质,同时放热、发光,因此是一种燃烧现象。甲烷、丙酮、甲苯等有机溶剂在空气中燃烧变成 CO_2 和 H_2O 等新物质也是一种燃烧现象。灯泡通电后发光也发热,但没有发生化学变化而生成新物质,所以不属于燃烧现象。金属和某些酸生成盐,虽然也生成了新物质,但没有同时发光放热,所以此反应也不是燃烧过程。

4.1.2 燃烧的条件

1. 燃烧的必要条件

具备一定数量和浓度的可燃物和助燃物,以及具备一定能量的点火能源,同时存在并且发生相互作用,才是引起燃烧的必要条件。缺少其中任一条件,燃烧便不会发生。所以,所有的防火措施都在于防止这三个条件的同时存在,所有的灭火措施都在于消除其中的任一条件或多个条件。

可燃物、助燃物和点火源是燃烧的三个必要条件,即燃烧三要素,俗称"火三角",其关系如图4-1所示。

可燃物:能与空气中的氧或其他氧化剂发生化学反应的物质,如汽油、石油气、甲烷、煤、木材等。

助燃物:燃烧反应中的氧化剂,它能帮助和支持燃烧的物质,如空气、氧气、氯气、硝酸盐、氯酸盐、高锰酸钾等。化工生产中最常见的氧化剂是空气中的氧,约占空气体积的21%,所以,一般可燃物在空气中均能燃烧。

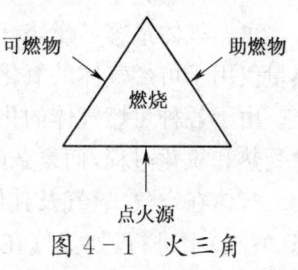

点火源:能引起可燃物发生燃烧的能源,点火源实质上是向可燃物和助燃物发生氧化反应提供初始能量,如明火、电火花、摩擦或撞击火花、静电火花、雷电火花、反应热、高温表面或炽热物体、绝热压缩产生的热能等。

图4-1 火三角

2. 燃烧的充分条件

可燃物在适量的助燃物存在的环境中遇到足够能量的着火源就可发生燃烧,但可燃气体含量在燃烧极限(着火极限)以外,或助燃物含量过低,或点火能源不足,尽管燃烧的三个必要条件具备,同样可以不发生燃烧现象。

(1)可燃物与助燃物达到一定的浓度比例。可燃物与助燃物必须在一定浓度范围内,即可燃混合气达到燃烧极限,同时两者的浓度要满足一定比例,可燃物才能被点燃并传播火焰。以燃料在空气中燃烧现象为例,燃烧过程的化学反应速度或释放能量的速度由燃料和空气两者的浓度的乘积所决定,故其中任何一个浓度严重降低,均能使反应速度减少并使释放的热能不能及时补偿热量的散失,致使燃烧不能发生。如空气中可燃物质(气体或蒸气)浓度不足则燃烧不能发生。例如甲烷浓度小于5%或空气中氧含量小于14%时,甲烷便不能燃烧。正常情况下空气中氧气浓度为21%,当浓度降低到14%时,一般可燃物质在空气中便不会燃烧。在相对密闭的环境中燃烧时,环境中氧含量会逐渐减少,当氧含量低于14%时,燃着的木块也会熄灭,而将只留暗火的火柴放到氧气中又会重新剧烈燃烧起来。

(2)点火源的强度,即温度或热量要足够大。使燃烧发生必须具备一定能量的点火源。触发初始燃烧化学反应的能量的临界值,即最小点火能。最小点火能大小反映了物质被点燃的难易程度,数值越低表明其被点燃的危险程度越高。如果引燃源的能量低于此值,便不能将可燃物引燃。如用热能引燃甲烷和空气的混合气,当点燃温度低于595℃时,燃烧便不会发生。电焊火星温度可达1200℃以上,很容易引起空气中汽油、丙酮、甲苯等易燃液体的蒸气发生燃烧或爆炸,但通常不会引燃木块。这是因为火花温度虽高,但热量不足,故不能引燃木材。但当大量火花不断落在木块上时,可以引起木块燃烧。又如,人体静电火花很容易使汽油蒸气着火,而绝对不会引发沥青燃烧。

4.2 燃烧形式及过程

可燃物质可以是固体、液体或气体,由于其状态的不同,燃烧形式与燃烧过程也各异。但无论燃烧物质是气体、液体还是固体,绝大多数的可燃物质的燃烧是在气体或蒸气状态下进行的,即绝大多数可燃物质是先转化成为气体,然后再进行的燃烧。

4.2.1 气体燃烧

可燃气体最容易燃烧,因为它不像固体和液体需要经过熔化、蒸发等过程,其燃烧时所需的热量仅用于可燃气体的氧化分解,所以将可燃气体只要达到其本身氧化反应所需的温度便能燃烧。由于各种可燃气体的化学组成不同,它们的燃烧过程也不相同。简单的可燃气体燃烧只经过受热和氧化过程,而复杂的可燃气体燃烧,要经过受热、氧化、分解等过程才能进行。

气体在空气、氧气及其他助燃气体中燃烧时,可燃物质和助燃物质间的燃烧反应在同一相态(气相)中进行,如氢气在氧气中的燃烧、天然气在空气中的燃烧,这种燃烧过程称为均相燃烧。根据燃烧气体与助燃气体混合的先后,气体燃烧可分为根据燃烧气体与助燃气体混合的先后,气体燃烧分为混合燃烧和扩散燃烧。

1. 混合燃烧

可燃气体与助燃气体在管道、容器或空间中扩散混合,预先混合成混合可燃气体的燃烧,称为混合燃烧,也叫动力燃烧。由于可燃气体和助燃气体混合充分,所以燃烧速度往往很快,温度也高,通常混合气体的爆炸反应就属于这种类型。例如,煤气或液化石油气泄漏在厂房或空间内,与空气混合形成爆炸性气体混合物遇明火所发生的燃烧爆炸。混合燃烧并不总是产生爆炸,当混合气体从小孔或窄缝中高速喷出,其火焰为层流火焰,燃烧过程稳定、温度高,属于可控燃烧。如在进行气焊或气割操作中,乙炔气体在焊枪中与氧气先混合后再喷出的燃烧,属于可控燃烧。

2. 扩散燃烧

可燃气体由容器或管道中喷出,同周围的空气或氧气接触,可燃气体分子和氧分子互相扩散,边混合边进行的燃烧,称为扩散燃烧。扩散燃烧形成的火焰称为扩散焰,扩散焰的结构如图 4-2 所示。

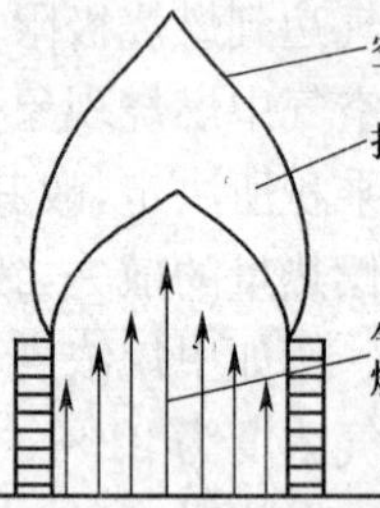

图 4-2 扩散焰结构图

扩散燃烧可分成稳定扩散燃烧和喷流式燃烧两种。在稳定扩散燃烧中,气体由容器中出来与空气混合,容器中出来的气体均与空气混合进行了燃烧,这种扩散燃烧只要有效控制就不会发生爆炸。厨房使用液化石油气罐、沼气或管道燃气做饭、瓦斯灯照明都属于利用稳定扩散燃烧,其燃烧速度主要取决于可燃气体流出的速度,此类燃烧强度较低,比较容易被扑灭。

喷流式扩散燃烧是可燃气体从压力管道、压力容器或其他压力场所喷出时被点燃,例如可燃气体从高压储罐中喷出的燃烧、天然气井发生井喷时的燃烧。此类燃烧的特点是火焰高、燃烧强度大,如不切断气源很难扑救。

在扩散燃烧中,通常由于与可燃气体接触的氧气量偏低,燃烧不完全,而产生黑烟甚至炭黑。

4.2.2 液体燃烧

可燃液体的燃烧,有的是从可燃液体蒸发出来的蒸气进行的燃烧,所以也叫蒸发燃烧。难挥发的可燃液体受热后分解出可燃性蒸气,然后这些可燃性气体进行燃烧,这种燃烧形式称为分解燃烧。由于可燃液体与空气相态不同,因此液体燃烧是非均相燃烧。

蒸发燃烧的快慢取决于液体挥发的难易程度,挥发性好的液体燃烧速度快,反之则慢。液体开始燃烧时表面温度低,蒸发速度慢,燃烧速度也慢,随着燃烧的进行,液体温度上升,蒸发速度加快,燃烧速度也加快,火焰也随之增高。如果不能阻断空气,可燃液体可能完全燃尽。液体燃烧主要分为扩散燃烧、喷流式燃烧和动力燃烧,高黏度且组分复杂、沸程宽的液体还会发生沸溢燃烧。

(1) 扩散燃烧。常压下液体自由表面的燃烧是边蒸发、边扩散、边进行氧化燃烧,燃烧速度比气体慢。

(2) 喷流式燃烧。在压力作用下,从容器或管道中喷射出来的液体燃烧属于喷流式燃烧。

(3) 动力燃烧。可燃液体的蒸气或液雾预先与空气混合,遇火源往往产生带有冲击力的动力燃烧。快速喷出的低闪点液雾的表面积大、蒸发快,与空气混合后,燃烧过程就类似于可燃气体的动力燃烧。汽油在汽缸内的喷雾燃烧就属于这种情况。

(4) 沸溢燃烧。多组分混合可燃液体,如原油及其产品属于沸程较宽的混合液体,在连续燃烧时,沸点低的轻质组分浮向表面并首先被蒸发,沸点高的重质组分则携带其接受的热量向液体深层沉降,又加热了深层低沸点组分,导致其上浮,这种现象称为沸溢。沸溢往往导致喷射现象,这种燃烧称为沸溢燃烧或沸溢喷射燃烧。含水油品储罐在生产、储存过程中可能发生沸溢火灾,而沸溢发生时辐射热急剧增大,经过长时间燃烧后喷溅出的油品会波及邻近的油罐造成二次灾害。

4.2.3 固体燃烧

可燃固体的燃烧可分为简单可燃固体、高熔点可燃固体、低熔点可燃固体和复杂可燃固体燃烧等四种情况,分述如下。

简单可燃固体燃烧。硫、磷、钾、钠等都属于简单的可燃固体,由单质所组成。它们燃烧时,先受热熔化,然后蒸发变成蒸气而燃烧,所以也属于蒸发燃烧。这类物质的燃点、熔点都比较低,只需要较少热量就可变成蒸气,而且没有分解过程,所以容易着火。

高熔点可燃固体燃烧。固体碳和铝、镁、铁等金属熔点较高,在热源作用下无气化过程,也不分解,它们的燃烧发生在空气和固体表面接触的部位,能产生红热的表面,燃烧温度较高,无可见火焰,燃烧的速度和固体表面的大小有关。这种燃烧形式也称表面燃烧。

低熔点可燃固体燃烧。低熔点可燃固体常温下是固体,受热后熔融,然后蒸发为蒸气,如石蜡、沥青、松香等固体燃烧均属于此类。

复杂可燃固体燃烧。这类物质有木材、煤、纸、橡胶、合成树脂等。这类物质受热时首先分解生成气态和液态产物,然后产物的蒸气再发生氧化燃烧。

在化工生产火灾事故现场,可燃气体、液体、固体的燃烧不是完全孤立的,各种燃烧形式往往同时存在。无论何种形式的燃烧过程,都包括吸热和放热的化学过程以及传热的物理过程。物质受热燃烧时,温度变化是很复杂的,燃烧过程的温度变化如图4-3所示。

T_A为可燃物开始加热时的温度,这时加热的热量主要用于可燃物的熔化、蒸发气化或分解,所以,这时可燃物温度上升较缓慢。

T_B 时可燃物开始氧化，由于温度低，氧化速度较慢，氧化所产生的热量不足以克服系统向外界的散热。此时若停止加热，可燃物将降低温度，故而不能引起燃烧。若继续加热，会使氧化反应加剧，温度上升很快。

T_C 为可燃物的自燃点，即氧化产生的热量与系统向外界的散热相等，若温度再升高，便打破这种平衡状态，即使停止加热，温度亦能自行上升。

达到 T_D 时可燃物燃烧，同时出现火焰。此时温度还会继续上升，达到温度 T_E。

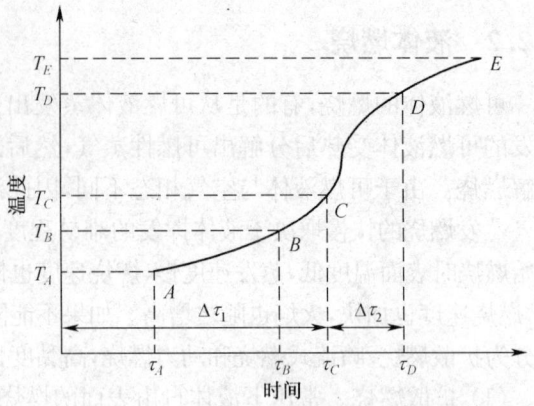

图 4-3 物质燃烧过程温度变化

从上述情况可以看出，T_C 是可燃物理论上的自燃点，但由于 T_C 时的燃烧现象不明显，所以，通常实验测出的自燃点是产生火焰时的 T_D 值。可燃物温度在 T_A 和 T_C 之间，是它的受热区域，所需的时间（$\tau_C - \tau_A$）称作预备期 $\Delta\tau_1$。理论自燃点 T_C 和实测自燃点 T_D 之间的时间间隔是可燃物在气相中的反应区域，所需的时间（$\tau_D - \tau_C$）称作燃烧诱导期 $\Delta\tau_2$。

可燃物处于预备期时，只要移去热源，即可中止燃烧过程。处于诱导期时的可燃物，温度升高很快，产生大量烟气。一些固体可燃物的诱导期较长，诱导期越短说明物质越容易燃烧。如氢的诱导期仅需 0.01s。安全工作中，可通过对诱导期的温度、燃烧产物的信息的监控，运用防灭火控制装置，能阻止火灾事故的发生。

4.2.4 完全燃烧和不完全燃烧

可燃物燃烧完全与否不仅与助燃物供给量有关，并且还与其他可燃物扩散混合的均匀程度有关。如助燃气供给量足够，并与可燃物混合非常均匀，则燃烧反应近于完全燃烧。

物质在燃烧时生成的气体、蒸气和固体物质称为燃烧产物。其中能被人们看见的燃烧产物叫烟雾，它实际上是由燃烧产生的悬浮固、液体粒子和气体的混合物。其粒径一般为 0.01μm～10μm。

在燃烧反应过程中，如果生成的燃烧产物不能再燃烧，这种燃烧为完全燃烧，其燃烧产物为完全燃烧产物。如果生成的燃烧产物还能继续燃烧，则这种燃烧称为不完全燃烧，其燃烧产物为不完全燃烧产物。

燃烧产物与灭火工作有着非常密切的关系。燃烧产物对于灭火工作既有有利的一面，也有不利的一面。燃烧产物在一定条件下，能起到阻燃作用。同时，燃烧的产物能为火情侦察提供依据。

燃烧产物能造成人员中毒、窒息，影响逃生和救援人员的视线，成为火势进一步发展和蔓延的因素。这些都是燃烧产物对灭火工作不利的方面。

4.3 闪点、燃点与自燃点

4.3.1 闪燃和闪点

1. 闪燃和闪点

任何液体的表面都有蒸气存在，其浓度主要取决于液体的温度。可燃液体表面的蒸气与空气形成的混合可燃气体,遇到点火源以后,只出现瞬间闪火而不能持续燃烧的现象称为闪燃。引起闪燃时的最低温度成为闪点。液体在闪点温度时是不能持续燃烧的。由闪点的定义可知,闪点是针对可燃液体而言的,但某些固体出于在室温或略高于室温的条件下即能挥发或升华,以致在周围的空气中的浓度达到闪燃的浓度,所以也有闪点,如硫、樟脑等升华性的可燃固体。

一些常见可燃液体的闪点见表4-1。闪点是评价可燃液体火灾危险性的重要参数之一。温度处于闪点时,液体蒸发的速度并不快,蒸发出来的蒸气仅能维持一瞬间的燃烧,还来不及补充新蒸气,所以一闪即灭。从安全角度讲,闪燃是将要起火的征兆。若温度高于闪点时,可燃液体随时都有被点燃的危险。我国GB 50016—2010《建筑设计防火规范》为区分场所火灾危险性的大小,采取相对应的安全措施,按照闪点的高低,将可燃液体进行了分类,其中甲类液体是闪点小于28℃的液体,乙类液体是闪点不小于28℃而小于60℃的液体,闪点不小于60℃的液体为丙类液体。

可燃液体的闪点可用实验方法测试,常用的闪点测定仪有开杯式和闭杯式两种,因此测出的闪点有开口(开杯)闪点和闭口(闭杯)闪点之分。由于测定方法的不同,以及影响因素的差异,文献中给出的闪点数据常略有不同,应注意甄别,或根据实际情况实测,特别是纯度低或组成有变化的化学液体更应以实测为准。

表4-1 常见可燃、易燃液体闪点

物质名称	闪点/℃	物质名称	闪点/℃	物质名称	闪点/℃
丁烷	−60	对二甲苯	25	乙醚	−45
戊烷	−40	邻二甲苯	30	丙酮	−20
己烷	−25.5	间二甲苯	25.0	丁酮	−14
庚烷	−4.0	萘	78.9	乙醛	−39
辛烷	12	甲醇	11.0	丙醛	15
苯	−11.0	乙醇	12	丁醛	−16
甲苯	4.4	丙醇	15	汽油	−50
乙苯	15	丁醇	29	煤油	43~72

2. 液体闪点变化规律

不同种类的液体,其化学燃烧性质及化学组成各不相同,闪点也各不相同,因此,闪点是表征可燃液体特性的重要参数之一。

从表4-1给出的部分可燃、易燃液体的闪点数据表明不同化合物的闪点值差别很大,似乎没有什么规律,但同类液体(同系物)的闪点还是有一定变化规律的,总结规律有以下几点。

(1)同类液体的闪点随分子量的增加而升高,例如甲醇的闪点为11.0℃,乙醇的闪点为12℃,丙醇的闪点为15℃,丁醇的闪点为29℃。

(2)同系物的闪点随沸点的升高而升高,见表4-2。

表4-2 部分酯类的沸点、闪点

物质名称	沸点/℃	闪点/℃	物质名称	沸点/℃	闪点/℃
甲酸甲酯	32.0	−32	乙酸丙酯	101.6	10
甲酸乙酯	54.3	−20	乙酸丁酯	126.1	22
乙酸甲酯	57.8	−10	乙酸戊酯	149.3	25
乙酸乙酯	77.2	−4	乙酸己酯	171.5	43

（3）同系物中，正构体比异构体闪点高。

混合液体的闪点也因掺入的液体的闪点高低而变化。

① 互溶的两元可燃混合液体的闪点一般介于原来两液体闪点之间，并且接近于含量大组分的闪点，但闪点与液相组分含量比例并不一定呈线性关系，如闪点为－38℃的车用汽油与闪点为40℃的照明用汽油按1∶1比例混合时，混合物的闪点为1℃。按某比例混合后的混合液体的闪点可能比两种纯组分的闪点都高或都低，即具有最高或最低闪点，如果互溶液体出现最低闪点，易燃性应特别引起注意。

② 可燃液体与不燃液体混合时，可燃液体的蒸气分压下降，闪点相应提高。如把不燃的四氯化碳加入到甲醇中，闪点也随之提高，但要使甲醇不闪火，四氯化碳的浓度要达到41%。乙醇水溶液中乙醇含量分别为20%、40%、60%、80%时，闪点分别为36.7℃、26.75℃、22.75℃和19℃。可见，要想使易燃液体不闪火，需要加入的稀释液很多。

4.3.2 点燃与燃点

可燃物质在中气充足的条件下，达到一定温度与火源接触即行着火，移去火源后仍能持续燃烧的现象称为点燃，对应的最低温度为该物质的燃点，即着火点。

对于可燃液体来说，当液体的温度超过一定温度时，液体蒸发出的蒸气就足以维持持续燃烧。能维持持续燃烧的液体最低温度就是该液体的燃点（着火点）。可燃液体的燃点都高于其闪点，对易燃液体来说，一般相差1℃~5℃，而可燃液体可能相差几十摄氏度，但闪点在100℃以下时，两者往往相同，燃点大于或等于闪点。

点燃的含义包括局部加热，就是用较小的火源去加热局部的液体，加速局部液体表面上蒸气浓度提高，火源的能量远高于最小点火能，所以当液体局部被点燃后，释放的热量足以维持持续燃烧，点燃意味着强迫着火。

气体、液体、固体可燃物都有燃点。可燃气体除氨以外，其燃点都低于零度，而易燃液体的燃点比闪点高1℃~5℃，所以对于控制易燃液体危险性首先应考虑它的闪点和闪燃。控制可燃固体和闪点比较高的可燃液体的温度在燃点以下，是预防火灾发生的一个措施。在灭火时采用冷却法，其原理就是将燃烧物质的温度降到它的燃点以下，使燃烧过程中止。

4.3.3 自燃与自燃点

燃烧的本质是可燃物与助燃物发生氧化还原反应，体系的温度越高，则化学反应的速度越快，释放的热量也越多，热量加热作用又提高燃烧速度。在着火之前，只要氧化还原反应释放出的热量能足以维持物质温度不下降，且温度能较快的上升，燃烧反应（着火）就开始了。不同物质的燃点高低不同，但只要温度达到或超过其燃点就能着火。

可燃物质在助燃物中（如空气），在无外界明火的直接作用下，由于受热或自行发热能引燃并持续燃烧的现象叫自燃。在一定环境条件下，可燃物质产生自燃的最低温度称为自燃点，也叫引燃温度。部分物质的引燃温度见表4-3。

引燃温度下，氧化作用产生热量的速度较快，足以维持周围可燃物高于其引燃温度。引燃温度不是一个恒定的物理常数，是随着一系列条件变化而变化的，其影响因素主要有可燃物浓度、压力、容器、添加剂或杂质、固体物质的粉碎程度等。

可燃气体和液体蒸气的浓度对自燃温度有较大影响，在爆炸上限和下限浓度时自燃温度较高，而在浓度略大于化学计量浓度时，自燃温度最低。

表 4-3 部分物质的引燃温度

物质名称	引燃温度/℃	物质名称	引燃温度/℃
甲烷	538	苯	560
乙烷	472	甲苯	535
丙烷	450	邻二甲苯	463
乙烯	425	间二甲苯	525
乙炔	305	对二甲苯	525
氯乙烷	510	乙苯	432
萘	540	甲醇	455
硫化氢	260	乙醇	422
黄磷	30	丙醇	405

可燃气体和液体所处环境的压力越高,自燃点越低。氧含量越高,自燃点越低。

催化剂(也可能是添加剂)能降低或提高物质的自燃点。活性催化剂如铁、钴、镍等的氧化物能降低某些可燃物的自燃点。钝性催化剂能提高物质的自燃点。如化工设备材质为铁、钴、镍及其合金,有可能充当活性催化剂。

容器直径小到一定程度,可以阻燃。大部分的固体自燃点低于气体和液体的自燃点,因前者蓄热条件好。

熔融的固体,自燃点影响因素与液体和气体相同。固体物质受热分解出的气体可燃物越多,自燃点越低。固体的粉碎度也影响其自燃点,固体粒度越细,自燃点越低。可燃固体自燃点随受热时间长短而发生变化,如木材、棉花长时间受热,自燃点降低。

根据加热热源不同,物质自燃分为受热自燃和自热自燃两种类型。

1. 受热自燃

空气或氧气中的可燃物在外部热源作用下,温度逐渐升高,当达到自燃点时,即可着火燃烧,这种现象称为受热自燃。可燃固体、液体可以发生受热自燃,浓度在爆炸范围内的混合气体也可以发生受热自燃。

生产厂房若有可能出现可燃气、液体蒸气或可燃粉尘,与它们接触的任何物体,如电气设备、化工设备、蒸气管道等,外表面的温度必须低于可燃物的自燃点,以免发生自燃。

物质发生受热自燃取决于两个条件。

(1) 有外部热源(如接触灼热物体、明火、摩擦生热、化学反应热、绝热压缩生热、热辐射等作用)。

(2) 有热量积蓄的条件。即产热高于散热速度或外部持续加热,温度持续升高足以达到物质自燃点。

在化工生产中,受热自燃可能发生在高温的设备和管道内,由此也能导致爆炸事故。因此,应避免可燃物料靠近或接触高温设备、烘烤过度、熬炼油料或油浴温度过高、机械转动部件润滑不良而摩擦生热、电气设备过载或使用不当造成温升等情况发生,预防受热自燃的发生。

2. 自热自燃

可燃物质在无外部热源的影响下,其内部发生物理、化学或生化变化而产生热量,并不断积累使物质温度上升,达到其自燃点而燃烧,这种现象称为自热燃烧。

在常温的空气中能发生化学、物理、生物化学作用放出氧化热、分解热、吸附热、聚合热、发酵热等热量的物质均可能发生自热燃烧。例如，植物油（如亚麻仁油、棉子油等不饱和油脂）由于分子中含有不饱和的双键（—C=C—），当它们被吸附在棉纱上，和空气接触机会多，能够发生氧化作用放出氧化热，在积热不散的条件下能自燃；硝化棉及其制品（如火药、硝酸纤维素、赛璐珞等）在常温下会自发分解放出分解热，而且它们的分解反应具有自催化作用，容易导致燃烧或爆炸；在密闭容器内的液态氰化氢，若含有少量水分，极易因发生聚合作用而产生聚合热，导致爆炸；植物和农副产品（如稻草、木屑、粮食等）若含有水分，会产生发酵热，若积热不散，温度逐渐升高到自燃点，引起自燃。在化工企业生产过程中，可能存在硫化铁自燃、积碳自燃、煤的自燃。

引起自热自燃的条件有三个。

（1）存在自行发热的物质，例如，那些化学上不稳定的容易分解或自聚合且发生放热反应的物质；能与空气中的氧作用而产生氧化热的物质；以及由发酵而产生发酵热的物质等。

（2）物质要具有较大的比表面积或是呈多孔隙状，如纤维、粉末或重叠堆积的片状物质，并有良好的绝热和保温性能。

（3）热量产生的速度必须大于向环境散发的速度，能持续升温。

满足了这三个条件，自热自燃才会发生。因此，防止这三个条件并存就能预防自热自燃发生。

4.4 燃烧理论

4.4.1 活化能理论

燃烧过程是一种化学反应过程，分子间相互碰撞是发生化学反应的必要条件。在标准状况下，单位时间、单位体积内分子互相碰撞约 10^{28} 次，相互碰撞的分子之间会产生一定的排斥力，阻止分子之间相互直接碰撞。发生分子间碰撞不一定发生反应，只有少数具有足够大能量的分子相互碰撞才会发生反应，这种碰撞称为反应碰撞或有效碰撞。这种分子称为活化分子。活化分子具有的能量比普通分子高。

当分子获得足够的能量后，其动能增加，在碰撞时能引起分子中原子或原子团之间结合减弱，分子内部发生重排，发生氧化还原反应。这些碰撞属于有效碰撞。在温度较低时，分子具有的平均能量比较低，而在温度较高时，分子具有的平均能量比较高，无论是高温还是低温，各个分子的能量也不是平均分布的，有的分子能量高有的分子能量低，近似呈高斯分布，能量比较高的部分所占比例比较少，但随着温度的升高，分子的平均能量随之增高。因此，在温度低时，不是绝对不能发生反应，而是能够发生反应的分子所占的比例很小，表现出反应速度极慢，不会引发燃烧反应。活化分子的能量必须比平均能量高出一定量时才能够发生燃烧反应。使常温下的普通分子变成活化分子所必需的能量称为活化能，不向分子提供活化能，分子就不能克服活化能这个能垒。正是有活化能的存在，物质才有高出常温很多的燃点，也才有一定条件下反应非常剧烈的两种物质在低温下混合时却不发生反应的现象。活化能理论的解释如图 4-4 所示。

图 4-4 中，横坐标表示反应进程，纵坐标表示分子能量。由图 4-4 可见，反应物能级 I 的能量大于生成物能级 II 的能量，即系统由高能状态到低能状态，燃烧反应过程是放热的。能级 II 与能级 I 的能量差 Q_0 为反应放出的热量，即反应热效应，状态 K 的能级大小相当于使反应发

生所必需的能量。分子只有获得足够能量,达到能级 K 时,才能发生燃烧反应。所以,正向反应的活化能 ΔE_1 等于能级 K 与能级 I 能量差,而反向反应的活化能 ΔE_2 等于能级 K 与能级 II 的能量差。ΔE_2 和 ΔE_1 的差值等于反应的热效应 Q_v。

当火源接触可燃物质时,部分分子获得能量成为活化分子,活化分子数量增加,有效碰撞次数增加,其放出的热量及火源提供的能量能够活化其他分子,而发生燃烧反应。例如,氧与氢反应的活化能为 25kJ/mol,在 27℃时,仅有十万分之一次的有

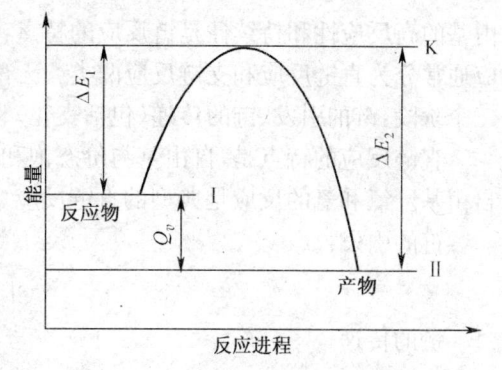

图 4-4 活化能理论示意图

效碰撞,不会引起燃烧反应,而当接触明火时,活化分子增多,使有效碰撞次数大大增加而发生燃烧。又如,在甲烷与氧完全混合的气体中,即使在室温下,一个甲烷分子也可能和两个氧分子碰撞。但碰撞的能量不足以破坏氧分子以及碳与氢的结合,因而氧不能分别与碳、氢结合。但当温度升高时,分子运动速度变大,并在碰撞时释放出较多能量。在 667℃左右,分子获得足够的能量和速度,从而在碰撞时产生足够的力量,破坏氧的双键结合,并使甲烷分子的氢与中心的碳连接断开,进而使氧和氢发生氧化反应,即燃烧。

活化能理论指出了可燃物、助燃物两种气体分子发生氧化反应的可能性和反应的条件。根据活化能理论,温度对着火起着决定性作用,所以有时也称活化能理论为燃烧的"热理论"。

4.4.2 过氧化理论

气体分子在各种能量(如热能、辐射能、电能、化学反应能等)作用下可被活化。在燃烧反应中,首先是氧在热能作用下被活化而形成过氧键 —O—O—,可燃物质与过氧键结构加合成为过氧化物。过氧化物不仅能氧化可形成过氧化物的物质,也能氧化氧分子较难氧化的物质。

按照该理论的解释,氢和氧的燃烧反应,应该是首先生成过氧化氢,而后过氧化氢与氢反应再生成水。反应式如下:

$$H_2 + O_2 \rightarrow H_2O_2$$
$$H_2O_2 + H_2 \rightarrow 2H_2O$$

有机过氧化物可视为过氧化氢的衍生物,即过氧化氢 H—O—O—H 中的一个或两个氢原子被烷基所取代,生成 H—O—O—R 或 R—O—O—R'。所以过氧化物是可燃物质被氧化的最初产物,是不稳定的化合物,在受热、撞击、摩擦等情况下分解甚至燃烧或爆炸。如蒸馏乙醚的残渣中,常由于形成过氧乙醚而引起自燃或爆炸。

过氧化物理论解释了为什么物质在气态下有被氧化的可能性。

4.4.3 连锁反应理论

气态分子间的燃烧反应,不是两个分子直接反应生成最后产物,而是被称为中间产物的活性自由基、自由原子或离子与另一分子间的作用,其结果除了生成一个产物分子外,同时还生成一个或几个新的自由基,新自由基又迅速参与反应,生成新的自由基和产物,如此延续下去形成一系列连锁反应(链反应)。链反应只有在自由基消失时,才会终止增长。自由基、自由原子或离子是带自由电子的原子或原子团。通常,自由基是由反应物分子如受光辐射、热、电或其他(化学能)能量的作用,即吸收活化能的能量大于键的结合能时,键能较低处断键而产生的。自

由基的高反应性和持续性是链反应的特点,燃烧、爆炸、聚合、热解都具有链反应特征。连锁反应通常分为直链反应和支链反应两类。无论是何种类型的连锁反应,整个反应过程一般要经历三个阶段:链的引发、链的传递(包括支化)和链的终止。

直链反应的特点是,自由基与价态饱和的分子反应时活化能很低,反应后仅生成一个新的自由基。氯和氢的反应是典型的直链反应。其反应机理如下:

链的引发:
$$Cl_2 \xrightarrow{hv} 2Cl \cdot \tag{1}$$

链的传递:
$$Cl \cdot + H_2 \rightarrow HCl + H \cdot \tag{2}$$
$$H \cdot + Cl_2 \rightarrow HCl + Cl \cdot \tag{3}$$
$$Cl \cdot + H_2 \rightarrow HCl + H \cdot \tag{4}$$
$$H \cdot + Cl_2 \rightarrow HCl + Cl \cdot \tag{5}$$
$$\cdots$$

链的终止:
$$H \cdot + Cl \cdot \rightarrow HCl \tag{6}$$
$$Cl \cdot + Cl \cdot \rightarrow Cl_2 \tag{7}$$
$$H \cdot + H \cdot \rightarrow H_2 \tag{8}$$

氯在光的作用下离解成自由基。由于Cl_2的键能是243kJ/mol,H_2的键能是435kJ/mol,因此一般情况下,Cl_2离解步骤为起始步骤。直链反应的基本特点是:自由基和反应物分子发生反应时,参加反应的自由基消失了,但同时产生一个新的自由基,这个自由基作为链锁载体可以循环反应下去,如式(2)和式(3)。

支链反应的特点是,一个自由基能生成一个以上的自由基(活性中心)。支链反应由于产生的自由基成倍增加,会使反应速度加快,从而导致燃烧和爆炸。

氢和氧的反应是典型的支链反应,其反应机理如下:

链的引发:
$$H_2 + O_2 \xrightarrow{\triangle} 2\dot{O}H \tag{9}$$
$$H_2 + M \xrightarrow{\triangle} 2\dot{H} + M(M为惰性气体) \tag{10}$$

链的传递:
$$\dot{O}H + H_2 \rightarrow \dot{H} + H_2O \tag{11}$$

链的支化传递:
$$\dot{H} + O_2 \rightarrow \dot{O}H + \dot{O} \tag{12}$$
$$\dot{O} + H_2 \rightarrow \dot{H} + \dot{O}H \tag{13}$$

链的终止:
$$2\dot{H} \rightarrow H_2 \tag{14}$$
$$2\dot{H} + \dot{O} + M \rightarrow H_2O + M \tag{15}$$

慢速传递:
$$\dot{H}O_2 + H_2 \rightarrow \dot{H} + H_2O_2 \tag{16}$$

$$\dot{HO_2} + H_2O \rightarrow \dot{OH} + H_2O_2 \qquad (17)$$

链的引发需有外来能源，外来能源激发使分子键破坏生成第一个自由基，如式(9)、式(10)。链的传递(包括支化)是自由基与分子反应，如式(11)~式(13)、式(16)、式(17)。链的终止为导致自由基消失的反应，如式(14)、式(15)。

氢分子最简单，碳氢化合物燃烧时还要产生其他中间产物分子，中间产物分子再分解，最后的产物才能形成新的链环，且分子结构越复杂，其中间过程越多，反应机理也越复杂，所以有研究人员认为碳氢化合物的燃烧是一种退化的支链反应。

连锁反应理论在解释一些现象时较有效，如火焰在小尺寸的容器中燃烧速度慢，是由于器壁捕获了部分自由基，或者是自由基碰撞器壁时能量传递给了器壁而被销毁，这种现象称为墙面销毁。因此，自由基在气相中和在器壁上都有消失或被销毁的可能。另外，连锁反应理论也可用于解释爆炸、聚合和热解等反应现象。

4.5　燃烧速度及燃烧温度

4.5.1　气体燃烧速度

火焰在可燃介质中的传播也称燃烧速度，它是燃烧过程最重要的特征，决定着燃烧过程的强度，在火灾条件下也是决定火灾蔓延速度和损失严重程度的重要参数。气体燃烧不像固体、液体那样经过熔化、蒸发等过程，而是在常温下就具备了气相的燃烧条件，所以燃烧速度很快。

气体的燃烧性能常以火焰传播速率来表征，火焰传播速率有时也称为燃烧速率。燃烧速度是指燃烧表面的火焰沿垂直于表面的方向向未燃烧部分传播的速率。在多数火灾或爆炸情况下，已燃和未燃气体都在运动，燃烧速度和火焰传播速度并不相同。这时的火焰传播速度等于燃烧速度和整体运动速度的和。

可燃气的组成和结构、浓度、初始温度、燃烧形式和管径都会影响气体燃烧速度。分析如下：

(1) 气体的组成和结构。气体的燃烧速度因气体分子结构不同而有差异，单质气体(如氢)的燃烧仅需要受热、氧化等过程，而化合物气体(如天然气)则经过受热、分解、氧化等过程才能燃烧，所以单质气体比化合物气体的燃烧速度快。可燃气体的燃烧速度也和它的结构有关，如乙炔分子中含有不饱和键，它的燃烧速度较快。

(2) 浓度。从理论上说，可燃气体为化学计量浓度时，最利于产生自由基，混合气体的热值最大，燃烧温度最高，燃烧速度也最快。但实际上，燃烧速度最快时，可燃气体浓度稍高于化学计量浓度。

(3) 初始温度。可燃混合气体的燃烧速度随初始温度的升高而加快，混合气体的初始温度越高，则燃烧速度越快。化工生产时，如工艺中可燃气体温度初始温度高，一旦由于某种原因起火，常会在极短的时间内因燃烧速度快而导致爆炸。

(4) 燃烧形式。由于气体分子间扩散速度比较慢，所以采取扩散燃烧形式的气体燃烧速度是比较慢的，它的速度取决于气体分子间扩散速度。混合气体因可燃气和助燃气已混合均匀而构成预混气，它的燃烧速度取决于本身的化学反应速率。通常情况下，混合燃烧速度大于扩散燃烧速度。化工生产过程中，一些使用气体燃料的加热炉，点火时采用稳定的扩散燃烧方式，能在一定程度上避免爆炸事故的发生。

(5) 管径。气体火焰传播速率与管径有关。当管道直径增加到某个极限尺寸时,火焰传播速率不再增加;反之,到管径小至某个量值时,火焰不再传播。管中火焰不再传播时的管径称为极限管径,当燃烧出口管径小于极限管径时,火焰就不会向管内传播(回火)。阻火器也是依据这个原理设计的。

另外,混合气体在管道内部燃烧,由于受地球重力场的影响,管道安置方式对燃烧速度是有影响的。如10%甲烷与空气混合的气体在垂直放置的管道内,由下方点火时,测得的燃烧速度为75cm/s,而在上方点火时,测得的燃烧速度为59.5cm/s。将管道水平放置时,测得的速度为65cm/s。

气体的压力和流动状态(如层流、紊流、湍流等)对燃烧速度也有很大影响。增高压力会使燃烧速度加快,处于紊流、湍流状态的气流会极大地提高燃烧速度。

4.5.2 液体燃烧速度

液体的燃烧速度工业上有两种表示方法:一种是以单位面积上单位时间内烧掉的液体质量来表示,叫做液体的质量燃烧速度;另一种是以单位时间内烧掉的液体高度来表示,叫做液体燃烧的直线速度。

部分液体的燃烧速度见表4-4。

表4-4 部分液体的燃烧速度

液体名称	直线燃烧速度/(m·h^{-1})	质量燃烧速度/(kg·m^{-2}·h^{-1})	相对密度
苯	0.189	165.37	0.875
乙醚	0.175	125.84	0.175
甲苯	0.1608	138.29	0.86
航空汽油	0.126	91.98	0.73
二硫化碳	0.1047	132.97	1.27
甲醇	0.072	57.6	0.8

液体燃烧速度取决于液体的蒸发,即液体燃烧是先蒸发后燃烧。液体燃烧速度与液体的初温、热容、蒸发潜热、火焰的辐射能力等因素有关。通常,易燃液体的燃烧速度高于可燃液体的燃烧速度。

液体的初始温度越高,其燃烧速度越快。多种组分混合液体的燃烧速度往往是先快后慢。例如,原油、汽油、煤油、重油及其他石油产品燃烧时,先蒸发出来的是燃烧速度快的低沸点组分,随着燃烧的进行,液体中高沸点组分含量相对增加,相对密度、黏度、闪点也相对增高,蒸发速度逐渐降低,燃烧速度也逐渐减慢。

不含水的可燃液体比含水的液体燃烧速度快,对重质石油产品着火初期的影响尤为显著。如果液体燃烧在罐内进行,其燃烧速度还与罐直径、罐内液面高度、液气相接触面积等多种因素有关。一般说,燃烧速度随罐直径的增加而加快,低液位比高液位时燃烧速度快。同时,风对液体表面的火焰蔓延速度也有一定的影响,如风向和火焰蔓延方向一致时,火焰速度急剧增加,此种情况需要引起特别注意。当风速达到某一临界值时,燃烧速度才下降,甚至吹灭火焰。

液体燃烧速度也反映了液体火灾危险性,燃烧速度慢的液体火灾危险性小,即使发生火灾也比燃烧快的液体容易控制。

4.5.3 固体物质的燃烧速度

固体物质的燃烧速度一般小于可燃气体和液体的燃烧速度。不同组成、不同结构的固体物质,燃烧速度也不同,如萘及其衍生物、三硫化磷、石蜡、松香等可燃固体,燃烧过程要经过受热熔化、蒸发、气化、分解、氧化等几个阶段,故一般速度较慢。而硝基化合物、硝化纤维及其制品等物质,因本身含有不稳定的含氧基团,它们是先分解后燃烧,不需要外界供氧,在燃烧过程中还有自催化作用加速反应进行,所以燃烧反应剧烈,速度较快。固体物质的燃烧速度也和燃烧时的风向和风力均有关。对于同种固体物质,燃烧速度还和固体物质含水量、比表面积等因素有关。

4.5.4 燃烧热及热值

燃烧热又称热值,是指单位质量或单位体积的可燃物质,在完全燃烧时所放出的热量。物质的标准燃烧热,是指单位质量的物质在25℃的氧气中燃烧时放出的热量,包括水在内的产物都假定为气态。燃烧热是物质特性参数,与燃烧或爆炸时所能达到的最高温度、最高压力及爆炸力有关,通常的燃烧热数据是用热量计在常温下测得的。

根据计量热量时燃烧产物的状态不同,热值又分为高热值和低热值。高热值是指生成的水蒸气完全冷凝成水时所放出的热量;低热值是指生成的水蒸气不冷凝成水时所放出的热量。使用最多的是低热值。燃烧热效应的差值为水的蒸发潜热。表4-5是一些可燃气体的燃烧热数据。

表4-5 部分可燃气体燃烧热

气 体	高 热 值		低 热 值	
	$kJ \cdot kg^{-1}$	$kJ \cdot m^{-3}$	$kJ \cdot kg^{-1}$	$kJ \cdot m^{-3}$
甲烷	55723	39861	50082	35823
乙烷	51664	65605	47279	58158
丙烷	50208	93722	46233	83471
丁烷	49371	121336	45606	108366
戊烷	49162	149787	45396	133888
乙烯	49857	62354	46631	58283
丙烯	48953	87027	45773	81170
丁烯	48367	115060	45271	107529
乙炔	49848	57873	48112	55856
氢	141955	12770	119482	10753
硫化氢	16778	25522	15606	24016
一氧化碳	10155	12694		

4.5.5 燃烧温度

可燃物质与空气在绝热条件下完全燃烧,所释放出来的热量全部用于加热燃烧物质,使燃烧产物达到最高温度,此温度为理论燃烧温度。可燃物燃烧的完全程度与其在空气中的浓度有关,燃烧时所产生的热量在火焰燃烧区域内释放出来,一部分热量散失于周围环境,大部分热量用于加热燃烧产物,燃烧产物实际达到的温度,称为实际燃烧温度,也称火焰温度。火焰的温度越高,散失的热量越多。显然,实际燃烧温度不是固定的值,它受外界因素影响很大。常见可燃物在空气中的燃烧温度见表4-6。

表 4-6 可燃物在空气中的燃烧温度

物 质	燃烧温度/℃	物 质	燃烧温度/℃
氢	2130	氨	700
甲醇	1100	天然气	2020
乙醇	1180	石油气	2120
甲烷	1963	原油	1100
乙烷	1971	汽油	1200
乙烯	2102	重油	1000
乙炔	2325	煤气	1600～1850

4.6 爆炸及其分类

4.6.1 爆炸的概念及其特征

爆炸是指物质的状态和存在形式发生突变，在瞬间释放出大量的能量，形成空气冲击波，可使周围物质受到强烈的冲击，同时伴随响声或光效应的现象。爆炸分为三大类：化学爆炸、物理爆炸和核爆炸。与危险化学品有关的爆炸是化学爆炸和物理爆炸。爆炸现象一般具有如下特征：

(1) 爆炸过程进行得很快。
(2) 爆炸点附近瞬间压力急剧上升。
(3) 发出声响。
(4) 周围建筑物或装置发生振动或遭到破坏。

简言之，爆炸是系统的一种非常迅速的物理的或化学的能量释放过程。

4.6.2 爆炸的破坏作用

爆炸常伴随发热、发光、高压、真空、电离等现象，爆炸的威力与爆炸物质的性质、数量、爆炸的条件有关，其破坏作用的大小还与爆炸的场所有关。爆炸的破坏及危害形式有以下 4 种。

1. 直接破坏作用

化工装置、机械设备、容器等爆炸后，不仅其本身断裂或变成碎片而损坏，碎片飞散出去也会在相当大的范围内造成危害。爆炸碎片的飞散距离一般可达 100m～500m，甚至更远，飞散的碎片或物体不仅对人造成巨大威胁，其能量对建筑物、生产设备、电力与通信线路等都能造成重大破坏作用。在化工生产爆炸事故中，由于爆炸碎片造成的伤亡占很大比例。

2. 冲击波的破坏作用

任何爆炸过程都伴随大量高压气体的产生或释放，高压气体以极高的速度膨胀，挤压周围空气的同时把能量传递给压缩的空气层，压缩空气层的压力、密度等发生突变，并向四周传播。爆炸时由于气体等物质急速向外扩张，还在爆炸中心产生局部真空或低压，呈现出所谓的吸收作用，低压区也向外扩张，这样在爆炸中心附近的某一点就感到压力升降交替的波状气压向四周扩散，这就是冲击波。爆炸的主要破坏作用就是由冲击波造成的，确切地说，是内其波阵面上的超压引起的。在爆炸中心附近，空气冲击波波阵面上的超压可以达到几兆帕，在这样的高压下，建筑物被摧毁，机械设备、管道等也会受到严重破坏。如果冲击波大面积地作用于建筑物，风波阵面的超压达到20kPa～30kPa时，砖木建筑就会受到强烈破坏；达到0.1MPa时，除坚固的钢筋混凝土建筑外，其他建筑将全部被摧毁。冲击波的另一个破坏作用是由于高压与低压的交替作用造成的，交替作用可以在作用区域内产生振荡作用，使建筑物因振荡松散破坏。

3. 造成火灾

爆炸气体扩散通常在爆炸的瞬间完成，对一般可燃物质不致造成火灾，而且爆炸冲击波有时能起灭火作用。但是爆炸的余热或余火，会点燃从破损设备中不断流出的可燃气体、可燃液体蒸气或其他可燃物质而造成火灾。爆炸过程的抛撒作用，会造成大面积的火灾，从而引燃附近设备，储油罐、液化气罐或气瓶爆炸后最容易发生这种情况。事故中储存设施的破裂将导致液体流淌，着火面积也将迅速扩大。

4. 造成中毒和严重环境污染

生产、使用的许多化学品不仅易燃而且有毒。爆炸事故将造成人旦有意有害物质泄放，对现场人员及周围居民都构成威胁，大气、土地、地下水、地表水等都可能受到污染。2004年，吉林某大型化苯胺生产装置爆炸，泄漏的大量硝基苯随着消防废水流进下水道，最后进入松花江，导致水体污染，后果严重。

4.6.3 爆炸的分类

爆炸的分类方法主要有三种：第一种是按照爆炸的性质分类，分为物理爆炸、化学爆炸和核爆炸；第二种是按照爆炸的传播速度分类，分为轻爆、爆炸和爆轰；第三种是按爆炸反应物质分类，分为气相爆炸、液相爆炸、混合相爆炸。通常使用最多的分类方法是第一种。

1. 物理爆炸

物理爆炸由物理变化所致，其特征是爆炸前后系统内物质的化学组成及化学性质均不发生变化。物理性爆炸主要是指压缩气体、液化气体和过热液体在压力容器内，由于某种原因使容器承受不住压力面破裂，内部物质迅速膨胀并释放大量能量的过程。

2. 化学爆炸

化学爆炸是由化学变化造成的，其特征是爆炸前后物质的化学组成及化学性质都发生了变化。化学爆炸按爆炸对所发生的化学变化的不同又可分为三类。

1) 简单分解爆炸

引起简单分解爆炸的爆炸物，在爆炸时并不一定发生燃烧反应。爆炸能量是由爆炸物分解时产生的。属于这一类的有叠氮类化合物，如叠氮铅、叠氮银等；乙炔类化合物，如乙炔铜、乙炔银等。这类物质是非常危险的，受轻微振动即能起爆，如

$$PbN_6 \xrightarrow{振动} Pb + 3N_2$$

爆速可达 $5123 m \cdot s^{-1}$。

2) 复杂分解爆炸

这类物质爆炸时有燃烧现象，燃烧所需的氧由自身供给，如硝化甘油的爆炸反应：

$$C_3H_5(ONO_2)_3 \xrightarrow{引爆} 3CO_2 + 2.5H_2O + 1.5N_2 + 0.25O_2$$

3) 爆炸性混合物爆炸

爆炸件混合物是至少由两种化学上不相联系的组分所构成的系统。混合物之一通常为含

氧相当多的物质；另一组分则相反,是根本不含氧的或含氧量不足以发生分子完全氧化的可燃物质。

爆炸性混合物可以是气态、液态、固态或是多相系统。

气相爆炸,包括混合气体爆炸、粉尘爆炸、气体的分解爆炸、喷雾爆炸。液相爆炸包括聚合爆炸及不同液体混合引起的爆炸。固相爆炸包括爆炸性物质的爆炸、固体物质混合引起的爆炸和电流过载所引起的电缆爆炸等。

3. 核爆炸

原子核发生聚变或裂变反应,瞬间放出巨大的能量而发生的爆炸为核爆炸。

在研究化工、石油化工工厂防火防爆技术中,通常只谈及到物理爆炸和化学爆炸,故核爆炸在本书中不作讨论。

另外,根据爆炸速度的不同,可以将爆炸分为以下三种类型。

(1) 轻爆。爆速为几十厘米每秒到几米每秒。

(2) 爆炸。爆速为十米每秒到数百米每秒。

(3) 爆轰。爆速为一千米每秒到数千米每秒。

4.6.4 常见爆炸基本概念

1. 机械爆炸

机械爆炸是由装有高压非反应性气体的容器突然失效造成的。

2. 受限爆炸

受限爆炸发生在容器或建筑物中。这种情况很普遍,并且常导致建筑物中居民受到伤害和巨大的财产损失。两种最普通的受限爆炸情形包括蒸气爆炸和粉尘爆炸。

3. 无约束爆炸

无约束爆炸发生在空旷地区。这种类型的爆炸通常是由可燃性气体泄漏引起的。气体扩散并同空气混合,直到遇到引燃源。

无约束爆炸比受限爆炸少,因为爆炸性物质常常被风稀释到低于其爆炸下限。这些爆炸都是破坏性的,因为通常会涉及大量的气体和较大的区域。

4. 蒸气云爆炸(Vapor Cloud Explosion, VCE)

化学过程工业中,大多数危险的和破坏性的爆炸是蒸气云爆炸。其发生步骤是:①大量的可燃蒸气突然泄漏出来(当装有过热液体和受压液体的容器破裂时就会发生);②蒸气扩散遍及整个工厂,同时与空气混合;③产生的蒸气云被点燃。

发生在英格兰 Flixborough 的事故就是典型的 VCE 案例。反应器上的环己胺管线突然破裂,导致大约 30t 的环己胺蒸发。蒸气云扩散遍及整个工厂,并在泄漏发生后 45s 被未知的引燃源引燃。整个工厂被夷为平地,导致 28 人死亡。

美国在 1974 年至 1986 年期间,总共发生 29 次蒸气云爆炸,每次事故的财产损失都介于 500 万美元和 1000 万美元之间,平均每起事故死亡 140 人。

由于过程工厂中可燃物质存储量的增加和操作条件更加苛刻,导致 VCE 的发生次数有所增加。装有大量液化气体、挥发性的过热液体,或高压气体的任何过程都被认为是 VCE 发生的潜在源。

影响 VCE 行为的一些参数是:泄漏物质的量、物质蒸发百分比、气云引燃的可能性、引燃前气云运移的距离,气云引燃前的延迟时间,爆炸而不是火灾的发生可能性,物质临界量、爆炸效率和引燃源相对于泄漏点的位置。

研究表明:①随着蒸气云尺寸的增加被引燃的可能性也增加;②蒸气云发生火灾比发生爆炸的频率高;③爆炸效率通常很小(燃烧能的约2%转变成冲击波);④蒸气与空气的湍流混合,以及气云在远离泄漏处被引燃都增强了爆炸的作用。

从安全的角度来说,最好的方法就是阻止物质的泄漏。不论安装了什么安全系统来防止引燃的发生,大量的可燃气云是很危险的,并且是几乎不可能控制的。

预防 VCEs 的方法包括:保持较少的易挥发且可燃液体的储存量、如果容器或管线破裂,使用使闪蒸最小化的过程条件、使用分析仪器来检测低浓度的泄漏、安装自动隔断阀,以便在泄漏发生并处于发展的初始阶段时关闭系统。

5. 沸腾液体扩展蒸气爆炸(Boiling-Liquid Expanding-Vapor Explosion, BLEVE)

沸腾液体扩展蒸气爆炸是能导致大量物质泄漏的特殊类型的事故。如果物质是可燃的,就可能发生 VCE;如果有毒,大面积区域将遭受毒性物质的影响。对于任何一种情况,BLEVE 过程所释放的能量都能导致巨大的破坏。

当储存有温度高于大气压下的沸点的液体储罐破裂时,就会发生 BLEVE,这将导致储罐内大部分物质发生爆炸性蒸发。

BLEVE 是由于任何一种原因导致容器突然失效才发生的。通常的 BLEVE 是由火灾引起的。步骤如下:①火灾发展到临近的装有液体的储罐;②火灾加热储罐壁;③液面以下的储罐壁被液体冷却,液体温度和储罐内压力增加;④如果火焰抵达仅有蒸气而没有液体的壁面或储罐顶部,热量将不能被转移走,储罐金属的温度上升,直到储罐失去其结构强度为止;⑤储罐破裂,内部液体爆炸性蒸发。

如果液体是可燃的,并且火灾是导致 BLEVE 的原因,那么当储罐破裂时,液体可能被引燃。沸腾的和燃烧的液体的行为如同火箭的燃料一样,将容器的碎片推到很远的地方。如果 BLEVE 不是由火灾引起的,就可能形成蒸气云,导致 VCE。蒸气也能够通过皮肤灼伤,或毒性效应对人员造成危害。

如果 BLEVE 发生在容器内,那么仅有一部分液体蒸发;蒸发量依赖于容器内液体的物理和热力学条件。

6. 粉尘爆炸

这种爆炸是由纤细的固体颗粒的快速燃烧引起的。许多固体物质(包括常见的金属,如铁和铝)当变成纤细的粉末后就成了易燃物。

7. 雾滴爆炸

当可燃液体用喷嘴雾化进入 0.28m~0.76m 的开口玻璃管中,调节燃料和空气的比率,取得爆炸雾滴的浓度,并以高压放电火花点燃。对闪点为 323.9℃ 的花生油和闪点为 43.3℃ 的司陶大干洗溶剂油,其火焰均能迅速传播;而闪点为 68.3℃ 的邻二氯苯点火后火焰传播有困难。由试验可见,可燃液体的雾滴是能够传播火焰的。

在化工、石油化工生产中由于热油管的断裂,通过闪蒸和突然冷却作用而形成大量油雾,垫片破裂、尾气带料、紧急排空等,均可能形成可燃液体的雾滴,当其遇到适当的点火源时,就有可能形成火灾或爆炸。

据报道,当雾滴直径小于 0.01mm 时,其可燃下限恰好等于该物质气相时的爆炸下限(质量分数),即使是在温度很低、液体不挥发时也是如此。这表明,可燃液体的雾滴即使在远比其闪点低的温度下也存在着危险。当雾滴直径为 0.6mm~1.5mm 时,燃烧不能传播。然而,此时如果存在小直径雾滴或大雾滴被击碎,仍有可能发生危险。惰性气体、雾化水、卤代烷等的存在能对雾筋燃烧起到有效的抑制作用。

4.7 爆炸极限及计算

4.7.1 爆炸极限

可燃性气体或蒸气预先按一定比例与空气均匀混合后点燃,较缓慢的扩散过程已经在燃烧以前完成,燃烧速度仅取决于化学反应速度。在这样的条件下,气体的燃烧就有可能达到爆炸的程度。这种可燃气体或蒸气与空气的混合物,称为爆炸性混合气。这种混合气并不是在任何混合比例下都是可燃烧或爆炸的,而且混合的比例不同,燃烧的速度也不同。由实验可知,当混合物中可燃气体的含量接近化学当量时,燃烧最快或最剧烈;若含量减少或增加,火焰传播速度均下降;当浓度高于或低于某一极限值时,火焰便不再蔓延。所以可燃气体或蒸气与空气(或氧)组成的混合物在点火后可以使火焰蔓延的最低浓度,称为该气体或蒸气的爆炸下限(也称燃烧下限);同理,能使火焰蔓延的最高浓度称为爆炸上限(燃烧上限)。浓度在下限以下或上限以上的混合物是不会着火或爆炸的。浓度在下限以下时,体系内含有过量的空气,由于空气的冷却作用,阻止了火焰的蔓延,此时活化中心的销毁数大于产生数。同样,当浓度在上限以上时,含有过量的可燃性物质,空气(氧)不足,火焰也不能蔓延,但此时若补充空气,是有火灾或爆炸危险的。故对上限以上的可燃气(蒸气)—空气混合气不能认为是安全的。

可燃性气体(蒸气)的爆炸极限可按标准 GB/T 12474—90 规定的方法测定。爆炸极限一般用可燃性气体(蒸气)在混合物中的体积分数(φ/%)来表示,有时也用单位体积中可燃物含量来表示($g \cdot m^{-3}$ 或 $mg \cdot L^{-1}$)。

4.7.2 爆炸极限的影响因素

爆炸极限值是随多种不同条件影响而变化的,但如果掌握了外界条件变化对爆炸极限的影响规律,那么在一定条件下测得的爆炸极限就有普通的参考价值,其主要的影响因素介绍如下:

1. 原始温度

爆炸性气体混合物的原始温度越高,则爆炸极限范围越宽,即下限降低而上限增高。因为系统温度升高,其分子内能增加,这时活性分子也就相应增加,使原来不燃不爆的混合物变为可燃可爆,所以温度升高使爆炸的危险性增加。甲烷爆炸范围随温度升高而扩大的情况如图 4-5 所示。

随温度的升高,爆炸极限范围变宽。经验公式(4-1)适用于蒸气:

$$LFL_T = LFL_{25} - \frac{0.75}{\Delta H_c}(T - 25) \quad (4-1)$$

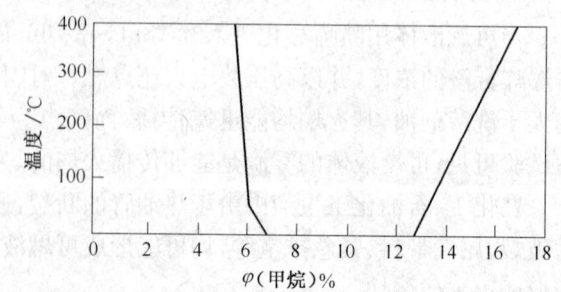

图 4-5 初始温度对甲烷爆炸极限的影响

$$UFL_T = UFL_{25} + \frac{0.75}{\Delta H_c}(T-25) \qquad (4-2)$$

式中：ΔH_c 是净燃烧热(kcal/mol)；T 是温度(℃)。

2. 原始压力

在增加压力的情况下，爆炸极限的变化不大。一般压力增加，爆炸极限范围扩大，且上限随压力增加较为显著。这是因为系统压力增加，物质分子间距缩小，碰撞概率增加，使燃烧的最初反应和反应的进行更为容易。压力降低，则气体分子间距拉大，爆炸极限范围会变小。待压力降到某一数值时，其上限即与下限重合，出现一个临界值；若压力再下降，系统便成为不燃不爆。因此，在密闭容器内进行负压操作，对安全生产是有利的。

图 4-6 表明了甲烷—空气混合物在减压条件下的爆炸范围，同时可见，原始温度越高爆炸的临界压力越低。

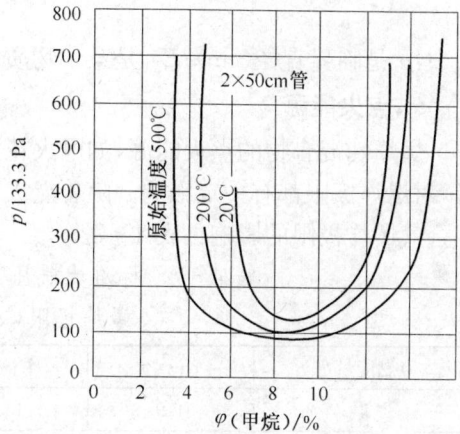

图 4-6 甲烷在减压下的爆炸极限

压力增加对上限的影响，可用式(4-3)计算：

$$UFL_P = UFL + 20.6(\log p + 1) \qquad (4-3)$$

式中：p 是压力(MPa，绝对压力)；UFL 是燃烧上限(1atm 下燃料在空气中的体积百分比含量)。

【例 4-1】 如果物质的 UFL 在表压为 0.0MPa 下为 11.0%，那么，在表压为 6.2MPa 下的 UFL 是多少？

解：绝对压力为 $P=6.2+0.101=6.301$MPa。由上述方程计算 UFL：

$$UFL_P = UFL + 20.6(\log P + 1) = 11.0 + 20.6(\log 6.301 + 1) = 48\%$$

3. 惰性介质

若混合物中加入惰性气体，则爆炸极限范围缩小，惰性气体的 φ 提高到某数值时，可使混合物不燃不爆。

图 4-7 表明了加入惰性气体(N_2、CO_2、Ar、He、CCl_4、水蒸气)对甲烷混合气爆炸极限的影响。由图可见，随惰性气体的增加对上限的影响较之对下限的影响更显著。

4. 容器

容器的大小对爆炸极限亦有影响。实验证明，容器直径越小，爆炸范围越窄。这可从传热和器壁效应得到解释。从传热来说，随容器或管道直径的减小，单位体积的气体就有更多的热量消耗在管壁上。有文献报导，当散出热量等于火焰放出能量的 23% 时，火焰即会熄灭，所以热损失的增加必然降低火焰的传播速度并影响爆炸极限。

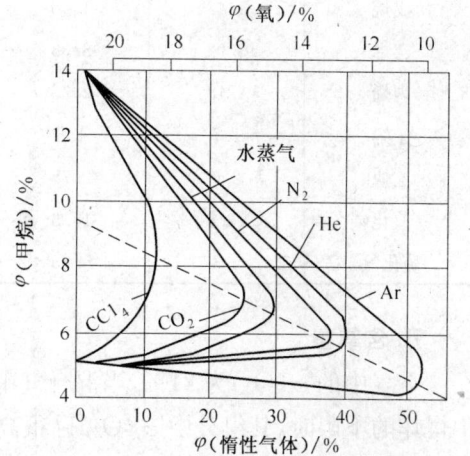

图 4-7 各种惰性气体浓度对甲烷爆炸极限的影响

器壁效应，可用连锁反应理论说明。燃烧所以能持续下去,其条件是新生的自由基数量必须等于或大于消失的自由基数。可是,随着管径的缩小,自由基与反应分子间的碰撞概率也不断减少,而自由基与器壁碰撞的概率反而不断增大。当器壁间距小到某一数值时,这种器壁效应就会使火焰无法继续。其临界直径,可按式(4-4)计算:

$$d = \sqrt[2.48]{\frac{E_{点}}{2.35 \times 10^{-2}}} \qquad (4-4)$$

式中:d 是临界直径(cm);$E_{点}$ 是某一物质的最小点火能量(J)。

5. 点火能源

爆炸性混合物的点火能源,如电火花的能量、炽热表面的面积、火源与混合物接触时间长短等,对爆炸极限都有一定影响。随着点火能量的加大,爆炸范围变宽。点火能量对甲烷—空气混合气爆炸极限的影响见表4-7。

表4-7 标准大气压下点燃能量对甲烷与空气温合物的

爆炸极限(φ)的影响(容器 $V=7L$)

点燃能量/J	$L_下$/%	$L_上$/%	点燃能量/J	$L_下$/%	$L_上$/%
1	4.9	13.8	100	4.25	15.1
10	4.6	14.2	10000	3.6	17.5

6. 火焰的传播方向(点火位置)

当在爆炸极限测试管中进行爆炸极限测定时,可发现在垂直的测试管中于下部点火,火焰由下向上传播时,爆炸下限值最小,上限值最大;当于上部点火时,火焰向下传播,爆炸下限值最大,上限值最小;在水平管中测试时,爆炸上下限值介于前两者之间。表4-8所列数据即为一些实验气体在不同方向点火的爆炸极限。

表4-8 火焰传播方向对爆炸极限(φ)的影响

气体名称	LFL/%			UFL/%		
	(↑)	(↓)	(→)	(↑)	(↓)	(→)
氢	4.15	8.8	6.5	75.0	74.5	—
甲烷	5.35	5.59	5.4	14.9	13.5	14.0
乙烷	3.12	3.26	3.15	15.0	10.2	12.9
戊烷	1.42	1.48	—	74.5	4.64	—
乙烯	3.02	3.38	3.20	34.0	15.5	23.7
丙烯	2.18	2.26	2.22	9.70	7.4	9.3
丁烯	1.7	1.8	1.75	9.6	6.3	6.0
乙炔	2.6	2.78	2.68	80.5	71.0	78.5
一氧化碳	12.8	15.3	13.6	75.0	70.5	—
硫化氢	4.3	5.85	5.3	45.5	21.3	33.50

7. 含氧量

空气中的 $\varphi(O_2)$ 为21%,当混合气中 $\varphi(O_2)$ 增加时,爆炸极限范围变宽。由于当处于空气中爆炸的下限时,其组分中 $\varphi(O_2)$ 已很高,故增加 $\varphi(O_2)$ 对爆炸下限影响不大;而增加 $\varphi(O_2)$ 使上限显著增加,是由于氧取代了空气中的氮,使反应更易进行。某些可燃气在氧气中的爆炸极限见表4-9。

表 4-9 某些可燃气在空气和氧气中的爆炸极限

物质名称	在空气中		在氧气中	
	UFL/%	LFL/%	UFL/%	LFL/%
甲烷	14	5.3	61	5.1
乙烷	12.5	3.0	66	3.0
丙烷	9.5	2.2	55	
正丁烷	8.5	1.8	49	1.8
异丁烷	8.4	1.8	48	1.8
丁烯	9.6	2.0		3.0
1-丁烯	9.3	1.6	58	1.8
2-丁烯	9.7	1.7	55	1.7
丙烯	10.3	2.4	53	2.1
氯乙烯	22	4	70	4
氢	75	4	94	4
一氧化碳	74	12.5	94	15.5
氨	28	15	79	15.5

4.7.3 爆炸极限的计算

1. 纯净气体或蒸气爆炸极限的计算

具有爆炸危险性的气体或蒸气与空气或氧气混合物的爆炸极限，在应用时一般可查阅文献或直接测定以获得数据，也可以通过其他数据及某些经验公式计算来获得。下面介绍两种比较常用的方法。

对于许多烃类蒸气，LFL 和 UFL 是燃料化学计量浓度（C_{st}）的函数：

$$LFL = 0.55 C_{st} \tag{4-5}$$

$$UFL = 3.50 C_{st} \tag{4-6}$$

式中：C_{st} 是燃料在空气中的体积百分比含量。

大多数有机化合物的化学计量浓度，可使用通常的燃烧反应来确定，即

$$C_m H_x O_y + z O_2 \longrightarrow m CO_2 + \frac{x}{2} H_2 O$$

由化学计量学，有

$$z = m + \frac{x}{4} - \frac{y}{2} \tag{4-7}$$

式中：z 的单位是 mol。

需要进行额外的化学计算和单位变换来确定作为 z 的函数的 C_{st}：

$$C_{st} = \frac{燃料的摩尔数}{燃料的摩尔数+空气的摩尔数} \times 100$$

$$= \frac{100}{1+\dfrac{空气的摩尔数}{燃料的摩尔数}} = \frac{100}{1+\dfrac{1}{0.21}\dfrac{氧气的摩尔数}{燃料的摩尔数}} = \frac{100}{1+\left(\dfrac{z}{0.21}\right)}$$

代入 z，得

$$LFL = \frac{0.55 \times 100}{4.76m + 1.19x - 2.38y + 1} \tag{4-8}$$

$$UFL = \frac{3.50 \times 100}{4.76m + 1.19x - 2.38y + 1} \tag{4-9}$$

另外一种方法是将燃烧极限表达为燃料燃烧热的函数。对于含有碳、氢、氧、氮和硫的 30 种有机物,由该方法得到了符合程度很好的结果。该关系式为

$$LFL = \frac{-3.42}{\Delta H_c} + 0.569\Delta H_c + 0.0538\Delta H_c^2 + 1.80 \tag{4-10}$$

$$UFL = 6.30\Delta H_c + 0.567\Delta H_c^2 + 23.5 \tag{4-11}$$

式中:LFL 和 UFL 分别是燃烧上限和燃烧下限(燃料在空气中的体积百分比含量);ΔH_c 是燃料的燃烧热(10^3 kJ/mol)。

第二种方法中预测 UFL 的公式仅适用于 UFL 为 4.9%~23% 的范围内。

上述两种方法的预测能力有限,对于氢的预测结果很差,对于甲烷和含碳量较高的碳氢化合物,预测结果有所提高。因此,这些方法仅被用作于快速的最初估算,不应该替代实际的实验数据。

【例 4-2】 估算(正)已烷的 LFL 和 UFL,将计算值同实际的实验值进行比较。

解:化学反应式为

$$C_6H_{14} + zO_2 \longrightarrow mCO_2 + \frac{x}{2}H_2O$$

由第一种方法,通过将化学反应配平得到 z、m、x 和 y 的值:

$$m = 6, x = 14, y = 0$$

计算 LFL 和 UFL:

$$LFL = 0.55 \times 100/[4.76 \times 6 + 1.19 \times 14 + 1] = 1.19\% \quad \text{而实际为 } 1.2\%$$

$$UFL = 3.5 \times 100/[4.76 \times 6 + 1.19 \times 14 + 1] = 7.57\% \quad \text{而实际为 } 7.5\%$$

2. 混合气体或蒸气爆炸极限的计算

1) 混合气体中全部都是可燃气体或蒸气

这种情况下混合气体的爆炸极限用下式计算:

$$LFL_{\text{mix}} = \frac{1}{\sum_{i=1}^{n} \frac{y_i}{LFL_i}} \tag{4-12}$$

式中:LFL_i 是燃料—空气混合物中组分 i 的燃烧下限(体积百分比);y_i 是组分 i 占可燃物质部分的摩尔百分比;n 是可燃物质的数量。同样

$$UFL_{\text{mix}} = \frac{1}{\sum_{i=1}^{n} \frac{y_i}{UFL_i}} \tag{4-13}$$

式中:UFL_i 是燃料—空气混合物中组分 i 的燃烧上限(体积百分比)。

上述方程是 Le Chatelier 由经验得到的,并不具有普遍的适用性。Mashuga 和 Crowl 由热力学得到了 Le Chatelier 方程。公式推导显示,该方程中存在以下固有假设:①物质的热容是常数;②气体的摩尔数是常数;③纯物质的燃烧动力学是独立的,并不受其他可燃物质的存在而变化;④燃烧极限内绝热温度的上升对于所有的物质都是相同的。

这些假设对于 LFL 的计算是非常有效的,但是,对于 UFL 的计算,有效性稍有降低。

【例 4-3】 含有体积百分比分别为 0.8% 的(正)已烷,2.0% 的甲烷和 0.5% 的乙烯混合气体的 LFL 和 UFL 为多少?

解：基于可燃物质的摩尔分数的计算及 LFL 和 UFL 数据见下表：

	体积百分比/%	基于可燃物质的摩尔百分比	LFL/%	UFL/%
(正)己烷	0.8	0.24	1.2	7.5
甲烷	2.0	0.61	5.3	15
乙烯	0.5	0.15	3.1	32.0
全体燃烧物质	3.3	—	—	—
空气	96.7	—	—	—

由式(4-12)和式(4-13)分别计算混合气体的 LFL 和 UFL：

$$LFL_{mix} = \frac{1}{\sum_{i=1}^{n} \frac{y_i}{LFL_i}} = \frac{1}{\frac{0.24}{1.2} + \frac{0.61}{5.3} + \frac{0.15}{3.1}} = 1/0.363 = 2.75\%$$

$$UFL_{mix} = \frac{1}{\sum_{i=1}^{n} \frac{y_i}{UFL_i}} = \frac{1}{\frac{0.24}{7.5} + \frac{0.61}{15} + \frac{0.15}{32.0}} = 12.9\%$$

由于混合物含有 3.3% 的可燃物质，因此是可燃的。

2) 混合气体或蒸气中含有惰性气体

这种情况下混合气体的爆炸极限用式(4-14)计算：

$$L_m = L_f \times \frac{\left(1 + \frac{B}{1-B}\right) \times 100}{100 + L_f \frac{B}{1-B}} \tag{4-14}$$

式中：L_m 是含有惰性混合气体的燃烧极限(%)；L_f 是混合气体可燃部分的燃烧极限(%)；B 是惰性气体的含量(%)。

【例 4-4】 某干馏气体的成分为：C_nH_m 含 1%(爆炸范围：3.1%~28.6%)，CH_4 含 3%(爆炸范围：5%~15%)，CO 含 3%(爆炸范围：12.5%~74.2%)，H_2 含 10%(爆炸范围：4.1%~74.2%)，CO_2 含 18%，N_2 含 65%，计算爆炸极限。

解：可燃气体占总气体含量 17%；惰性气体占总体积含量 83%；在可燃气体中：

C_nH_m：$\frac{1}{17} = 5.9\%$ CH_4：$\frac{3}{17} = 17.6\%$ CO：$\frac{3}{17} = 17.6\%$ H_2：$\frac{10}{17} = 58.8\%$

混合物可燃部分的 LFL 为

$$L'_{ml} = \frac{100}{\frac{5.9}{3.1} + \frac{17.6}{5} + \frac{17.6}{12.5} + \frac{58.8}{4.1}} = 4.7(\%)$$

混合物可燃部分的 UFL 为

$$L'_{mv} = \frac{100}{\frac{5.9}{28.6} + \frac{17.6}{15} + \frac{17.6}{74.2} + \frac{58.8}{74.2}} = 41.5(\%)$$

所以混合气体的 LFL 为

$$L_{ml} = 4.7 \times \frac{\left(1 + \frac{0.83}{1-0.83}\right) \times 100}{100 + 4.7 \times \frac{0.83}{1-0.83}} = 22.5(\%)$$

混合气体中的 UFL 为

$$L_{mv} = 41.5 \times \frac{(1+\frac{0.83}{1-0.83}) \times 100}{100 + \frac{0.83}{1-0.83} \times 41.5} = 80.5(\%)$$

4.8 粉尘爆炸

粉尘爆炸是悬浮在空气中的可燃性固体微粒接触到火焰（明火）或电火花等任何着火源时发生的爆炸现象。金属粉尘、煤粉、塑料粉尘、有机物粉尘、纤维粉尘及农副产品谷物面粉等都可能造成粉尘爆炸事故。

第一次有记载的粉尘爆炸发生在1785年意大利的一个面粉厂，至今已有200多年。在这200多年中，粉尘爆炸事故不断发生。随着工业现代化的发展，粉尘爆炸源越来越多；粉尘爆炸的危险性和事故数量也有所增加；据日本福山郁生统计，1952年—1979年，日本共发生209起粉尘爆炸事故，死伤总数达546人。美国在1970年—1980年间有记载的工业粉尘爆炸有100起，25人在事故中丧生，平均每年因此而引起的直接财产损失为2000万美元（这还不包括粮食粉尘爆炸的损失）。据美国劳工部统计，美国在1958年—1978年间发生250起粮食粉尘爆炸事故，164人死亡，其中，只1977年一年，就发生21起粮食粉尘爆炸，65人死亡，财产损失超过5亿美元。

我国粉尘爆炸事故屡有发生。1981年12月10日，黄埔港粮食筒仓发生大爆炸，7人受伤，并造成重大的经济损失。1987年3月15日，哈尔滨亚麻厂粉尘大爆炸，死伤230多人，直接经济损失上千万元。

粉尘爆炸危险性几乎涉及所有的工业部门，常见可爆炸粉尘材料包括：
(1) 农林：粮食、饲料、食品、农药、肥料、木材、糖、咖啡。
(2) 矿冶：煤碳、钢铁、金属、硫磺等。
(3) 纺织：棉、麻、丝绸、化纤等。
(4) 轻工：塑料、纸张、橡胶、染料、药物等。
(5) 化工：多种化合物粉体。

常见粉尘爆炸场所是：
(1) 室内：通道、地沟、厂房、仓库等。
(2) 设备内部：集尘器、除尘器、混合机、输送机、筛选机、打包机等。

4.8.1 粉尘基础知识

粉尘是粉碎到一定细度的固体粒子的集合体，按状态可分成粉尘层和粉尘云两类。粉尘层（或层状粉尘）是指堆积在物体表面的静止状态的粉尘，而粉尘云（或云状粉尘）则指悬浮在空间的运动状态的粉尘。粉尘这个词中的"尘"字带有"尘埃"、"废弃物"的含义，因此对一些有用粉尘，如面粉等产品粉尘，用"粉体"一词，比较确切。

在粉尘爆炸研究中，把粉尘分为可燃粉尘和不可燃粉尘（或惰性粉尘）两类。

可燃粉尘是指与空气中氧反应能放热的粉尘。一般有机物都含有C、H元素，它们与空气中的氧反应都能燃烧，生成CO_2、CO和H_2O。许多金属粉可与空气中氧反应生成氧化物，并放出大量的热，这些都是可燃粉尘。相反，与氧不发生反应或不发生放热反应的粉尘统称为不可燃粉尘或称惰性粉尘。

在美国,通常把通过 40 号美国标准筛的细颗粒固体物质叫做粉尘。若为球形颗粒,则粒子直径应为 425μm 以下。一般认为,只有粒径低于此值的粉尘才能参与爆炸快速反应。但此粉尘定义与通常煤矿中使用的定义不同。在煤矿中,把粉尘定义为通过 20 号标准筛(粒径小于 850μm)的固体粒子。煤矿中的实际研究表明,粒径 850μm 的煤粒子还可参与爆炸快速反应。

粉尘的粒度一般用筛号来衡量。各筛号相应的线性尺寸见表 4-10。

表 4-10 标准插号与相应粒子线性尺寸对照表

标准筛号	线性尺寸 / in	线性尺寸 / μm
20	0.0331	850
40	0.0165	425
100	0.0059	150
200	0.0029	75
325	0.0017	45
400	0.0015	38

注:1in = 25.4mm。

粉尘粒度是粉尘爆炸中一个很重要的参数;粉尘的表面积比同质量的整块固体的表面积可大好几个数量级。例如,把直径 100mm 的球形材料分散成等效直径为 0.1mm 的粉尘时,表面积增加 10000 倍以上。表面积的增加,意味着材料与空气的接触面积增大,这就加速了固体与氧的反应,增加了粉尘的化学活性,使粉尘点火后燃烧更快。整块聚乙烯是很稳定的,而聚乙烯粉尘却可以发生激烈的爆炸,就是这个原因。

粉尘粒度是一个统计的概念,因为粉尘是无数个粒子的集合体,是由不同尺寸的粒子级配而成。若不考虑粒子的形状,也无法确定粒子尺寸。对不规则形状粒子的粒度,系通过试验来确定粒度数据。先测定单位体积中的粉尘粒子数,再称量其质量,就可以确定平均粒子尺寸。

悬浮在空间的粉尘云是一个不断运动的集合体。粉尘受重力的影响,会发生沉降,即抵消坏粒子的速度与粒度有一定的关系。粒度小于 1μm 的粒子的沉降速度低于 1cm/s,而粒子间相互碰撞的布朗运动又阻止它们向下沉降,即抵消粒子的沉降。这种粉尘云的行为与气体一样,所以 1μm 以下的粉尘可以近似用气体来处理。对粒度为 1μm~120μm 的粉尘,可以相当精确地预估其沉降速度,其上限速度可达 30cm/s。对 425μm 以上的粒子,由于比表面很小,加上沉降速度很快,一般对粉尘爆炸没有什么贡献。

粉尘粒子的形状和表面状态对爆炸反应也有较大的影响。即使粉尘粒子的平均直径相同,但若其形状和表面状态不同,其爆炸性能也不同。只有在相对密闭的空间内,才容易建立爆炸压力。

4.8.2 粉尘爆炸的条件

粉尘爆炸所采用的化学计量浓度单位与气体爆炸不同。气体爆炸采用体积百分数(%)表示,即燃料气体在混合气总体积中所占的体积百分数;而在粉尘爆炸中,粉尘粒子的体积在总体积中所占的比例极小,几乎可以忽略,所以一般都用单位体积中所含粉尘粒子的质量来表示,常用单位是 g/m^3 或 mg/L。这样,在计算化学计量浓度时,只要考虑单位体积空气中的氧能完全燃烧(氧化)的粉尘粒子量即可。

在标准条件下,空气的组成为:N_2:78.086%;O_2:20.946%;Ar:0.933%;CO_2:0.032%;其

他:0.002%。

空气中主要成分是 N_2 和 O_2；如忽略其他组分，则空气中 O_2/N_2 比例为 $1/3.774$。空气的平均摩尔质量 $M=28.964g/mol$，即 $1m^3$ 空气中约含 $0.21m^3$ 或 $9.38mol$ 氧。

以淀粉为例，淀粉分子式为 $C_6H_{10}O_5$，$9.38mol$ 氧能氧化的淀粉量为

$$9.38/6 = 1.56mol\ (C_6H_{10}O_5) = 253g$$

即淀粉在空气中燃烧的化学计量浓度为 $253g/m^3$，其化学反应方程式可写为

$$1.56C_6H_{10}O_5 + 9.38O_2 + 35.27N_2 = 9.38CO_2 + 7.8H_2O + 35.27N_2$$

上述反应式指出，反应前气体量为 $44.65mol$，反应后气体量为 $52.45mol$，即反应后系统体积较反应前增加了 17.5%，故相应增加了定容绝热爆炸压力。

下面估算不同浓度下粉尘粒子间距与粉尘粒子特性尺寸的比值。

对最简单的正立方粉尘粒子，设其边长为 a，两粒子中心距为 L，如图 4-8 所示。

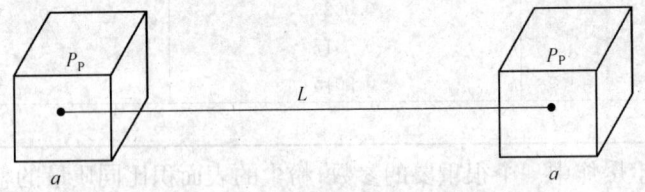

图 4-8 正方体粉尘粒子浓度示意图

粉尘云浓度 C 可由下式计算：

$$C = \rho_P (a/L)^3 \quad (4-15)$$

式中：ρ_P 为粉尘粒子密度(g/m^3)。

式(4-15)也可写为

$$L/a = (\rho_P/C)^{1/3} \quad (4-16)$$

若 $\rho_P = 1g/m^3$ 或 $10^6 g/m^3$，则：$C=50g/m^3$ 时，$L/a=27$；$C=500g/m^3$ 时，$L/a=13$；$C=5000g/m^3$ 时，$L/a=6$。

$50g/m^3$ 为常见粉尘的下限浓度量级，$5000g/m^3$ 为上限浓度量级。对边长 a 为 $50\mu m$ 的粒子，在下限浓度 $50g/m^3$ 时，其粒子中心距为 $1.35mm$。粒子间距为 $1.3mm$，这时已基本上不透光。若采用25W灯泡照射浓度为 $40g/m^3$ 煤粉尘云，在 $2m$ 内人眼看不见灯光。这种浓度在一般环境中是不可能达到的，只有在设备内部，如磨面机、混合机、提升机、粮食筒仓、气流输送机等内部才能遇到。在这种浓度下，一旦有点火源存在，就会发生爆炸。这种爆炸叫"一次爆炸"。当一次爆炸的气浪或冲击波卷起设备外的粉尘积尘，使环境中达到可爆浓度时，又会引起"二次爆炸"。

对于 $5m$ 见方的房间(体积 $125m^3$)，如果地面有 $1mm$ 厚粉尘层，其堆积密度为 $500g/m^3$($0.5g/L$)，则粉尘总量为 $12.5kg$。当将其全部扬起而分布在整个室内空间时，室内粉尘云浓度可达到

$$C = \frac{12.5}{125} = 100g/m^3$$

这就是说，在 $1mm$ 厚的积尘扬起后，可使室内空间达到可爆浓度。

对于直径为 D 的管道，如内壁沉积有 h 毫米厚的粉尘层，扬起后的浓度为

$$C = \rho_b \frac{4h}{D} \quad (4-17)$$

式中：ρ_b 为堆积密度(kg/m^3)；h 为粉尘层厚(mm)；D 为管道直径(m)。

若管道直径 $D=0.2\text{m}$，内壁积尘厚 $h=0.1\text{mm}$，粉尘的堆积密度（体积密度）$\rho_b=500\text{kg/m}^3$，则

$$C = 500 \times \frac{4 \times 0.1}{0.2} = 1000\text{g/m}^3$$

表 4-11 列出了几种类型的粉尘云状态以作为参考对比。

表 4-11 几种类型的粉尘云

粉尘云浓度 / g·m⁻³	含 义
10～5000	粉尘的爆炸浓度
0.4～0.7	粉尘风暴
0.02～0.3	矿山空气
0.008～0.03	雾
0.0002～0.007	城市工业区空气
0.00007～0.0007	乡村和郊区空气

从表 4-11 看出，在一般情况下是不会达到粉尘爆炸浓度的，只有在极少数强粉尘粒子源附近才能出现这种浓度。另外，即使在爆炸浓度下限时，也足以使人呼吸困难，难以忍受，而且此时能见度也已受到严重限制，甚至达到"伸手不见五指"的程度。因此，人是完全可以感受到这种危险浓度的。但实际发生粉尘爆炸时，爆炸源往往并不处于人的呼吸范围之内。在许多情况下，它是发生在设备内部或局部点，随后这局部爆炸（一次爆炸）将地面粉尘层扬起，使空间达到极限浓度而形成所谓的"二次爆炸"。这种二次爆炸所形成的破坏程度和范围往往比一次爆炸更严重。因此，不能单纯认为空间粉尘浓度没有达到爆炸浓度范围就是安全的，而应特别重视地面积尘被卷起的危险性。

粉尘爆炸的另一个重要条件是点火源。粉尘爆炸所需的最小点火能量比气体爆炸大一二个数量级，大多数粉尘云最小点火能量在 5mJ～50mJ 量级范围。表 4-12 列出了一些典型的电火花能量及典型场合。

表 4-12 一些典型电火花能及典型场合

电火花能量 / J	典 型 场 合
0.13×10^{-3}	典型可燃蒸气的最小点火能
5×10^{-3}	典型粉尘云的最小点火能
7×10^{-3}	起爆药叠氮化铅的点火能量
0.01	典型推进剂粉尘的最小点火能量
$(5～18) \times 10^{-3}$	人体产生的静电火花能量
0.25	对人体产生电击
7.2	人体心脏电击阈值
5×10^9	雷电

由表 4-12 看出，虽然粉尘云比蒸气云要求较高的最小点火能量，但总的来看，粉尘云也是很容易点火的，人体所产生的静电火花能量就可能点燃一些粉尘云。

4.8.3 粉尘爆炸的机理

粉尘爆炸是一个非常复杂的过程，受很多物理因素的影响，所以粉尘爆炸机理至今尚不十分清楚。

一般认为,粉尘爆炸经过以下发展过程,如图4-9所示。

首先,粉尘粒子表面通过热传导和热辐射,从点源获得点火能量,使表面温度急剧升高,达到粉尘粒子的加速分解温度或蒸发温度,形成粉尘蒸气或分解气体。这种气体与空气混合后就能引起点火(气相点火)。另外,粉尘粒子本身从表面一直到内部(直到粒子中心点),相继发生熔融和气化,迸发出微小的火花,成为周围未燃烧粉尘的点火源,使粉尘着火,从而扩大了爆炸(火焰)范围。这一过程与气体爆炸相比,由于涉及辐射能而变得更为复杂。不仅热具有辐射能,光也含有辐射能,因此在粉尘云的形成过程中用闪光灯拍照是非常危险的。

上述的着火过程是在微小的粉尘粒子处于悬浮状态的短时间内完成的。对较大的粉尘粒子,由于其悬浮时间短,不能着火,有时只是粒子表面被烧焦或根本没有烧过。

从粉尘爆炸的过程可以看出,发生粉尘爆炸的粉尘粒子尽管很小,但与分子相比还是大的多。另外,粉尘的悬浮时间因粒子的大小和形状不可能是完全一样的,粉尘的悬浮时间因粒子的大小和形状而异,因此能保持一定浓度的时间和范围是极有限的。若条件都能够满足,则粉尘爆炸的威力是相当大的;但如果条件不成立,则爆炸威力就很小,甚至不引爆。

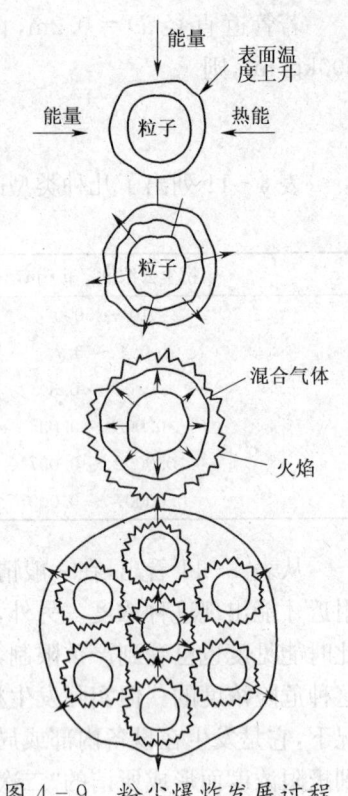

图4-9 粉尘爆炸发展过程

归纳起来,粉尘爆炸有如下特点。

(1) 燃烧速度或爆炸压力上升速度比气体爆炸要小,但燃烧时间长,产生的能量大,所以破坏和焚烧程度大。

(2) 发生爆炸时,有燃烧粒子飞出,如果飞到可燃物或人体上,会使可燃物局部严重炭化和人体严重烧伤。

(3) 静止堆积的粉尘被风吹起悬浮在空气中时,如果有点燃源就会发生第一次爆炸,如图4-10所示。爆炸产生的冲击波又使其他堆积的粉尘扬起,而飞散的火花和辐射热可提供点火源,又引起第二次爆炸,最后使整个粉尘存在场所受到爆炸破坏。

(4) 即使参与爆炸的粉尘量很小,但由于伴随有不完全燃烧,故燃烧气体中含有大量的CO,所以会引起中毒。在煤矿中因煤粉爆炸而身亡的人员中,有一大半是由于CO中毒所致。

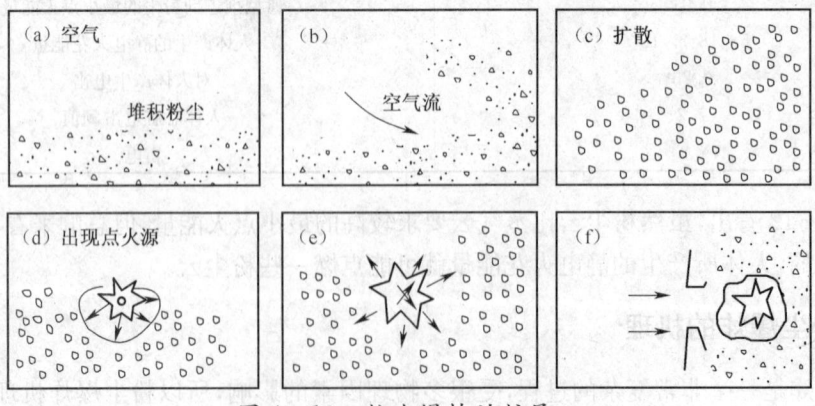

图4-10 粉尘爆炸的扩展

4.8.4 粉尘爆炸的影响因素

1. 化学性质和组分

粉尘必须是可燃的,对含有过氧基或硝基的有机物粉尘会增加爆炸的危险性。燃烧热越高、爆炸下限浓度越低、点火能越小的物质,越易爆炸。当灰分量在15%～30%时,则不易爆炸。当含有挥发分时,如煤含挥发分在11%以上时,极易爆炸。

2. 粒度大小及分布的影响

粉尘爆炸的燃烧反应是在粒子的表面发生的,比表面积越大,越易反应,所以粒子直径越小,越易爆炸。一般当可燃粉尘的直径大于 $400\mu m$ 时,即使用强点火源也不能使其发生爆炸。但当粗粒子粉尘中含有一定量的细粉尘时,则可使粗、细混合粉尘发生爆炸。如甲基纤维素粉尘,当粗粉中加入5%～10%的细粉,则会引爆。

3. 可燃性气体共存的影响

使用强点火源也不爆炸的粉尘,如若有可燃性气体时,其爆炸下限会下降,从而使粉尘在更低浓度下爆炸。

4. 最小点燃能量

粉尘的最小点燃能量是指最易点燃的混合物在20次连续试验时,刚好不能点燃时的能量值。最小点燃能量与粉尘的浓度、粒径大小等有关,测试条件不同则测试值也有所不同,很难得出定值。

5. 爆炸极限

粉尘与空气的混合物要像气体那样达到均匀的浓度分布是不容易的,所以测试的重现性不好,多数情况是经过统计处理后算出来的。一般工业可燃粉尘爆炸下限在 $20mg/m^3$ ～ $60mg/m^3$ 之间,爆炸上限可达 $26kg/m^3$ 之间。上限浓度通常是不易达到的。表4-13列举了部分粉尘的爆炸极限。

温度和压力对爆炸极限有影响,一般是温度、压力升高时,爆炸极限变宽。

表4-13 部分可燃粉尘的爆炸极限

粉尘(200目以下)	最小点火能/10^{-3}J	爆炸下限/$g \cdot m^{-3}$	最大爆炸压力/×0.1MPa
钛	10	45	5.6
铝	15	40	6.3
镁	40	20	6.6
锌	650	480	3.5
醋酸纤维素	10	25	7.7
酚醛树脂	10	25	5.6
聚苯乙烯	15	15	6.3
尿素树脂	80	70	6.0
玉蜀黍淀粉	30	40	7.7
砂糖	30	35	6.3
可可	100	45	4.3
咖啡	160	85	3.5
硫黄	15	35	5.6

6. 水分含量

对于疏水性粉尘,水对粉尘的浮游性影响虽然不大,但是水分蒸发使点火有效能减少,蒸发出来的蒸气起惰化作用,具有减少带电性的作用。锰、铝等金属与水反应生成氢,增加其危险性。对于导电性不良的物质和合成树脂粉末、淀粉、面粉等,干燥状态下由于粉尘与管壁和空气的摩擦产生静电积聚,容易产生静电火花。

4.8.5 粉尘爆炸基本参数及其实验测量方法

为了进一步了解粉尘爆炸发生及发展的过程、机制和影响因素,进行危险性评价,必须研究有关的基本参数及测定它们的试验方法。

粉尘爆炸参数的实验测定往往与所用仪器设备、试验条件、判据及定义密切相关。粉尘爆炸的所有参数,如点火温度、最低爆炸浓度(爆炸下限)、最小点火能、爆炸压力和压力上升速度等都不是物质的基本性质,它们与环境条件、测试方法和实验者设计确立的判据有关。例如,最小点火温度一般是在模拟工业实际条件的试验条件下测定的,而理论最小点火温度则定义为无限长延迟期下的值,这在实验中是不可能测到的。

气体爆炸的试验重复性要优于粉尘爆炸,但即使是气体爆炸其结果也受到容器中引进能源而产生的对流的影响。对粉尘来说,很难使粉尘云绝对均匀,且其均匀性随时间而变化。另外由于分散粉尘的方法不同,湍流度不同,结果也会有出入。

尽管存在以上可变因素,但文献中仍报导了许多有关粉尘点火及爆炸的特征值。其中很多数据都是模拟实际情况,或至少是与一组特别条件相一致的条件下测得的。这样的数据对工业实际具有指导作用,并可作为安全设计的依据。

下面简要介绍几种粉尘爆炸参数的实验室测定方法。

1. 点火温度

粉尘云和粉尘层的点火温度都是在 Godbert – Greenwald 炉中测定的,该装置如图 4 – 11 所示。

炉核是一根直径 ϕ36.5mm、长 229mm 的管子,管子用电加热。测定粉尘云点火温度时,将室温的粉尘喷入加热后的炉核,炉核温度用热电偶测定,温度可任意调节。测定粉尘层点火温度时,粉尘放在直径 ϕ25.4mm、深 12.7mm 的容器中,再将其置于炉中段。从数控温度—时间记录中可以定出爆炸点温度。

2. 点火能量

粉尘云最小点火能量是用已知能量的电容器放电来测定的。以放电火花击穿 Hartmanm(哈特曼)管中的粉尘云,而粉尘点火与否,则根据火焰是否能自行传播来判定,一般要求火焰传播至少 10cm 以上。确定最小点火能量的方法是依次降低火花能量,如在连续 10 次相同实验中无一次发火,则此时的火花能量定为该粉尘云的最小点火能量。Hartmanm 管测试装置如图 4 – 12 所示。

必须注意,在最小点火能量测试中应确定一组最佳参数,以使粉尘浓度、粉尘粒度、喷粉压力和喷粉与电火花产生之间的延迟时间有一个合理的匹配关系。

最小点火能量与粉尘浓度有很大的关系,而每种粉尘都有一个最易点燃的浓度,所以在测量最小点火能量之前,应首先实验测定最佳粉尘浓度。

最小点火能量常用的计算方法有两种。

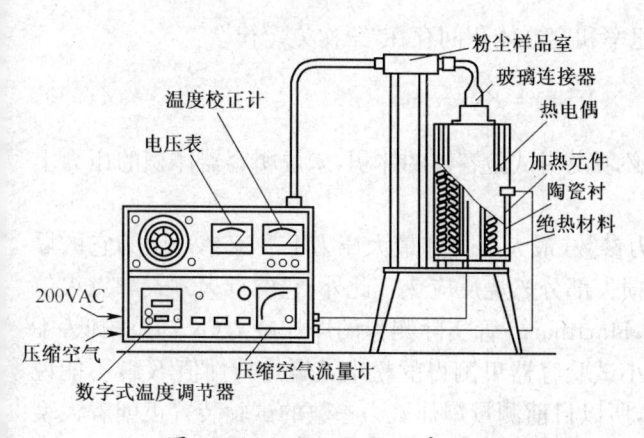

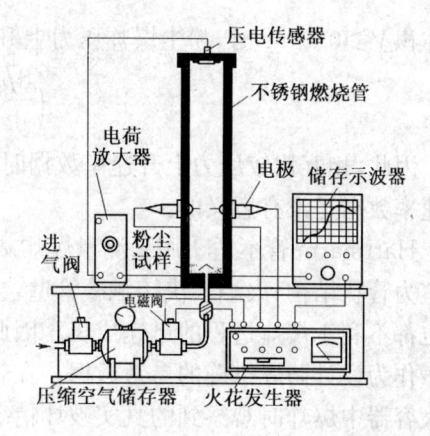

图 4-11　G-G 炉示意图　　图 4-12　Hartmanm 管试验装置示意图

一是比较粗糙的方法，即按式(4-18)计算：

$$E = \frac{1}{2}CU^2 \tag{4-18}$$

此法忽略了电路中某些因素所造成的能量损失。

另一种比较精确的方法是直接测出电极两端的电压和电流波形，然后以功率曲线对时间积分，求得放电火花的能量：

$$E = \int_0^t (UI - I^2 R) \mathrm{d}t \tag{4-19}$$

式中：UI 为电极两端的电压和电流；$I^2 R$ 为放电回路电阻引起的功耗。

3. 最低爆炸浓度(粉尘爆炸下限)

所谓最低爆炸浓度是指低于这个浓度，粉尘云就不能爆炸。爆炸下限浓度也是在 Haitmanm 管中进行测定的。测定时，将一定量的试验粉尘用蘑菇头喷嘴喷出的压缩空气将其吹起，使其均匀悬浮在整个管中，在喷粉后延迟零点几秒后由连续的电火花放电点火。点火与否的判据与上述点火温度测量相同，一般是根据火焰是否充满容器来判定，也可以封在顶部的纸膜突然破裂来判别。粉尘在容器中虽然是不均匀的，但这种实验装置所测得的值和大规模试验所获得的结果颇相一致。

电火花放电点火，往往会干扰测量结果。一些研究试验表明，火花放电往往会出现无尘区(Eckhoff(1976)对火花放电对粉尘云的干扰进行了详细的研究)，因此在爆炸下限测量中要注意点火装置的设计合理性。单纯的高压火花放电型装置，放电时会产生冲击波效应，形成局部无尘区，使下限浓度测量不准确，较好的一种设计方案是"高压击穿，低压续弧"。该方案设计有足够的能量释放时间，不致引起强烈的激波干扰。

4. 爆炸压力和压力上升速率

粉尘云最大爆炸压力及压力上升速率也可用 Hartmarm 管测量，即在管顶部装一个压力传感器，记录爆炸压力随时间变化过程，最大压力上升速率则以最大压力除以从点火到出现最大压力的时间得到。

大多数试验都是用压缩空气来分散粉尘，这导致空气引入过量，并产生湍流。不同的空气压力，有不同的氧浓度，形成的爆炸压力和压力上升速率也不同。当湍流度不同时，燃烧速度不同，压力和压力上升速率(特点是压力上升速率)也不同。因此，测量中应当保持完全一致的条件，结果才能互相比较。爆炸压力上升速率与容器的体积有很大的关系。大量试验表明，当容

器体积 $V \geqslant 0.04 \mathrm{m}^3$ 时，粉尘爆炸压力上升速率和容器体积间存在"三次方定律"：

$$\left(\frac{\mathrm{d}p}{\mathrm{d}t}\right)_m \times V^{1/3} = K_{st} \tag{4-20}$$

因此，相互比较压力上升速率数据时，必须说明试验容器的体积，未说明容器体积的压力上升速率数据是没有意义的。

Hartmarm 管不适于用来测量爆炸威力参数（最大压力和最大压力上升速率），因为它的爆炸室为管状结构，火焰很快接触冷管壁，会损失部分燃烧反应热。此外，它的点火方式和点火位置也都不利于爆炸过程的迅速成长。因此，Hartmarm 管实际测得的爆炸威力（K_{st} 值）较低，不适于作为设计防爆措施的参考数据。在较小试验容器里测得的粉尘云爆炸特性值 K_{st}，不能说明大容器中爆炸时观察到的真实破坏情况，所以目前测量爆炸威力参数的试验装置正朝着大型化的方向发展。

在球形试验装置中进行的系统性粉尘爆炸试验表明，随着容器体积的增加，测得的爆炸特性值 K_{st} 也越接近于大型容器的数值（图 4-13），因而还存在一个与 K_{st} 极限值相应的容器体积，超过此体积时，爆炸强度不再增加。从试验数据外推估算可知，测定粉尘爆炸特性值所需要的最小容积为 16L。目前国际上普遍使用 20L 容器来测定粉尘爆炸基本参数。大量试验证实，以 20L 容器所测得的爆炸特性值 K_{st}，与用 $1\mathrm{m}^3$ 容器所测得的结果基本相同（图 4-14）。

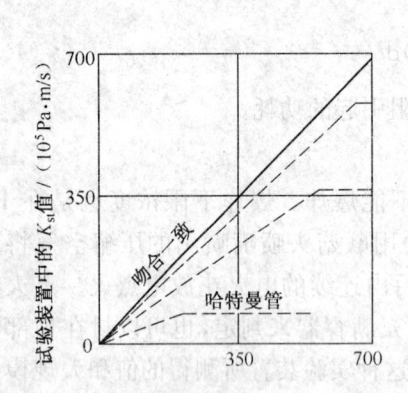

图 4-13 $1\mathrm{m}^3$ 容器中的 K_{st} 值（$10^5 \mathrm{Pa} \cdot \mathrm{m/s}$）　　图 4-14 20L 和 $1\mathrm{m}^3$ 容器内测得的 K_{st} 值比较

20L 粉尘爆炸试验设备如图 4-15 所示，其主体为一球形试验腔，腔体由两层不锈钢板加工而成，夹层可以通冷却水冷却。底部有粉尘入口，侧向有压缩空气或氧入口。球顶部为点火用的电极，侧向还有一个观察窗口。仪器有一个控制单元，可控制球内压力、真空度，以及从吹尘到点火的时间，以使点火发生在粉尘最佳分散状态。

压力传感器的信号输入到数字示波仪或数字波形存储仪，也可输入微机，记录并处理信号。

大多数试验都是用压缩空气来分散粉尘的。这种分散粉尘引入了空气，并产生湍流，增加压力和压力上升速率，增加燃烧所需的氧量。而空气压力越高，最大压力和压力上升速率也越高。所以对同一种材料，不同的分散系统可导致不同的

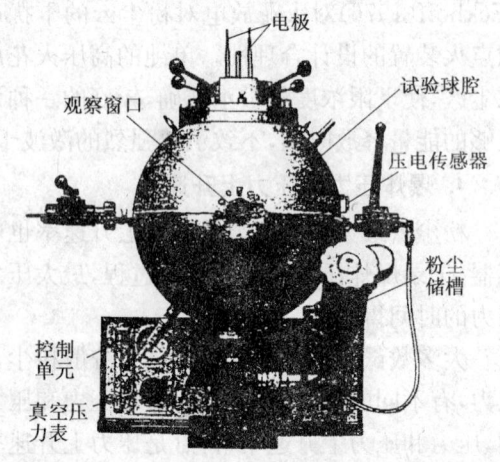

图 4-15 20L 粉尘爆炸试验装置

压力和压力上升速率。

从试验结果来看,点火温度和爆炸下限浓度的测量比较稳定,重复性较好。但最小点火能量、最大爆炸压力及压力上升速率测定的重复性不很理想,其中以压力上升速率值的偏差最大(这是因为设备中很难得到均匀和很重复的粉尘分布)。

5. 粉尘爆炸和气体爆炸的比较

粉尘爆炸与气体爆炸的基本数学方程、影响因素等几乎都是相同的,从数学的观点看,它们是两种类似的现象。两者的最大区别在燃料上。气体爆炸的燃料是气态,燃料在爆炸混合物中占有的体积部分是必须考虑的。而粉尘爆炸的燃料是固态,燃料所占的体积极小,基本上可以忽略不计。粉尘粒子比气体分子大得多。粉尘粒子与大气中的氧结合的反应是一种表面反应,其反应速度与粒子的粒度密切相关;而气体爆炸反应是气相反应,属于分子反应,不像固体反应那样受众多物理因素的影响。

下面分几个方面来比较粉尘爆炸与气体爆炸。

(1) 混合物的均匀性。当一种气体进入容器中时,它与大气的混合可能是瞬间即完,也可能要花一定的时间。但高速穿过小孔而进入容器中的气体,可以与容器中原有的气体均匀混合,且一旦混合均匀,就不易分离,也不易分层。而粉尘喷撒入容器中时,其密度和粒子尺寸分布是很难保持均匀的。由于粉尘粒子受重力影响而发生沉降;因此粉尘浓度分布只能维持较短的时间。若要保持其均匀性,必须人为地连续保持初始湍流状态。一旦失去湍流状态,粉尘分散均匀也就不能再保持。相反,对气体混合物来说,它的分散均匀不受湍流程度影响,即使在静止状态,仍可以很好地分散均匀。

(2) 颗粒度。气体燃料由分子组成,而粉尘燃料由固体物质组成。粉尘的粒度、形状及表面条件都是变量,都是影响爆炸的参数。气体燃料与氧反应是分子反应,而氧和粉尘粒子间的反应却受氧的扩散控制,因此与表面积密切相关,表面积越大(粒度越小),反应速率越高。

随着粒度减小,下限爆炸浓度逐渐降低,而最大爆炸压力和最大压力上升速率则明显增大。丁大玉等人对 Al 粉粒度对爆炸参数的影响进行了系统试验,所得结果如图 4-16、图 4-17 及图 4-18 所示。

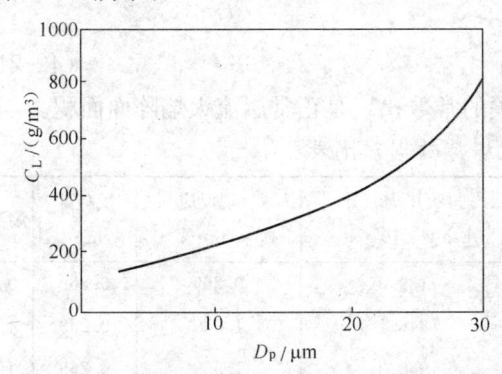

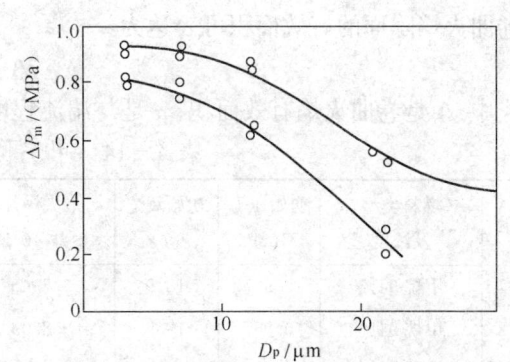

图 4-16 Al 粉粒度 D_p 对爆炸下限 C_L 的影响　　图 4-17 Al 粉粒度 D_p 对最大爆炸压力的影响

粉尘粒度对点火能量也有很大影响,一般当可燃粉尘的粒度大于 $400\mu m$,即使采用强点燃源也不能使粉尘发生爆炸。但如这类粗粉中混入 5%～10% 的细粉,就足以变成可爆混合物。这说明,控制粉尘粒度超过极限粒度以防止爆炸的方法是不可取的,而且是危险的,因为不可避免地会有少量细粉尘形成(如由于摩擦、碰撞等引起)并混入粗粉中,这就很容易形成可爆混合物。

(3) 燃料对大气的稀释。当气体燃料注入充满空气的容器中时，原始氧量相对减小，这种稀释作用可能是相当严重的。例如，要得到含 10% 甲烷的混合物而维持氧浓度恒定，需要赶走 10% 的大气(空气)，或者压力要增加，但不管哪一种情况，氧浓度都由原始值减少了 10%。如果原始大气是空气，则最终混合物将含有 18.8% 的 O_2，而不是原始的 20%。

然而，当粉尘燃料进入容器时，置换体积仅约 0.005%(这主要取决于粉尘的密度和浓度)，氧总量只减少 0.005%。这种很微量的变化甚至难以用仪器检测，完全可以忽略不计，即大气中的氧量可以认为是不变的。粉尘引入容器时，常采用压缩空气射入，以起分散作用，这样容器中的氧量反而增加了。

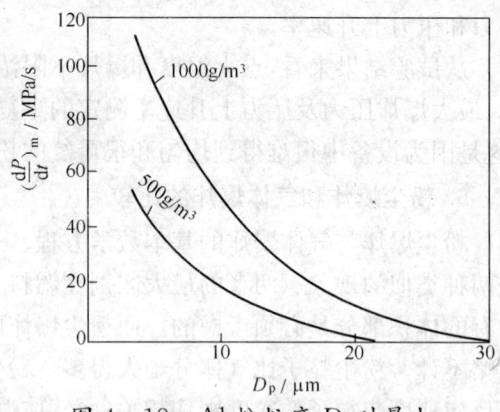

图 4-18 Al 粉粒度 D_p 对最大爆炸压力上升速率的影响

对气体燃料和空气混合物，当往其中加入燃料时，氧的损失可通过加入氧来补偿，但这时的气体将不再是空气，而是一种人工混合气了。

表 4-14 列出了在 28.3L 容器中甲烷和粉尘爆炸的对比数据，其中第 3、4 行数据分别表示有氧稀释和无氧稀释时所得爆炸压力和压力上升速率值。虽然第 4 行数据是计算的，但仍能说明由于初始氧浓度降低而引起的爆炸参数明显下降。

(4) 初始湍流和初始压力。对大多数研究设备和工业现场，爆炸都是发生在空气运动的情况下，或者是以空气爆发分散粉尘，然后遇火源点火爆炸，因此最终的粉尘/空气混合物都呈湍流。工业上的气体/空气混合物也可能是湍流的；但在实验室里，大多数气体爆炸都是发生在非湍流混合物中。当湍流大气中火焰向前推进时，火焰阵面是卷曲的，这就增加了火焰阵面的有效面积。另外，由于漩涡、射流喷射及相互碰撞等效应，大大加速了粉尘粒子和氧的化学反应。湍流火焰面积可以是层流面积的 1 倍~8 倍。实验室试验表明，如爆炸时湍流度保持不变，则卷曲火焰阵面的有效面积可表达为

$$A = \alpha A' \tag{4-21}$$

式中：A 是卷曲火焰有效面积；α 是与湍流程度有关的常数；A' 是正常层流火焰阵面面积。

表 4-14 甲烷和粉尘爆炸数据对比表

行	燃料类型及浓度	初始压力 /10^5Pa	初始氧浓度/%	最大爆炸压力/10^5Pa	最大压力上升速率/10^5Pa·s^{-1}	表观反应速率/m·s^{-1}	反应速率/m·s^{-1}	湍流
1	甲烷 94%	0.967	18.9	7.45	139.0	0.269	0.269	无
2	甲烷 94%	0.967	18.9	8.03	846.1	1.379	0.269	有
3	甲烷 94%	1.182	18.9	9.62	960.3	1.559	0.269	有
4	甲烷 94%	1.142	20.9	10.74	1208.7	2.159	0.305	有
5	玉米粉 600g/m^3	1.075	20.9	7.25	253.8	0.767	0.152	有
6	醋酸纤维 800g/m^3	1.068	20.9	7.80	190.1	0.513	0.102	有
7	匹兹堡煤 500g/m^3	1.068	20.9	7.28	101.4	0.391	0.076	有

实验室和大型试验均表明，α 值范围为 1~8。一般粉尘爆炸的 α 值为 3~6。α 值可由静态

和湍流可燃气/空气混合物的对比试验确定。表 4-14 中第 1、2 行甲烷/空气混合物的数据表明了湍流对压力和压力上升速率的影响，即湍流混合物最大压力值略有增加，而压力上升速率则大幅度增高(增高 6 倍)。

燃料/空气混合物的反应速度常数用 K_r 表示。对可燃气混合物，可用简单方法直接测定反应速度。但对粉尘来说，都是处于湍流状态，反应速度中已包含了湍流的影响，因此实际只能测定表观反应速度 αK_r，其中湍流因子 α 可由湍流和非湍流气体混合物的对比试验来确定。然后在已知湍流度下做粉尘试验，就可以测出反应速度如在密闭容器中，用压缩空气吹入粉尘，则情况就变得相当复杂。因为吹入的空气产生湍流，增加了容器中的初始压力，提供的附加氧与燃料反应，这三个因素均使压力和压力上升速率增加。

从表 4-14 中第 1、2、3 行数据可以看出，甲烷/空气混合物在湍流气氛下的最大压力约比层流状态增加 30%，最大压力上升速率增大约 6 倍。

表 4-14 还列出了玉米粉、醋酸纤维素和标准煤粉的爆炸数据，粉尘的反应速度 K_r 明显地小于甲烷。在大体相同的试验条件下，甲烷爆炸压力大约比粉尘爆炸压力约高 50%，而前者的压力上升速率为后者的 6 倍～10 倍。这也体现在表观反应速度 αK_r 上，甲烷的表观反应速度为 2.159m/s，而匹茨堡煤粉为 0.391m/s。甲烷的反应速度 K_r 值比粉尘燃料高 2 倍～4 倍。显然，在相同的条件下，甲烷燃料能发生比粉尘燃料更严重的爆炸。

密闭容器中等温爆炸压力上升速率可由下式确定：

$$\frac{dp}{dt} = \frac{\alpha K_r S T_u^2 p_m^{2/3}}{V T_r^2 p_0} (p_m - p_0)^{1/3} \left(1 - \frac{p_0}{p}\right)^{2/3} p \qquad (4-22)$$

由于系数 $\frac{\alpha K_r S T_u^2 p_m^{2/3}}{V T_r^2 P_0} (p_m - p_0)^{1/3}$ 中除 αK_r 值外其余各项均为常数，所以用 $\frac{dp}{dt}$ 对 $\left(1 - \frac{p_0}{p}\right)^{2/3} p$ 在对数坐标中画图，再求出斜率，即可算出 αK_r 值。

(5) 爆炸浓度。显然，可燃气和可燃粉尘在空气中的爆炸浓度范围明显不同。甲烷/空气混合物的极限浓度范围为 5%～15%，最大爆炸威力出现在甲烷浓度为 9.5%～10%时。若用化学计量浓度比 Φ 表示：

$$\Phi = \frac{C}{C_{st}} \qquad (4-23)$$

式中：C_{st} 为化学计量浓度；C 为任意浓度，则甲烷下限浓度 $\Phi_l = 0.52$，上限浓度 $\Phi_u = 1.58$，最佳浓度大约为 $\Phi_m = 1.1$；而匹茨堡煤粉的这三个浓度值分别为 $C_l = 50$ g/m³、$C_u = 5000$g/m³ 和 $C_m = 400$g/m³；对应的 $\Phi_l = 0.4$，$\Phi_u = 40$，$\Phi_m = 3.2$（$C_{st} = 125$ g/m³）。

表 4-15 列出了非湍流的甲烷/空气和湍流的匹茨堡煤粉/空气混合物的爆炸压力和压力上升速率数据。虽然试验条件由于湍流因子不同而不同，但数据表明，甲烷爆炸压力和压力上升速率的极值出现在化学计量浓度附近（$\Phi_m = 1.03$），而煤粉的极值却出现在化学计量浓度的 3 倍～4 倍处（$\Phi_m = 3.2$），煤粉上限值 5000g/m³ 仅仅是一近似值，因为此上限值与分散粉尘的方法有关。由上列数据看出，粉尘爆炸区别于气体爆炸的一个重要特点是前者的上下限浓度范围极宽。

(6) 爆炸后大气组分。表 4-16 列出了甲烷和通过 200# 筛的匹茨堡煤粉在 Hartmanm 管中爆炸后的大气组分。甲烷试验是在初始压力为 0.96×10^5Pa 和无湍流情况下进行的。由于粉尘试验的初始压力较高，所以可利用氧量比甲烷爆炸时要高 20%。对甲烷来说，在化学计量浓度以下,几乎所有燃料均与氧反应生成CO_2。在高于化学计量浓度时,则生成CO和H_2。而化学计量浓度为$125g/m^3$的煤粉,并不是所有的氧都参与反应,甚至在煤粉浓度为$2000g/m^3$时还是如此。可见粉尘爆炸中燃烧的燃料远小于气体爆炸时燃烧的燃料。

当匹茨堡煤粉的浓度为$100g/m^3$,即略低于化学计量浓度时,大约有19%的可用氧$\left(\dfrac{20.9-17.0}{20.9}\right)$参与反应。在煤粉浓度为$200g/m^3$,即几乎两倍于化学计量浓度时,只有46%的氧参与反应。在这两种煤粉浓度下,大多数气体产物是CO_2。而在煤粉浓度为$500g/m^3$以上时,气体产物主要是CO和H_2,还形成一些甲烷。

(7)点火温度。表4-17列出了一些层状粉尘和气体的点火温度。一般粉尘有两种点火温度,一种是粉尘云点火温度,一种是粉尘层点火温度。粉尘层的点火温度可用3mm~12mm厚的粉尘测得。经验和研究都表明,粉尘层的点火温度随粉尘层厚度增加而减小。如果厚度足够大且有氧存在,而空气循环又受限制,则粉尘有可能在环境温度下着火(自燃)。这一点可由煤堆或垃圾堆经常出现自着火的事故得到说明。除了Al、Mg因为有防潮的氧化膜不易点火外,一般粉尘层的点火温度比低分子量的气体的点火温度低得多。铁碳合金粉尘在310℃就点火,锰粉在240℃就点火。这样低的点火温度,排除了金属粉尘是在气化或挥发层点火的机制,而应是固体粒子表面氧化反应点火机制。

表4-15 甲烷和煤粉爆破的有关参数

	燃料浓度	初始浓度 化学计量浓度	燃烧分数	最大爆炸压力 $/10^5 Pa$	最大压力上升速度 $/10^5 Pa \cdot s^{-1}$
甲烷无湍流混合物/%	6.0	0.63	1.00	4.29	10.07
	7.1	0.75	1.00	5.78	40.29
	7.9	0.84	1.00	6.38	73.97
	8.9	0.94	1.00	6.92	114.16
	9.4	0.99	1.00	7.05	107.45
	9.5	1.00	1.00	7.45	141.02
	9.7	1.03	0.98	7.25	147.74
	9.9	1.05	0.96	6.98	130.95
	10.1	1.07	0.94	7.25	141.02
	11.1	1.16	0.85	7.12	110.80
	12.3	1.30	0.77	6.51	50.37
	13.1	1.38	0.72	5.78	23.50
	14.1	1.49	0.68	4.50	3.36
匹茨堡煤粉湍流混合物/(g/m^3)	5	0.41	1.00	—	—
	10	0.81	0.50	4.70	20.15
	20	1.63	0.40	7.05	97.37
	40	3.25	0.30	7.25	127.59
	60	4.88	0.20	7.25	100.73
	80	5.50	0.15	7.12	93.37
	100	8.13	0.12	7.05	117.52
	500	4065	0.02	6.72	20.15

表 4-16 甲烷和煤粉爆炸后气体组分

燃料浓度	爆炸后气体组成						
	CO	CO_2	H_2	CH_4	O_2	N_2	Ar
甲烷 8%	0	9.2	0	0.03	3.8	86.0	1.0
甲烷 9%	0.5	10.7	0.3	0.2	0.5	86.8	1.0
甲烷 12%	8.0	5.9	8.5	0.4	0.5	75.8	0.9
匹茨堡煤粉 100g/m³	0.1	3.2	0	—	17.0	78.8	0.9
匹茨堡煤粉 200g/m³	0.7	9.1	0	—	9.6	79.6	0.9
匹茨堡煤粉 500g/m³	2.8	12.3	1.0	0.1	3.1	79.8	0.9
匹茨堡煤粉 1000g/m³	4.6	11.7	3.0	0.6	1.5	77.5	0.9
匹茨堡煤粉 2000g/m³	4.0	12.2	2.3	1.1	1.5	77.8	0.9

表 4-17 气体和粉尘层的点火温度

燃	料	点火温度/℃	燃	料	点火温度/℃
煤尘	Al	760	气体	甲烷	540
	Mg	490		乙烷	515
	铁碳合金	310		丙烷	450
	Pb	270		H_2	400
	Mn	240		n-戊烷	260
	焦煤	220		n-庚烷	215
	棉籽饼	200		n-辛烷	220
	豆粉	190			
	木炭	180			
	酚醛树脂	180			

4.9 爆温、爆压与爆强

4.9.1 爆炸温度和压力

由于爆炸(燃烧)速度很快,所以可设定它是在绝热系统内进行,则爆炸后系统内物质热力学能=爆炸前物质热力学能+$Q_{热}$,即

$$\sum U_{产} = \sum U_{反} + nQ_{燃}$$

【例 4-5】 已知甲烷的燃烧热 Q_{CH_4} = 799.14kJ/mol,内能 U_{CH_4} = 1.82kJ/mol(300K时),原始温度为 300K 时,在空气中爆炸,试求爆炸的最高温度与压力。

解:写出燃烧反应方程式:

$$CH_4 + 2O_2 + 2 \times 3.76N_2 = CO_2 + 2H_2O + 7.52N_2$$

求出爆炸前即 300K 时反应物的热力学能和。热力学能由表 4-18 查得:

$$\sum U_{反} = 1 \times U_{CH_4} + 2 \times U_{O_2} + 7.52 \times U_{N_2}$$
$$= (1 \times 1.82 + 2 \times 1.49 + 7.52 \times 1.49) \times 4.484$$
$$= 66.96 \text{kJ}$$

系统内爆炸(燃烧)产生的总能量为

$$\sum U_{反} + nQ_{燃} = 66.96 + 799.14 = 866.1 \text{kJ}$$

再用试差法求爆炸后的最高温度。设爆炸后的温度为2800K，从表4-18查得2800K时各产物的热力学能代入式内：

$$\sum U_{产} = 1 \times U_{CO_2} + 2 \times U_{H_2O} + 7.52 \times U_{N_2}$$
$$= (1 \times 30.4 + 2 \times 24.0 + 7.52 \times 16.9) \times 4.184$$
$$= 859.76 \text{kJ}$$

由于所设2800K时产物内能之和 859.76 < 866.1(kJ)，故爆炸的实际理论温度应大于2800K。所以要再设爆炸后温度为3000K，则

$$\sum U_{产} = (1 \times 33.0 + 2 \times 26.2 + 7.52 \times 18.3) \times 4.184 = 933.1 \text{kJ}$$

这个值大于866.1kJ，故爆炸后的温度应为2800K~3000K。

用内插法求出理论上的最高温度为

$$T_{最高} = 2800 + \frac{866.1 - 859.76}{933.1 - 859.76} \times (3000 - 2800) = 2817 \text{K}$$

爆炸压力可根据气体状态方程式求得

$$p_{最高} = \frac{T_{最高}}{T_0} \times p_0 \times \frac{n}{m}$$

式中：p_0是原始压力(Pa)；T_0是原始温度(K)；m是爆炸前气体的物质的量(mol)；n是爆炸后气体的物质的量(mol)。

$$p_{最高} = \frac{2817}{300} \times 1.01 \times 10^5 \times \frac{10.53}{10.53} = 9.48 \times 10^5 \text{Pa}$$

上面计算的是甲烷在空气中按化学当量浓度完全燃烧时计算的值，又假设没有热损失，所以是最大值。如果在系统内可燃气的浓度大于或小于与空气中氧完全反应所需的化学计量值，则爆炸时的温度和压力都将降低。

【例4-6】 计算甲烷在爆炸下限时爆炸的温度与压力。已知 $Q_{CH_4} = 799.14 \text{kJ}$，$T_0 = 300 \text{K}$，$p_0 = 1.01 \times 10^5 \text{Pa}$，甲烷的 $L_下 = 5.3\%$。

解：假设甲烷与空气的混合气体的量为1mol，燃烧方程式为

$$CH_4 + 2O_2 + N_2 \rightarrow CO_2 + 2H_2O + N_2 + O_2$$

反应前物料：

CH_4：0.053mol，O_2：0.947 × 0.21 = 0.199mol，N_2：0.947 × 0.79 = 0.75mol

反应后物料：

CO_2：0.05smol，H_2O：0.053 × 2 = 0.106mol，O_2：0.199 - 0.106 = 0.093mol，N_2：0.75mol

爆炸前(300K时)反应物的热力学能和为

$$\sum U_{反} = (0.053 \times 1.82 + 0.199 \times 1.49 + 0.75 \times 1.49) \times 4.184 = 6.32 \text{kJ}$$

系统内爆炸(燃烧)产生的总能量为

$$\sum U_{产} = \sum U_{反} + nU_{燃} = 6.32 + 0.053 \times 799.14 = 48.67 \text{kJ}$$

用试差法求爆炸后的最高温度。设爆炸后温度为1800K,则:

$$\sum U_{\text{产}} = (0.053 \times 17.68 + 0.106 \times 13.69 + 0.75 \times 10.21 + 0.093 \times 10.85) \times 4.184$$
$$= 46.25 \text{kJ}$$

由于46.25kJ<48.67kJ,故再设爆炸后温度为2000K,则

$$\sum U_{\text{产}} = (0.053 \times 20.17 + 0.106 \times 15.66 + 0.75 \times 11.52 + 0.093 \times 12.24) \times 4.184$$
$$= 52.33 \text{kJ}$$

由计算数据知 $T_{\text{最高}}$ 介于1800K~2000K之间。用内插法求 $T_{\text{最高}}$ 为

$$T_{\text{最高}} = 1800 + \frac{48.67 - 46.25}{52.33 - 46.25} \times (2000 - 1800) = 1880 \text{K}$$

$$p_{\text{最高}} = \frac{T_{\text{最高}}}{T_0} \times p_0 \times \frac{n}{m} = \frac{1880}{300} \times 1.013 \times \frac{0.053 + 0.106 + 0.75 + 0.093}{0.053 + 0.199 + 0.75} = 6.32 \times 10^5 \text{Pa}$$

4.9.2 爆炸强度

可燃气体(或蒸气)和空气达到一定混合比时,燃烧速度最大。当增加或减少可燃气成分时,燃烧速度都会变小。如果把测试仪器放在密闭容器里,对这种燃烧(爆炸)过程进行压力测试,就可以测出瞬时爆炸压力。这时,压力上升速度 $\frac{dp}{dt}$ 是衡量燃烧速度的尺度,也就是衡量爆炸强度的尺度(即爆炸强度)。压力上升速度的定义是,在爆炸压力—时间曲线的上升线段通过拐点引出的切线斜率,等于压力差除以时间差的商,如图4-19所示。

表4-18 部分气体的热力学能($\times 4.184 \text{kJ} \cdot \text{mol}^{-1}$)

K	H_2	O_2	N_2	CO	NO	CO_2	H_2O
300	1.440	1.486	1.489	1.489	1.611	1.658	1.786
400	1.936	1.998	1.988	1.989	2.126	2.400	2.399
500	2.436	2.530	2.491	2.496	2.650	3.229	3.032
600	2.937	3.087	3.006	3.017	3.189	4.130	3.690
700	3.441	3.667	3.534	3.555	3.846	5.090	4.381
800	3.948	4.266	4.079	4.110	4.320	6.100	5.100
900	4.460	4.881	4.640	4.683	4.912	7.150	5.846
1000	4.986	5.510	5.215	5.270	5.519	8.235	6.621
1200	6.043	6.799	6.408	6.483	6.768	10.489	8.444
1400	7.147	8.123	7.643	7.739	8.057	12.829	9.971
1600	8.291	9.475	8.911	9.023	9.374	15.220	11.786
1800	9.476	10.848	10.206	10.333	10.706	17.683	13.687
2000	10.697	12.244	11.520	11.662	12.056	20.166	15.656
2200	11.950	13.664	12.851	13.004	13.417	22.688	17.681
2400	13.232	15.105	14.195	14.359	14.791	25.231	19.752
2600	14.540	16.565	15.549	15.722	16.174	27.798	21.860
2800	15.872	18.049	16.913	17.093	17.566	30.382	23.999
3000	17.224	19.553	18.283	18.473	18.962	32.978	26.198
3200	18.595	21.073	19.661	19.858	20.364	35.594	28.387
3400	19.981	22.611	21.047	21.248	21.769	38.237	30.600
3600	21.382	24.166	22.437	22.643	23.179	40.890	32.846
3800	22.797	25.736	23.831	24.043	24.599	43.543	35.119
4000	24.223	27.315	25.227	25.447	26.023	46.211	37.411
4200	25.662	28.911	26.631	26.852	27.453	48.892	39.691
4400	27.109	30.519	28.039	28.262	28.889	51.587	41.975

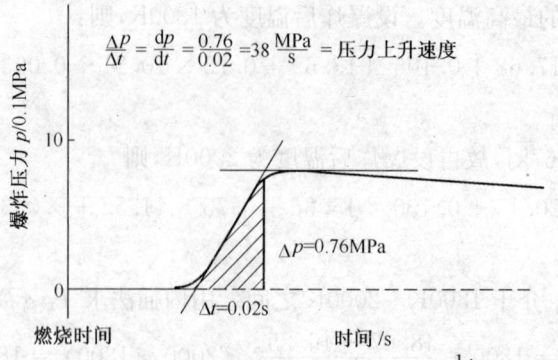

$$\frac{\Delta p}{\Delta t} = \frac{\mathrm{d}p}{\mathrm{d}t} = \frac{0.76}{0.02} = 38 \frac{\text{MPa}}{\text{s}} = \text{压力上升速度}$$

图 4-19　可燃气爆炸压力上升速度值 $\dfrac{\mathrm{d}p}{\mathrm{d}t}$ 的测定

在不同的气体体积分数 φ 下重复上述试验，这样便得到了最大压力和压力上升的最大速度。图 4-20 示出了压力上升速率和最大爆炸压力"对气相 φ 的关系"。通常，最大压力和压力上升最大速度为可燃范围中的某个值，但不一定在同一浓度。由图 4-21 可见，这个例子中的可燃极限（爆炸极限）为 2%～8%，最大压力出现在 $\varphi=4.5\%$ 时，最大压力上升速度出现在 $\varphi=4\%$ 时。

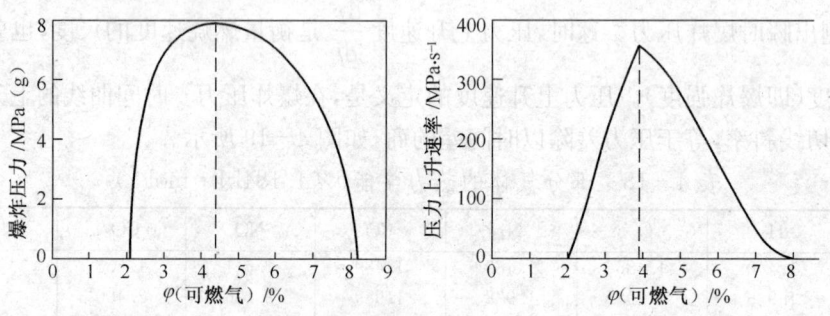

图 4-20　压力上升速率和最大爆炸压力对气相浓度的关系

同理，粉尘—空气混合爆炸的爆炸特性也可以测定，但是在装置中要考虑一个样品储槽和粉末分配器，这个分配器能确保在点火之前粉末得到适当的混合。

实验表明，最大压力上升速度与点燃位置有关，如在容器中心点燃爆炸性混合气体，压力上升速度为最大；若把点燃位置移到容器边缘，由于爆炸火焰很快与器壁接触而消散了部分热量，于是压力上升速度就会减小，而爆炸压力变化不大，略有下降，如图 4-21 所示。

常见的可燃气体（蒸气），其爆炸压力为 7×10^5 Pa～8×10^5 Pa（乙炔约为 10×10^5 Pa），基本相近。而在同样条件下，不同的可燃气（蒸气）点燃后的最大压力上升速度却是很不相同的。如氢气与甲烷气以化学当量计算量混合，在密闭容器中于同样位置点火，所测得的爆炸压力时间曲线如图 4-22 可见，它们的爆炸压几乎相等，但压力上升速度，氢比甲烷要大得多。

实验表明，最大爆炸压力通常不受容器体积的影响，而容器的容积对爆炸强度有显著的影响，如图 4-23 所示。

用最大压力上升速率的对数对容器容积的对数作图，可得出一条斜率为 $-1/3$ 的直线。这种可燃气体（或蒸气）的最大爆炸压力上升速率与容器体积的关系，称为"三次方定律"。

气体：

$$\left(\frac{\mathrm{d}p}{\mathrm{d}t}\right)_{\max} \cdot V^{\frac{1}{3}} = 常数 = K_g \tag{4-24}$$

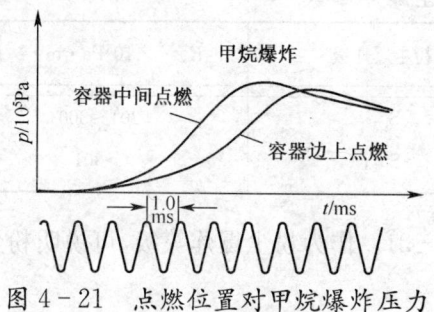

图 4-21 点燃位置对甲烷爆炸压力上升速度的影响

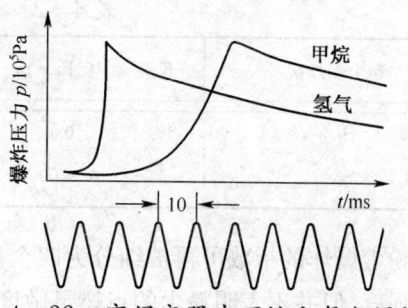

图 4-22 密闭容器中甲烷和氢气爆炸的时间过程(化学计算混合物)

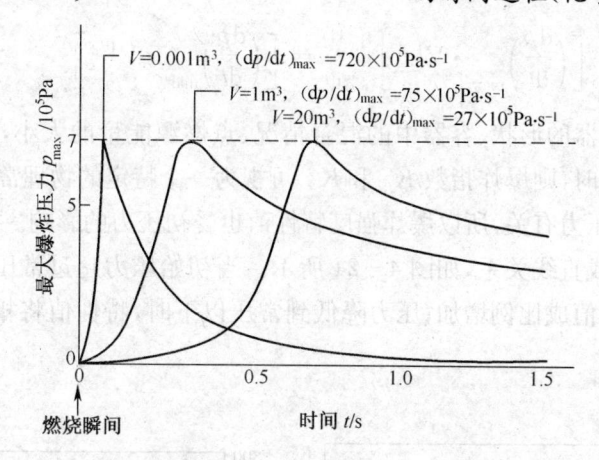

图 4-23 容器容积对丙烷爆炸的影响(化学计算混合物)

粉尘：

$$\left(\frac{dp}{dt}\right)_{max} \cdot V^{\frac{1}{3}} = 常数 = K_{st} \tag{4-24}$$

式中：K_g 和 K_{st} 分别称作气体爆炸指数和粉尘爆炸指数。

表 4-19 和表 4-20 给出了某些气体和粉尘的 K_g 和 K_{st} 值。

表 4-19 静止状态点燃混合物时，几种典型气体的 K_g 值
（点燃能量 $E=10J$，$p_{max}=7.4\times 10^5 Pa$）

可燃气体名称	K_g 值/ $10^5 Pa \cdot m \cdot s^{-1}$	可燃气体名称	K_g 值/$10^5 Pa \cdot m \cdot s^{-1}$
甲烷	55	氢气	550
丙烷	75		

表 4-20 粉末的 K_g 值（强点火源）

粉末名称	最大爆炸压力/ $\times 10^5 Pa$	K_g 值/$\times 10^5 Pa \cdot m \cdot s^{-1}$	粉末名称	最大爆炸压力/ $\times 10^5 Pa$	K_g 值/$\times 10^5 Pa \cdot m \cdot s^{-1}$
聚氯乙烯	6.7~8.5	27~98	褐煤	8.1~10.0	93~176
奶粉	8.1~9.7	58~130	木粉	7.7~10.5	83~211
聚乙烯	7.4~8.8	54~131	纤维素	8.0~9.8	56~229
糖	8.2~9.4	59~165	颜料	6.5~10.7	28~344
松香粉	7.8~8.7	108~174	铝	5.4~12.9	16~750

表 4-21　K_{st} 值与粉尘爆炸等级

粉尘爆炸级	$K_{st}/×10^5 Pa·m·s^{-1}$	粉尘爆炸级	$K_{st}/×10^5 Pa·m·s^{-1}$
S_{t-0}	0	S_{t-2}	201~300
S_{t-1}	0~200	S_{t-3}	>301

粉尘爆炸的指数可再被细分为四个等级，见表 4-21。作为粉尘爆炸等级，可说明粉尘的爆炸强度，但并不表明粉尘的点燃灵敏度。

三次方定律可用来估计在一个有限空间内，如建筑物或容器中爆炸所造成的后果。

$$\left[\left(\frac{dp}{dt}\right)_{max} \cdot V^{1/3}\right]_{容器中} = \left[\left(\frac{dp}{dt}\right)_{max} \cdot V^{1/3}\right]_{实验} \quad (4-26)$$

混合物的组成、容器的形状、容器中的混合情况、点燃源能量的大小，对 K_g 和 K_{st} 均有影响，但当这些条件相同时，则爆炸指数 K_g 和 K_{st} 可视为一个特定的物理常数。

因为反应过程与压力有关，所以爆炸强度特性值也受初压力的影响。最大压力和最大压力上升速率与初始压力成直线关系，如图 4-24 所示。当初始压力超过常压时，将使最大爆炸压力、最大压力上升速度值成比例增加；压力降低到常压以下时，特性值将相应地减少，直到爆炸不至传播时为止。

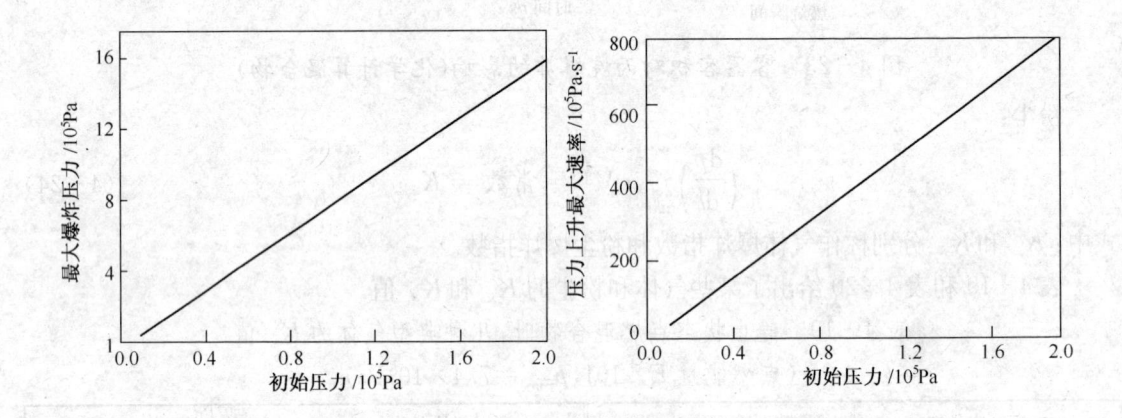

图 4-24　初始压力对最大爆炸压力和速率的影响

在点燃丙烷—空气混合气时，如果提高初始压力到 $2×10^5 Pa$ 以上，丙烷的体积分数 φ 在 4.5%~5.5% 范围内（略高于化学计算浓度）燃烧热很高，足以使爆炸速度经过一定的加速路程之后，上升到声速，引起压力上升，进一步加快燃烧过程。于是，爆炸压力和瞬时压力就异乎寻常地上升，使爆炸转变为爆轰。爆轰的范围在爆炸范围内，但要比爆炸范围窄，如图 4-25 所示。

如果加大丙烷—空气混合气的点燃源能量，可以看到与上述相似的现象。当点燃源能量为 100J 时，可以在较大的范围内（$\varphi = 3.5\% \sim 5.5\%$）观察到极高的燃烧速度。

点燃源能量对二氯甲烷爆炸特性值的影响由表 4-22 可见是很大的。

用 10J 的火花隙点燃时，它是不可燃的。因此，为了识别某种可燃气体或蒸气的可燃性，必

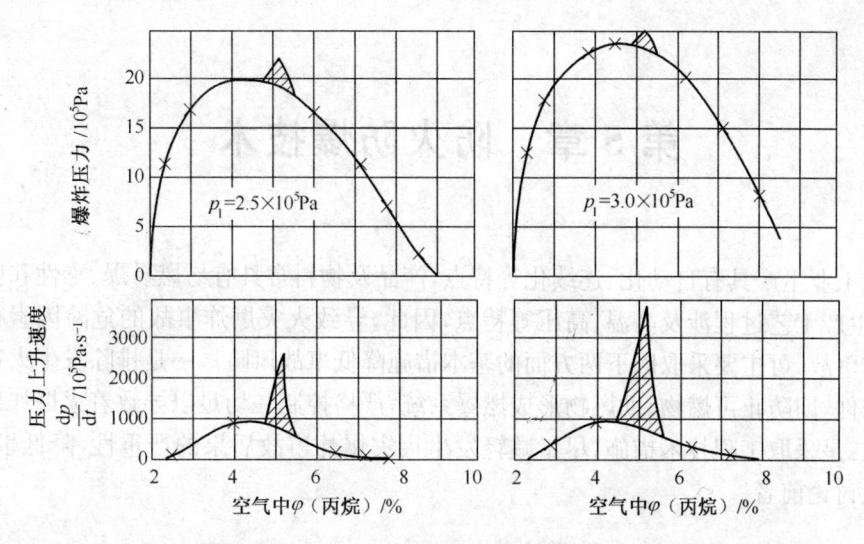

图 4-25 过高的初始压时，丙烷的爆炸特性值(容器 7L/能量≥10J)

须用相当高的点燃源能量。对爆炸特性值的影响因素还有容器的形状、流体的流型(如湍流)、互相通过不同管径连接的容器。当点燃爆炸时，测得的爆炸特性值是有很大差异的。

表 4-22　在不同点燃能量时，二氯甲烷蒸气的爆炸特性值($V=7L$ 容器，中心点燃)

点燃能量/J	最大压力/$\times 10^5$Pa	最大压力上升速度/$\times 10^5$Pa·s^{-1}	K_g/$\times 10^5$Pa·m·s^{-1}
10		没有点燃	
65	2.2	1.5	0.29
90	3.3	9.5	1.82
110	3.6	18.4	3.12
165	4.6	25	4.80

思 考 题

1. 燃烧的特征是什么？如何判断是否燃烧？
2. 什么叫闪点？影响闪点的因素有哪些？
3. 用活化能理论阐述燃烧发生的机理。
4. 何谓着火点和着火？
5. 何谓爆炸？爆炸的特征是什么？
6. 影响爆炸极限的影响因素有哪些？

第5章 防火防爆技术

现代化工业生产具有自动化、连续化等特点，产品及物料常具有易燃易爆、毒性和腐蚀性等理化特性，生产工艺过程涉及高温、高压等特点，因此，导致火灾爆炸事故的危险因素很多。对于火灾爆炸事故，可主要采取以下两方面的基本措施降低事故风险。一是排除发生火灾爆炸事故的物质条件，即防止可燃物、助燃物形成燃爆系统，严格控制一切足以导致着火爆炸事故发生的点火源；二是采取工程技术措施，尽量减轻发生火灾爆炸事故后果的严重性，降低事故风险，本章将重点讨论前者。

5.1 火灾爆炸事故物质条件的排除

火灾和爆炸事故灾害，一般都是由于危险性物质与点火源结合发生的。在生产、使用、加工、储存具有危险性物质的场所，应避免形成燃爆系统。尽量不使用或少使用易燃易爆物质，在使用易燃易爆物质的场所，尽量避免其与空气或其他氧化剂接触，并控制其浓度处于安全范围之内，绝对保持在燃爆极限范围以外。满足上述要求，就排除了发生火灾及化学性爆炸事故的物质条件。

为了预防火灾爆炸事故，对火灾爆炸危险性较大的物料及工艺过程，必须采取有针对性的安全措施。首先应考虑本质安全化，即通过工艺改进，用无危险的代替有危险的或用危险性小的物料代替火灾爆炸危险性较大的物料。如不具备上述条件，则应该根据物料的燃烧爆炸性能采取相应的措施，如密闭或通风、惰性介质保护、降低危险物质蒸气浓度、采用降温降压的操作以及其他能提高系统安全性的对策措施。

5.1.1 取代或控制用量

化工生产、使用、加工、储存过程中，使用危险性低且仍能满足工艺要求的替代物质，可减少事故风险。例如，在工厂辅助服务系统中，加热系统的介质如条件允许能使用蒸气就不用热油，这将大大降低火灾的风险性。通常，还可以采用稀释或冲淡物料的方法降低危险性，如条件允许尽可能使用氯化氢或氨的水溶液而不是纯氯化氢或氨。在萃取、吸收等单元操作中，为提高操作安全性，可用燃烧性较差的溶剂代替易燃有机溶剂。其沸点、蒸气压是重要依据，沸点高于110℃的液体溶剂常温时蒸气压较低，其蒸气不足以达到爆炸浓度。如醋酸戊酯在20℃时蒸气压为800Pa，其蒸气浓度约为43g/m³，只有爆炸下限浓度的1/3。除醋酸戊酯外，丁醇、戊醇、乙二醇、氯苯、二甲苯等都是沸点在110℃以上燃烧危险性较小的液体。

氯的甲烷及乙烯衍生物，如二氯甲烷、三氯甲烷、四氯化碳、三氯乙烯等为不燃液体，在许多情况下可以用来代替可燃液体。例如，为了溶解橡胶及油漆、沥青、脂肪、油脂、树脂等，可以用四氯化碳代替有燃烧危险的液体溶剂。但氯代烃蒸气具有毒性，分解时还将释放出光气，这种特性增加了人员中毒的风险，因此，设备要求密闭，对室内环境危险物质浓度进行监控。

保证满足生产的基本需要的前提下,减少化工企业有害原料的存量能够实现本质安全。可以通过采用连续生产工艺代替间歇式生产方式,以实现减少工艺单元存量。有时,中间产物危险性大于原料,采用连续生产工艺,会大大减少中间物的存量,从而降低系统风险。

5.1.2 惰性化处理

用惰性气体稀释或置换管道、容器内的空气或可燃气体、蒸汽或粉尘等爆炸性混合物,可使系统内危险物质或氧含量降低,破坏燃烧爆炸条件。惰性化处理是避免燃烧爆炸事故发生的手段之一。例如,向油罐内或向煤粉加工、储运的设备内充装氮气等都属于惰性化处理。常用的惰性气体有氮气、二氧化碳、水蒸气及卤代烷等。

惰性化方法主要用于下面几个方面。

(1) 投料和停车前,对易燃易爆的物料系统用惰性气体进行置换,防止系统内形成爆炸性混合气体。

(2) 易燃固体物料粉碎、筛选及粉末输送时,采用惰性气体进行隔离保护。

(3) 惰性气体作为输送易燃液体的保护气体。

(4) 对易燃易爆场所的非防爆电气、仪表采用充氮正压保护。

(5) 易燃易爆系统进行动火检修时,应用惰性气体进行吹扫和置换。

(6) 对于有火灾爆炸危险的工艺装置、管道、储罐等,惰性气体作为发生事故时的安全保护措施和灭火手段。

(7) 对可能发生二次燃烧及反应超温的设备,可采用惰性气体保护。

(8) 对设备和管道内残留的易燃有毒液体,可采用蒸汽或惰性气体进行吹扫的方法清除。设备和管道吹扫完毕并分析合格后,应立即加盲板与运行系统相隔离。

惰性气体的用量取决于系统中氧的最高允许浓度,不同的惰性气体的氧的最高允许浓度不同,见表5-1。

表5-1 部分可燃物质采用二氧化碳或氮气稀释时的最高允许氧含量(%)

可燃物质	CO_2稀释	N_2稀释	可燃物质	CO_2稀释	N_2稀释
甲烷	11.5	9.5	丙酮	12.5	11
乙烷	10.5	9.0	苯	11	9
丙烷	11.5	9.5	一氧化碳	5	4.5
汽油	11.0	9.0	二硫化碳	8	—
乙烯	9.0	8.0	氢	5	4
丙烯	11.0	9.0	硫磺粉	9	—
甲醇	11.0	8.0	铝粉	2.5	7
乙醇	10.5	8.5	锌粉	8	8

惰性气体用量可用下式计算:

若为纯惰性气体时,则

$$X=(21-C_0)V/C_0 \tag{5-1}$$

式中:X 为惰性气体用量(m^3);C_0 为氧最高允许浓度(%);V 为设备中原有空气体积(氧占21%)(m^3)。

若使用的惰性气体本身也含氧(如烟道气),则

$$X=(21-C_0)V/(C_0-C'_0) \tag{5-2}$$

式中:X 为惰性气体用量(m^3);C_0 为氧最高允许浓度(%);C'_0 为惰性气体中氧浓度(%);V 为

设备中原有空气体积(氧占21％)(m³)。

确定惰性气体的使用量,也可以在对氧最高允许浓度的估算后获得。当加工易燃物质时,只有氧含量达到可燃下限(爆炸下限)时,火焰才能传播。此时的氧含量为保证系统安全的氧最高允许浓度Y。可通过燃烧反应的化学计算式及可燃下限(爆炸下限)进行数量估算。如果惰性气体使系统中氧浓度低于氧最高允许浓度,就可以阻止燃烧传播。

$$Y = L_下 \cdot A / B \tag{5-3}$$

式中:Y为氧的最高允许浓度(％);$L_下$为燃烧下限(％);A为平衡的化学反应式中氧气的物质量(mol);B为平衡的化学反应式中可燃物的量(mol)。

大多数可燃气体的最高氧气浓度约为10％,大多数粉尘的最高氧气浓度约为8％。如果用惰性气体对容器内混合可燃气体进行惰性化,使氧气浓度降至安全浓度,一般应控制氧浓度比最高氧浓度低至少4％。

5.1.3 工艺参数的安全控制

化工生产过程中涉及温度、压力、浓度(比)等工艺参数,按工艺要求严格控制工艺及设备参数在安全限度内,是实现化工安全生产的基本保证,而对工艺参数的自动调节及有效控制是保证生产安全的重要措施。

1. 控制温度

温度是化工生产中主要的控制参数之一。不同的化学反应都有其最适宜的反应温度,不同物料其适宜处理温度也不同。只有温度受控,使其满足生产工艺要求,才能生产出有价值的产品,同时也有利于预防事故的发生。因为温度过高,升温速度过快,可使某些化学反应剧烈,压力升高迅速,反应失控而导致物理或化学爆炸;还可能因为温度高而加速副反应,生成具有危险性的副产品或过反应物。温度过低,会导致反应速度减慢或停止,未反应的物料积聚,一旦温度和反应速度恢复正常,则往往会因为反应物料过多而使反应剧烈,造成超温、超压甚至会发生爆炸。温度过低,还能使某些物料凝结或冻结,堵塞管道,物料停止输送,甚至设备承受超压而破裂,致使易燃物料泄漏而发生火灾爆炸事故。储存或使用液化气体或低沸点介质的设备,也可能因为温度过高导致液体气化升压,造成超压爆炸事故的发生。有时因温度过高而使干燥过程中的物料分解而发生着火爆。升温、降温速度过快,还会因为温度骤变引起设备、部件的膨胀或收缩急剧变化而损坏设备,造成设备故障或事故。因此,化工过程中控制温度对于安全工作具有重要意义。控制温度的方式很多,列举如下:

(1) 除去或转移反应热。硝化、磺化、氧化、氯化、水合或聚合等反应过程多是放热反应,为了保持反应在一定温度下稳定进行,需要移去一定比例的反应热,即通常所说的冷却。例如,乙烯氧化制取环氧乙烷是放热反应。环氧乙烷沸点低,只有10.7℃,而爆炸范围极宽,为3％~100％,即使不存在氧气也能发生分解爆炸;此外,存在杂质易引发自聚放热,使温度升高;遇水发生水合反应,也释放出热量。如果反应热不及时除去或转移,温度不断升高会使乙烯燃烧放出更多的热量,从而引发爆炸。合成硝基苯的反应为硝化反应,属强放热反应,原料为苯、浓硝酸及硫酸,如果反应温度过高,不仅硝酸会分解放出二氧化氮气体造成冲料,硝酸和硫酸遇有机物将引起燃烧,而且温度过高会生成二硝基苯,它比硝基苯更容易燃烧爆炸的危险物质。

转移反应热的方法主要是用流动介质通过传热把反应器内的热量带走,常用的方式有夹套冷却、蛇管冷却等。工厂为了降低成本,有时会利用反应热加热(预热)低温物料。目前,强放热反应的大型反应器普遍配装废热锅炉,靠废热加热产生的蒸汽带走反应热,同时使废热蒸汽作为加热源得以利用。

（2）防止搅拌中断。搅拌能加速物料的扩散混合，使反应器内温度均匀，有利于温度控制和反应的进行。生产过程中如中途停止搅拌，造成物料不能充分混匀，使反应和传热不良，未反应物料大量积聚，局部反应温度骤升，而当搅拌恢复时大量反应物迅速参加反应，往往造成冲料，甚至引起燃烧爆炸事故。一般情况下，搅拌停止应立即停止加料，在恢复搅拌后，应待反应温度趋于平稳时再继续加料。为了保证安全，在设计时应考虑使用双回路供电系统。

以尿素和发烟硫酸为原料合成氨基磺酸时，把尿素均匀加到热的发烟硫酸中，反应过程中伴随二氧化碳气体生成，同时放出大量的反应热，如果反应中途停止搅拌，但仍继续添加尿素，则会造成冲料事故，喷出的发烟硫酸对人、设备都造成危害。

（3）正确选用换热介质。换热介质就是热载体，常用热载体有水蒸气、热水、过热水、联苯醚、熔盐和熔融金属、烟道气等。

热载体应具备以下几个特点：首先，热载体不能与反应物、溶剂、产物发生化学反应；其次，热载体不能在传热面上发生聚合、缩合、凝聚、炭化等结垢现象；再次，在高沸点热载体中不能含有低沸点液体，如联苯混合物，即73.5%联苯醚和26.5%联苯中含有水。为了提高传热效率，并减少污垢在传热表面的沉积，换热器内传热流体常采用较高的流速。

（4）热不稳定物质的处理与储存。热不稳定物质指分解温度低和自燃点低的物质，在生产、储存、使用过程中应保持其温度在受控范围，加强降温、隔热和避光保存等安全管理。如H发泡剂烘房温度超过90℃时就可能起火；烟花爆竹药粉在高温季节晾晒会导致爆炸。利用电石法生产乙炔时，由于电石中含有磷化钙，而与水作用产生磷化氢，磷化氢二聚体（H_2P-PH_2）遇空气能自燃，可导致乙炔-空气混合气体爆炸，因此在乙炔生产中要求磷含量小于等于0.08%。乙醚在在储存过程中，在空气的作用下能氧化成过氧化物，当乙醚中含有过氧化物进行蒸馏时，会引起强烈爆炸，因此要控制其发生和积累，必要时分离脱除。

2. 控制压力

化工生产中，加压能够加快化学反应速度，提高生产率，但是加压生产又给安全工作带来许多不利因素。当系统超压，调控不当时，就会造成设备破坏甚至爆炸，物料大量外泄亦会造成二次事故。此外加压操作还会使可燃气体爆炸范围加宽，增加其危险性。系统内压力和反应温度、流速、投料比具有相关性，控制反应温度和流速、投料比，一般能够控制住压力。

3. 控制投料速度

当反应为放热反应时，加料速度快，单位时间内进入设备的反应物料多，反应剧烈，放出大量的热量，放热速率超过设备移出热量速率，热量急剧积累，温度就会猛升，超出设备本身所允许的耐热能力而使其损坏，同时还能导致其他危险事故。因此，化工生产投料应严格控制，不得过量，且投料速度要均匀，不得突然增大。有时加料或反应失控，有可能进入危险物质的爆炸范围，引起爆炸。另外，投料速度还与实际物料温度有关，通常保持一定的温度才能保证一定的反应速度，如果温度低，即使投料速度没有增加，也可能在反应釜内造成反应物积累；在温度恢复后，反应突然加快，也会造成温度飞升。

4. 控制物料配比

在化工生产中，物料配比极为重要，它不仅决定着反应进程和生成的产品质量，而且对安全也至关重要。对于反应物料的浓度、体积、重量和流量都要准确分析和计量。例如，松香钙皂的生产过程是把松香投入反应釜内，加热至240℃，缓慢加入氢氧化钙，才能生成松香钙皂。但是如果投入的氢氧化钙过量,则生成过多的水蒸气而容易造成"跑锅",与火源接触有可能引发燃烧。对于危险性较大的化学反应,应该特别注意物料配比关系,严格控制投料速率及投料量。又如丙烯直接氧化制取丙烯酸,在氧化反应时,如果加料或反应失控,则丙烯浓度就会发生变化,达到爆炸极限范围,就会引起爆炸。

5. 控制物料成分和过反应

生产中,许多化学反应往往由于物料中危险杂质的增加而导致副反应或过反应,引起火灾或爆炸事故。所以,原料、中间产品在进入设备之前要经过严格的质量检验,以确保物料的纯度和成分符合要求。如乙炔和氯化氢合成氯乙烯时,氯化氢中游离氯不得超过 0.005%,因为过量的游离氯与乙炔反应生成四氯乙炔会立即起火爆炸。有时,为了防止由于杂质引起事故,可将物料中加入一定量的稳定剂。例如,氰化氢在常温是液态,储存时水含量必须低于 1%,否则,水和氰化氢反应生成氨而引起聚合反应,使得压力升高引发爆炸。因此,储存时常加入 0.01%～0.05%的硫酸、磷酸或甲酸等稳定剂。

对于反应时生成不稳定的产品或副产品,要防止过反应发生。如合成三氯化磷,若生成固体五氯化磷,其活性高于三氯化磷,易引发爆炸。对于此类反应,应很好控制反应物的量,防止过反应发生。

6. 自动控制系统和联锁系统

(1) 自动控制系统。自动控制系统分为自动监测系统、自动调节系统、自动操纵系统,以及自动信号、联锁和保护系统。自动控制系统可针对化工生产工艺特点,对机械设备、装置或过程的各种工艺参数进行自动监测和控制,对安全生产起到很好的保障作用。化工自动化系统,通过程序控制既能实现对连续变化的参数进行自动调节,也能实现对周期性变化的参数进行调节或切换。

(2) 信号报警、安全联锁。仅发出信号,不直接实现控制的装置为信号装置。凡装置的动作取决于另一装置的动作者,称为另一装置对该装置的联锁。在化工生产过程中,当发生异常情况时,如某些参数超越安全允许范围,信号报警装置,即发出声、光或振动等各种形式的警示,以便引起注意及时采取措施消除隐患,如电流超高报警、温度、压力或液位超高报警等。信号装置只能提醒人们注意事故正在形成或即将发生,警示操作人员进行及时处置,但不能自动排除事故。有时,信号报警系统可以和自动控制系统联动,在系统出现异常时,自动报警并同时排除险情。例如,在火灾危险性大的区域,安装的火灾报警自动控制系统,能够自动报警并启动灭火装置。再如,氨的氧化反应是在氨和空气混合物爆炸极限边缘进行的,为了防止发生爆炸事故,在气体输送管路上安装报警和联锁系统,以便在紧急状态下限制气体的输入。

安全联锁就是利用机械或电气控制依次接通各个仪器和设备,使之相互联系,实现安全控制的目的。使用安全联锁装置能够执行自动分析、自动调节、自动报警、自动停车、自动排放、自动切除电源等操作,防止超温、超压、超负荷等不安全状态的出现,是预防事故发生的重要技术措施。例如,硫酸与水的混合操作,必须先加水,再注酸,顺序颠倒,将会导致发生喷溅和灼伤事故,因此,将注水阀和注酸阀进行联锁,实现安全运行。再如,某些需要经常打开孔盖的带压反应容器,在开盖之前必须卸压,为了防止人员操作失误引发事故,可将泄压装置和孔盖操作进行联锁。

5.1.4 防止泄漏

化工生产过程,造成泄漏的原因很多,如装置的缺陷、破裂或失效,由于工艺失控、误操作或容器超压都可能造成泄漏。为保证设备和容器具有良好的密闭性,对处理危险物料的设备和管道系统,在保证安装检修方便的前提下,应尽量采用焊接连接;少用法兰连接;输送危险气体、液体的管道应采用无缝钢管;盛装具有腐蚀性介质的容器,底部尽可能不装阀门,腐蚀性液体应从顶部抽吸排出。尽量使用磁浮式液位计,如使用玻璃管液位计,要装设结实的保护,以免玻璃管破裂而造成易燃液体漏出,应慎重使用脆性材料。

对于某些化工物料,如果使浓度降低在易燃溶剂蒸气的爆炸下限以下,便不会发生燃烧爆炸。这类物料多采用负压操作。如乙醚的爆炸下限为1.7%,在操作下限条件下,乙醚的蒸气压力为0.0017MPa,爆炸下限的易燃蒸气的分压即为减压操作的安全压力。对真空或负压设备,应有防止空气被吸入的措施。负压操作,要特别注意设备清理打开排空阀,空气可能被吸入的情况。对加压或减压设备,在投产前和定期检修后应检查其密闭性和耐压程度;所有压缩机、清泵、导管、阀门、法兰接头等容易发生"跑、冒、滴、漏"的部位应经常检查,发现故障(如填料损坏、阀门闭合不严)应立即维修或更换;超温超压可能造成大量物质外泄,甚至引发火灾爆炸事故,因此应严格控制操作参数。

接触氧化剂如高锰酸钾、氯酸钾、硝酸铵、漂白粉等生产过程的转动轴密封不严会使粉尘渗进变速箱与润滑油接触,由于蜗轮、蜗杆摩擦生热而引发爆炸。因此,应保证传动装置密闭性能良好,定期清洗传动装置,及时更换润滑剂。

5.1.5 通风排气

存在可燃气体、有毒气体、粉尘作业的场所,应设置通风排气设备,以降低作业场所空气中危险物质的浓度,防止有害物质超过人员接触的安全限值或形成爆炸性混合物。

化工生产装置尽量布置在室外,以保持良好的通风,降低有害物质浓度。通风通常可分为自然通风和机械通风;按换气方式也可分为排风和送风;按作用范围可分为局部通风和全面通风。通风排气必须满足两个要求:一是避免人员中毒;二是防火防爆。当仅有易燃易爆物质存在时,其在车间内的容许浓度可为爆炸极限下限(Lower Explosive Limit,LEL)的1/4,燃气检测报警探测装置的报警值一般也设定在此浓度;对于存在既易燃易爆又具有毒性的物质,应考虑到在有人操作的场所,其容许浓度应由毒物在车间内的最高容许浓度来决定,因为在通常情况下毒物的最高容许浓度比爆炸下限要低得多。

当自然通风不能满足要求时,就必须采用机械通风,强制换气。不管是采用排风还是采用送风方式,都要避免气体循环使用,以保证进入车间的空气为纯净的空气。排送风设备应有独立分开的风机室,送风系统应送入较纯净的空气;排出、输送温度超过80℃的空气或其他气体以及有燃烧爆炸危险的气体、粉尘的通风设备,应由非燃烧材料制成;空气中含有易燃易爆危险物质的厂房,应采用不产生火花的材料制造的通风机和调节设备。

排除有燃烧爆炸危险的粉尘和可燃碎屑的排风系统,排风前进行除尘净化,其除尘装置也应采用不产生火花的材料。局部的通风可以保证工作位置的空气质量,常用于小工件的喷漆作业、磨光工序等作业场所。对局部通风,排除密度比空气大的气体,排气门设在低处;反之,排气口要设在高处。局部通风造价低,噪声也低,而且净化效果比较容易达到规定的标准。通风橱是实验室常用的通风装置,在室外设置引风机,把通风橱内产生的有害气体抽出室外。全面通风属于稀释性通风,适用于泄漏点多且分散的场所,抽出大量含有有害气体的混合气,引入新鲜的空气。另外,还可以采用送入新鲜空气的方法进行通风排气。

5.1.6 气体检测与报警

在发生火灾、爆炸前期检测到危险,那么后果会有很大差异。因此,在有可燃气体和挥发性可燃液体存在的场所,以及存在有毒气体或蒸气的场所,安装泄漏检测报警装置,这也是为防止发生火灾、爆炸、中毒事故采取的重要措施。

检测报警装置自动监测危险物质有无逸漏及逸漏后所达到的浓度,如果报警器与生产安全装置之间相互联锁,就能够实现自动监测、报警、自动停车、启动自动灭火装置等措施,防止火灾爆炸事故的发生。根据将检测仪是否安装在固定位置,气体检测仪分为固定式和便携式两种。无论是固定式还是便携式气体检测器,其主要部分都是传感器(检测器)。

对于单纯易燃易爆的气体,设置检测报警器的目的是防止达到爆炸极限浓度,所用检测器的测定范围是从 0 到爆炸下限(LEL)浓度,一般用 0~100%LEL 表示。可燃气体检测报警器的报警浓度并不是设定在 LEL 值,而是远低于 LEL 值。一般设一级报警和二级报警,一级报警设定值小于或等于 25%LEL,二级报警设定值小于或等于 50%LEL。一级报警属于预报警,要确定泄漏点,采取控制措施,制止泄漏或通风换气;二级报警属于危险报警。

作业环境中,对各种职业性有害物质常规定一个接触限值,简称职业接触限值(Occupational Exposure Limit)。不同国家、机构或团体,对职业接触限值使用名称不同。我国对作业环境空气中有害物质接触限值分为三种,它们分别是最高容许浓度(Maximum Allowable Concentration, MAC)、时间加权平均容许浓度(Permissible Exposure Concentration - Time Weighted Average, PEC-TWA)、短时间接触容许浓度(Permissible Exposure Concentration - Short Term Exposure Limit, PEC-STEL)。美国政府工业卫生学会会议(AGGIH)提出的(Threshold Limit Values, TLV),其含义是阈限值。TLV 分为三种:TWA(8h 统计权重平均值,mg^3/m^3)、STEL(15min 短期暴露水平,mg/m^3)、IDLH(Immediately Dangerous to Life and Health,立即致死量,mL/m^3 或写成 10^6)。TWA 值和 STEL 值是保证工人健康和安全的具体指导数据。

可燃气体和有毒气体的检测报警值有很大区别,前者远高于后者,因此,既可燃又有毒的气体需特别注意,即检测器报警值必须按照有毒气体的要求设置报警值才能确保人员安全。例如,CO 的爆炸下限是 12.5%,按照可燃气体检测,其一级报警值应设定在 12.5%×25%=3.13%;CO 的最高允许浓度为 $50mL/m^3$,约为 0.005%,按照有毒气体设置报警值应为低于 0.005%。

另外,选择检测报警仪器应针对不同的场所和气体种类,同时检测器监测点的布置及安装也需结合实际情况加以确定。

5.2 防明火与高温表面

明火和高温表面是着火源存在的基本形式,控制其使用范围,对于存在火灾和爆炸危险性的场所的防火防爆具有重要意义。

5.2.1 明火

明火主要指生产过程中的加热用火、维修焊割用火及其他火源。取暖用火、焚烧、吸烟等与生产无关的明火则属于非生产明火,它们主要通过管理制度进行控制。

1. 加热用火

在化工生产过程中,明火加热设备的布置应远离可能泄漏易燃气体或蒸气的工艺设备和罐区。加热易燃物料时,应尽量避免采用明火设备,而宜采用过热水、蒸汽或其他载体加热。当采用矿物油、联苯醚等载热体时,必须在安全使用温度范围内使用,还要保持良好的循环,并留有载热体膨胀的余地,防止传热管路产生局部高温结焦现象,要定期检查载热体的成分,及时处理或更换变质的载热体。结焦和超温载热体挥发是导热油炉的两种主要事故,结焦会造成管路堵塞,超温载热体挥发会使压力管路增大,造成管道破裂。

如果必须采用明火,设备必须严格密封,燃烧室应与设备分开建筑或隔离,防火间距应符合相关标准规定。例如,使用天然气生产氢气的工艺中,天然气与水蒸气反应的转化炉内,需要直接燃烧天然气加热才能达到所需的温度和压力,从安全角度讲,转化炉必须严格密封,并与其他设备隔开一定距离。

2. 燃爆气体场所动火

可能积聚可燃气体及蒸气的管沟、深坑、下水道或其附近,应用惰性气体吹扫干净,用非燃体(如石棉板)覆盖,方可进行明火作业。对于可能存在燃爆气体的设备、容器,必须首先检测可燃气体在安全浓度范围以内,再允许人员进入其中进行作业。进入设备内使用的灯具必须属于防爆型,且要使用安全电压。维修储存过可燃液体的储罐时,应首先检查是否存在残留液体,确认不存在并通入一定时间空气后,才能开始工作。在可能发生火灾爆炸事故的危险场所进行设备维修时如使用喷灯,应严格执行动火制度。

在燃爆气体存在的场所,动火前必须进行动火分析,分析不要早于动火的0.5h。如动火中断0.5h以上,应重新进行动火分析。虽然可燃物浓度只要小于爆炸下限即不致发生燃烧爆炸事故,但实际的动火标准都是留出一定安全裕度。如化工企业的动火标准为可燃物爆炸下限小于4%的,动火地点可燃物浓度应小于0.2%为合格;爆炸下限大于4%的,则现场可燃物浓度应小于0.5%为合格。国外动火分析合格标准有的取爆炸下限的1/10。人在氧气浓度低于18%的空间是很危险的,在有人入罐、入塔等密闭空间前应进行氧含量分析,氧含量大于19%时方可进入。当有人进入罐、塔、器内作业时,可佩带安全防护设备,如氧气呼吸器或经空气通风处理再进入。

3. 飞火和移动火

烟道飞火可能成为引火源,所以,烟囱应有足够的高度,必要时装火星熄灭器,在一定范围内不得堆放易燃易爆物品。汽车、拖拉机、柴油机等机动车的排气管喷火等都可能引起可燃气体或蒸气爆炸事故,因此,进入危险场所的运输工具应安装阻火器。阻火器应完全关闭,确保完全阻挡和熄灭尾气中所喷出的火星,防止由此引发火灾爆炸事故。

4. 维修焊割用火

化工设备当发生小孔或裂缝泄漏,宜停用设备后再维修,但由于连续化生产需要如不能停用设备,有时也采用带压明火维修。所谓带压明火维修是指在设备内的可燃气体保持一定的压力的情况下进行电焊或气焊操作。此项操作危险性很大,技术性很强,维修前必须严格制定好操作方案。

焊接切割时,温度可高达1500℃～3000℃,高空作业飞溅距离达数十米。此类作业常用于生产过程中临时处理作业,如缺少完备的防护措施,容易引发事故。尤其在输送、盛装易燃物料的设备、管道上,或在可燃区域内动火时,应将系统和环境进行彻底的清洗或清理。使用盲板与系统隔绝,再进行清洗和吹扫置换,并进行气体分析合格才可进行焊割作业。可燃物浓度应符合上面对燃爆气体场所动火所述要求,维修现场应配备必要的消防器材,做好应急预案。

5. 固定动火区

设立固定动火区应符合下述条件:固定动火区距易燃易爆设备、储罐、仓库、堆场等的距离,应符合有关防火规范的防火间距要求;区内可能出现的可燃气体的含量应在允许含量以下;在生产装置正常放空时,可燃气体应不致扩散到动火区;室内动火区,应与防爆生产现场隔开,不准有门窗串通,门窗应向外开启,道路畅通;周围10m内不得存放易燃易爆物品;区内备有充足的消防器材。

5.2.2 高温表面

加热设备、高温物料输送管道的表面温度较高,应防止可燃物落于其上而着火;高温物料的输送管线不应与可燃物、可燃建筑构件等直接接触;可燃物的排放口应远离高温表面,如果接近,则应有隔热措施。在物料自燃点以上进行的工艺过程,应严防物料外泄或空气进入系统。

在机、泵设备的运转部位,如果润滑不良或失效,则摩擦导致高温,可能引发火灾,甚至爆炸事故。为了防范此类事故,天然气等易燃气体的压缩机,其润滑油一旦不足则自动停车。

5.3 消除摩擦与撞击

5.3.1 摩擦、撞击及其危害

在化工生产行业,摩擦和撞击是许多火灾和爆炸事故的重要原因。机器中的轴承、皮带等转动部位摩擦时,水泥地面、石板、操作台的铁板上拖动金属桶等重物时,铁器的相互撞击或铁制工具打击混凝土等,都可能产生火花,引发火灾爆炸事故。

为了防止摩擦发热起火在有火灾爆炸危险的场所,设备转动部位应保持良好的润滑。搬运盛装易燃液体或气体的金属容器时,不要抛掷、拖拉、振动,防止互相撞击,产生火花。为避免撞击起火,锤子、扳手等工具应采用镀青铜或镀铜的防爆工具。设备或管道容易遭受撞击的部位应该用不发火的材料覆盖起来。金属零件、螺钉等落入粉碎机、提升机、反应器等设备内,会由于铁器和机件撞击而起火,应避免此类事件发生。吊装盛有可燃气体和液体的金属容器用的吊车,应经常重点检查,以防吊绳断裂、吊钩松脱,造成坠落冲击发火。防火区严禁穿带钉子的鞋,地面应铺设不发生火花的软质材料或不发火地面。

当高压气体通过管道、从管道或容器裂口处高速喷出时,夹带管道中的铁锈会因随气流流动与管壁摩擦变成高温粒子,成为可燃气体的着火源,而引起火灾。因此,管道或容器应定期做探伤检测,避免此类事故。生产中处理燃点较低或起爆能量较小的乙炔、乙醚、乙醛、二硫化碳、汽油等物质时,要特别注意避免由于发生摩擦与撞击而引发事故。

5.3.2 不发火地面

不发火地面指有爆炸危险的工房需要满足防爆要求而特制的地面。按化工企业相关设计规范,存在火灾爆炸危险性较大场所,应使用不发火地面。为避免穿钉子鞋或使用铁制工具与地面碰击摩擦时发生火花,要求这些场所的地面为不发火地面。有时为了满足特殊的安全需要,地面还需具有一定软度和弹性、平滑无缝、耐腐蚀性或具有一定的导静电能力等。

不发火地面常用的不发火材料有石灰石、白云石、大理石、沥青、塑料、橡胶、木材、铅、铜、铝等。常用的不发火地面有沥青砂浆地面、混凝土地面、水泥砂浆地面、水磨石地面、铅板地面、导电橡胶板铺敷地面等。

5.4　防止电气火花

5.4.1　电火花与电弧

电极之间或带电体与导体之间被电压击穿,空气被电离形成短暂的电流通路,即为放电并产生电火花;电弧是大量电火花汇集而成的。电火花的温度都很高,特别是电弧,其温度可高达6000℃,电火花不仅能引燃绝缘物质,还可熔化金属,是导致火灾、爆炸的危险火源之一。

电火花可分为工作电火花和事故电火花。工作电火花是指电气设备正常工作时或正常操作过程中产生的火花,如直流电机电刷与整流片滑动接触处、开关或接触器触头开合时的火花、插头拔出或插入插座时的火花等。事故电火花是指线路或设备故障时出现的火花,如线路短路、绝缘损坏和导电连接松脱时的火花、过电压放电火花、保险丝熔断时的火花。此外,事故火花还包括外来因素产生的火花,如静电火花、雷电火花、高频感应电火花等。

普通的电气设备难免会产生电火花,因此,在有火灾爆炸危险的场所必须根据物质的危险特性正确选用防爆电气设备。

5.4.2　爆炸危险场所危险区域划定

爆炸性气体、粉尘和火灾危险环境可依据 GB 50058—1992《爆炸和火灾危险环境电力装置设计规范》的规定进行危险区域划分。根据爆炸危险环境区域内,爆炸性物质出现的频繁程度、持续的时间、危险程度和特点进行环境危险区域划分,为合理选择电气设备、采取事故预防措施、进行爆炸性环境的电力设计提供理论依据。爆炸危险场所分三类八区,它们分别是第一类爆炸性气体环境,危险区域划分为 0 区、1 区和 2 区三个区域;第二类爆炸性粉尘环境,包括 10 区和 11 区两个区域;第三类火灾危险环境,包括 21 区、22 区和 23 区三个区域。爆炸性物质场所具体划分如下文所述。

1. 爆炸性气体环境危险区域划分

爆炸性气体、易燃或可燃液体蒸气或薄雾与空气形成爆炸性气体混合物的场所。

(1) 0 级区域(简称 0 区)。连续出现或长期出现爆炸性气体混合物的环境。0 区极少出现,一般封闭的空间,如密闭的气体容器、易燃液体储罐顶部、易燃液体敞口容器的液面附近,属于 0 区;凡是高于爆炸上限的混合物环境,或在有空气进入时可能使其达到爆炸极限的环境应划为 0 区。0 区应使用本质安全型设备,不能选用其他类型电气设备。

(2) 1 级区域(简称 1 区)。在正常运行时,爆炸性气体混合物有可能出现的环境。例如,装载易燃液体的槽车、油罐开口部位附近区域和检修时排放易燃气体出口附近;泄压阀、排气阀、呼吸阀、阻火器等爆炸性气体排放口附近空间;浮顶罐的浮顶上空间,无良好通风的室内有可能释放、积聚形成爆炸性混合物的区域;洼坑、沟槽等阻碍通风,爆炸性气体混合物易于积聚的场所。

(3) 2 级区域(简称 2 区)。在正常运行时,不可能出现爆炸性气体混合物的环境,或即使出现爆炸性气体混合物,也仅是短时存在的环境。例如,由于腐蚀老化、设备失效、容器破损而泄漏出危险物料的区域;因人为误操作或异常反应形成超温、超压,造成泄漏的区域;由于通风设备故障,爆炸性气体有可能积聚形成爆炸性混合物的区域。

正常运行是指正常开车、运转、停车,易燃物质产品的装卸,密闭容器盖的开闭,安全阀、排放阀及所有工厂设备都在其设计参数范围内工作的状态。

2. 爆炸性粉尘环境危险区域划分

(1) 10级区域(简称10区)。连续出现或长期出现爆炸性粉尘环境。

(2) 11级区域(简称11区)。有时会将积留下来的粉尘扬起而偶然出现爆炸性粉尘混合物的环境。

3. 火灾危险环境区域划分

火灾危险环境应根据火灾事故发生的可能性和后果,以及危险程度及物质状态的不同,按下列规定进行分区。

(1) 21区。具有闪点高于环境温度的可燃液体,在数量和配置上能引起火灾危险的环境。

(2) 22区。具有悬浮状、堆积状的可燃性粉尘或可燃纤维,虽不可能形成爆炸性混合物,但在数量和配置上有引起火灾危险的环境。

(3) 23区。具有固体状可燃性物质,在数量和配置上能引起火灾危险的环境。

4. 与爆炸危险区域相邻场所的等级划分

与危险场所相邻的场所如有坚固的非燃性实体隔墙和门,且门上有密封措施和自动关闭装置。则可按表5-2考虑相邻场所的等级。对于相邻的地下场所,如送风系统能保证该场所对危险场所保持正压,也可参照表5-2划分危险区域。

表5-2 与爆炸危险区域相邻场所的危险等级

危险区域等级		用有门的墙隔开的相邻场所的等级		备注
		一道有门的隔墙	两道有门的隔墙(通过走廊或套间)	
气体或蒸气	0区 1区 2区	2区 1区 非危险场所	1区 非危险场所 	两道隔墙门框之间的净距离不应少于2m
粉尘或纤维	10区 11区	11区 非危险场所	11区 非危险场所	

5. 危险等级的确定

判断场所的危险程度应综合考虑释放源的特征、危险物料的性质及场所通风条件等因素。

释放源的特征包括释放源的布置与工作状态、泄漏或放出危险物品的速率、泄漏量、混合物的浓度、扩散条件、形成爆炸性混合物的范围等。释放源一般分为连续释放源、一级释放源和二级释放源。连续释放源指连续释放或预计长期释放或短时连续释放的释放源,如易燃液体储罐的顶部;一级释放源指正常运行时周期性逸出和偶然释放的释放源,如正常情况下会逸出易燃物料的泵、压缩机和阀门的密封处;二级释放源为正常运行时不释放或只是偶尔短暂释放的释放源,如法兰、连接件和管道的接头。

危险物料的特性包括闪点、密度、爆炸极限、引燃温度等理化性能。危险程度还与生产条件如工作温度、压力以及数量和配置等因素有关。例如,闪点低、爆炸极限下限低都会导致爆炸危险范围扩大。密度大易于沉积在地面,会导致水平危险范围扩大。

通风情况对划分区域危险等级影响很大。无通风场所,连续释放源、甚至一级释放源可能导致0区;二级释放源可能导致1区。通风良好的场所危险等级降低,危险范围也缩小,甚至降为非爆炸危险场所。因此,目前化工生产装置大部分采用露天布置。在室内,如果无强制通风装置时,一般可视为障碍通风场所。在室外,危险源周围有树木、建筑物等障碍物处也应视为障碍通风场所。自然通风场所要考虑上部空间积聚密度小的气体、下部空间积聚密度大的气体的可能性。局部机械通风对缩小爆炸危险场所的范围，降低危险等级非常有效。比空气重的气体及其混合物在凹坑、死角及有障碍物处，扩散速度慢而提高了局部地区危险等级。例如，化工企业中，处于2区的非全封闭的电缆沟、排污水沟应按1区划分。

5.4.3 电气防爆的原理

电气设备防爆主要采用四种技术：外壳间隙防爆、外壳隔离引爆源、介质隔离引爆源和控制引燃源。

1. 外壳间隙防爆

电气设备的带电部分放在外壳内，外部环境中的可燃气体可以通过外壳的配合面缝隙进入壳内，内部电气设备导电部分出现故障火花时，将点燃壳内可燃气体，而内部排出的火焰和爆炸产物在外壳间隙的冷却作用下被冷却至安全温度，不会引燃壳外的可燃气体，起到阻止爆炸向外部传播的作用，这种利用外壳间隙进行隔爆的电气属于隔爆型电气。

2. 外壳隔离引爆源

（1）气密型电气设备。小型开关、继电器、电容器、传感器、变压器等一些小型电气设备在使用时要求体积尽量小，如果采用隔爆型结构就较难满足要求，因此常采用熔化、胶粘、挤压等密封措施将外壳进行密封处理，使外部气体不能进入壳内，即使内部产生火花，也不能使火花与可燃气体接触，实现隔离防爆的作用。具有此类外壳根本不会漏气的电气设备属于气密型电气设备。

（2）限制呼吸型电气设备。可燃气体处于爆炸极限浓度及以上浓度的概率较小、持续时间较短的场所，电气设备采用限制可燃气体进入电气外壳速度的措施，在外部可燃气体处于爆炸极限浓度及以上浓度的时间内，壳内可燃气体浓度始终处于爆炸极限浓度以下，即使内部产生火花、电弧及危险温度，也不会引起混合气体的爆炸，具有这种外壳的电气设备属于限制呼吸型电气设备。此类方式只适用于开关、仪器仪表、控制调节装置等壳内温升低于10℃的设备。

3. 介质隔离引爆源

介质隔离引爆源是指电气设备内部充满惰性介质，使电火花无法与可燃气体接触，而实现隔离防爆。根据惰性介质形态的不同，分为气体介质隔离引燃源、液体介质隔离引燃源、固体介质隔离引燃源。

4. 控制引燃源

采用控制引燃源方式防爆的电气都是在正常运行时不产生火花和电弧的电气设备及弱电设备，包括增安型电气设备、无火花型电气设备和本质安全型电气设备三类。

（1）增安型电气设备。如果电气设备在正常运行时不产生火花、电弧和危险高温，可采用高质量绝缘材料、降低温升、增大电气间隙和爬电距离、提高导线连接质量等附加技术措施来增强设备的安全可靠性，减少引燃气体的可能性，采用这种防爆类型的电气设备称为增安型电气设备。由于这种设备在正常情况下不会出现引燃源，因此多用于石油化工企业，但是在煤矿瓦斯突出区域、总回风道、主回风道、采区回风道、工作面等井下危险区域及瓦斯爆炸危险性大的场所不使用。

（2）无火花型电气设备。不仅在正常运行时不会点燃周围爆炸性混合物，而且一般也不会产生能引起点燃故障的电气设备称为无火花型电气设备。此类设备必须满足两个技术要求：一是正常运行时不产生火花和电弧；二是与爆炸性混合物相接触的内、外表面温度均不得超过设备温度组别的最高温度。

（3）本质安全型电气设备。本质安全电路(简称本安电路)是指在规定试验条件下,正常工作或规定故障状态下所产生的电火花和热效应均不能点燃规定爆炸性混合物的电路。全部采用本安电路的电气设备称为本质安全型电气设备(简称本安设备)。在设备的电气线路中,并非全是本质安全型电路,还含有能影响本安电路安全性能电路的电气设备称为关联电气设备。关联电气设备一般分为两种类型:一种是与本安电路在同一电气设备中,它是有可能对本安电路的本安性能产生影响的非本安电路部分;另一种是在本质安全电气系统中,与本质安全型电气设备有电气连接并有可能影响本安性能的非本安电路的电气设备。本安设备及其关联电气设备按使用场所和安全程度不同分为 ia 和 ib 两个等级。

在正常工作、发生一个故障(电气系统中有一个元件损坏,以及由此所产生的一系列元件损坏行为)和两个故障(电气系统中有两个元件单独损坏,以及由此所产生的一系列元件损坏行为)时,均不能点燃爆炸性气体混合物的电气设备定义为 ia 等级的电气设备。

在正常工作和发生一个故障时,不能点燃爆炸性气体混合物的电气设备定义为 ib 等级的电气设备。

5.4.4 防爆电气设备分类、特性及选型

1. 防爆电气设备分类、特性

根据防爆电气的结构和防爆原理的不同,防爆电气设备一般可为九种类型。一种防爆电气设备可以采用一种防爆形式,也可以几种形式联合采用,各种防爆形式的电气设备防爆性能有差别,应结合实际情况按照规定进行选择。

防爆电气设备在爆炸危险环境运行时,具备不引燃爆炸物质的性能,其表面的最高温度不得超过作业场所危险物质的引燃温度。

防爆电气设备依其结构和防爆性能的不同分为以下几类。

1）由隔爆外壳"d"保护的设备(标志 d)

把可能点燃爆炸性混合物的部件封闭在外壳内,其外壳能够承受通过外壳任何接合面或结构间隙进入外壳内部的爆炸性混合物在内部爆炸而不损坏,并且不会引起外部由一种、多种气体或蒸气形成的爆炸性环境的点燃。它是根据最大不传爆间隙原理设计的具有牢固的外壳,把可能产生火花、电弧和危险温度的零部件均放入隔爆外壳内,隔爆外壳使设备内部空间与周围环境隔开。隔爆外壳存在间隙,因设备呼吸作用和气体渗透作用,使其内部可能存在爆炸性气体混合物,当其发生爆炸时,外壳可以承受产生的爆炸压力而不致损坏,同时外壳的结构间隙可冷却火焰、降低或终止火焰的传播,从而达到隔爆的目的。设备外壳可用钢板、铸钢、铝合金、灰铸铁等材料制成。这类防爆电气正常运行时壳内如果产生火花或电弧,必须设有联锁装置保证电源接通时不能打开壳、盖,而壳、盖打开时,不能接通电源。此类设备安全性较高,可用于 0 区之外的各级危险场所。对于内部经常产生电弧或电火花的电气设备,即使是隔爆型防爆结构,最好也尽量避免在 1 区危险场所使用。

2）由增安型"e"保护的设备(标志 e)

对电气采取附加措施,以提高其安全程度,防止在正常运行或规定的异常条件下产生危险温度、电弧和火花的可能性的防爆形式。通过降低或控制工作温度、保证电气连接的可靠性、增加绝缘效果、提高外壳防护等级等措施,以减少出现可能引起点燃故障的可能性,提高电气设备正常运行和规定故障条件下的安全可靠性。主要适用于 2 区危险场所,部分种类可以用于 1 区。

3) 由本质安全型"i"保护的设备（标志 i）

本质安全型是电气设备的一种防爆形式，它将设备内部和暴露于潜在爆炸性环境的连接导线可能产生的电火花或热效应能量限制在不能产生点燃的水平。本质安全型防爆结构的电气设备使用安装较复杂，要使其整个系统回路都具有本质安全性，才能保证它的防爆性能。本质安全设备和关联设备的本质安全部分分为"ia"、"ib"或"ic"三个保护等级。

另外，爆炸性粉尘环境用的此类型电气设备用"iD"标志。

4) 正压型（标志 p）

具有保护外壳，通过保持设备外壳内部保护气体的压力高于外部大气压力的措施来达到安全的电气设备。可利用两种方法实现正压：一种是在系统内部保护静态正压；另一种方法是保持持续的空气或惰性气体流动，以限制可燃性混合物进入外壳内部。两种方法都需要在设备起动前用保护气体对外壳进行冲洗，带走设备内部非正压状态时进入外壳内的可燃性气体，防止在外壳内形成可燃性混合物。该类设备可以用于 1 区或 2 区危险场所。正压外壳管道和它们的连接部件应承受制造厂规定的正常运行时，所有排气孔封闭状态下最大正压的 1.5 倍压力，最低压力为 200Pa。如果运行中产生的压力可能引起外壳管道或连接部件变形，应设置安全装置，将最大内部正压限制到低于对防爆形式可能产生不利影响的水平。

另外，爆炸性粉尘环境用的电气设备用"pD"标志。

5) 油浸型（标志 o）

将电气设备或电气设备的部件整个浸在保护液，形成的电弧或火花浸在保护液下，起到熄弧、绝缘、散热、防腐作用，使之不能点燃油面以上或外壳外的爆炸性气体环境。

6) 充砂型（标志 q）

将能点燃爆炸性气体的导电部件固定在适当位置上，且完全埋入填充材料（如石英或玻璃颗粒）中，以防止点燃外部爆炸性气体环境。适用于 1 区和 2 区危险场所。

7) "n"型电气设备（标志 n）

在正常条运行时和规定的一些异常条件下，不能点燃周围爆炸性气体环境的电气设备。主要用于 2 区危险场所。

8) 浇封型（标志 m）

将可能产生点燃爆炸性混合物的火花或过热的部分封入复合物中，使它们在运行或安装条件下不能点燃爆炸性气体环境的电气设备。采用浇封措施，可防止电气元件短路、固化电气绝缘，避免了电路上的火花以及电弧和危险温度等引燃源的产生，防止了爆炸性混合物的侵入，控制正常和故障状况下的表面温度。

另外，爆炸性粉尘环境用的此类型电气设备用"mD"标志。

9) 特殊型（标志 s）

上述类型未包括的防爆类型。该形式可暂由主管部门制定暂行规定，并经指定的防爆检验单位检验认可能够具有防爆性能的电气设备。该类设备是根据实际使用开发研制，可适用于相应的危险场所。

2. 防爆电气设备的选型

防爆电气设备应根据爆炸危险环境区域和爆炸物质的类别、级别和组别进行选型。GB 50058—1992《爆炸和火灾危险环境电力装置设计规范》中按最大试验安全间隙（MESG）或最小点燃电流（MIC）对爆炸性气体混合物分级，见表 5-3。爆炸性气体混合物按引燃温度分组，见表 5-4。

表 5-3 最大试验安全间隙(MESG)或最小点燃电流(MIC)分级

级别	最大试验安全间隙(MESG)/mm	最小点燃电流比(MICR)
ⅡA	≥0.9	>0.8
ⅡB	0.5<MESG<0.9	0.45≤MICR≤0.8
ⅡC	≤0.5	<0.45

注：1. 分级的级别应符合现行国家标准《爆炸性环境用防爆电气设备通用要求》。
2. 最小点燃电流比(MICR)为各种易燃物质按照它们最小点燃电流值与实验室的甲烷的最小电流值之比

表 5-4 引燃温度分组

组别	引燃温度 t/℃	组别	引燃温度 t/℃
T_1	$t>450$	T_4	$135<t≤200$
T_2	$300<t≤450$	T_5	$100<t≤135$
T_3	$200<t≤300$	T_6	$85<t≤100$

根据爆炸危险区域的分区、电气设备的种类和防爆结构的要求，选择相应的电气设备。选用的防爆电气设备的级别和组别，不应低于该爆炸性气体环境内爆炸性气体混合物的级别和组别。当存在两种以上易燃物质形成的爆炸性气体混合物时，应按危险程度较高的级别和组别选用防爆电气设备。爆炸危险区域内的电气设备，应符合周围环境内化学的、机械的、热的、霉菌以及风沙等不同环境条件对电气设备的要求。电气设备结构应满足电气设备在规定的运行条件下不降低防爆性能的要求。

根据场所存在爆炸性气体特点和出现频繁程度，确定爆炸性危险区域的级别，即 0 区、1 区、2 区，依据表 5-5 确定所选防爆电气的防爆结构类型；各种电气设备防爆结构的选型需考虑电气设备的类型和使用条件，对于旋转电机、低压变压器类、低压开关和控制器类、灯具类、信号、报警装置等电气设备防爆结构的选型可见表 5-6～表 5-10。

表 5-5 爆炸危险场所电气设备防爆类型选型

爆炸危险区域	适用的防护形式电气设备类型	符号
0 区	本质安全型	ia
	其他特别为 0 区设计的电气设备	s
1 区	适用于 0 区的防护类型	
	隔爆型	d
	增安型	e
	本质安全型	ib
	油浸型	o
	正压型	p
	充砂型	q
2 区	其他特别为 1 区设计的电气设备	s
	适用于 0 区或 1 区的防护类型	
10 区	无火花型	n
	适用于 2 区的各种防护类型	
11 区	尘密型	
	适用于 10 区的各种防护类型	
	IP54(用于电动机)	
	IP56(用于电器、仪表)	

表5-6 旋转电气防爆结构的选型

爆炸危险区域	1 区			2 区			
防爆结构 电气设备	隔爆型 d	正压型 p	增安型 e	隔爆型 d	正压型 p	增安型 e	无火花型 n
鼠笼型感应电动机	○	○	△	○	○	○	○
绕线型感应电动机	○	△	△	○	○	○	×
同步电动机	○	○	×	○	○	○	○
直流电动机	○	△	×	○	○	○	○
电磁滑差离合器(无电刷)	○	△	×	○	○	○	△

注:1. 表中符号:○为适用;△为慎用;×为不适用(下同)。
2. 绕线型感应电动机及同步电动机采用增安型时,其主体是增安型防爆结构,发生电火花的部分是隔爆或正压型防爆结构。
3. 无火花型电动机在通风不良及户内具有比空气重的易燃物质区域内慎用

表5-7 低压变压器类防爆结构的造型

爆炸危险区域	1 区			2 区			
防爆结构 电气设备	隔爆型 d	正压型 p	增安型 e	隔爆型 d	正压型 p	增安型 e	充油型 o
变压器(包括起动用)	△	△	×	○	○	○	○
电抗线圈(包括起动用)	△	△	×	○	○	○	○
仪表用互感器	△	△	×	○	○	○	○

表5-8 低压开关和控制器类防爆结构的选型

爆炸危险区域	0区	1 区					2 区				
防爆结构 电气设备	本质安全型 ia	本质安全型 ia,ib	隔爆型 d	正压型 p	充油型 o	增安型 e	本质安全型 ia,ib	隔爆型 d	正压型 p	充油型 o	增安型 e
刀开关、断路器			○					○			
熔断器			△					○			
控制开关及按钮	○	○	○					○			○
电抗起动器和起动补偿器			△	△				○			○
起动用金属电阻器			○			×		○	○	○	
电磁阀用电磁铁			○			×		○	○	○	
电磁摩擦制动器			△			×		○	○	○	△
操作箱、柱			○	○				○	○		
控制盘			○					○			
配电盘			△					○			

注:1. 电抗起动器和起动补偿器采用增安型时,是指将隔爆结构的起动运转开关操作部件与增安型防爆结构的电抗线圈或单绕组变压器组成一体的结构。
2. 电磁摩擦制动器采用隔爆型时,是指将制动片、滚筒等机械部分也装入隔爆壳体内者。
3. 在2区内电气设备采用隔爆型时,是指除隔爆型外,也包括主要有火花部分为隔爆结构而其外壳为增安型的混合结构

表5-9 灯具类防爆结构的选型

爆炸危险区域	1 区		2 区	
防爆结构	隔爆型	增安型	隔爆型	增安型
电气设备	d	e	d	e
固定式灯	○	×	○	○
移动式灯	△		○	
携带式电池灯	○	×	○	
指示灯类	○		○	○
镇流器	○	△	○	○

表5-10 信号、报警装置等电气设备防爆结构的选型

爆炸危险区域	0区	1 区				2 区			
防爆结构	本质安全型 ia	本质安全型 ia,ib	隔爆型 d	正压型 p	增安型 e	本质安全型 ia,ib	隔爆型 d	正压型 p	增安型 e
信号、报警装置	○	○	○	○	×	○	○	○	○
插接装置		○	○			○	○		
接线箱(盒)		○	○	△		○	○		○
电气测量表计		○	○	×		○	○		○

在爆炸性粉尘环境中出现粉尘应按引燃温度分组,并应符合表5-11的规定。

在爆炸性粉尘环境内,电气设备最高允许表温度应符合表5-12的规定。

表5-11 引燃温度分组

温度组别	引燃温度 $t/℃$
T_{11}	$t>270$
T_{12}	$200<t\leqslant 270$
T_{13}	$150<t\leqslant 200$

注:确定粉尘温度组别时,应取粉尘云的引燃温度和粉尘层的引燃温度两者中的低值

表5-12 电气设备最高允许表面温度

引燃温度组别	无过负荷的设备	有过负荷的设备
T_{11}	215℃	195℃
T_{12}	160℃	145℃
T_{13}	120℃	110℃

防爆电气设备选型时,除可燃性非导电粉尘和可燃纤维的11区环境采用防尘结构(标志为DP)的粉尘防爆电气设备外,爆炸性粉尘环境10区及其他爆炸性粉尘环境11区均采用尘密结构(标志为DT)的粉尘防爆电气设备,并按照粉尘的不同引燃温度选择不同引燃温度组别的电气设备。

在火灾危险环境内,应根据区域等级和使用条件,按表5-13选择相应类型的电气设备。

表5-13 电气设备防护结构的选型

电气设备	火灾危险区域防护结构	21区	22区	23区
电机	固定安装	IP44	IP54	IP21
	移动式、携带式	IP54		IP54
电器和仪表	固定安装	充油型、IP54、IP44	IP54	IP44
	移动式、携带式	IP54		IP44
照明灯具	固定安装	IP2X		
	移动式、携带式			
配电装置接线盒		IP5X	IP5X	IP2X

注:1. 在火灾危险环境21区内固定安装的正常运行时有滑环等火花部件的电机,不宜采用IP44结构。
2. 在火灾危险环境23区内固定安装的正常运行时有滑环等火花部件的电机,不应采用IP21型结构,而应采用IP44型。
3. 在火灾危险环境21区内固定安装的正常运行时有火花部件的电器和仪表,不宜采用IP44型。
4. 移动式和携带式照明灯具的玻璃罩,应有金属网保护。
5. 表中防护等级的标志应符合现行国家标准《外壳防护等级的分类》规定

在爆炸危险区域选用电气设备时,应尽量将电气设备(包括电气线路),特别是在运行时能发生火花的电气设备,如开关设备,装设在爆炸危险区域之外。如必须装设在爆炸危险区域内时,应装设在危险性较小的地点。如果与爆炸危险场所隔开的话,就可选用较低等级的防爆设备,乃至选用一般常用电气设备。

在爆炸危险区域采用非防爆型电气设备时,应采取隔墙机械传动。安装电气设备的房间,应采用非燃体的墙与危险区域隔开。穿过隔墙的传动轴应有填料或同等效果的密封措施。未正压措施时,安装电气设备房间的出口应通向无爆炸和火灾危险的区域。

5.5 防 静 电

5.5.1 静电的产生

1. 静电定义

当两种不同性质的物体接触摩擦时,由于物体对电子的吸力不同,在物体间发生电子转移,使甲物体失去一部分电子而带正电荷,乙物体获得一部分电子而带负电荷。如果摩擦后分离的物体对大地绝缘,则电荷无法泄漏,停留在物体的内部或表面呈相对静止的状态,这种电荷就称为静电。

2. 静电的产生

1) 液体静电的产生

包括液体流动带电或气液界面起电两种现象。当电阻率较高的液体在金属配管中输送时,产生的一种带电现象,称为液体流动带电。水是极性分子,它和其他液体分裂成水雾或泡时,会产生大量的静电和较高的电位。水滴呈现正电性,而飞沫为负电性,这种现象为气液界面起电。

2) 气体静电的产生

气体分子间的距离要比气体分子大几十倍,互相接触、分离的可能性很少,然而当管道内气压增加时,气体流速加快,气体将带有很高的静电压;加之在气体内部如存在大量的灰尘、金属粉末、液滴、水锈等微小颗粒,更增大带电的可能性。一般当蒸气高速喷出,静电带电可达几百到十几万伏的静电电压。

3) 固体静电的产生

(1) 接触分离起电。金属材料间的接触起电现象。两种不同的固体材料相互接触时,在它们之间的距离达到或小于 25×10^{-8} cm 时,在接触面上发生电荷的转移,其中一种物质的电子传给另一种物质。导致失去电子的物体带正电,得到电子的物体带负电,这就是接触带电现象。

(2) 物理效应起电。包括压电效应、热电效应和感应带电。晶体在受外应力作用下,其原来正、负离子排列成不对称点阵的材料,应力作用下产生电偶极矩,并进行内部的定向排列。对于不对称的晶体受到应变后,由于受到不对称内应力作用,离子间产生不对称的相对移动,结果产生了新的电偶极矩和面电荷,这种现象就是压电效应。当给某些晶体加热时,加热端产生正电荷,未加热端产生负电荷。如再将该晶体介质冷却,其两端带有相反的电荷,这种现象称为热电效应。感应带电一般是指静电场对金属导体的感应带电现象。这是由于在外电场力的作用下,导体上的电荷发生了再分布,使导体的局部或整体带上不能流动电荷的现象。

此外,粉体物料在研磨、搅拌、筛分或高速运动时,由于粉体具有分散性及悬浮状态等特点,颗粒之间以及粉体颗粒与管道壁、容器壁或其他器具之间碰撞、摩擦而产生有害的粉体静电。如整块聚乙烯是很稳定的,而粉体聚乙烯却可能发生剧烈的爆炸。由于粉体处在悬浮状态,颗粒与大地之间总是通过空气绝缘的,而与组成粉体的材料是否是绝缘材料无关。因此,铝粉、镁粉等金属粉体也能产生和积累静电。粉体静电与粉体材料性质、管道或搅拌器材料性质、工作时间长短、环境温湿度、运动速度和形式、粉体颗粒大小和表面几何特征等因素有关。

5.5.2 静电的危害

(1) 引发燃烧爆炸事故。在易燃易爆场所由于静电放电引发火灾爆炸是静电的最大危害。在有可燃液体的作业场所,可能由于静电火花引起燃烧而酿成火灾。在有可燃气体、蒸气或粉尘、纤维的燃爆性混合物的场所,可能由静电火花引起爆炸事故。

(2) 电击。电击是指当人体接近带电物体或带静电电荷的人体接近接地体时,由于静电放电造成人体被电击的现象。一般情况下静电放电能量较小,不会因静电电击使人致命,但人体可能因电击引起坠落、摔倒等二次事故。电击还可能使工作人员产生不适感,轻则疼痛、重则肌肉麻痹,甚至引起误动作,造成次生灾害。

(3) 产品质量和生产效率受影响。静电力作用或高压击穿作用主要是使产品质量下降或造成生产故障,如橡胶半成品带静电后将产生力的作用,使橡胶半成品吸引周围空气中的大量灰尘,影响产品内在质量;电子元器件生产操作过程中,由于人体静电放电可能使其内部电路击穿而成为废品;静电使粉体吸附于设备和管线,影响其过滤和输送;静电放电过程的产生的电磁场是射频辐射源,对通信设施是干扰源,对计算机会产生误动作,某些电子计算机类设备异常,严重时可能造成事故。

5.5.3 预防和控制静电危害的技术措施

防止静电产生事故,主要是通过防止静电的产生和及时消除已产生的静电,避免静电积累和静电放电引起易燃易爆物质发生燃烧和爆炸。防止和控制静电危害的基本途径如下:

(1) 工艺方面控制静电的产生。例如,对于易燃液体输送,应限制其流速、控制装卸方式、防止不同油品相混及油中掺水夹气等。

(2) 采取措施加速已产生的静电的逸散,防止静电积聚。其措施主要有泄放法和中和法。

(3) 在有些情况下静电积聚不可避免,电压迅速上升,甚至造成放电时,则采取措施使其虽然放电却不致引起火灾爆炸。如在易燃液体储罐的空余空间充惰性气体、安装检测报警装置及采用排风装置等。

下面叙述一些防止静电危害的基本措施。

1. 工艺控制法

工艺控制法就是从工艺流程、设备结构、材料选择和操作管理等方面采取措施,限制静电的产生或控制静电的积累,使之达不到危险程度。

1) 限制输送速度

降低物料移动中的摩擦速度或液体物料在管道中的流速等工作参数,可限制静电的产生。例如,油品在管道中流动所产生的流动电流或电荷密度的饱和值近似与油品流速的二次方成正比,所以对液体物料来说,控制流速是减少静电电荷产生的有效办法。为了不影响生产效率,将最大允许流速定为安全流速,使物料在输送中不超过安全流速的规定。安全流速与管径、电阻率、粉体性质等因素有关。

2) 加速静电电荷的消散

在产生静电的任何工艺过程中,总是包括产生和逸散两个区域。在静电产生的区域,分离出相反极性的电荷称为带电过程;在静电逸散区域,电荷自带电体上泄漏消散。

正确区分静电的产生区和逸散区,在两个区域中可以采取不同的防静电危害措施,增强消除静电的效果。例如,在粉体物料的气流输送中,空送系统及管道是静电产生区,而接受料斗、料仓是静电逸散区。在料斗和料仓中,装设接地的导电钢栅,可有效地消除静电。而在产生区装设上述装置,反而会增加静电的产生和静电火花的产生。

对设备和管道选用适当的材料,人为地使生产物体在不同材料制成的设备中流动。例如,气动输送使物料经过不同的材质的管道,产生相反极性的电荷而达到物料自身中和的目的,从而消除静电的危险。

适当安排物料的投入顺序。在某些搅拌工艺过程中,适当安排加料顺序,可降低静电的危险性。例如,在搅拌某液浆时,先加入汽油及其他溶质搅拌时,液浆表面电压小于400V;而后加入汽油时,液浆表面电压则超过10kV。

3) 消除产生静电的附加源

对于产生静电的附加源,如液流的喷溅、容器底部积水受到注入流的搅拌、在液体或粉体内夹入空气或气泡、粉尘在料斗或料仓内冲击、液体或粉体的混合搅动等,只要采取相应的措施,就可以减少静电的产生。

为了避免液体在容器内喷溅,应从底部注油或将油管延伸至容器底部液面下。

为了减轻从油槽车顶部注油时的冲击,从而减少注油时产生的静电,应改变注油管出口处的几何形状,以降低油槽内液面的电位有一定的效果。

为了降低罐内油面电位,过滤器不宜离管出口太近。一般要求从罐内到出口有30s缓冲时间,如满足不了则需配置缓冲器或采取其他防静电措施。

油罐或管道内混有杂质时,有类似粉体起电的作用,静电发生量将增大。例如,油中如含水5%,会增大10倍~50倍的起电效应。因此,应消除杂质,以减少静电产生。

降低爆炸性混合物浓度,可消除或减轻爆炸性混合物的危险。为此,可以采用通风(抽气)装置,及时排除爆炸性混合物,也可以使用惰性气体,如二氧化碳和氮等,隔绝空气或稀释爆炸性混合物,以达到防火、防爆的目的。

2. 减少静电荷的积累

静电荷的产生和泄放是相关的两个过程,如果静电的产生量大于静电荷的泄放量,则在物体上就会产生静电荷的积累。因此,可通过静电接地、等电位连接、增加空气的相对湿度、采用静电添加剂、静电缓冲等方法减少静电的积累。

使带电体上的静电荷能够向大地泄漏消散。静电接地的方式有多种,如利用工艺手段对空气增湿、添加抗静电剂使带电体的电阻率下降或规定静置的时间等,使所带的静电荷得以通过接地系统导入大地。一般认为,在任何条件和环境下,带电体上电荷质点的对地总泄漏电阻值小于$10^6\Omega$,对于易燃可燃液体,其电阻率小于$10^8\Omega \cdot m$时,在金属容器中储放的物料其接地条件可认为是良好的。

1) 增湿

带电体在自然环境中放置,其所带有的静电荷会自行逸散。逸散的快慢与介质的表面电阻率和体积电阻率大有关系,而介质的电阻率又和环境的湿度有关。提高环境的相对湿度,不只是可缩短电荷的半衰期,还能提高爆炸性混合物的最小引燃能量。从消除静电危害的角度讲,在允许增湿的场所,保持相对湿度在70%以上较为适宜。

2) 加抗静电剂

在非导体材料里加入抗静电剂后,能增加材料的吸湿性或离子化倾向,使材料的电阻率降

到 $10^4 \Omega \cdot m \sim 10^6 \Omega \cdot m$ 以下,有的抗静电剂本身有良好的导电性,同样可加速静电的泄漏,消除电荷积累的危险。电气制造业一般不使用化学防静电剂,而纺织行业则大量使用,化工、石油等行业中,根据成本、毒性、腐蚀性、使用有效性对物料产品性质的影响等来考虑是否使用该方法。内加型的表面活性剂对于塑料防静电的效果良好,而表面活性剂用于纤维的防静电。

3) 确保静置时间和缓冲时间

液体经注油管输入容器和储罐,将带入一定的静电荷。静电荷混杂在液体内,根据电导和同性相斥的原理,电荷将向容器壁及液面集中泄漏消散;而液面上的电荷又要通过液面导向器壁导入大地,显然是需要一段时间才能完成这个过程。管道中的过滤器和管道出口之间需有30s 的缓冲时间,油罐在注油过程中,从注油停止到油面产生最大静电电位,也有一段延迟时间。

4) 静电接地

静电与大地连接是消除导体上静电简单而有效的方法,是防静电中最基本的措施。静电接地连接是接地措施中重要一环,其目的是使带电体上的电荷有一条导入大地的通路。实现的办法是静电跨接、直接接地、间接接地等手段,把设备上的各部分经过接地极与大地作可靠的电气连接。

静电接地连接系统的电阻是指被接地对象经金属容器接地支线、干线,接地极到大地的电阻值。该值是衡量静电荷外界导出通路良好与否的依据,数值应小于 100Ω。

直接接地是将金属体与大地进行电气连接,使金属体的静电电位接近于大地,简称接地。

间接接地是将非金属体全部或局部表面与接地的金属紧密相连,从而获得接地的条件。

静电跨接是将两个以上没有电气连接的金属导体进行电气连接,使相互之间大致处于相同的静电电位。而跨接线必须与大地相连,方能起到确保安全的作用,跨接电阻是组成静电接地连接系统电阻值的一部分。

有关静电接地的具体规定详见 HG/T 20675—1990《化工企业静电接地设计规程》。

3. 静电中和法

使用静电消除器将气体分子进行电离产生消除静电所必要的离子。其中与带电物体极性相反的离子,向带电物体移动,并和带电物体的电荷进行中和,从而达到消除静电的目的。静电消除器已被广泛应用于生产薄膜、纸、布、粉体等的生产中。但是如使用方法不当或失误会使消静电效果减弱,甚至导致灾害的发生,因此必须认真研究静电消除器的特性和使用方法后再选择使用。

4. 人体的防静电措施

人体带电除了能使人体遭到电击和对安全生产造成威胁外,还能在精密仪器、电子器件等产品生产中造成质量事故,为此必须防止人体带电对生产造成危害。

人体静电的产生包括:鞋与地面之间的摩擦带电;人体和衣服间的摩擦带电;与带电物之间的感应带电和接触带电;吸附带电。一般可采用接地、工作地面导电化和严格安全操作等措施进行控制。

在人体必须接地的场所,应装设金属接地棒——消电装置,以随时消除人体所带静电。坐姿工作的场合,工作人员可佩带接地的腕带。在有静电危害的场所,应注意着装,穿戴防静电工作服、鞋和手套,不得穿化纤衣服。导电工作服要求在摩擦过程中,其带电电荷密度不得大于 $7.0\mu C/m^2$,一般消电场合 $10^{10}\Omega$,对爆炸危险场所选择在 $10^6 \sim 10^7 \Omega$ 为宜;导电工作鞋应在

$0.5 \times 10^5 \Omega \sim 1.0 \times 10^8 \Omega$ 范围。

对于特殊危险场所的工作地面应具有导电性或造成导静电条件,如洒水或铺设导电地板。工作地面泄漏电阻的阻值既要小到能防止人体静电的积累,又要防止人体触电时不致受到严重伤害,所以,电阻值应适当。为泄放人体静电一般选择人体泄漏电阻在 $10^8 \Omega$ 范围以下,同时考虑特别敏感的爆炸危险的场合,避免通过人体直接放电所造成的引燃源,所以泄漏电阻要选在 $10^7 \Omega$ 以上。另外在低压工频线路的场合还要考虑人身误触电的安全防护问题,所以泄漏电阻选择在 $10^6 \Omega$ 以上为宜。

另外,工作中回避危险动作,因为某些动作可能产生静电放电而引起火灾爆炸事故。在操作对静电敏感的化工产品时,按规定人体电位不能超过 10V,最大不能超过 100V,人们可依据这个具体要求控制操作速度及方法。例如,不要在存在爆炸危险且可燃物的最小点火能量较小的危险场所内穿脱衣物、鞋帽及剧烈活动;不要接近或接触带电体。在有静电危险的场所,不得携带与工作无关的金属物品,如钥匙、硬币、手表、戒指等,也不许穿带钉子鞋进入现场。不准使用化纤材料制作的拖布或抹布擦洗物体或地面等。

针对产生静电场所周围空间静电荷累积情况,可使用静电场强计或静电电位计,以预防静电事故发生。也可通过静电屏蔽方式防止静电荷向人体放电造成击伤。

5.6 防雷击

5.6.1 雷电的产生、分类及危害

1. 雷电的产生和分类

雷云是产生雷电的基本条件。水蒸气在上升过程中,受到高空高速低温气流吹袭会凝成水滴,进而聚集形成云。水平移动的冷气团和热气团在其前锋交界面上也会形成积云。云中水滴受强气流吹袭时,分裂成大小不同的水滴,它们带有不同的电荷。其中,较大的水滴带正电(或负电)以雨的形式降落到地面,较小的水滴就成为带负电(或正电)的云在空中飘浮或被气流带走,于是成为带有不同电荷的雷云。雷云达到一定数量的电荷聚集,电势就逐渐上升,当带不同电荷的雷云互相接近到一定程度,或与地面凸出物接近时,就会发生云层与云层之间或云层与大地之间迅猛地放电,称为雷击。雷击时放电温度可高达 2000℃,出现强烈的闪光,空气受热急剧膨胀,发生爆炸的轰鸣声,这就是人们看到的闪电和听到的雷鸣。根据形状不同,雷电大致可分为片状、线状和球状三种形式;从危害的角度考虑,雷电可分为直击雷、感应雷(包括静电感应和电磁感应)、雷电侵入波和球雷四种。

(1) 直击雷。当云层与地面或地面的凸出物之间接近时,将在地面或其凸出物上感应出异性导电性电荷,当电场强度达到空气击穿的强度时,雷云与地面之间放电形成的雷击为直击雷击。

(2) 感应雷。又称为"二次雷",分为静电感应和电磁感应两种。静电感应是由于雷云先导的作用,使附近导体上(架空线路或凸出导体)感应出与先导通道符号相反的电荷,雷云上放电时,先导通道中的电荷迅速中和,在导体上感应电荷得到释放(失夫束缚),以高压冲击波的形式沿线路或导电凸出物极快地传播,如不就近泄入大地中就会产生很高的电位。电磁感应是由于雷击后雷电流迅速变化在其周围产生瞬变的强电磁场,使附近导体上感应出很高的电动势。开口状的导体则在开口处引起火花放电;闭合导体回路则在环路内产生很大的冲击波。

(3) 雷电侵入波。沿架空线路或管线迅速传播的雷电波,如侵入屋内、危及人身安全或损坏设备。

(4) 球雷。雷电形成的发红光、橙光、白光或其他颜色的火球,火球直径约 20cm,球雷存在时间为数秒到数分,是一团处于特殊状态下的气体。在雷雨季节,球雷可能从门、窗、烟囱或其他缝隙侵入室内,或者无声的消失,或者发出"丝丝"的声音,或者发生剧烈爆炸。球雷横向移动可能使避雷针失去防范作用。

2. 雷电的危害

雷电的破坏作用是多方面的,雷电具有时间短、电流大、频率高、电压高等特点,可击穿电气设备,造成大面积停电,击毁建筑物,引起火灾和爆炸事故。雷电通常以电磁效应、电效应、热效应、机械效应、静电效应、雷电波侵入等形式产生破坏作用。

(1) 电磁感应。由于雷电在极短时间内产生很高的电压和很大的电流,因此,在它周围的空间里,将产生强大的交变电磁场。不仅会使处在这一电磁场中的导体感应出较大的电动势,并且还会在构成闭合回路的金属物中感应电流。这时如果回路中有的地方接触电阻较大,就会局部发热或产生火花放电,这对于存放易燃、易爆品的建筑物是非常危险的。

(2) 电效应。雷电放电产生数十万伏至数百万伏的冲击电压或外部过电压,可击穿电气设备的绝缘,引起短路,损坏电气设备和线路,造成大规模停电,甚至导致火灾或爆炸事故。当防雷装置受电击,并且它与其他电气设备或电气线路距离较近时,产生的放电现象称为反击。反击可引起电气设备绝缘损坏,金属管线烧穿,甚至酿成火灾和爆炸事故。绝缘的损坏还为高压窜入低压、设备漏电造成了危险条件,并能由此造成严重触电事故。雷击时产生的电火花,可使人遭到不同程度烧伤,巨大的雷电流流入地下,会在雷击地点或其连接的导体导致接触电压或跨步电压的触电事故。

(3) 静电感应。当金属物处于雷云和大地电场中时,金属物上会产生大量的电荷。雷云放电后,云和大地间的电场虽然消失,但金属物上所感应积聚的电荷却来不及逸散,因而产生很高的对地电压。这种对地电压,秒为静电感应电压。静电感应电压往往高达几万伏,可以击穿数十厘米的空气间隙,发生火花放电,这对于存放可燃性物品及易燃、易爆物品的场所是非常危险的。

(4) 雷电波侵入。由于雷电对架空线路、电缆线路或金属管道的作用,使雷电波,即闪电电涌沿线路管道迅速传播,可造成配电装置和电气线路绝缘层被击穿,产生短路,或使易燃、易爆品燃烧和爆炸。

(5) 热效应。强大电流通过导体时,在极短的时间内转换为大量热能,雷击点的发热能量为 500J~2000J,这一能量足以造成易燃物燃烧、金属熔化、飞溅,引发火灾、爆炸事故,高大的化工设备或储罐尤其要重点防范。

(6) 机械效应。由于巨大的雷电流通过被击物时,使被击物结构中间缝隙里的空气剧烈膨胀,并使水分及其他物质急剧蒸发或分解为气体,因而在被击物内部出现强大的机械压力,使被击物体遭受严重破坏或发生爆炸。

5.6.2 防雷装置

防雷装置主要由接闪器、引下线和接地体三部分组成。防雷装置所用金属材料应有足够的截面,以承受雷电流通过,并应有足够的机械强度和耐腐蚀性、热稳定性等性能,以承受雷电流的破坏作用。

接闪器是专门直接接受雷击的金属导体。接闪器利用其高出被保护物的突出地位,把雷电引向自身,然后,通过引下线和接地装置,把雷电流泄入大地,以保护被保护物免受雷击。接闪器有杆状接闪器(接闪杆或避雷针)、线状接闪器(接闪线或避雷线)、网状接闪器(接闪网、避雷网或带)和金属设备本体接闪器等形式。

避雷针有安装在被保护建筑物上的避雷针和直接在地面上的独立避雷针两种类型。独立避雷针多用于保护露天变、配电装置和有可燃、爆炸危险的建筑物。避雷线也叫架空地线,多用于保护电力线路和狭长的单层建筑物,是防直击雷的主要方法措施之一。当建筑物上部不装设突山的避雷针保护时,可采用避雷网和避雷带保护。出于避雷网和避雷带安装比较容易,且一般无需计算保护范围,并且不影响外观,所以很多建筑采用避雷网和避雷带保护方式较多。当避雷网和避雷带与其他接闪器组合使用时或为保护低于建筑物的物体,可把避雷网和避雷带处于建筑物屋顶四周的导体当作避雷线看待。

引下线为防雷装置的中段部分,一般为钢筋。接地装置是埋在地下的接地线和接地体。

5.6.3 防雷设计有关规定

依据 GB 50650—2011《石油化工装置防雷设计规范》,化工装置的各种场所,应根据能形成爆炸性气体混合物的环境状况和空间气体的消散条件,划分为厂房房屋或户外装置区。化工装置厂房房屋类场所的防雷设计,应符合现行国家标准 GB 50057—2000《建筑物防雷设计规范》的有关规定。化工装置户外装置区的防雷设计应执行 GB 50650—2011《石油化工装置防雷设计规范》的有关规定。

5.6.4 化工储罐区防雷措施

(1) 金属罐体应做防直击雷接地,接地点不应少于两处,并应沿罐体周边均匀布置,引下线的间距不应大于 18m。每根引下线的冲击接地电阻不应大于 10Ω。

(2) 储存可燃物质的储罐,其防雷设计应符合下列规定。

① 钢制储罐的罐壁厚度大于或等于 4mm,在罐顶装有带阻火器的呼吸阀时,应利用罐体本身作为接闪器。

② 钢制储罐的罐壁厚度大于或等于 4mm,在罐顶装有无阻火器的呼吸阀时,应在罐顶装设接闪器,且接闪器的保护范围应符合下列规定。

未装阻火器的排放爆炸危险气体或蒸气的放散管、呼吸阀和排风管等,管口外的以下空间应处于接闪器保护范围内。

a. 当有管帽时:接闪器的保护范围应按表 5-14 确定。

b. 当无管帽时:接闪器的保护范围应为管口上方半径 5m 的半球体空间。接闪器与雷闪的接触点应设在上述空间之外。

表 5-14 有管帽的管口外处于接闪器保护范围内的空间

管口内压力与周围空气压力的压力差/kPa	排放物的比重	管帽以上的垂直高度/m	距管口处的水平距离/m
<5	重于空气	1	2
5~25	重于空气	2.5	5
≤25	轻于空气	2.5	5
>25	重或轻于空气	5	5

③ 钢制储罐的罐壁厚度小于 4mm 时,应在罐顶装设接闪器,使整个储罐在保护范围之内。罐顶装有呼吸阀(无阻火器)时,接闪器的保护范围应符合本小节中对接闪器的规定。

④ 非金属储罐应装设接闪器,使被保护储罐和突出罐顶的呼吸阀等均处于接闪器的保护范围之内,接闪器的保护范围应符合本小节中对接闪器的规定。

⑤ 覆土储罐当埋层大于或等于 0.5m 时,罐体可不考虑防雷设施。储罐的呼吸阀露出地面时,应采取局部防雷保护,接闪器的保护范围应符合本小节中对接闪器的规定。

⑥ 非钢制金属储罐的顶板厚度大于或等于表 5-15 中的厚度 t 值时,应利用罐体本身作为接闪器;顶板厚度小于表 5-15 中的厚度 t 值时,应在罐顶装设接闪器,使整个储罐在保护范围之内。

表 5-15 做接闪器设备的金属板最小厚度

材料	防止击(熔)穿的厚度 t/mm	不防止击(熔)穿的厚度 t'/mm
不锈钢、镀锌钢	4	0.5
钛	4	0.5
铜	5	0.5
铝	7	0.65
锌	—	0.7

(3) 浮顶储罐(包括内浮顶储罐)应利用罐体本身作为接闪器,浮顶与罐体应有可靠的电气连接。浮顶储罐的防雷设计应按现行国家标准 GB 50074《石油库设计规范》的有关规定执行。

思 考 题

1. 防止化工生产过程中的防火防爆措施主要从哪几个方面考虑?
2. 化工生产中常见的点火能源有哪些?
3. 如果生产场所存在易燃易爆和有毒气体时,检测器应如何选择?
4. 防爆电气设备是如何分类的?
5. 如何预防人体静电产生危险?

第6章 化工厂安全设计

化工厂安全贯穿于化工厂规划、设计、建厂、试车、投产的全过程。化工厂安全问题在化工厂设计的初始阶段就应该得到充分考虑，否则到了设计后期有可能因为投资的不足和时限的紧迫而被忽略，给今后的生产安全留下难以弥补的安全隐患。本章叙述了化工厂安全设计方面的内容，主要包括厂区布局安全设计、化工工艺安全设计和化工单元区域的安全规划等。

安全设计就是要把生产过程中潜在的不安全因素进行系统地辨识。这些不安全因素能够在设计中消除的，则在设计中消除；如不能消除，就要在设计中采取相应的控制措施和事故防范措施。对于不安全因素的辨识，既需要设计人员具体考虑，也需要安全专业人员的参与，同时，也要深入听取一线生产人员的意见。只有集思广益，才能最大限度地把不安全因素查清，以便在安全设计中予以消除与控制。化工厂安全设计的工作程序如下：

1. 设计准备阶段

了解设计任务书内容；确定工程项目中的危险品种类及用量，编制危险物料名称及性能表，并对其危险性进行定量分析，进行危险区域等级划分；收集有关安全的法规、标准和规范；查找同类及类似装置中的事故情况，认真分析其发生原因，形成本装置的适用性材料；提出本装置防火防爆的问题及解决办法；针对厂址的地理及气候条件，提出防火防爆的具体意见。

2. 初步设计

根据总图设计，针对设备的安全距离和危险区的级别提出具体意见；检查防火防爆及泄爆结构，提出具体意见；对于各项主要设备的防火防爆结构提出建议，作为设备设计和采购的参考。

3. 施工图设计

检查最终设计中有关设备、配管、电气、仪表的防火防爆及防止故障的具体措施是否符合有关规范的规定，是否符合本装置的具体情况。

另外，通常在设计阶段中，各技术专业也要同时进行研究，对安全设计一定要进行特别慎重的审查，完全清除考虑不到和缺陷之处。一般化工厂安全设计包括下列13项内容。

(1) 装置结构与材料的安全设计。
(2) 过程安全装置设计。
(3) 引燃、引爆能量的安全设计、引燃。
(4) 危险物处理安全设计。
(5) 电力及动力系统安全设计。
(6) 防止误操作的安全设计。
(7) 防止意外事故破坏或扩展的安全设计。
(8) 平面布置的安全设计。
(9) 耐火结构安全设计。
(10) 防止火灾蔓延及爆炸扩展的安全设计。

(11) 流体局限化安全设计。
(12) 消防灭火系统安全装置。
(13) 报警、通信系统安全设计。

6.1 厂区布局安全设计

6.1.1 厂址的选择

厂址的正确选择是确保化工厂生产安全的重要前提。化工厂的建设应根据城市规划和工业区规划的要求,综合分析与权衡当地的自然和经济情况,按照相关部门已经批准的设计计划任务书,进行多方案经济、安全可行性对比,最终确定工厂所在的地区、周围环境以及工厂内部组件之间的相对位置,以达到合理、安全和环保的要求。

1. 厂址选择的影响因素

选择化工厂厂址时,应该考虑原料产地和产品市场因素、动力和燃料因素、气候因素、运输因素、水文因素、环境保护因素、劳动力因素及其他因素。

1) 原料产地和产品市场因素

厂址应靠近所需原材料的生产地和产品销售的市场,可以大幅度地降低原材料的运输和储存费用,同时也可以减少产品运输的时间和销售费用。

2) 动力和燃料因素

化工厂在生产的过程中需要大量的蒸汽作为动力,而蒸汽主要是通过燃烧燃料而获得,因此在选择厂址时,动力和燃料是主要因素。尤其对于需要大量燃料的化工厂,厂址靠近燃料的供应地区,可以提高企业的经济效益。

3) 气候因素

气候因素也是影响化工厂经济效益的重要因素。对于寒冷地域的工厂需要把工艺设备安放在具有较好保温性的建筑物中,而高温地域的工厂需要增设凉水塔和空调设备,这都将增加化工厂基础建设投资和日常操作费用,所以选择厂址时应该充分将当地的气候因素考虑在内。

4) 运输因素

企业常用的运输途径主要包括水路运输、铁路运输和公路运输,其中铁路运输最方便快捷,水路运输费用最低。厂址选择时应该了解当地的运输费用的价格及现有铁路线路状况,尽量靠近铁路枢纽及河流、运河、湖泊等水网地区,以便铁路运输和水路运输,而公路运输可以当作铁路运输和水路运输的补充。其外,可供化工厂职工使用的交通设施也是选择厂址需要考虑的因素之一。

5) 水文因素

化工厂需要使用大量的水,用于产生蒸汽、冷却操作、洗涤设备和各种化工反应。因此,厂址的选择需要根据当地的水文地质资料,选择靠近水量充足和水质良好的地区,如较大的湖泊和水量丰富的河流,同时也可以从深井中获取化工厂所需用水。

6) 环境保护因素

厂址选择时应该注意当地自然环境条件,对于化工厂投产后有可能造成的环境污染必须做出预评价,并且将预评价报告上报到当地环保部门,得到当地环保部门认可。同时应该妥善处理化工生产中产生的废气、废水和废渣,确保不污染当地自然环境。

7）劳动力因素

必须准确了解当地能够使用劳动力的技术水平和人员数量，尤其是熟练操作工的数量，同时调查厂址附近的消费情况，以确定化工厂用工的工资水平。

8）其他因素

除上述因素以外，在化工厂选择厂址时还应该考虑用地因素、协作因素和预防各种灾害因素等。

2. 厂址选择的基本安全要求

（1）厂址选择在具有良好的工程地质条件的地域。对于存在滑坡、断层、泥石流、严重流砂、淤泥溶洞、地下水位过高和地基土承载力低等不利条件的地域，不应该作为化工厂选址的对象。

（2）厂址选择在沿河、海岸时，应该位于临江河、城镇和重要桥梁、水源地、港口、船厂等重要建筑物的下流地域。

（3）厂址选择应该避开爆破危险区、采矿崩落区以及有洪水、泥石流威胁的地域。厂址位于坝址下游方向时，不应该设在当坝体发生意外事故（如溃坝）时，容易受水冲毁危险的地段。

（4）厂址选择在具有良好的水文气象条件的地域。应该避开不良气候地段以及居民饮用水源区，并考虑当地季节风向、台风强度、雷击及地震的影响与危害。

（5）厂址选择与相邻企业密切相关，要做到趋利避害，既要利用已有的设施进行最大程度的相互协作，又要尽量避免生产过程中可能产生的危害。厂址选择应该在火源的下风侧、毒性及可燃物质的上风侧。

（6）厂址的选择要便于合理配置化工厂内外的供水、排水、供电、运输系统以及其他公用设施。

（7）厂址选择在有便利交通的地域，有利于原材料、燃料供应和产品销售良好的流通以及储存，并且与公用工程和社会设施等方面形成良好的协作环境。

（8）厂址选择应该避免的地域：

① 发震断层地区和基本烈度9度以上的地震区。

② 厚度较大的Ⅲ级自重湿陷性黄土地区。

③ 易遭受洪水、泥石流、滑坡等危害的山区。

④ 有开采价值的矿藏地区。

⑤ 对机场、电台等使用有影响的地区。

⑥ 国家规定的历史文物、生物保护和风景游览地区。

⑦ 城镇等人口密集的地区。

3. 厂址选择的危险性与防护一般原则

在化工厂的定位、选址和布局中，会有各式各样的危险。一般把它们划分为潜在的和直接的两种类型。前者称为一级危险，后者称为二级危险。

一级危险是指在正常条件下不会造成人身或财产的损害，只有触发事故时才会引起损伤、火灾或爆炸。典型的一级危险如下：

（1）有易燃物质存在。

（2）有热源存在。

（3）有火源存在。

（4）有富氧存在。

(5) 有压缩物质存在。
(6) 有毒性物质存在。
(7) 人员失误的可能性。
(8) 机械故障的可能性。
(9) 人员、物料和车辆在厂区的流动。
(10) 由于蒸气云降低能见度等。

一级危险失去控制就会发展成为二级危险,造成对人身或财产的直接损害。二级危险如下:

(1) 火灾。
(2) 爆炸。
(3) 游离毒性物质的释放。
(4) 跌伤。
(5) 倒塌。
(6) 碰撞。

对于所有上述两级危险,可以设置三道防护线。第一道防护线是为了解决一级危险,并防止二级危险的发生。第一道防护线的成功与否主要取决于所使用设备的精细制造工艺,如无破损、无泄漏等。在工厂的布局和规划中有助于构筑第一道防护线的项目如下:

(1) 根据主导风的风向,把火源置于易燃物质可能释放点的上风侧。
(2) 为人员、物料和车辆的流动提供充分的通道。

对于二级危险,为了把生命和财产的损失降至最小程度,需要实施第二道防护线,在工厂的选址和规划方面采取以下措施。

(1) 把最危险的区域与人员最常在的区域隔离开。
(2) 在关键部位安放灭火器材。

不管预防措施如何完善,但人身伤害事故仍时有发生。第三道防护线是提供有效的急救和医疗设施,使受到伤害的人员得到迅速救治。第三道防护线的意义是迅速救治未能防止住的伤害。

在实际工作中有许多切实可行的措施可以利用来构筑三道防护线,其中一些可以利用自然条件构筑,而另外一些只能由人为构筑。

地形是规划安全时可以利用的一个因素。正如液体向下流一样,从运行工厂释放出的许多易燃或毒性气体也是如此。可以适当利用地理特征作为企业的安全工具,有效地排除这些危险物质。

水量充足的水源对灭火是极为重要的,水供应得充足与否往往决定着灭火的成败。

主导风方向是另一个重要的自然因素。从地方气象资料可以确定刮各个方向风的时间的百分率,通过选址和布局使得主导风有助于易燃物的安全排放。很显然,风并不总是沿着主导的方向吹,但是选址和布局所做的是多重选择中最佳的一种。

超出自然方法之外,也可以通过人工智能提供一些强化安全的要素,隔开距离就是这样的一种要素。隔开距离实现不同危险之间以及危险和人之间的隔离,例如,燃烧炉和向大气排放的释放阀之间以及高压容器和操作室之间,都要隔开一段距离。类似的方法是用物理屏障隔离。一个典型的例子是用围堰限制液体的溢流。

两种经常结合应用的方法是危险的集中和危险的标识。考虑压力储存容器的定位,最好是把这类装置隔离在工厂的一个特定区域内,使得危险集中易于确定危险区的界限。这样做有两个明显的好处:一是使值班人以外的人员都远离危险区;二是必须工作在或必须通过危险区的人员完全熟悉存在的危险情况,可以相对安全。同时还应该注意到危险集中的不利之处,一个容器起火或爆炸有可能波及相邻的容器,造成更大的损失。但是经验告诉人们,集中的危险会受到更密切的关注,有可能会减少事故,把危险分散至全厂而不为人所注意会更具危险性。

作为安全工具,可以设计和配置一些物理设施,如救火水系统、安全喷射器、急救站等,以备对付危险之用。

4. 工厂选址的安全问题

工厂选址仍然是一种工厂相对于其环境的定位问题。化工厂对其所在的社区可能会有多种危险,从工厂飘逸出的有毒或有害气体会进入居民区或其他人口稠密的地区;易燃气体会飘过如其他工厂的煅烧炉之类的火源;冷却塔的烟雾会飘过交通繁忙的高速公路或道路等。隔开距离,把厂址选择在一个孤立地区可以解决上述问题。如果客观条件不允许实现以上举措,可以依据主导风,把工厂置于社区的下风区域。虽然风并不总是沿着主导的方向吹,但这至少可以部分改善上述危险产生的困扰。

工厂高构筑物可能的坍塌是对社区的另一种潜在的危险。在许多城市,建筑法规要求,高建筑物或构筑物都要留有一定的间距,防止落体砸伤行人、汽车司乘人员或砸坏邻近的设施。

工厂会产生需要排除的废液。应该确保预期的排污方法不会污染社区的饮用水。特别是对于渔业,对海洋生物的毒性作用会成为严重问题。可能含有爆炸混合物的日常排污管道务必不可穿越公共的或私人的地界。

对工厂的主要进出口点要格外小心。上下班时进出厂的交通车量剧增,如果不适当安排或疏散,会引起严重的交通事故。如果工厂邻近高速公路,会有车辆离开公路冲入工厂的危险。

毗邻的工厂可能会释放出毒性或易燃气体飘入工厂,引起人员中毒或由于火花或加热面而起火。在这种情况下,如果可能,最好是把工厂建于上风区,或是隔开一定的距离。

充足的水源会增强灭火能力。最好是工厂附近有河流或湖泊可用作水源,使得救火水不必从地下泵取。还要考虑地方城市供水系统用作救火水源的可能性。

地形也是一个要考虑的因素。参加工厂设计的每个人都会同意,厂区应该是一片平地。厂区内不应该有洼地,否则可能会形成毒性或易燃蒸气或液体的积聚。相对于周围地区,厂区最好地势较高而不应是低洼地。

社区对工厂及其工作人员可能会构成某些确定的危险,即使没有危险,也可能不具有强化工厂安全所必要的设施。从这个意义上讲,工厂选址在一个孤立地区有利于工厂安全。工厂救火时往往需要社区的协助,社区协助的有效与否,有时对救火的成败起着决定作用。还有,在急救和医疗设施方面,社区也能提供协助。

综上所述,在工厂选址中很难找到保证最大安全的恰当的地址。需要全面审核提出的带有管线、公路、铁路和电力线路敷设权的各种选址方案,综合评定其对工厂存在的或潜在的危险,择优确定较佳的方案。

6.1.2 工厂总平面的安全布局

1. 总平面布局的基本原则

在厂址确定以后,必须在已确定的用地范围内,有计划地、合理地进行建筑物、构筑物及其他工程设施的平面布局,交通运输线路的布置,管线综合布置,以及绿化布置和环境保护措施的布置等。为保障安全,在总平面布局中应遵循以下的基本原则。

(1) 从全面出发合理布局,正确处理生产与安全,局部与整体、重点与一般、近期与远期的关系,把生产、安全、卫生、适用、技术、先进、经济合理和尽可能的美观等因素,作出统筹安排。

(2) 总平面布局应符合防火、防爆的基本要求,体现以防为主、以消为辅的方针,并有疏散和灭火的设施。

(3) 应满足安全、防火、卫生等设计规范、规定和标准的要求,合理布置间距、朝向及方位。

(4) 合理布置交通运输和管网线路,进行绿化布置和环境保护。

(5) 合理考虑企业发展和改建、扩建的要求。

2. 工厂总平面布局的基本要求

工厂布局也是一种工厂内部组件之间相对位置的定位问题,总平面布局有三个要求。

(1) 生产要求。总体布局首先要求保证径直和短捷的生产作业线,尽可能避免交叉和迂回,使各种物料的输送距离为最小,同时将水、电、汽耗量大的车间尽量集中,形成负荷中心,并使其与供应来源靠近,使水、电、汽输送距离为最小。工厂总体布局还应使人流、物流的交通路线径直和短捷,避免交叉和重叠。

(2) 安全要求。厂区如果具有易燃、易爆、有毒的特点,应该充分考虑安全布局,应遵守防火、卫生等安全规范和标准的有关规定,重点是防止火灾和爆炸的发生。

(3) 发展要求。厂区布置要求有较大的弹性,对于工厂的发展变化有较大的适应性。就是说,随着工厂不断的发展变化、厂区的不断扩大,厂内的生产布局和安全布局方面应该保持合理的布置。结合厂区的内外条件确定生产过程中各种机器设备的空间位置,获得最合理的物料和人员的流动路线。

1) 按使用功能要求分区布局

工厂厂区一般可划分为以下六个区块:工艺装置区、罐区、公用设施区、运输装卸区、辅助生产区、管理区。对各个区块的安全要求如下。

(1) 工艺装置区。加工单元可能是工厂中最危险的区域。首先应该汇集这个区域的一级危险,找出毒性或易燃物质、高温、高压、火源等。这些地方有很多机械设备,容易发生故障,加上人员可能的失误而使其充满危险。在安全方面唯一可取之处是通常过程单元人员较少。

加工单元应该离开工厂边界一定的距离,应该是集中而不是分散的分布。后者有助于加工单元作为危险区的识别,杜绝或减少无关车辆的通过。要注意厂区内主要的火源和主要的人口密集区,由于易燃或毒性物质释放的可能性,加工单元应该置于上述两者的下风区。

加工单元除应该集中分布外,还应注意区域不宜太拥挤。因为不同过程单元间可能会有交互危险性,过程单元间要隔开一定的距离。特别是对于各单元不是一体化过程的情形,完全有可能一个单元满负荷运转,而邻近的另一个单元正在停车大修,从而使潜在危险增加。危险区的火源、大型作业、机器的移动、人员的密集等都是应该特别注意的事项。

目前在化学工业中,过程单元间的间距仍然是安全评价的重要内容。对于过程单元本身的安全评价,比较重要的因素有:①操作温度;②操作压力;③单元中物料的类型;④单元中物料的量;⑤单元中设备的类型;⑥单元的相对投资额;⑦救火或其他紧急操作需要的空间。

(2) 罐区。储存容器,比如储罐,是需要特别重视的装置。每个这样的容器都是巨大的能量或毒性物质的储存器。在人员、操作单元和储罐之间保持尽可能远的距离是明智的。这样的容器能够释放出大量的毒性或易燃性的物质,所以务必将其置于工厂的下风区域。前面已经提到,储罐应该安置在工厂中的专用区域,加强其作为危险区的标识,使通过该区域的无关车辆降至最低限度。罐区的布局有以下三个基本问题。

① 罐与罐之间的间距。

② 罐与其他装置的间距。

③ 设置拦液堤所需要的面积。

与以上三个问题有密切关系的是储罐的两个重要的危险：一个是罐壳可能破裂，很快释放出全部内容物；另一个是当含有水层的储罐加热高过水的沸点时会引起物料过沸，如同加工单元的情形。以上三个问题所需要的实际空间方面，化学工业还没有具体的设计依据，还有待进一步的研究。

罐区和办公室、辅助生产区之间要保持足够的安全距离。罐区和工艺装置区、公路之间要留出有效的间距。罐区应设在地势比工艺装置区略低的区域，决不能设在高坡上。还有通路问题。每一罐体至少可以在一边由通路到达，最好是可以在相反的两边由通路到达。

(3) 公用设施。公用设施区应该远离工艺装置区、罐区和其他危险区，以便遇到紧急情况时仍能保证水、电、汽等的正常供应。由厂外进入厂区的公用工程干管，也不应该通过危险区，如果难以避免，则应该采取必要的保护措施。工厂布局应该尽量减少地面管线穿越道路。管线配置的一个重要特点是在一些装置中配置回路管线。回路系统的任何一点出现故障即可关闭阀门，将其隔离开，并把装置与系统的其余部分接通。要做到这一点，就必须保证这些装置至少能从两个方向接近工厂的关节点。为了加强安全，特别是在紧急情况下，这些装置的管线对于如消防用水、电力或加热用蒸气等的传输必须是回路的。

锅炉设备和配电设备可能会成为引火源，应该设置在易燃液体设备的上风区域。锅炉房和泵站应该设置在工厂中其他设施的火灾或爆炸不会危及的地区。管线在道路上方穿过要引起特别注意。高架的间隙应留有如起重机等重型设备的方便通路，减少碰撞的危险。最后，管路一定不能穿过围堰区，围堰区的火灾有可能毁坏管路。

冷却塔释放出的烟雾会影响人的视线，冷却塔不宜靠近铁路、公路或其他公用设施。大型冷却塔会产生很大噪声，应该与居民区有较大的距离。

(4) 运输装卸区。良好的工厂布局不允许铁路支线通过厂区，可以把铁路支线规划在工厂边缘地区解决这个问题。对于罐车和罐车的装卸设施常做类似的考虑。在装卸台上可能会发生毒性或易燃物的溅洒，装卸设施应该设置在工厂的下风区域，最好是在边缘地区。

原料库、成品库和装卸站等机动车辆进出频繁的设施，不得设在必须通过工艺装置区和罐区的地带，与居民区、公路和铁路要保持一定的安全距离。

(5) 辅助生产区。维修车间和研究室要远离工艺装置区和罐区。维修车间是重要的火源，同时人员密集，应该置于工厂的上风区域。研究室按照职能的观点一般是与其他管理机构比邻，但研究室偶尔会有少量毒性或易燃物释放进入其他管理机构，所以两者之间直接连接是不恰当的。

废水处理装置是工厂各处流出的毒性或易燃物汇集的终点，应该置于工厂的下风远程区域。

高温煅烧炉的安全考虑呈现出矛盾。作为火源，应将其置于工厂的上风区，但是严重的操作失误会使煅烧炉喷射出相当量的易燃物，对此则应将其置于工厂的下风区。作为折中方案，可以把煅烧炉置于工厂的侧面风区域。与其他设施隔开一定的距离也是可行的方案。

(6) 管理区。每个工厂都需要一些管理机构。出于安全考虑，主要办事机构应该设置在工厂的边缘区域，并尽可能与工厂的危险区隔离。这样做有以下理由：首先，销售和供应人员以及必须到工厂办理业务的其他人员,没有必要进入厂区。因为这些人员不熟悉工厂危险的性质和区域,而他们的普通习惯如在危险区无意中吸烟,就有可能危及工厂的安全。其次,办公室人员的密度在全厂可能是最大的,把这些人员和危险分开会改善工厂的安全状况。

在工厂布局中,并不总是有理想的平地,有时工厂不得不建在丘陵地区。有几点值得注意:液体或蒸气易燃物的源头从火险考虑不应设置在坡上;低洼地有可能注水,锅炉房、变电站、泵站等应该设置在高地,在紧急状态下,如泛洪期,这些装置连续运转是必不可少的,储罐在洪水中易受损坏,空罐在很低水位中就能漂浮,从而使罐的连接管线断裂,造成大量泄漏,进一步加重危机。甚至需要考虑设置物理屏障系统,阻止液体流动或火险从一个厂区扩散至另一个厂区。

2) 正确处理建筑物的组合安排

建筑物的组合安排,涉及建筑体型、朝向、间距、布局方式所在地段的地形、道路、管线的协调等。

建筑物的建筑层次,应根据土壤承载能力来确定,有地下室设施的建筑物、构筑物应布置在地下水位较低的地方。

对散发有毒害物质的生产工艺装置及其有关建筑物应布置在厂区的下风向。为了防止在厂区内有害气体的弥漫和影响,并能迅速予以排除,应使厂区的纵轴与主导风向平行或不大于45°,这样可以有效地利用人为的穿堂风,以加速气流的扩散。

建筑物的方位应保证室内有良好的自然采光和自然通风,但应防止过度的日晒。最适宜的朝向应根据不同纬度的方位角来确定。为了有利于自然采光,各建筑物之间的距离,应不小于相对两建筑物中最高屋檐的高度。

在厂区内主要干道的两侧,有计划地种植行道树和灌木绿化丛,不但有美化环境的作用,也是现代化工厂文明生产必备条件。厂区的绿化还有助于减弱生产中案发的有害气体和压抑粉尘的作用,有助于净化空气,改善厂区气候环境;在盛夏季节可以大量减少太阳的辐射热;在寒冬季节里可以起到防风保暖作用。厂区的绿化可阻隔噪声在空气中的传导,起到一定的吸声作用。有一些抗毒性能较强的树种如刺槐、白杨等,可抵抗二氧化硫;如龙柏、黄杨等可抵抗二氧化碳及酸雾;如接骨木、乌桕、枫、黑松等,可抵抗氯气;如罗汉松等,可强抗硫化氢气体。厂区总平面布置,必须结合地形、地质情况以及选用竖向布置来进行设计。

3) 合理组织交通路线

工厂交通路线应根据生产作业线和工艺流程的要求合理组织流线、流量、车行系统和人行系统,以及各种交通措施。要全面考虑水平运输与垂直运输的衔接,以及不同的运输车辆、不同的交通线路和不同的交通流量的衔接安排。

为了避免各种车辆进出厂区过于频繁,并由此产生的振动、噪声和排出的有害气体影响生产及过往行人和生活的安静,主要生产车间应按工艺流程合理安排,使生产线衔接通顺而短捷,尽量减少不合理的交叉和往返运输。原料和成品仓库要就近交通线,并在保持一定安全距离的条件下,尽可能靠近生产车间,如有可能应用管道输送。辅助车间也应尽可能地接近生产车间。厂区主要的交通网布置应结合生产,使厂区外运输经常保持畅通,合理分散人流与货流。

工厂道路出入口至少应设两处,且应设于不同的方位。要使主要人流和货流分开,主要人行道和货运道路,应尽可能避免交叉。在不可避免时,尽可能设置栈桥和隧道,使在不同空间通行,以防交通事故的发生。在厂区道路交叉处,应有足够的会车视距,即车辆在弯道口,驾驶员能够清楚地预先看清另一侧的情况。在此视距范围内,不应设置临时建筑、堆物等有碍交通的遮挡物。厂区道路口视距一般不小于20m。厂区道路应尽量作环状布置,对火灾危险性大的工艺生产装置、储罐区、仓储区及桶装易燃、可燃液体堆场,在其四周应设道路。当受地形条件限制时,可采用尽头式道路,并在尽头设置回车道或回车场地。消防专用道路不应兼做储罐区的防火堤,并应考虑错车要求。在公路型单车道距路面边1m宽的路肩内,不应布置地面消火栓及地面任何管道。

在厂区运输易燃、可燃液体和液化石油气以及其他化学危险物质的铁路装卸线,应为平直段,当条件受限制时,可设在半径不小于500m的曲线上,但其纵坡度应为零。如该装卸线设计为尽头线时,延伸终端距装卸站台应不小于20m。

3. 防火间距

防火间距是生产、储存易燃易爆危险物品的化工企业必须设置在城市的边缘或相对独立的安全地带,不得设置在人员密集的公共场所附近或居民区内。设计总平面布置时,留出足够的防火间距,对防止火灾的发生和减少火灾的损失有着重要的意义。确定防火间距的目的,是在发生火灾时不使邻近装置及设施受火源辐射热作用而被加热;不使火灾地点流淌、喷射或飞散出来的燃烧物体、火焰或火星点燃邻近的易燃液体或可燃气体,并减少对邻近装置、设施的破坏,便于消火及疏散。

防火间距的确定,应该以生产的火灾危险性大小及其特点来衡量,并进行综合评定。我国现行的防火规范对各种不同的装置、设施、建筑物等的防火间距均有明确规定。在总平面布置中,应考虑并确定以下各类防火间距。

(1) 石油化工企业(化工厂和炼油厂)与居民区、邻近工厂、交通线路等的防火间距。
(2) 石油化工企业总平面布置的防火间距。
(3) 石油化工工艺生产装置内设备、建(构)筑物之间的防火间距。
(4) 屋外变(配)电站与建筑物的防火间距。
(5) 汽车加油站与建筑物、铁路、道路的防火间距。
(6) 甲类物品库与建筑物的防火间距。
(7) 易燃、可燃液体的储罐、堆场与建筑物的防火间距。
(8) 易燃、可燃液体储罐之间的防火间距。
(9) 易燃、可燃液体储罐与泵房、装卸设备的防火间距。
(10) 卧式可燃气体储罐间或储罐与建筑物、堆场的防火间距。
(11) 卧式氧气储罐与建筑物、堆场的防火间距。
(12) 液化石油气储罐间或储罐区与建筑物、堆场的防火间距。
(13) 露天、半露天堆场与建筑物的防火间距。
(14) 空分车间吸风口的防火间距。
(15) 乙炔站、氧气站、煤气发生站与建筑物、构筑物的防火间距。
(16) 堆场、储罐、库房与铁路、道路的防火间距。

GB 50160—2008《石油化工企业设计防火规范》对防火间距作出了明确的规定。

防火间距的计算方法,一般是从两座建筑物或构筑物的外墙(壁)最突出的部分算起;计算与铁路的防火间距时,是从铁路中心线算起;计算与道路的防火间距时,是从道路的邻近一边的路边算起。在计算防火间距大小时,主要考虑以下因素。

1) 辐射热

辐射热是影响防火间距的主要因素,辐射热的传导作用范围较大,在火场上火焰温度越高,辐射热强度越大,引燃一定距离内的可燃物时间也越短。

2) 热对流

这是火场冷热空气对流形成的热气流,热气流冲出窗口,火焰向上升腾而扩大火势蔓延。由于热气流离开窗口后迅速降温,故热对流对邻近建筑物的影响较小。

3) 建筑物外墙开口面积

建筑物外墙开口面积越大,发生火灾时在可燃物的性质和数量相同的条件下,由于通风好、燃烧快、火焰强度高,导致辐射热强,使邻近建筑物接受较多辐射热,容易引起火焰蔓延。

4) 建筑物内可燃物的性质、数量和种类

可燃物的性质、种类不同,火焰温度也不同。可燃物的数量与发热量成正比,与辐射热强度也有一定关系。

5) 风速

风的作用能加强可燃物的燃烧并且促使火灾加快蔓延。

6) 相邻建筑物高度的影响

相邻两栋建筑物,若较低的建筑着火,尤其当火灾时它的屋顶结构倒塌,火焰穿出时,对相邻的较高的建筑危险很大,因较低建筑物对较高建筑物的辐射角为 30°～45°时,辐射热强度最大。

7) 建筑物内消防设施的水平

如果建筑物内火灾自动报警和自动灭火设备完整,不但能有效地防止和减少建筑物本身的火灾损失,而且还能减少对相邻建筑物蔓延的可能。

8) 灭火时间的影响

火场中的火灾温度,随燃烧时间有所增长。火灾延续时间越长,辐射热强度也会有所增加,对相邻建筑物的蔓延可能性增大。

6.1.3 建筑设计

化工建筑设计应采用相应的防火、防爆、防毒、防腐蚀措施,以保证建筑适应生产和安全的需要。化工生产的厂房面积和高度要根据机器设备的布置和操作、通风排气、取暖采光的要求来确定。化学物质对建筑的腐蚀,会使建筑物各个部分遭受严重的损失,因此在设计中,需要正确地选择防腐蚀的建筑材料,采取有效的防腐蚀措施。厂房和大型设备的基础地基,如受酸性介质的腐蚀,会降低承载能力,可采用耐酸混凝土或沥青混凝土。根据不同的腐蚀程度,也可对基础包黏土层或油毡防护层以防腐蚀;对梁柱的防腐蚀,可用喷刷沥青环氧煤焦油、苯乙烯等涂料,或用沥青粘贴玻璃布、环氧煤焦油、玻璃钢等材料加以防护。地面可用耐酸、耐碱混凝土材料制成。

1. 生产及储存的火灾危险性分类

为了确定生产的火灾危险性类别,以便采用相应的防火、防爆措施,必须对生产过程的火灾危险性加以分析,主要是了解生产中所使用的原料、中间体和成品的物理、化学性质及其火灾、爆炸的危险程度,反应中所用物质的数量,采用的反应温度、压力以及使用密闭的还是敞开的设备等条件,综合确定生产及存储的火灾危险性类别。生产及储存的火灾危险性分类原则及举例见表 6-1、表 6-2。

表 6-1 生产的火灾危险性分类原则及举例

生产类别	特 征	举 例
甲	1. 闪点小于 28℃的易燃液体	1. 闪点<28℃的油品和有机溶剂的提炼、回收或洗涤部位及其泵房,橡胶制品的涂胶和胶浆部位,二硫化碳的粗馏、精馏工段及其应用部位,青霉素提炼部位,原料药厂的非纳西汀车间的烃化、回收及电感精馏部位,皂素车间的抽提、结晶及过滤部位,冰片精制部位,磺化法糖精厂房,氯乙醇厂房,环氧乙烷、环氧丙烷工段,苯酚厂房的磺化、蒸馏部位,焦化厂吡啶工段,胶片厂片基厂房,汽油加铅室,甲醇、乙醇、丙酮、丁酮异丙醇、醋酸乙酯、苯等的合成或精制厂房,集成电路工厂的化学清洗间(使用闪点小于28℃的液体),植物油加工厂的浸出厂房
	2. 爆炸下限小于 10%的可燃气体	2. 乙炔站,氢气站,石油气体分馏(或分离)厂房,氯乙烯厂房,乙烯聚合厂房,天然气、石油伴生气、矿井气、水煤气或焦炉煤气的净化(如脱硫)厂房压缩机室及鼓风机室,液化石油气罐瓶间,丁二烯及其聚合厂房,醋酸乙烯厂房,电解水或电解食盐厂房,环己酮厂房,乙基苯和苯乙烯厂房,化肥厂的氢氮气压缩厂房,半导体材料厂使用氢气的拉晶间,硅烷热分解室
	3. 常温下能自行分解或在空气中氧化,即能导致迅速自燃或爆炸的物质	3. 硝化棉厂房及其应用部位,赛璐珞厂房,黄磷制备厂房及其应用部位,三乙基铝厂房,染化厂某些能自行分解的重氮化合物生产,甲胺厂房,丙烯腈厂房
	4. 常温下受到水或空气中水蒸气的作用,能产生可燃气体并引起燃烧或爆炸的物质	4. 金属钠、钾加工厂房及其应用部位,聚乙烯厂房的一氯二乙基铝部位、三氯化磷厂房,多晶硅车间三氯氢硅部位,五氧化磷厂房
	5. 遇酸、受热、撞击、摩擦以及遇有机物或硫磺等易燃的无机物,极易引起燃烧或爆炸的强氧化剂	5. 氯酸钠、氯酸钾厂房及其应用部位,过氧化氢厂房,过氧化钠、过氧化钾厂房,次氯酸钙厂房
	6. 受撞击、摩擦或与氧化剂、有机物接触时能引起燃烧或爆炸的物质	6. 赤磷制备厂房及其应用部位,五硫化二磷厂房及其应用部位
	7. 在压力容器内物质本身温度超过自燃点的生产	7. 洗涤剂厂房石蜡裂解部位,冰醋酸裂解厂房
乙	1. 28℃≤闪点<60℃的易燃、可燃液体	1. 闪点≥28℃至<60℃的油品和有机溶剂的提炼、回收、洗涤部位及其泵房,松节油或松香蒸馏厂房及其应用部位,醋酸酐精馏厂房,己内酰胺厂房,甲酚厂房,氯丙醇厂房,樟脑油提取部位,环氧氯丙烷厂房,松针油精制部位,煤油罐桶间
	2. 爆炸下限≥10%的可燃气体	2. 一氧化碳压缩机室及净化部位,发生炉煤气或鼓风炉煤气净化部位,氨压缩机房
	3. 助燃气体和不属于甲类的氧化剂	3. 氧气站,空分厂房,发烟硫酸或发烟硝酸浓缩部位,高锰酸钾厂房,重铬酸钠(红矾钠)厂房
	4. 不属于甲类的化学易燃危险固体	4. 樟脑或松香提炼厂房,硫磺回收厂房,焦化厂精萘厂房
	5. 生产中排出浮游状态的可燃纤维或粉尘,并能与空气形成爆炸性混合物	5. 铝粉或镁粉厂房,金属制品抛光部位,煤粉厂房、面粉厂的碾磨部位,活性炭制造及再生厂房,谷物筒仓工作塔,亚麻厂的除尘器和过滤器室

(续)

生产类别	特征	举例
丙	1. 闪点≥60℃的可燃液体	1. 闪点≥60℃的油品和有机液体的提炼、回收工段及其抽送泵房,香料厂的松油醇部位和乙酸松油脂部位,苯甲酸厂房,苯乙酮厂房,焦化厂焦油厂房,甘油、桐油的制备厂房,油浸变压器室,机器油或变压油罐间,柴油罐桶间,润滑油再生部位,配电室(每台装油量>60kg的设备),沥青加工厂房,植物油加工厂的精炼部位
丙	2. 可燃固体	2. 煤、焦炭、油母页岩的筛分、转运工段和栈桥或储仓,木工厂房,竹、藤加工厂房,橡胶制品的压延、成型和硫化厂房,针织品厂房,纺织、印染、化纤生产的干燥部位,服装加工厂房,棉花加工和打包厂房,造纸厂备料、干燥厂房,印染厂成品厂房,麻纺厂粗加工厂房,谷物加工厂房,卷烟厂的切丝、卷制、包装厂房,印刷厂的印刷厂房,毛涤厂选毛厂房,电视机、收音机装配厂房,显像管厂装配工段烧枪间,磁带装配厂房,集成电路工厂的氧化扩散间、光刻间,泡沫塑料厂的发泡、成型、印片压花部位,饲料加工厂房
丁	1. 对非燃烧物质进行加工,并在高热或熔化状态下经常产生辐射热、火花或火焰的生产	1. 铝塑材料的加工厂房,酚醛泡沫塑料的加工厂房,印染厂的漂炼部位,化纤厂后加工润湿部位
丁	2. 利用气体、液体、固体作为燃料或将气体、液体进行燃烧作其他用的各种生产	2. 锅炉房,玻璃原料熔化厂房,灯丝烧拉部位,保温瓶胆厂房,陶瓷制品的烘干、烧成厂房,蒸汽机车库,石灰焙烧厂房,电石炉部位,耐火材料烧成部位,转炉厂房,硫酸车间焙烧部位,电极锻烧工段配电室(每台装油量≤60kg的设备)
丁	3. 常温下使用或加工难燃烧物质的生产	3. 金属冶炼、锻造、铆焊、热轧、铸造、热处理厂房
戊	常温下使用或加工非燃烧物质的生产	制砖车间,石棉加工车间,卷扬机室,不燃液体的泵房和阀门室,不燃液体的净化处理工段,金属(镁合金除外)冷加工车间,电动车库,钙镁磷肥车间(焙烧炉除外),造纸厂或化学纤维厂的浆粕蒸煮工段,仪表、器械或车辆装配车间,氟里昂厂房,水泥厂的轮窑厂房,加气混凝土厂的材料准备、构件制作厂房

注:1. 在生产过程中,如使用或产生易燃、可燃物质的量较少,不足以构成爆炸或火灾危险时,可以按实际情况确定其火灾危险性的类别。
 2. 一座厂房内或其防火墙间有不同性质的生产时,其类别应按火灾危险性机器较大的部分确定,但火灾危险性较大的部分占本层面积的比例小于5%,且发生事故时不足以蔓延到其他部分,或采取防火措施能防止火灾蔓延时,其类别可按火灾危险性较小的部分确定。
 3. 露天生产设备区内有不同性质的生产时,其类别应按火灾危险性较大的部分确定,但火灾危险性较大的部分占地面积的比例小于10%,且发生事故时不足以蔓延到其他部分,或采取防火措施防止火灾蔓延时,其类别可按火灾危险性较小的部分确定。
 4. 生产的火灾危险性分类,适用于露天生产设备区以及敞开或半敞开式建(构)筑物和厂房。

表 6-2 储存物质的火灾危险性分类原则及举例

储存物质分类	火灾危险性特征	举 例
甲	1. 常温下能自行分解或在空气中氧化即能导致迅速自燃或爆炸的物质	1. 硝化棉、硝化纤维胶片、喷漆棉、火胶棉、赛璐珞棉、黄磷
	2. 常温下受到水或空气中水蒸气的作用能产生可燃气体并引起燃烧或爆炸的物质	2. 金属钾、钠、锂、钙、锶、氢化锂、四氢化锂铝、氢化钠
	3. 受撞击、摩擦或与氧化剂、有机物接触时能引起燃烧或爆炸的物质	3. 赤磷、五硫化磷、三硫化磷
	4. 闪点<28℃的液体	4. 乙烷、戊烷、石脑油、环戊烷、二硫化碳、苯、甲苯、甲醇、乙醇、乙醚、蚁酸甲酯、醋酸甲酯、硝酸乙酯、汽油、丙酮、丙烯、乙醚、乙醛,60度以上的白酒
	5. 爆炸下限<10%的气体,以及受到水或空气中水蒸气的作用,能产生爆炸下限<10%的可燃气体的固体物质	5. 乙炔、氢、甲烷、乙烯、丙烯、丁二烯、环氧乙烷、水煤气、硫化氢、氯乙烯、液化石油气、电石、碳化铝
	6. 遇酸、受热、撞击、摩擦、催化及遇有机物或硫磺等极易分解引起燃烧或爆炸的强氧化剂	6. 氯酸钾、氯酸钠、过氧化钾、过氧化钠、硝酸铵
乙	1. 不属于甲类的化学易燃危险固体	1. 硫磺、镁粉、铝粉、赛璐珞板(片)、樟脑、萘、生松香、硝化纤维漆布、硝化纤维色片
	2. 闪点≥28℃,但<60℃的易燃、可燃液体	2. 煤油、松节油、丁烯醇、异戊醇、丁醚、醋酸丁酯、硝酸戊酯、乙酰丙酮、环己胺、溶剂油、冰醋酸、樟脑油、蚁酸
	3. 不属于甲类的氧化剂	3. 硝酸铜、铬酸、亚硝酸钾、重铬酸钠、铬酸钾、硝酸、硝酸汞、硝酸钴、发烟硫酸、漂白粉
	4. 助燃气体	4. 氧气、氟气
	5. 爆炸下限≥10%的可燃气体	5. 氨气、液氯
	6. 常温下与空气接触能缓慢氧化,积热不散引起自燃的危险物品	6. 漆布及其制品、油布及其制品、油纸及其制品、油绸及其制品
丙	1. 闪点≥60℃的可燃液体	1. 动物油、植物油、沥青、蜡、润滑油、机油、重油、闪点≥60℃的柴油、糠醛,大于50度至小于60度的白酒
	2. 可燃固体	2. 化学、人造纤维及其织物、纸张、棉、毛、丝、麻及其织物,谷物、面粉、天然橡胶及其制品、竹、木及其制品
丁	难燃烧物品	自熄性塑料及其制品,酚醛泡沫塑料及其制品,水泥刨花板
戊	非燃烧物品	钢材、铝材、玻璃及其制品、搪瓷制品、陶瓷制品、不燃气体、玻璃棉、岩棉、陶瓷棉、硅酸铝纤维、矿棉、石膏及其无纸制品、水泥、石、膨胀珍珠岩

2. 厂房及库房的层数和面积

为了减少火灾的损失及有利于灭火抢救,《建筑设计防火规范》对厂房的层数和面积作了适当的规定和限制。各类厂房的耐火等级、层数和面积,应该符合表 6-3 的要求。

特殊贵重的机器、仪表、仪器等应设在一级耐火等级的建筑物内。在小型企业中,面积不超过 300m², 独立的甲乙类生产厂房,可采用三级耐火等级的单层建筑。使用或生产可燃液体的丙类生产厂房和有火花、赤热表面、有明火的丁类生产厂房,均应采用一、二级耐火等级的建筑。

但丙类生产厂房面积不超过 500m², 丁类生产厂房不超过 1000m² 的, 也可采用三级耐火等级的单层建筑。锅炉房应为一、二级耐火等级的建筑。但每小时锅炉的总蒸发量不超过 4t 的锅炉房, 可采用三级耐火等级的建筑, 油浸电力变压器室应采用一级耐火等级的建筑。甲乙类生产不应设在建筑物的地下室或半地下室内。

表 6-3　各类厂房的耐火等级、层数和面积

生产类别	耐火等级	最多允许层数	防火分区允许最大建筑面积/m²			
			单层厂房	多层厂房	高层厂房	厂房的地下室和半地下室
甲	一级	除生产必须采用多层者外,宜采用单层	4000	3000	—	
	二级		3000	2000	—	
乙	一级	不限	5000	4000	2000	
	二级	6	4000	3000	1500	
丙	一级	不限	不限	6000	3000	500
	二级	不限	8000	4000	2000	500
	三级	2	3000	2000	—	—
丁	一、二级	不限	不限	不限	4000	1000
	三级	3	4000	2000	—	—
	四级	1	1000	—	—	—
戊	一、二级	不限	不限	不限	6000	—
	三级	3	5000	3000	—	—
	四级	1	1500	—	—	—

注:
1. 一、二级耐火等级的单层厂房(甲类厂房除外)如面积大于本表规定,防火分区间应用防火墙分隔。
2. 一级耐火等级的多层及二级耐火等级的单层、多层纺织厂房的面积(麻纺厂除外)可按本表的规定增加 50%, 但上述厂房的原棉开包、清花车间均应用防火墙分隔。
3. 一、二级耐火等级的单层、多层造纸生产联合厂房, 其防火分区允许最大建筑面积可按本表的规定增加 1.5 倍。对于一、二级耐火等级的湿式大型联合造纸厂房, 当纸机烘缸罩内设有自动灭火系统, 完成工段设有消防炮等灭火设施保护时, 其建筑面积可根据工艺需要确定。
4. 一、二级耐火等级的谷物筒仓工作塔, 如每层工作人数不超过 2 人时, 最多允许层数可不受本表限制。
5. 以实木或采取防火保护措施的其他合成木木柱承重且以不燃材料作为墙体的建筑物, 其耐火等级应按四级确定。
6. 本规范表中"—"表示不允许

单层存放的硝酸铵仓库、电石仓库以及车站、码头内的中转仓库,其面积可按规定增加 1 倍。但耐火等级不应低于二级。三、四级耐火等级的库房,如设防火墙有困难,可用防火带代替。小型企业独立的甲类物品库房, 如面积不超过表 10-3 内规定的防火墙隔间面积的 50%, 可采用三级耐火等级的建筑。

3. 厂房防爆设计

1) 合理布置有爆炸危险的厂房

有爆炸危险的厂房平面布置最好采用矩形, 与主导风向垂直或不小于 45°夹角布置, 以便有效地利用穿堂风, 将爆炸性的气体吹散。

有爆炸危险的厂房宜为单层建筑, 不应布置在地下室或半地下室, 以避免由于通风不良致使可燃气体积聚。

当工艺要求必须布置为多层厂房时, 应尽可能将有爆炸危险的厂房布置在最上一层。

根据生产工艺过程的要求, 将有爆炸危险的生产设备靠近外墙门窗的地方布置。

有货源的配电间、化验室、办公室、生活室等应集中布置在厂房的一端,并设防爆墙与生产车间分隔布置。

2) 采用耐爆结构

有爆炸危险的厂房,尽可能采用敞开式或半敞开式建筑,以防可燃气体的积累。装配式钢筋混凝土框架结构的厂房,由柱、梁、楼板互相连接,整体刚性较差,耐爆强度不如钢筋混凝土的框架结构,因此梁与柱可预留钢筋焊接部分,用高标号的混凝土现浇出刚性接头;楼板也应采取现浇钢筋混凝土整体层,这样可以提高耐爆强度。钢结构的耐爆强度虽然很高,但是耐火极限却很差,当发生火灾爆炸受到一定的高温时,就会变形而倒塌。钢柱的耐火被覆,一般可用黏土砖再外包钢丝网抹水泥砂浆面层,可以防开裂和避免火焰窜入,或者配制钢筋混凝土被覆。钢梁可用外包混凝土、钢丝网抹水泥、砂浆耐火被覆。

3) 设置泄压、隔爆、阻火等设施

在有爆炸危险的厂房,设置泄压的轻质屋盖、轻质外墙和易于泄压的门窗等建筑构件,当发生爆炸时,这些耐压最薄弱的建筑构配件,将最先爆破而向外释放大量气体和热量,是室内爆炸产生的压力迅速下降,因而可以减轻爆炸压力的作用,承重结构不致倒塌破坏。泄压部位应靠近可能爆炸的部位。泄压方向宜朝向上空,尽量避免朝向人员集中的地方和交通要道,以及能引起殉爆的车间或仓库。

在设计有爆炸危险厂房时,采用适当的泄压面积,对防爆的影响很大,从一些爆炸的事故实力的分析资料可以看出,凡是泄压面积大的厂房发生爆炸时的破坏损失就小。

常用的一些设置泄压、隔爆、阻火等设施有泄压轻质屋盖、泄压轻质外墙、泄压窗、防爆墙、防爆门、防爆窗、水封井、油水分离池、阻火分割沟坑以及不发火地面等。

4) 露天生产场所内建筑物的防爆

根据工艺要求建造的中心控制室、电子计算机室等通常设置在有爆炸危险场所内或邻近。这类建筑物的设计更需有严格的防保措施,才能预防万一。

为了防止可燃气体、可燃蒸气混合物进入这些建筑物内,可采用机械通风的办法,以避免室内空气形成爆炸的条件。机械通风时新鲜空气的引入口,应选择设置在有爆炸危险场所外洁净的地方。这类建筑物和中心控制室的设计应选用耐爆较强的钢筋混凝土框架结构,并设防爆外墙。开设双门斗,有两道弹簧门使之始终保持关闭的状态。开门进入有一缓冲小室,可以防止室外可燃气体的进入。

4. 安全疏散

在发生火灾时有足够数量的符合要求的安全出入口,是保证人员和物资安全疏散的必要设施,在建筑设计时必须予以考虑,凡符合疏散要求的楼梯、走道门都是安全疏散的出口。

1) 允许疏散时间

在设计安全出口的宽度、数量及安全疏散距离时,主要是依据火场上"允许疏散的时间"来计算确定的。"允许疏散时间"就是建筑物发生火灾时,人员可以安全离开建筑物的时间。一般说来这段时间并不长,只有短短几分钟,但影响允许疏散时间的因素有两个方面:一是起火后烟气对人的威胁;二是建筑物结构物的坍塌。

火场中人员伤亡的原因多由于烟气中毒、高热或缺氧所造成。实践证明,火场上出现有毒烟气、高热或严重缺氧的时间,由于种种条件而有早有晚,有时 5min~6min,有时 10min~20min 才出现,这是影响安全疏散和决定允许疏散时间的主要因素。

首先应考虑火场上烟气中毒问题,因为建筑构件到达耐火极限时间,一般都比出现一氧化碳等有毒烟气、高热或严重缺氧的时间要晚一些。

从生产厂房内所有人员全部疏散出来的时间,尚没有正式标准规定,但一般宜按 1.5min~4min 计算。

2) 安全疏散距离

为了迅速疏散火场的人员和物质,要求房间内最远的一点与门(单层建筑)或与封闭、防烟楼梯口之间的距离,即疏散距离越短越好。根据不同的火灾危险性及不同的耐火等级的建筑物,在国家建筑设计防火规范中,对安全疏散距离都作了不同的规定和要求,如厂房的安全疏散距离不应大于表 6-4 的规定。

表 6-4 厂房的安全疏散距离

生产类别	耐火等级	单层厂房/m	多层厂房/m
甲	一、二级	30	25
乙	一、二级	75	50
丙	一、二级	75	50
	三级	60	40
丁	一、二级	不限	不限
	三级	60	50
	四级	50	—
戊	一、二级	不限	不限
	三级	100	75
	四级	60	—

3) 疏散楼梯、走道口的宽度规定和要求

为满足允许疏散时间的需要,除工作地点到安全出口的距离规定外,还要规定安全出口的宽度,如果宽度不足,必定会延长疏散时间,对安全疏散不利。在建筑设计规范中规定,厂房每层的疏散楼梯、走道口各自的总宽度,应根据该层或该层以上各层中人数最多的一层,按不小于表 6-5 的规定计算。

表 6-5 厂房疏散楼梯、走到口和门的宽度

层数/层	1、2	3	≥4
指标/(m/百人)	0.6	0.6	1.0

疏散门的宽度不宜小于 0.8cm,疏散楼梯的宽度不宜小于 1.1m,疏散走道的宽度不宜小于 1.4m,如人数少于 50 人时,可适当减小些。安全疏散用门设置的位置,应靠近出口及楼梯,并向外开启。一般要求建筑物有 2 个或 2 个以上的安全出口。

6.2 化工工艺安全设计

化工装置的安全设计,以系统科学的分析为基础,定性、定量地考虑装置的危险性,同时以过去的事故等所提供的教训和资料来考虑安全措施,以防再次发生类似事故。化工装置安全以设备和工艺设计为主,再依靠工艺和设备的正确运转和适当的维护管理,才能把事故降低到最低。工艺的本质安全设计基本的原则可以归纳为如下三点。

(1) 工艺的安全性。工艺必须实现以下三项可行性研究:①设计条件和设计内容确定是在

系统危险分析、事故模型与机理研究基础上进行的,在设计条件下能安全运转。②采用现代安全技术措施和控制技术,实现过程的自适应性和调控作用,即使多少有些偏离设计条件也能将其安全处理并恢复到原来的条件。③确定安全的启动和停车系统。因此,必须评价化工工艺所具有的各种潜在危险性,研究排除这些危险性或加以限制。化工装置有许多工艺组成,还要考虑各操作的相互影响,以达到整个工艺过程的安全化。

(2) 防止运转中的事故。应尽力防止由运转中所发生的事故而引起的次生灾害。事故的对象有废物的处理、停止供给动力、混入杂质、误操作、发生异常状态,还有其他外因等。

(3) 防止扩大受灾范围。万一发生爆炸毒物泄漏灾害,应防止灾害扩大,把灾害局限在某一范围内。考虑到工厂厂址、化工装置的特殊性、企业内组织的不同及其他情况,必须具体问题具体分析,补充必要的事项。

6.2.1 确定生产技术路线的原则

确定安全、可靠的化工生产技术路线是化工厂安全设计的关键问题,其将直接影响和限定化工厂工艺装置的选择和单元区域的规划,化工生产技术路线的确定一般应依据如下原则。

(1) 生产工艺安全卫生设计必须符合人—机工程的原则,以便最大限度地降低操作者的劳动强度以及精神紧张状态。

(2) 应尽量采用没有危害或危害较小的新工艺、新技术、新设备;淘汰毒尘严重又难以治理的落后的工艺设备,使生产过程本身为本质安全型。

(3) 对具有危险和有害因素的生产过程应合理地采用机械化、自动化和计算机技术,实现遥控或隔离操作。

(4) 具有危险和有害因素的生产过程,应设计可靠的监测仪器、仪表,并设计必要的自动报警和自动联锁系统。

(5) 对事故后果严重的化工生产装置,应按冗余原则设计备用装置和备用系统,并保证在出现故障时能自动转换到备用装置或备用系统。

(6) 生产过程排放的有毒、有害废气、废水(液)和废渣应符合国家标准和有关规定。

(7) 应防止工作人员直接接触具有危险和有害因素的设备、设施、生产原材料、产品和中间产品。

(8) 化工专用设备设计应进行安全性评价,根据工艺要求、物料性质,按照 GB 5083《生产设备安全卫生设计总则》进行。设备制造任务书应有安全卫生方面内容;选用的通用机械与电气设备应符合国家或行业技术标准。

6.2.2 工艺流程图

工艺流程图绘制是化工厂设计初始阶段的工作。这些流程线图经过提炼和修改,最后成为管线配置图、平面图、设备图等绘制的基础。因为早期阶段做出的决定严重影响着后续阶段,在流程图绘制中始终都要对安全给予充分重视。

在设计程序中,根据国内外文献、实验室实验和中试工厂模试的有关资料进行设计是惯常的做法。从放大设计到满负荷的工厂,工艺设计者需要考虑已经研讨过的工艺过程和操作中的许多放大问题。

(1) 工业原料和不太纯的化学品的应用。

(2) 传质、传热和物质传递方法的放大效应。

(3) 不同停留时间的影响。
(4) 原料、中间产物和产品储存量的影响。
(5) 连续操作对残余物积累的影响。
(6) 结构材料差异的影响。
(7) 操作监控等级差异及较高程度自动控制的应用。

如果操作方式由零批或间歇变化为完全连续,则需要做更多更详尽的考虑。

工艺流程图的绘制是从基本的过程计算开始的。过程每一阶段的设计都必须满足安全要求,一切可能的危险都必须鉴别和估算出来,将其排除或采取预防措施对其进行限制。但是,过程是高度整体化的,过程的每一步骤都影响着其他步骤的操作。所以,过程可以划分为若干个子区间,对每一子区间内部的安全操作及其对其他子区间安全的影响都要进行分析。一般子区间的划分:①反应(决定整个系统的动力学);②分离,如蒸馏、吸收、吸附、液体萃取、过滤、干燥、粉碎等;③储存,如固体、液体和气体物料的储存。

工艺流程图是描述过程的主要文件,它表示出了主要设备、主要物流路线和控制点。对于正常操作预期的主要温度和压力,物料的流动和组成以及主要设备的设计能力都做了说明。

6.2.3 管线配置图

管线配置图是指管路和仪表的线路图,又称为工程线路图,是设计和施工的基本工作文件。
(1) 开启、关闭、紧急和普通操作需要的所有过程设施,如阀门、盲板、可移动的柱塞等。
(2) 施工材料的鉴定序号和鉴定人,每条管路的直径和绝热要求。
(3) 物流的方向。
(4) 主要过程和起始管路的识别。
(5) 所有仪表、控制点和有仪表失灵显示功能的连锁装置。
(6) 所有设备的主要尺寸和负荷。
(7) 容器、反应器的操作和设计温度、压力。
(8) 装置的标高。
(9) 释放阀、安全膜等的设定压力。
(10) 排水要求。
(11) 必要时要有管路配置的特殊备忘录。

6.2.4 工艺装置的安全要求

1. 对工艺装置设计的安全要求

在化工厂生产过程中,由于受到厂区内部和外界各种因素的影响,有可能会对生产中各工艺过程和生产装置产生一系列的不稳定和不安全因素,从而导致生产流程停顿和设备装置失效,甚至发生毁灭性的事故。为了保证安全生产,在工艺装置设计中,必须把生产和安全结合起来,加以妥善处理好生产和安全的关系,并且符合以下基本要求。

(1) 从保障整个生产系统的安全出发,全面分析原材料、成品、加工过程、设备装置等的各种危险因素,以确定安全的工艺路线,选用可靠的设备装置,并且设置有效的安全装置和设施。
(2) 能有效地控制和防止火灾爆炸的发生;在防火设计方面应分析研究生产中存在的可燃物、助燃物和点火源的情况以及有可能形成的火灾危险,采取相应的防火和灭火措施;在防爆设计方面,应分析研究可能形成爆炸性混合物的条件、起爆因素及爆炸传播的条件,并且采取相应的措施，以控制和消除形成爆炸的条件以及阻止爆炸波的冲击。

(3) 有效地控制化学反应中的超温、超压和聚爆等不正常情况，在设计中应预先分析反应过程中的各种动态与特征，并且采取相应的控制措施。

(4) 对使用物料的毒害性进行全面的分析，并且采取有效的密闭、隔离、遥控及通风排毒等措施，以预防工业中毒和职业病的发生。

(5) 对于有潜在危险，可能使大量设备和装置遭受毁坏或有可能泄放出大量有毒物料，而造成多人中毒死亡的工艺过程和生产装置，必须采取可靠的安全防护系统，以消除与防止这些特殊危险因素。

2. 设计的基本程序和审核项目

1) 设计的基本程序及需要考虑的设施

首先对工艺过程的危险性、设备的危险性及人的危险因素进行全面的分析，在此基础上分别对装置的总的危险性、各个机器设备输送过程和维修中的危险性，采取综合的技术预防设施和手段，设计安全的基本程序如图6-1所示。

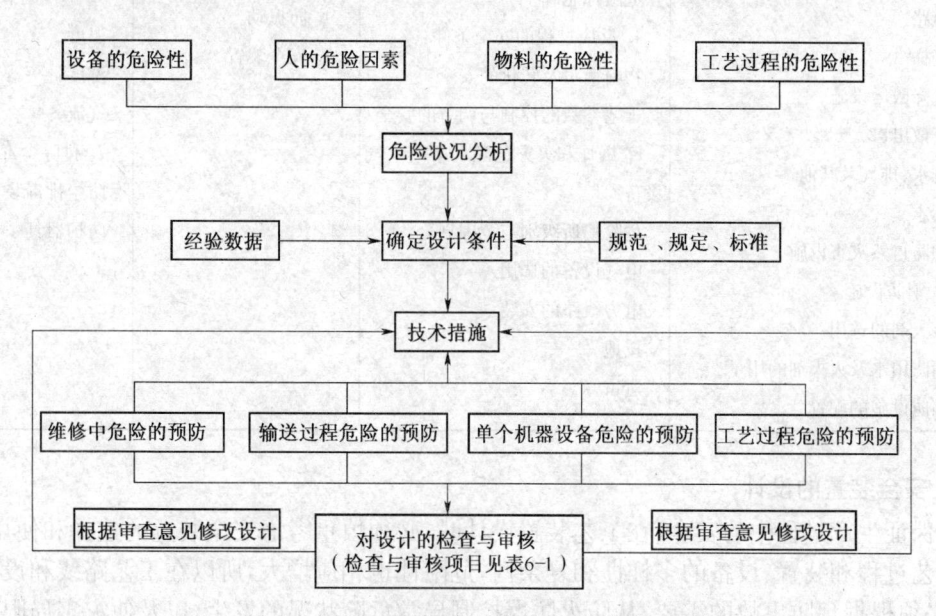

图 6-1 工艺装置设计安全的基本程序

在进行有关安全方面的设计时，需考虑以下内容。

(1) 保障工艺过程的安全。主要是对工艺参数尤其是温度、压力、流量、组分进行控制，以及设置隔断火源及安全检测与控制系统。

(2) 设置防止事故及机器设备的破坏的装置，如安全泄压装置和抑制爆炸装置等。

(3) 当不能有效阻止事故发生的情况下，设置防止事故扩大的局限设施，如防火墙、防爆墙、防护堤等。

(4) 为防止发生次生灾害，设置防止事故发生后引起二次或三次灾害的设施，如安全距离、疏散出口及人身保护设施等。

2) 审核设计的项目

设计中有关安全内容的检查与审核项目及要点见表6-6。对于个别工程项目，可能只涉及其中的部分内容，但是对于有些项目，则应参照表中所列逐项进行检查和审核。

表 6-6 设计中有关安全内容的检查与审核项目及要点

项目	工厂规划	工艺过程的设计	机器设备设计	工业卫生设计
检查与审核要点	1. 总平面布置 2. 安全距离 3. 原料与成品 物料的可燃性 物料的毒害性 运输方式、容器与包装 存储方式与设施 有关规范、规定、标准的执行 4. 建、构筑物及附属设备 基础 耐火结构 防火防爆设施 道路 楼梯 升降搬运设施 疏散出口 排水、排气及其他 标志 预防自然灾害设施 5. 消防设施 灭火剂的选用 消防用水及灭火剂的用量 消防设施的配置	1. 机器的配置与连接方式 2. 管道阀门的位置与连接 3. 安全装置的位置与构造 防护装置的位置与构造 保险装置如安全阀、防爆片、起重限制器、熔塞等 联锁装置如阀门齿轮联锁开关、注液管与排风机的联锁等 信号装置如信号灯、指示灯、报警系统等 监测仪器 危险标志牌 4. 反应过程的安全条件 物料衡量及转化的安全 工艺参数的控制与调节的安全 5. 爆炸和火灾危险场所的电气设备 危险场所级别与范围划分 电气设备的选用 电力线路的安装 接地 避雷	1. 材料、构造 2. 强度 3. 防腐蚀 4. 防振动 5. 安全装置	1. 采光照明 2. 色彩 3. 防噪声 4. 防尘 5. 通风换气 全面换气 局部换气 6. 空气调节 温度 湿度 气流 7. 排除尘毒设施 防尘排毒装置 防护器具

3. 安全装置的设计

为保证生产过程中的安全,在工艺装置设计时,必须慎重考虑安全装置的选择和使用;由于化工工艺过程和装置、设备的多样性和复杂性,危险性也相应增大,所以在工艺路线和设备确定之后,必须根据预防事故的需要,从防火防爆控制异常危险状况的发生,以及使灾害局限化的要求出发,采用不同类型和不同功能的安全装置。

1) 化工厂安全装置设计的基本要求

(1) 能及时准确和全面地对过程的各种参数进行检测、调节和控制,在出现异常状况时,能迅速显示报警或调节,使恢复正常安全运行。

(2) 安全装置必须能保证预定的工艺指标和安全控制界限的要求,对火灾、爆炸危险性大的工艺过程和设备装置,应采用综合性的安全装置和控制系统,以保证其可靠性。

(3) 要能有效地对装置、设备进行保护,防止过负荷或超限而引起破坏和失效。

(4) 正确选择安全装置与控制系统所使用的动力,以保证安全可靠。

(5) 要考虑安全装置本身的故障或误动作而造成的危险,必要时应设置备用装置。

2) 安全装置的选择与配置

安全装置的选择,应根据需要控制的参数及其被控介质的特性和使用环境的状况确定。为保障安全装置的可靠性而设置备用装置时,要考虑减少导致误停车的因素。安全装置是为预防事故所设置的各种检测、控制、联锁、防护、报警灯仪表、仪器、装置的总称。按其作用的不同,可分为7类。

(1) 检测仪器:如压力计、真空计、温度计、流量计、物位计、酸度计、浓度计、密度计及超限报警装置等。

(2) 防爆泄压装置:如安全阀、爆破片、呼吸阀、易熔塞、放空管、通气口等。

(3) 防火控制与隔绝装置:如阻火器、回火防止器、安全液封、固定式火灾报警装置、蒸汽幕、水幕、惰性气体幕等。

(4) 紧急制动、联锁装置:如紧急切断阀、止逆阀、加惰性气体及抑止剂装置、危险气体自动检测装置、混合比例控制装置、阻止助燃物混入装置等。

(5) 组分控制装置:如气体组分控制装置、液体组分控制装置、危险气体自动检测装置、混合比例控制装置、阻止助燃物混入装置等。

(6) 防护装置与设施:如起重设备的行程和负荷限制装置、电器设备的过载保护装置、防静电装置、防雷装置、防辐射装置、防油堤、防火墙、防爆墙等。

(7) 事故通信、信号及疏散照明设施:如电话、警报器、疏散标志及设施等。

化工生产中常见安全装置的配置:①因反应物料爆聚分解造成超温、超压,可能引起火灾爆炸危险的设备应设置报警信号系统及自动、手动紧急泄压排放措施。②有突然超压或瞬间分解爆炸危险物料的设备,应装爆破片;若装导爆筒,应朝安全方向,并应根据需要,采取防止二次爆炸火灾的措施。③可燃气体压缩机的吸入管道,应有防止产生负压的措施。当有段间回流及气液分离设备减压排液至低压系统设备时,宜有防止串压、超压的安全措施。

3) 安全装置

(1) 检测仪器。常用的检测仪器包括压力计、温度计、流量计、物位计和成分分析仪等几种。

① 压力计。压力计又称压力表,是用于测量流体压力的仪表。工业上使用的测量压力和真空度的仪表,按照转换原理的不同,大致分为液柱式、弹力式、电气式和活塞式4大类,见表6-7。

表6-7 压力计的分类

类别	原理	举例
液柱式压力计	将被测压力转换成液柱高度	U形压力计、单管压力计、斜管压力计
弹力式压力计	将被测压力转换成弹性元件变形的位移	弹簧管式压力计、波纹管式压力计、膜式压力计
电气式压力计	将被测压力转换成各种电量	压电式、应变片式、振弦式压力计、热电偶式、电离式真空计
活塞式压力计	将被测压力转换成活塞上所加平衡砝码的质量	弹簧管压力计校验表

② 温度计。温度的测量与控制是保证反应过程安全的重要环节。化工生产过程的温度范围很宽,有接近绝对零度的低温,也有达几千度的高温,这就需要采取各种不同的测温方法和选择使用的仪表。工业上最常用的温度计有热电偶、动圈式测温毫伏计、电子电位差计和电阻温度计等。各种测温仪表的类别、原理及测温范围见表6-8。

③ 流量计。工业用流量仪表大致分为两类:一类是以测量流体在管道内的流速作为测量

表6-8 测温仪表的类别、原理及测温范围

类 别	原 理	测温范围/℃
膨胀式温度计(水银、双金属温度计)	物体受热时产生热膨胀	−150～400
压力计式温度计	液体、气体或蒸汽在封闭系统受热时,其体积或压力发生变化	−60～500
热电偶式温度计	利用物体的热电特性	−100～1600
电阻温度计	利用导体受热后电阻值变化的性质	−200～500
辐射温度计	利用物体的热辐射	100～2000

依据来计算流量,如节流式流量计、转子流量计、电磁流量计、涡轮流量计、叶轮式水表等;另一类是以单位时间内所排出的流体的固定容积作为测量依据来计算流量,如椭圆齿轮流量计、活塞式流量计等。

④ 物位计。目前,应用最多的物位检测仪表主要是浮力式、静电式和电磁式物位计。此外还有根据声学、光学、微波辐射和核辐射原理制成的各种物位仪表等。常用的物位计有玻璃液位计、浮子式液位计、差压式液位计、电容式液位计以及核辐射物位计等几种。

⑤ 成分分析仪。成分分析仪表是利用各种物质性质的差异,把所要检测的成分或物质性质转换为电信号,进行非电量的电测。成分测量仪一般由检测器、信号处理装置、取样及预处理装置等3部分组成。常见的成分分析仪有热导式分析仪、氧含量分析仪和工业pH计等几种。

(2) 防爆泄压装置。防爆泄压装置包括安全阀、爆破片、防爆门和放空管等。安全阀主要用于防止物理爆炸;爆破片主要用于防止化学性爆炸;防爆门主要用在燃油、燃气或燃烧煤粉的加热炉上;放空管是用来紧急排泄有超温、超压、爆聚和分解爆炸危险的物料。对于有爆炸危险的化学反应设备,应根据需要设置单一的或组合的防爆泄压装置。

① 安全阀。安全阀有两种作用:排放泄压,即受压设备内部压力超过正常压力时,安全阀自行开启,把容器内的介质迅速排放出去,以降低压力,防止设备超压爆炸,当压力降低至正常值时,自行关闭;报警,即当设备超压,安全阀开启向外排放介质时,产生气体动力声响易起到报警作用。按照安全阀芯升起高度的不同,分为净重式(重块式)、杠杆式和弹簧式3种。这些也是工业上常用的3种安全阀。

② 爆破片(防爆膜、自裂盘)。爆破片通常设置在密闭的压力容器或管道上,当设备内物料发生异常反应超过设定压强时自动破裂,以防止设备爆炸。其特点是放出物料多,泄压快,构造简单,可在设备耐压试验压力以下破裂,适用于物料黏度高以及腐蚀性强的设备,或存在爆燃而弹簧式安全阀由于有惯性而不适应以及不允许流体有任何泄漏的场合。爆破片可与安全阀组合安装,在弹簧安全阀入口处设置爆破片,可以防止弹簧安全阀受腐蚀、异物侵入及泄漏。

(3) 防火控制装置。常用的防火控制装置包括火焰隔断装置、火星熄灭器和火灾报警装置。

① 火焰隔断装置。常用的火焰隔断装置包括安全液封、水封井、阻火器、单向阀以及阻火闸门等几种,其作用是防止外部火焰窜入有燃烧爆炸危险的设备、管道、容器内,或阻止火焰在设备和管道间的扩展。

② 火星熄灭器。火星熄灭器又称防火帽,通常安装在产生火星设备的排空系统,以防止飞出的火星引燃周围的易燃易爆介质。其熄灭火星的主要方法有下列4种:a. 将带有火星的烟气从小容积引入大容积,使其流速减慢,压力降低,火星颗粒便沉降下来;b. 设置障碍,改变烟气流动方向,增大火星流动路程,使火星熄灭或沉降;c. 设置网格或叶轮,将较大的火星挡住或分散,以加速火星的熄灭;d. 用水喷淋或水蒸气熄灭火星。

③ 火灾报警装置。火灾报警装置是自动探知火情、迅速报警的有效工具,往往与自动灭火系统联动,实现自动灭火。适用于消防人员不易深入和火势蔓延迅猛的场所,如油库、油井、气井、高层建筑、地下工程及有毒车间等。火灾报警灭火系统主要由探测器、控制系统、操作装置和执行装置4部分组成。

4. 工艺设备的布置

工艺生产装置内的设备宜在露天敞开式或半敞开式的建(构)筑物内,按生产流程、地势、风向等要求,分别集中布置。

明火设备应集中布置在装置内的边缘,放在散发可燃气体设备、建(构)筑物的侧风向或上风向。但是有飞火的明火设备,应该布置在上述设备的建(构)筑物的侧风向,并应该远离可能泄漏液化石油气、可燃气体、可燃蒸气的工艺设备及储罐。

有火灾爆炸危险的甲、乙类生产设备、建(构)筑物宜布置在装置内的边缘,其中有爆炸危险和高压的设备,一般布置在一端,必要时设置在防爆构筑物内。

容器组、大型容器等危险性较大的压力设备和机器应远离仪表室、变电所、配电所、分析化验室及人员集中的办公室与生活室。仪表室、变电所、变配电所、分析化验室、压缩机房、泵房等建筑物的屋顶上,不应设置液化、易燃、可燃液体的容器。

自控仪表室、变配电室不应与有可能泄漏液化石油气及散发相对密度大于0.7的可燃气体甲类生产设备、建筑物相邻布置。如需要相邻布置时,应用密封的非燃烧材料实体墙或走廊相隔,必要时宜采取室内正压通风设施。

在一座厂房内有不同生产类别,因安全需要隔开生产时,应用不开孔洞的防火墙隔开。在同一建筑物内布置有多种毒害物质时,应按产品毒性大小予以隔开,储存有害物质的储罐,尽可能布置在室外或敞开式建筑物内。

有害物质的工艺设备,应布置在操作地点的下风侧。在多层建筑物内,设置有散发有害气体及粉尘的工艺设备时,应尽可能布置在建筑物上层,如需布置在下层时,则应有防止污染上层空气的有效措施。

6.2.5 过程物料的安全分析

过程物料的选择,应该就物料的物性和危险性进行详细评估,对一切可能的过程物料做总体考虑。过程物料可以划分为过程内物料和过程辅助物料两大类型。过程内物料是指从原料到产品的整个工艺流程线上的物料,如原料、催化剂、中间体、产物、副产物、溶剂、添加剂等。而过程辅助物料是指实现过程条件所用的物料,如传热流体、重复循环物、冷冻剂、灭火剂等。

在过程设计中,需要汇编出过程物料的目录,记录下过程物料在全部过程条件范围内的有关性质资料,作为过程危险评价和安全设计的重要依据。过程物料所需要的主要资料可以参照GB 16483—2008《化学品安全技术说明书内容和项目顺序》进行收集编写。

1. 化学品及企业标识

主要标明化学品的名称,该名称应与安全标签上的名称一致,建议同时标注供应商的产品代码。

应标明供应商的名称、地址、电话号码、应急电话、传真和电子邮件地址。

该部分还应说明化学品的推荐用途和限制用途。

2. 危险性概述

该部分应标明化学品主要的物理和化学危险性信息,以及对人体健康和环境影响的信息,如果该化学品存在某些特殊的危险性质,也应在此处说明。

如果已经根据GHS对化学品进行了危险性分类,应标明GHS危险性类别,同时应注明GHS的标签要素,如象形图或符号、防范说明、危险信息和警示词等。象形图或符号如火焰、骷髅和交叉骨可以用黑白颜色表示。GHS分类未包括的危险性(如粉尘爆炸危险)也应在此处注明。

应注明人员接触后的主要症状及应急综述。

3. 成分/组成信息

该部分应注明该化学品是物质还是混合物。

如果是物质,应提供化学名或通用名、美国化学文摘登记号(CAS号)及其他标示符。

如果某种物质按GHS分类标准分类为危险化学品,则应列明包括对该物质的危险性分类产生影响的杂志和稳定剂在内的所有危险组分的化学名或通用名、浓度或浓度范围。

如果是混合物,不必列明所有组分。

如果按GHS标准被分类为危险的组分,并且其含量超过了浓度限值,应列明该组分的名称信息、浓度或浓度范围。对已经识别出的危险组分,也应该提供被识别为危险组分的那些组分的化学名或通用名、浓度或浓度范围。

4. 急救措施

该部分应说明必要时应采取的急救措施及应避免的行动,此处填写的文字应该易于被受害人和(或)施救者理解。

根据不同的接触方式将信息细分为吸入、皮肤接触、眼镜接触和食入。

该部分应简要描述接触化学品后的急性和迟发效应、主要症状和对健康的主要影响。

如有必要,本项应包括对保护施救者的忠告和对医生的特别提示,还要给出及时的医疗护理和特殊的治疗。

5. 消防措施

该部分应说明合适的灭火方法和灭火剂,如有不合适的灭火剂也应在此处标明。

应标明化学品的特别危险性(如产品是危险的易燃品)。

标明特殊灭火方法及保护消防人员特殊的防护装备。

6. 泄漏应急处理

该部分应包括以下信息:作业人员防护措施、防护装备和应急处置程序;环境保护措施;泄漏化学品的收容、清除方法及所使用的处置材料。

提供防止发生次生危害的预防措施。

7. 操作处置与储存

操作处置应描述安全处置注意事项,包括防止化学品人员接触、防止发生火灾和爆炸的技术措施和提供局部或全面通风、防止形成气溶胶和粉尘的技术措施等。还应包括防止直接接触不相容物质或混合物的特殊处置注意事项。

储存应描述安全储存的条件(合适的储存条件和不合适的储存条件)、安全技术措施、同禁配物隔离储存的措施、包装材料信息(建议的包装材料和不建议的包装材料)。

8. 接触控制/个体防护

列明容许浓度,如职业接触限值或生物限值。

列明减少接触的工程控制方法。

如果可能,列明容许浓度的发布日期、数据出处、实验方法及方法来源。

列明推荐使用的个体防护设备,如呼吸系统防护、手防护、眼睛防护、皮肤和身体防护。

标明防护设备的类型和材质。

化学品若只在某些特殊条件下才具有危险性,如量大、高浓度、高温、高压等,应标明这些情况下的特殊防护措施。

9. 理化特性

该部分应提供以下信息:化学品的外观与性状,例如:物态、形状和颜色;气味;pH 值,并指明浓度;熔点/凝固点;沸点、初沸点和沸程;闪点;燃烧上下极限或爆炸极限;蒸气压;蒸气密度;密度/相对密度;溶解性;n-辛醇/水分配系数;自燃温度;分解温度。

如果有必要,应提供下列信息:气味阈值;蒸发速率;易燃性(固体、气体)。

也应提供化学品安全使用的其他资料,如放射性或体积密度等。

应使用 SI 国际单位制单位,见 ISO 1000:1982 和 ISO 1000:1992/Amd1:1998。可以使用非 SI 单位,但只能作为 SI 单位的补充。

必要时,应提供数据的测试方法。

10. 稳定性和反应性

该部分应描述化学品的稳定性和在特定条件下可能发生的危险反应。

应包括以下信息:应避免的条件(如静电、撞击或振动);不相容的物质;危险的分解产物,一氧化碳、二氧化碳和水除外。

填写该部分时应考虑提供化学品的预期用途和可预见的错误用途。

11. 毒理学信息

该部分应全面、简洁地描述使用者接触化学品后产生的各种毒性作用(健康影响)。

应包括以下信息:急性毒性;皮肤刺激或腐蚀;眼睛刺激或腐蚀;呼吸或皮肤过敏;生殖细胞突变性;致癌性;生殖毒性;特异性靶器官系统毒性——一次性接触;特异性靶器官系统毒性——反复接触;吸入危害。

还可以提供下列信息:毒代动力学、代谢和分布信息。

如果可能,分别描述一次性接触、反复接触与连续接触所产生的毒作用;迟发效应和即时效应应分别说明。

且在的有害效应,应包括与毒性值(如急性毒性估计值)测试观察到的有关症状、理化和毒理学特征。

应按照不同的接触途径(如吸入、皮肤接触、眼镜接触、食入)提供信息。

如果可能,提供更多的科学实验产生的数据或结果,并表明引用文献资料来源。

如果混合物没有作为整体进行毒性试验,应提供每个组分的相关信息。

12. 生态学信息

该部分提供化学品的环境影响、环境行为和归宿方面的信息,如:化学品在环境中的预期行为,可能对环境造成的影响/生态毒性;持久性和降解性;潜在的生物累积性;土壤中的迁移性。

如果可能,提供更多的科学实验产生的数据或结果,并表明引用文献资料来源。

如果可能,提供任何生态学限值。

13. 废弃处置

该部分包括为安全和有利于环境保护而推荐的废弃处置方法信息。

这些处置方法适用于化学品(残余废弃物),也适用于任何受污染的容器和包装。

提醒下游用户注意当地废弃处置法规。

14. 运输信息

该部分包括国际运输法规规定的编号与分类信息,这些信息应根据不同的运输方式,如陆运、海运和空运进行区分。

应包含以下信息:联合国危险货物编号(UN 号);联合国运输名称;联合国危险性分类;包装组(如果可能);海洋污染物(是/否);提供使用者需要了解或遵守的其他与运输或运输工具有关的特殊防范措施。

可增加其他相关法规的规定。

15. 法规信息

该部分应标明使用本 SDS 的国家或地区中,管理该化学品的法规名称。

提供与法律相关的法规信息和化学品标签信息。

提醒下游用户注意当地废弃处置法规。

16. 法规信息

该部分应进一步提供上述各项未包括的其他重要信息。

例如,可以提供需要进行的专业培训、建议的用途和限制的用途等。

参考文献可在本部分列出。

6.2.6 过程路线的选择

过程路线的选择是在工艺设计的最初阶段完成的。过程路线的安全评价,应该考虑过程本身是否具有潜在危险,以及为了特定目的把物料加入过程,是否会增加危险。

1. 有潜在危险的过程

有一些化学过程具有潜在的危险。这些过程一旦失去控制就有可能造成灾难性的后果,如发生火灾、爆炸或毒性物质的释放等。有潜在危险的过程如下:

(1) 爆炸、爆燃或强放热过程。

(2) 有粉尘或烟雾生成的过程。

(3) 在物料的爆炸范围或近区操作的过程。

(4) 在高温、高压或冷冻条件下操作的过程。

(5) 含有易燃物料的过程。

(6) 含有不稳定化合物的过程。

(7) 含有高毒性物料的过程。

(8) 有大量储存压力负荷能的过程。

2. 反应过程的安全分析

实现物质转化是化工生产的基本任务。物质的转化反应常因反应条件的微小变化而偏离预期的反应途径,化学反应过程有较多的危险性。充分评估反应过程的危险性,有助于改善过程的安全。

(1) 对潜在的不稳定的反应和副反应,如自燃或聚合等进行考察,考虑改变反应物的相对浓度或其他操作条件是否会使反应的危险程度减小。

(2) 考虑较差混合、反应物和热源的低效配置、操作故障、设计失误、发生不需要的副反应、热点、反应器失控、结垢等引起的危险。

(3) 评价副反应是否生成毒性或爆炸性物质,是否会有危险垢层形成。

(4) 考察物料是否吸收空气中的水分变潮,表面黏附形成毒性或腐蚀性液体或气体。

(5) 确定所有杂质对化学反应和过程混合物性质的影响。

(6) 确保结构材料彼此相容并与过程物料相容。

(7) 考虑过程中危险物质,如痕量可燃物、不凝物、毒性中间体或副产物的积累。

(8) 考虑催化剂行为的各个方面,如老化、中毒、粉碎、活化、再生等。

3. 有潜在危险的操作

完成每一过程都要实施一些具体的操作,有些操作本身具有潜在的危险。分析和确定这些操作的危险性,是过程安全评价的重要内容。下面列出了一些常见的有潜在危险的操作。

(1) 易燃或毒性液体或气体的蒸发和扩散。

(2) 可燃或毒性固体的粉碎和分散。

(3) 易燃物质或强氧化剂的雾化。

(4) 易燃物质和强氧化剂的混合。

(5) 危险化学品与惰性组分或稀释剂的分离。

(6) 不稳定液体的温度或压力的升高。

4. 间歇过程和连续过程比较

在工艺设计中,需要在间歇过程和连续过程之间做出选择。对于大批量的操作,从经济上考虑,后者更具有优势。然而,单一或复合物流的抉择严重影响着过程安全、个别装置的载荷以及生产中断的潜能。对于间歇反应,往往需要在两个连续批次之间清洗反应器,这可能会由于清洗准备不充分、清洗程序不完善或没有完全移除清洗液,而引入新的危险。下面就间歇和连续两种过程方式进行具体比较。

(1) 间歇过程各操作单元之间易于隔绝,单元设备过程物料持有量较大。连续过程各操作单元连通,过程物料持有量较少。

(2) 间歇过程劳动强度较大,紧急状态下操作者有较多的机会介入。连续过程更多地依靠自动控制。

(3) 间歇过程产物纯度容易控制,过程物料易于识别。连续过程不稳状态或周期性波动(如开车或停车)较少。

(4) 间歇过程有详尽的指令和操作规程,可以减少操作失误或设备的损坏。连续过程的容器或设备很少需要清洗,不稳态的物料输入也较少。

(5) 间歇过程有较长的暴露时间。在连续过程中,有潜在危险的中间体无需储存直接加工。

6.2.7 工艺设计安全校核

工艺设计必须满足安全要求。机械设计、过程和布局的微小变化都有可能出现预想不到的问题。工厂和其中的各项设备是为了维持操作参数允许范围内的正常操作设计的,在开车、试车或停车操作中会有不同的条件,因而会产生与正常操作的偏离。为了确保过程安全,有必要对设计和操作的每一细节逐一校核。

1. 物料和反应的安全校核

(1) 鉴别所有危险的过程物料、产物和副产物,收集各种过程物料的物质信息资料。

(2) 查询过程物料的毒性,鉴别进入机体的不同入口模式的短期和长期影响,以及不同的允许暴露限度。

(3) 考察过程物料气味和毒性之间的关系,确定物料气味是否令人厌倦。

(4) 鉴定工业卫生识别、鉴定和控制所采用的方法。

(5) 确定过程物料在所有过程条件下的有关物性,查询物性资料的来源和可靠性。

(6) 确定生产、加工和储存各个阶段的物料量和物理状态,将其与危险性关联。

(7) 确定产品从工厂到用户的运输中,对仓储人员、承运员、铁路工人、公众等呈现的危险。

(8) 向过程物料的供应商咨询有关过程物料的性质和特征,储存、加工和应用安全方面的知识或信息。

(9) 鉴别一切可能的化学反应,对预期的和意外的化学反应都要考虑。

(10) 考察反应速率和有关变量的相互依赖关系,确定阻止不需要的反应、过度热量产生的限度。

(11) 鉴别不稳定的过程物料,确定其对热、压力、振动和摩擦暴露的危险。

(12) 考察改变反应物的相对浓度或其他反应操作条件,可否降低反应器的危险。

2. 过程安全的总体规范

(1) 过程的规模、类型和整体性是否恰当。

(2) 鉴定过程的主要危险,在流程图和平面图上标出危险区。考虑选择特殊过程路线或其他设计方案是否更符合安全。

(3) 考虑改变过程顺序是否会改善过程安全。所有过程物料是否都是必需的,可否选择较小危险的过程物料。

(4) 考虑物料是否有必要排放,如果有必要,排放是否安全以及是否符合规范操作和环保法规。

(5) 考虑能否取消某个单元或款项并改善安全。

(6) 校核过程设计是否恰当,正常条件的说明是否充分,所有有关的参数是否都被控制。

(7) 操作和传热设施的设计、安装和控制是否恰当,是否减少了危险的发生。

(8) 过程的放大是否正确。

(9) 过程能否自动防止关于热、压力、火险和爆炸的过程故障。

(10) 考虑是否采用了二次概率设计。

3. 非正常操作的安全问题

(1) 考虑偏离正常操作会发生什么情况,对这些情况是否采取了适当的预防措施。

(2) 当工厂处于开车、停车或热备用状态时,能否迅速畅通而又确保安全。

(3) 在重要紧急状态下,工厂的压力或过程物料的负载能否有效而安全地降低。

(4) 对于一经超出必须校正的操作参数的极限值是否已知或测得,如温度、压力、流速、浓度等的极限值。

(5) 工厂停车时超出操作极限的偏差到何种程度,是否需要安装报警或自动断开装置。

(6) 工厂开车和停车时物料正常操作的相态是否会发生变化,相变是否包含膨胀、收缩或固化等,这些变化可否被接受。

(7) 排放系统能否解决开车、停车、热备用状态、投产和灭火时大量的非正常的排放问题。

(8) 用于整个工厂领域的公用设施和各项化学品的供应是否充分。

(9) 惰性气体一旦急需,能否在整个区域立即投入使用,有否备用气供应。

(10) 在开车和停车时,是否需要加入与过程物料接触会产生危险的物料。

(11) 各种场合的火炬和闪光信号灯的点燃方法是否安全。

6.3 化工单元区域的安全规划

化工单元区域规划是定出各单元边界内不同设备的相对物理位置。完成既降低建设和操作费用又有充分安全保证的区域规划不是一件容易的事。一般来说,单元排列越紧密,配管、泵送和地皮不动产的费用越低。但是出于安全考虑,需要把危险隔开,单元排列应该比较分散,同时也为救火或其他紧急操作留有充分的空间。综合考虑表明,留有自由活动空间的开放的区域规划更合理一些。过分拥挤严重影响施工和维修效率,会增加初始的和继续的投资费用。

单元区域规划一般分为以下三种,或者将其中某几种进行组合。

(1) 流程线状布置。按工艺流程布置塔、槽、换热器等。该种形式适合小型装置或者设备比较小的大型装置。

(2) 分组布置。将塔、槽、换热器、泵等同类设备分组分设在各区。这种形式适用于设备较多的大型装置,特别便于维修。

(3) 架空布置。将塔、槽、换热器设置在钢筋混凝土或钢结构框架上,下面布置泵,其前面或侧面设置加热炉或者仪表室。因此能立体地使用空间,所以节省占地面积,但建设费用要高一些。

6.3.1 化工单元区域的规划

1. 设备配置的直线排列

加工工业普遍接受的区域规划方法:单元中大多数塔器、筒体、换热器、泵和主要管线成直线狭长排列。这种设备排列方法的主要特征如下:

(1) 设备配置直线的两边都与厂区道路连接。这样,在救火或其他紧急情况时,设备配置线的主要部分的两边都有方便的通路。连接道路可以作为阻火堤,把设备配置线与厂区其余部分隔离。

(2) 钢制框架与道路邻接。热交换器设置在框架上部,冷却水箱设置在框架下部。吊车可以方便地驶入,安全装运热交换器的管束、管件和较重的组件。冷却水箱设置在框架上使得整个冷却水系统的维修极为方便,而不必挖掘装置周围和装置之下的地基。

(3) 设备配置直线上的精馏塔、热交换器、馏出液受器、回流筒等装置,一般采用框架结构平坡式布局方式。框架结构在精馏塔旁边提供了开放区域,塔板和其他塔内件易于拆卸装车运至维修区。在线的塔器、回流筒、热交换器之下的平坡低洼部分,对于易燃或毒性溢流物可以起截流的作用,防止污水管将其排净前扩散至单元的其他区域。

(4) 管架也设置在设备配置直线上。管架的合理排布可以消除过顶间距太小或是仅敷设在平坡上的管束,而且可以避免管沟,而管沟常常是危险液体或蒸气的良好载体。

(5) 泵排设置在设备配置直线的旁边,与道路邻接。泵排上面不得有任何障碍物,使得泵和传动装置维修时便于移动。

(6) 筒体、泵、装配有观测平台的蒸馏塔以及需要桥式吊车钢梁导轨吊入的设备,按序定在设备配置线上,从而把相关的危险操作集中在一起。

设备以安装在地平面上为宜。但是由于过程原因,如蒸馏或吸收塔,喷雾干燥塔或立式反应器,需要提供重力自流或泵的负压压头的设备等,设备提升是不可避免的。重的设备应尽量避免高位安装,最好和其他设备在同一水平线上或者有坚实的基座。

把直线排列的原理用于集成化过程单元的规划,可以把前述的区域规划发展成为一系列平行的、并排的设备配置直线。各过程单元的其余组件分布在这些直线簇相邻的区域,沿着设备配置直线的端点向外延伸。管线配置也分成了两部分:整个过程区的主管线以及由主管线引出的各条设备配置线的支管线。

2. 非直线排列设施的配置

直线排列的设备构成了单元区域的骨架,单元的其他组件,如控制室、压缩机、反应器、溢流槽、加热炉等,可以设置在直线排列的两边。应用这种方法一般可以达到近乎方形的最大面积规划。

控制室是单元的神经中枢,是单元中最重要的部位。从操作本身考虑,似乎应该把控制室置于单元区域的中心,做到控制室离各操作观测点的距离最短。但是这样设置,控制室会有较大的潜在危险:单元中一旦发生重大事故,极易波及控制室。所以,最好是把控制室设置在单元的周边区域。对于处理毒性物质的单元,控制室应该设置在单元的上风区域。最后,控制室应该和高温或高压容器、盛有相当量的易燃或毒性液体的容器隔离。

加热炉有两个基本问题,作为明显的火源,加热炉应该设置在单元其余部分的上风区域,但是这会引起烟道气飘过塔器的高架平台或其他建筑物的问题。最好的解决办法是采取折中方案,把加热炉设置在侧面风区域。应该尽量保持加热炉与其他危险设备的适度分离。

压缩机剧烈运转,应该注意与其他危险设备适当隔离。压缩机容易泄漏气体,应该置于单元的下风区域。在现代工业实践中,由于泄漏的原因,很少把压缩机或泵安装在室内。即使在必须预防风雨的极少数情况下,这些设备也只是安装在只有屋顶而无侧墙的亭阁式建筑物中。

对于反应器,主要考虑的是提供充分的空间、反应器内件安全操作的设施以及有关的催化剂。有些高热运转的反应器,可以作为火源来处理。

非直线排列设备的配置还包括诸多的公用工程设施。电力线路必须从地下进入加工单元,适当安排入口点,避免在整个单元的电力系统设置入孔。如果单元装配有紧急释放阀或烟气管线,这些设施应靠近控制室,远离火险或其他危险区域。消防火栓或监控器必须与危险点足够近,从而能有效发挥作用,但也不能离得太近,危机时无法靠近。注意可能会阻止水流到达危险点的障碍物,检查有无必要时迅速撤退的通路。水龙带拖车或安全喷射器也作类似的配置。

除非绝对必要,铁路支线才引入单元区。当铁路支线引入单元区时,应该提供货车可能脱轨的充分空间。不宜把装卸设备设置在铁路支线终点的延伸方向,以避免货车的过冲、扯脱货车挡与装卸设备碰撞。

在完成区域规划时,应该充分考虑将来发展扩建添加设备的可能性。在建设时一个完美排列的单元,硬挤进一些附加的设备,由于没有充足的空间而变得壅塞。应用成直线排列,在泵区中会为一些附加的泵,甚至是两个附加的筒体,找到合适的充足的空间。但是对于换热器、塔器、加热炉、反应器等,需要在工厂设计时为这些装置的添加留有一定的裕度。

3. 室内装置的配置

对于需要精确的温度控制或需要操作者经常观察的情形,必须把加工单元的部分或全部置于室内。对于室内装置,主导风和隔开距离这两个工具的重要性大大降低。在室内无主导风;隔开距离会增加建筑物的建筑面积而使财政负担加重。即使隔开距离不会增加建筑费用,在室内距离的作用也会降低。在室内释放出的毒性或易燃蒸气会留存在建筑物内,而不会像室外那样迅速扩散。然而仍然可以采用其他一些方法,如物理屏障等,实现室内装置的隔离。如果火源和易燃物源两者都必须设在室内,最好把它们分置在建筑物的分隔间内。火源和易燃物源隔离墙的门或开口,易燃蒸气或液体能够从中通过接近火源,应该保持在最小数量。特别易于起火、爆炸或释放毒物的设施,如高温、高压或大容量的容器,应该与像控制中心这样的经常有人员的区域隔离开。实现隔离目的的墙壁也应该有最小数量的开口,同时这些墙壁还应该进行强度和耐火设计。容易经受爆炸的隔离间可以有一面或多面有意设计的强度较弱的墙壁,以便在避开人员或其他设施的方向卸掉爆炸力。

多层或阶梯式建筑有本身特有的地势问题。易燃或毒性液体源不应该设置在火源或人员之上。如果包含蒸气,火源或人员的位置则取决于蒸气的密度比空气大还是比空气小。

如前所述,危险的集中有助于确定特别危险区的界限。此外,危险的集中会增进提供具体安全设施的可行性。可以提供的安全设施如下:

(1) 高容量的通风系统,有助于保持空气—蒸气或空气—粉尘混合物在其爆炸极限之下。
(2) 高容量的排水系统,很快排除泄漏的液体。
(3) 遥控操作加工装置。
(4) 自动灭火装置,如水喷雾、蒸气覆盖、泡沫或惰性气体系统。

对于几个危险装置集中于室内某个区域或分隔间的情形,只有上述安全设施是不够的。这些装置,由于其与人或其他装置的靠近,还必须考虑它们复合的危险作用。

与室外设施相比,需要更加严格地规范从室内装置撤退的通路。在室内,很难过分强调精细设计的平台、扶梯、人行道、出入口或滑运斜道系统的需要。永久平台应该供作单元中所有无法抬阶而上的操作点的进出口,所有操作平台(塔器平台可能例外)都应该有两种下行方法,防止紧急状态时截流操作人员。从高架平台向下的所有扶梯和滑梯孔道,都应设在最小可能遭受火险或毒物泄漏的地点。扶梯或滑梯的着陆点应该接近易于从单元撤退的通路。塔器的入孔平台应该有塔内件安全维护的充分的工作空间,打开入孔的方向应该避开从平台向下的扶梯。

6.3.2 化工单元区域的管线配置

1. 管线配置的防泄漏设计

工厂化学品的主要泄漏与管线的长度、排放口的数量、管线的复杂性等密切相关。设备间隙的增加和危险组件的隔离都会强化安全,但这却需要增加管件的总量或增加管线的长度,从而也增加了泄漏的可能性和工程建设费用。上述几方面之间需要建立恰当的平衡关系。管线的复杂性,一般反映在连接的泵的数量以及再循环物流的数量两个方面。减少管件泄漏的简单设计规则如下:

(1) 减少分支和死角的数量。
(2) 减少小排放口的数量。管道配置应该做到,在少数几处容易接近、容易观察的位置排放。
(3) 按照相同的规范设计小口径的支管,和主管一样进行严格的检验。确保小的支管在交叉点得到加强,并有充分的支撑。
(4) 考虑到管件或容器的热膨胀,管线需要有一定的伸缩性。在短管管架上,需要恰当地配置波纹管。这些波纹管应该只是作轴向移动,还需要衬内套管,以免在波纹管的褶沟中充入固体沉积物。

(5) 直接卸料的排放口,应该设在操作者能够观察到的地方。工作系统对这些排放口应该进行定期核查和报告。

(6) 保证密封垫与管内流体在最大可能的操作温度下完全互容,在最大内压下也能够紧缩密封。

(7) 减少真空管线(如真空蒸馏塔上的冷凝器)上的法兰盘数量。

(8) 在阀式取样点应该配置可移动的插头。

(9) 要有充分的管道支撑,从放料或从安全阀检验管道的作用力。

(10) 设置管道应该避免通过可能使其受到机械损伤的地方。

(11) 应该有充分的通道、扶梯等,以免攀越管件。

(12) 紧固承受高温的大法兰盘,应该采用高强度的螺栓。

2. 软管系统的配置

对于油船、罐车等的液体物料的装卸,软管的选择和应用需格外谨慎。应考虑以下因素:

(1) 软管的适用性,并结合有关软管的标准。

(2) 设置紧急状态下迅速隔离的设施,如对于油船卸货,在软管的一端要设紧急隔离阀,在另一端要设止逆阀,用过流阀替代远程隔离阀等。

(3) 应该使用螺栓固定的软管夹,不宜使用侧卸式的软管夹。

(4) 软管系统应用时要有充分的保护和支撑设施,不用时要防止软管的压破或损坏。

(5) 所有高于大气压操作的可移动软管,都应设置排空阀,以便降压时防止软管的折断。

3. 管线配置的安全考虑

通常用于管道工程的橡胶支撑物,不能用于设备,设备重心之下的水平连接法兰需要用钢性板支撑。柱塞阀的邻近也需要有支撑物。聚四氟乙烯波纹管不能用来连接不同心的管道。支撑板、垫片和管接头的材料性能,制造说明书会有确切的说明。

管件和阀门配置的简单和易于识别,是安全操作的重要因素。对于不稳定液体的传递,管件、阀门和控制仪表的配置应该防止液体静止在运转的泵中。

对于气体和液体,其设计应该考虑沿与设定相反方向流动的可能性。在化工案例中,有大量回流的情形。

(1) 从储罐或下游管线回流进入已关闭的设备。

(2) 从设备回流进入有压力降的辅助设备的管线。

(3) 泵的故障引起回流。

(4) 反应物沿副反应物的物料管线回流。

在设备管线配置中,对于只是间歇使用的设备,推荐应用不用时断开的软管与过程设备连接。对于常设的设备管线,如果设备压力降低至过程正常压力之下,管线应该有低压报警;如果设备压力升高至过程正常压力之上,则应该有高压报警。在设备管线上应该安装止逆阀,以防止管线中流体的回流。过程管线上的止逆阀发生故障会造成严重的后果,因此,建议安装两个不同类型的止逆阀,尽可能把相同形式的损坏减至最小程度。如果回流的结果导致剧烈的反应或设备的过压,止逆阀不足以提供可靠的保证,这时需要高度可靠的断开或关闭系统。

对于泵体或设备极有可能泄漏以及大量物料从设备无限制流出的情形,应该考虑安装远程操作的紧急隔离阀。液化石油气容器的所有过程排放管线,也推荐采用自动闭合阀或遥控隔离阀。对于操作的情形,遥控隔离阀应用于充气管线、加料管线,比普通隔离阀有明显的优势。

6.3.3 化工单元装置和设施的安全设计

1. 装置的安全设计

装置、仪表和辅助设施是用来完成各种化学过程或单元操作的,组合在一起构成了一个完整的制造单元。设计时的许多决定对工厂安全有着重要的作用。在设计阶段广泛采用的两个重要概念是"故障自动保险"和"二次概率设计"。

故障自动保险要求,当装置、仪表或过程控制回路出现故障时,系统恢复到最小危险状态。二次概率设计是指,当操作失误或设备出现故障时会启动备用设备,预防危险出现或降低危险的作用。这方面的典型例子如下:

(1) 容器的压力释放装置。
(2) 设备或建筑物的爆炸卸荷设施。
(3) 储罐周围的围墙防护。
(4) 紧急关闭系统。
(5) 过程参数高限或低限启动的关闭装置。
(6) 报警装置,例如火险、过程参数高限或低限的报警。

2. 辅助工程设施安全

电气设备在易燃气氛中应该作为火源处理。除电力外,化工厂操作还需要以下辅助工程款项:①蒸汽;②过程用水和锅炉用水;③消防用水;④冷却水;⑤压缩空气;⑥惰性气体。

对于上述款项的主要考虑是要有充足的供应量以满足预期的最大量的需要;其次是这些设施的可靠性,以及关闭时备用设备或紧急储存器的提供。

排水系统的恰当设计是必要的。易燃液体,有时是与救火消防水的混合物的排放不畅,在有关易燃液体泄漏的大量损失中,是起重要作用的因素。排水系统的优化设计应该是,一旦易燃液体泄漏出来,就立即排离加工单元,导入蓄污池。

装置的抗污染也是重要的。例如,应用蒸汽灭火一般是起稀释泄出物的作用,消防蒸汽供应线应该与正常蒸汽供应线隔离开,消除烃类泄出物渗入正常蒸汽的任何可能性。压缩空气的过程污染可以应用物理隔离的方法避免。地面水和污水也必须隔离排放。对于惰性气体,既要保证日常操作和紧急状态下充足的供应量,又要防止被污染。

对于加工易燃液体或气体的区域,应该尽可能采用敞开结构。这既可以有助于气体或蒸气泄漏物的扩散通风,又可以提供最大可能的爆炸排放面积,而且还有利于救火。粉尘捕集装置和过滤器也应该设置于没有其他过程的敞开区域。

6.3.4 公用工程设施安全

公用工程设施是指水、电、汽的供应设施以及其他辅助设施,公用工程设施的充分设计和配置直接关系化工厂运行和操作的安全。公用工程设施的各个款项不仅对于化工厂人员的健康和安全极为重要,而且这些款项的失误常是化工厂事故或伤害的渊源。

1. 电气设施

电是化工过程中热能、机械能和光能的重要供应源,电气设施在化工生产中起着重要的作用。由于化工生产本身所固有的易燃、易爆、易腐蚀等危险性以及高温或深冷、高压或真空等苛刻的操作条件,化工厂对电气设施有很高的要求。在所有电气设施的装配中,都应该考虑至少是最低安全限度的防护措施。工厂或实验室的所有电工作业都必须满足安全防护的要求,遵循限定的规则和程序。

在化学加工业中,电气线路、设备和照明设施的配置,必须满足易燃液体或气体泄漏形成爆炸性混合物的防护要求。需要采取的防护措施包括防蒸汽的照明设施、全封闭的电动机、油浸式或部分封闭的开关、火花放电设施的完全隔离等。

由于人员不允许在爆炸性气氛中作业,防止爆炸性气氛的形成比采用防爆设备更安全、更经济,这是普通的工业实践。当爆炸性气氛通过密封或控制易燃液体、气体和粉尘仍不能避免时,所涉及的空间应该限制或隔离在防护罩下或通风橱中。设置在高过地面6m以上露天构架上的电气设备,一般可以认为不受近于泄漏点的临时的、局部的爆炸性混合物暴露的影响。

所有的建筑钢筋和露天构架,所有的罐、鼓、管线和罐车,所有的处理或应用或在处理或应用易燃液体或气体区的化工设备,都应该接地消除静电。松软接地最好与大的水管道连接,打入地内或嵌入接地钢板,但务必不得与电缆管线、喷水支路管道,气体、蒸汽或过程管线连接。对于接地应该适当维护,定期检验损坏情况并测定接地电阻。

为了避免控制仪表和设备的使用失误,被控制设备的电压、名称和序号应该明显标示在开关盒、补偿器和启动器上。所有延伸电缆都应该是三相的,而且限定在一定的长度。目前,由于安全维护方法的不断开发,过去禁用的闪光信号灯有从非危险区扩展应用到危险区的倾向。

某些人员所戴的助听器能够产生可以点燃易燃蒸气的足够能量的火花,因此,当佩戴者可以形成爆炸性混合物的泄漏点暴露时,不得开启助听器。普通电话拨号、呼叫和打印时可以产生高能火花,是一个更值得注意的火花源。为此,应该尽量安装和使用防爆电话。无线电传系统和对讲电话装置对易燃蒸气暴露时,也呈现电的危险。

许多电气仪表如果使用不当都有可能成为火源。应该按照电器规范选择和安装电气仪表,谨慎操作,避免失误。有时可以把电气仪表封闭起来,通过小空气管不断地吹送缓慢的清新的空气流,对仪表进行清洗和净化。从电器安全的角度出发,常把电气仪表设置在危险区以外。如果载流部件或导线必须暴露,应该将其提升到至少高过人行面2.4m以上,或采用密封的方法。靠近供能电导线或设备的区域,应该避免使用金属尺、金属安全帽、金属扶梯或其他金属物件。

2. 水和蒸汽设施

在许多化工厂,操作人员应用热水冲洗地板或设备。而蒸汽吹洗只能由受过专门训练的人员在严密控制的条件下进行。除非使用经过充分设计的、冷水供应一旦中断就完全关闭的水—蒸汽混合器,不得把蒸汽管道和水管道直接连接产生热水。最大可能的热水温度应该确知并标示出来,所有管线都要在混合器和出口处签上名称加以识别。温度高于57℃的水与皮肤接触一般会引起灼伤。如果使用高过这个温度的水,一定要提供适当的训练并对水的使用加以控制。洗浴或冲洗皮肤使用的热水,务必不得由蒸汽和水直接混合产生。只能使用有热交换的水加热器,这样的加热器可以供应温度精确控制的热水。热水加热器不仅应该有过压压力释放阀,而且还应该有过热释放熔断塞。

在处理腐蚀性或毒性物料的区域应该安装安全淋浴器。即使工作人员穿戴防火服,安全淋浴器对于扑灭黏附在防护服上的易燃液体的火焰有重要价值。重要的是头顶上方大容量、慢速地连续喷射水,使人员的燃火服装易于彻底浸透。所有安全淋浴器的阀门应该设置在相同的高度,与喷头的相对位置也应该相同。这些阀门应该沿着相同的方向以完全类似的方式操作。上述这些要求对于在紧急情况下不能看到但可以触摸到淋浴器的阀门变得十分重要。对于每个淋浴器,都必须坚持进行定期检验。

水供应的饮用安全,无论是饮用要求足够纯度水的安全供应,还是防止污染供应源,都起着重要的作用。市政的或其他公共的水源一般都能满足保健用或饮用的要求。对于一些类型的冲水厕所应该特别注意,防止水的供应压力损失时污水对水供应管线的污染,为此,需要配置抗虹吸装置。与过程水或过程冷却水的供应管线或系统连接的所有管接头,都应该具备这样的功能,能够防止可能被污染的水回流至饮用水系统。不能单纯依靠止逆阀,还必须应用附加的设施,防止供应管线压力损失时水的虹吸回流。一种有效的装置是把饮用水供应管线与空水箱排在一起,水自由落入水箱进入泵的入口并被输送应用于过程目的,有一个水溢流出口设置在供应管线出水口的下方。

许多化工厂的冷却或其他过程目的使用的是非饮用水。在有些情况下,非饮用水也用来冲洗地板和设备。为了在所有供应非饮用水的水出口都能识别出水的类型,应该张贴警戒条款,向工作人员警示水是不安全的,不得用于餐饮或人员洗浴,不得用于炊具、餐具、食品制备或加工器具、服装等的洗涤。非饮用水可以洗涤其他用具,只是要求其不含有化学品以及构成不卫生条件或对人员有害的其他物质。

尽管有不少过程或动力供应需要高压蒸汽,但只有 0.1MPa 或更低压力的低压蒸汽适合于室内加热装置。对于压力高于 0.1MPa 蒸汽设施,从安全的观点出发,应该由压力来鉴别蒸汽管线。蒸汽的疏水器和泄放阀应该安装在人员可以避开的区域。室外填石的干井可以用于小型蒸汽疏水器冷凝液的排放。如果蒸汽冷凝液排放至污水管线,应该配置专门设施,防止疏水器故障蒸汽泄放造成压力的累计。

人员与没有保温的蒸汽管线、散热器接触会引起严重的烫伤。高出地面 2.1m 以下或人员易于接触的所有蒸汽管线、设备和散热器,都应该保温并保持足够的警惕。

3. 供氧空气和辅助气体设施

空气一般是经压缩由管道输送至各个区域,供过程、动力或仪表应用,有时与空气面罩连通,供人员呼吸。由于所需空气质量的差异,任何供氧空气都应该由各自的系统供应。供呼吸的空气必须与一氧化碳、油蒸气、锈粉末或其他杂质等污染物隔离,氧、氮和二氧化碳的比例必须适当。

因为连续操作会产生高温,润滑油有可能裂解污染空气,普通的油润滑空气压缩机无法保证供应的空气质量。油润滑压缩机需要配置特殊的装置,包括一氧化碳报警装置、油蒸气移出装置以及气味消除装置。一氧化碳移出装置要有把一氧化碳催化转化为二氧化碳的功能。粉尘或粒状物应用过滤器滤掉。即使如此,仍需要经常检验空气中一氧化碳的水平。专门设计的供氧空气压缩机无疑是更好的选择。这样的压缩机是机内水润滑,在水中添加微量的脂肪酸盐或天然矿物油。无润滑压缩机,只是压缩机的轴承和工件需要润滑,汽缸由于活塞上使用的是低摩擦的密封垫而无需润滑。隔膜型压缩机也可以视为是无润滑的。

供氧空气在输送过程中仍然需要不被污染。为此,与供氧空气连接的设备、过程或其他设施不得相互连通。空气管道与空气面罩连接时,过滤器和吸尘护罩应该安装在靠近出口处,截取或移除杂质粒子和湿气液滴等。过滤器下游管道的材质应该是非铁的,最好是钢。从呼吸空气中不必添加或移出湿气,人体能够承受相当宽的湿度范围而不至于感到不适或有害。

氮、二氧化碳和其他惰性气体有时被称作辅助气体而非过程气体。这些气体的管线一般是在 1MPa 或略低的压力下操作,主要的安全问题是气体的鉴别。在罐内或限定的空间内工作时,惰性气体被错当成呼吸气体通入,会造成伤亡事故。辅助气体的所有出口和阀门都应该标示出气体的名称。

4. 废料处理设施

空气污染,无论是从公共关系的观点还是从个人安全的角度,都是备受关注的课题。释放到空气中的气体和排放到工厂以外的液体,都必须控制在有害浓度之下。粉尘、特殊物质、烟雾和蒸气都不得排放到空气中。回收或清除,包括不同复杂程度的设备的考虑,每一项都是个别的工程问题。有时为了清除或减少排放,要对过程本身进行修改。

从排风系统或烟囱排放出的有害气体和悬浮微粒,必须在环境法规规定的允许浓度限度之下。液体或固体废料的处理也完全类似。排放到公共下水系统的化学废液在排放前必须经过充分处理,完全清除有害化学物质,确保其在下水道通往河流的出口点处于无害的浓度。分液器和捕集器常用来清除油品或其他非水溶性物质,沉降池可以有效地清除夹带的固体。

加工易燃挥发性物料,应用地下管道系统输出废液,在管道内空气的间隙中会形成爆炸性混合物。所以,重要的是要防止任何易燃挥发性废液进入封闭的地下下水管线。下水管道清理和维护时也应该足够开放。有时需要应用明渠敷设废液下水管道,并配置充分的阻火设施。明渠由耐化学暴露的材料构筑,并且成一条线,易于清理和检查。废液在进入废液处理系统前,多数情形都需要用足够量的水稀释。

只有两种类型的危险废料适于放置在化学地窖中。一种类型通过普通的生物降解就可以消除其现存的和潜在的危险,而另一种类型不会发生降解,在地窖中永不消失。重金属的氧化物或硫化物极难溶于水,不存在严重的液体渗透问题。这些化合物可以放置在井型设计的化学地窖中,也可以置于一经关闭可能会永不开启的专用地窖中。专用地窖是一个大的拱形混凝土地下室,装有废料并用混凝土覆盖的鼓或其他容器放置在其中。有些类型的无机废料,既不能循环使用,也不能通过生物的或焚化的方法将其销毁,于是专用地窖成为它们的永久存放地。

5. 工业卫生设施

工业卫生设施设计内容,包括良好的采光、排毒、采暖、通风、照明以及防噪声、振动、辐射等。

1) 采暖

采暖系统分为局部采暖和集中采暖两种。按其传热介质又可分为热水、蒸汽和空气3种类型。在设计集中采暖车间时,请作业地点温度不应低于15℃;中作业不低于12℃;重作业不低于10℃。当每名工人占用较大面积(50m²~100m²)时,轻作业可低至10℃;中作业低至7℃;重作业可低于5℃。在每名工人所占面积超过100m²时,可在工作地点或休息地点设立局部采暖装置。在设计采暖装置时,除注意满足温度需要外,还要注意安全问题。对于生产过程中能散发出可燃气体、蒸气、粉尘与采暖管道、散热器表面接触能引起燃烧的厂房,不应采用循环热风采暖。集中采暖的热煤温度,在散发可燃粉尘、纤维的厂房,其温度也不应过高,热水采暖不应超过130℃,蒸汽采暖不应超过110℃。此外,采用热风采暖应注意防止强烈气流直接对人产生不良影响。一般气流速度应控制在0.1m/s~0.3m/s,其热风温度不得超过70℃。

2) 通风

化工车间通风的目的,在于排除车间或房间内的余热(防暑降温)、余湿(除湿)、有毒气体、蒸气以及粉尘(防尘排毒)等。是车间内作业地带的空气保持适宜的温度、湿度和卫生要求,以保证工人的正常环境卫生条件。

(1) 通风换气。车间所需要的新鲜空气量,一般是按每人所占空间容积来计算的。每名工人所占容积小于 20m³ 的车间,应保证每小时不少于 30m³ 的新鲜空气量。如所占容积为 20m³～40m³,应保证每人每小时不少于 20m³ 的新鲜空气量。所占容积如超过 40m³ 时,可以由门窗渗入的空气来换气。采用空气调节的车间,应保证每人每小时不少于 30m³ 的新鲜空气量。

(2) 通风降温。在化工车间中,有谷中高温设备及热表面,如各种窑炉、干燥器、加热器、蒸发器、蒸馏塔以及机械运转、太阳辐射等,致使操作环境温度上升。因此,需要采取通风降温的方法,以保持适宜的温度。对于高温工作地点,可采用局部送风降温措施,并采用含水雾气流的局部送风,其到达工作地点的风速应控制在 3m/s～5m/s,雾滴直径应小于 100μm,不带小雾的气流速度,在轻作业时应控制在 2m/s～5m/s,重作业应控制在 5m/s～7m/s。除采用自然通风和机械通风降温方法外,合理地布置热源(放在室外)、绝热保温以及挡热装置均是防暑降温的有效手段。

(3) 通风除湿。对于工艺上以湿度为主要要求的空调车间,当室外出现的温度等于夏季空调室外计算温度时,车间内的空气温度不得超过表 6-9 的规定。对于夏季通风室外计算温度高于 31℃ 的地区,可按表内规定温度增加 1℃,湿度不变。

表 6-9　车间内空气温度及相对湿度

空气温度/℃	33	32	31	30
相对湿度/%	50	50	90	80

(4) 通风排毒(尘)。对于被有害气体、蒸气或有微量有害粉尘污染了的空气再排入大气前,应净化处理。

3) 采光与照明

工业照明一般是通过天然采光和人工照明两种方式实现的。

(1) 天然采光。天然采光是利用太阳的散射光线,通过建筑物的采光窗照亮厂房。天然光光线柔和、照度大、分布均匀、工作时不易造成阴影,是一种经济合理的照明方法。它分侧方、上方和混合采光 3 种方式。

(2) 人工照明。人工照明按照明方式分为一般照明、局部照明和混合照明 3 种。按照明种类可分为正常照明、事故照明、值班照明、警卫照明和故障照明等。对于在正常照明因故障熄灭,将造成爆炸、火灾和人身伤亡等严重事故的场所,应装设临时继续工作的事故照明。自动投入事故照明,必须采用能瞬间点燃的可靠的光源,一般用白炽灯式卤钨灯。当事故照明作为正常照明的一部分经常点燃时,在发生故障时,不需要却换电源的情况下,可采用其他光源。在正常照明因故障熄灭后,能引起工伤事故或通行时以及易发生危险的场所,应装设供人员疏散用的事故照明。对于临时继续工作用的事故照明,其工作面上的照度不应低于一般照明照度的 10%,人员疏散用的事故照明,主要通道上的照度,不应低于 0.5lx。

4) 其他

工业企业应根据生产特点、实际需要和使用方便的原则,设置生产卫生用室(浴室、更衣室、盥洗室、洗衣室)、生活用室(休息室、食堂、厕所)、妇幼卫生用室和卫生医疗机构。辅助用室的位置,应避免有害物质、高温等有害因素的影响。接触有害、恶臭物质、刺激性粉尘和严重污染全身的粉尘车间的浴室,均不得设浴池,应采用淋浴。厂矿职工医院应设置职业病防治科,包括工业卫生化验室。

思 考 题

1. 化工厂厂址选择的影响因素有哪些？
2. 化工厂一般分为哪几个区？简述每个区的功能及安全防护。
3. 有潜在危险的操作包括哪些？
4. 简述化工维护的必要性。
5. 简述工业卫生设施设计包括的内容及作用。

第7章 典型的化工反应过程安全

化工过程的安全技术与化工工艺过程密不可分,物料的物理处理过程和化学反应工序是化工工艺过程的两大部分。本章主要介绍化工生产中常采用的典型化学反应及其危险性分析。典型化学反应包括氧化、还原、裂解、聚合、磺化、烷基化、重氮化等。

7.1 氧化(过氧化)反应

7.1.1 氧化反应的含义

氧化与还原总是同时发生而不可分开的两种反应。有狭义和广义的两种含义。
(1) 狭义的:物质与氧化合的反应是氧化。例如:

$$2Cu+O_2 \xrightarrow{加热} 2CuO$$

能氧化其他物质而自身被还原的物质称作氧化剂,如氧是氧化剂。含氧物质被夺去氧的反应是还原。例如:

$$CuO+H_2 \xrightarrow{加热} Cu+H_2O$$

能还原其他物质而自身被氧化的物质称作还原剂,如氢是还原剂。
(2) 广义的:失去电子的作用是氧化,得到电子的作用是还原。即一种物质失去电子,同时另一种物质得到电子。失去电子的物质是还原剂,得到电子的物质是氧化剂。氧化还原反应是电子的传递,电子得失的数目必须相等。

7.1.2 氧化反应的安全技术要点

氧化反应的安全技术要点包括:

1. 氧化物质的控制

氧化反应过程中,被氧化的物质大部分是易燃易爆物质。如乙烯氧化制取环氧乙烷,乙烯是易燃气体,爆炸极限为2.7%~34%,自燃点为450℃;甲苯氧化制取苯甲酸,甲苯是易燃液体,其蒸气极易与空气形成爆炸性混合物,爆炸极限为1.2%~7%。

对某些强氧化剂,如高锰酸钾、氯酸钾、铬酸酐等,由于具有很强的助燃性,遇高温或受撞击、摩擦以及与有机物、酸类接触,皆能引起燃烧或爆炸。

某些氧化过程中还可能生成危险性较大的过氧化物,如乙醛氧化生产醋酸的过程中有过醋酸生成,性质极不稳定,受高温、摩擦或撞击便会分解或燃烧。

氧化反应使用的原料及产品,应按有关危险品的管理规定,采取相应的防火措施,如隔离存放、远离火源、避免高温和日晒、防止摩擦和撞击等。若是电介质的易燃液体或气体,应安装能消除静电的接地装置。

2. 氧化过程的控制

氧化过程中如以空气和氧作氧化剂时,反应物料的配比(反应可燃气体和空气的混合比例)应控制在爆炸范围之外。空气进入反应器之前,应经过气体净化装置,消除空气中的灰尘、水汽、油污以及可使催化剂活性降低或中毒的杂质以保持催化剂的活性,减少起火和爆炸的危险。

氧化反应接触器有卧式和立式两种,内部填装有催化剂。一般多采用立式,因为这种形式催化剂装卸方便,而且安全。在催化氧化过程中,对于放热反应,应控制适宜的温度、流量,防止超温超压和混合气体处于爆炸范围。

为了防止接触器在万一发生爆炸或燃烧时危急人身和设备安全,在反应器前后管道上应安装阻火器,阻止火焰蔓延,防止回火,使燃烧不致影响其他系统。为防止接触器发生爆炸,应有泄压装置。应尽可能采用自动控制或调节,以及警报联锁装置。使用硝酸、高锰酸钾等氧化剂时,要严格控制加料速度,防止多加、错加。固体氧化剂应该粉碎后使用,最好呈溶液状态使用,反应中要不间断地搅拌。

使用氧化剂氧化无机物,如使用氯酸钾生产铁蓝颜料时,应控制产品烘干温度不超过燃点,在烘干之前用清水洗涤产品,将氧化剂彻底除净,防止未起反应的氯酸钾引起烘干的物料起火。有些有机化合物的氧化,特别是在高温下的氧化反应,在设备及管道内可能产生焦状物,应及时清除以防自燃。

氧化反应需要加热,反应过程又会放热,特别是催化气相氧化反应一般都是在 250℃~600℃的高温下进行。有的物质的氧化,如氨在空气中的氧化和甲醇蒸气在空气中的氧化,其物料配比接近于爆炸下限,倘若配比失调,深度控制不当,极易爆炸起火。

氧化反应系统,宜设置氮气或水蒸气灭火装置,以便能及时扑灭火灾。

7.2 还原反应

多数还原反应的反应过程比较缓和,但有些还原反应会使用具有较大的燃烧、爆炸危险性的还原剂、催化剂,或反应生成具有较大的燃烧、爆炸危险性的产品或中间产品。如产生氢气或使用氢气的还原反应,具有较大的危险性。以下为几种危险性较大的还原反应及其安全技术要点。

1. 用初生态氢还原

利用铁粉、锌粉等金属和酸、碱作用产生初生态氢起还原作用。如硝基苯在盐酸溶液总被铁粉还原成苯胺:

$$4 \bigcirc\!\!-\!\!NO_2 + 9Fe + 4H_2O \xrightarrow{HCl} 4 \bigcirc\!\!-\!\!NH_2 + 3Fe_3O_4$$

铁粉和锌粉在潮湿空气中遇酸性气体时可能引起自燃,在储存时应特别注意。

反应时酸、碱的浓度要控制适宜,浓度过高或过低均使产生初生态氢的量不稳定,使反应难以控制。反应温度也不宜过高,否则容易突然产生大量氢气而造成冲料。反应过程中应注意搅拌效果,以防止铁粉、锌粉下沉。一旦温度过高,底部金属颗粒翻动,将产生大量氢气而造成冲料。反应结束后,反应器内残渣中仍有铁粉、锌粉继续作用,不断放出氢气,很不安全,应放入室外储槽中,加冷水稀释,槽上加盖并设排气管以导出氢气。待金属粉消耗殆尽,再加碱中和。若急于中和,则容易产生大量的氢气并生成大量的热,将导致燃烧爆炸。

2. 催化加氢还原

有机合成工业和油脂化学工业制备化工原料或产品大都用雷尼镍（Raney-Ni）、钯炭等为催化剂使氢活化，然后加入有机物质分子中起还原反应。

苯在镍催化剂催化作用下，经加氢生成环己烷：

$$\text{C}_6\text{H}_6 + 3\text{H}_2 \xrightarrow{\text{镍催化剂}} \text{C}_6\text{H}_{12}$$

植物油在镍催化剂作用下经加氢生成硬化油：

$$3\text{H}_2 + \begin{array}{l}\text{C}_{17}\text{H}_{33}\text{COOCH}_2\\|\\ \text{C}_{17}\text{H}_{33}\text{COOCH}\\|\\ \text{C}_{17}\text{H}_{33}\text{COOCH}_2\end{array} \xrightarrow{\text{镍催化剂}} \begin{array}{l}\text{C}_{17}\text{H}_{35}\text{COOCH}_2\\|\\ \text{C}_{17}\text{H}_{35}\text{COOCH}\\|\\ \text{C}_{17}\text{H}_{35}\text{COOCH}_2\end{array}$$

催化剂雷尼镍和钯炭在空气中吸潮后有自燃的危险，即使没有火源存在，也能使氢气和空气的混合物发生爆炸、燃烧。储存时，应储存于酒精中。用它们来活化氢气进行还原反应时，必须先用氮气置换反应器内的全部空气，经测定证实含氧量降低到符合要求，方可通入氢气。反应结束后，应先用氮气把氢气置换干净，方能打开孔盖出料，以免外界空气与反应器内的氢气想混，在催化剂作用下发生燃烧、爆炸，并以氮封保存。钯炭更易自燃，回收时要用酒精及清水充分洗涤，过滤抽真空时不得抽得太干，以免氧化着火。

无论是利用初生态氢还原，还是用催化加氢，都是在氢气存在下，并在加热、加压条件下进行。氢气的爆炸极限为4%～75%，如果操作失误或设备泄漏，都极易引起爆炸事故。操作中药严格控制温度、压力和流量。厂房的电气设备必须符合防爆要求，且应采用轻质屋顶，开设天窗或风帽，使氢气易于飘逸。尾气排放管要高出房顶并设阻火器。加压反应的设备要配备安全阀，反应中产生压力的设备要装设爆破片。系统还可以安装氢气检测和报警装置。

高温高压下的氢对金属有渗碳作用，易造成氢腐蚀，因此，对设备和管道的选材要符合要求。对设备和管道要定期检测，以防事故发生。

3. 其他还原剂还原

常用还原剂中火灾危险性大的还有连二亚硫酸钠（保险粉）、硼氢化钾（钠）、氢化锂铝、氢化钠、异丙醇铝等还原剂。

硝基萘在碱性溶液中用保险粉还原成萘胺：

$$\text{C}_{10}\text{H}_7\text{NO}_2 + \text{Na}_2\text{S}_2\text{O}_4 + 2\text{NaOH} \longrightarrow \text{C}_{10}\text{H}_7\text{NH}_2 + 2\text{Na}_2\text{SO}_4$$

保险粉是一种还原效果不错且较为安全的还原剂。它遇水发热，在潮湿的空气总能分解析出黄色的硫磺蒸气。硫磺蒸气自燃点低，易自燃。保险粉本身受热到190℃也有分解爆炸的危险，应妥善储存，防止受潮。使用时，应在不断搅拌下缓缓溶于冷水中，待溶解后再投入反应器与有机物接触反应。

还原剂硼氢化钾（钠）是一种遇水燃烧物质，在潮湿空气中能自燃，遇水和酸即分解出大量氢气,同时产生高热,可使氢气燃烧而引起爆炸事故,应储存于密闭容器中,置于干燥处,防水防潮并远离火源。在工艺过程中,调节酸、碱度要特别注意,防止加酸过快、过多。

氢化锂铝有良好的还原性,但遇潮湿空气、水和酸极易燃烧,应浸没在煤油中储存。使用时应先将反应器用氮气置换干净,并在氮气保护下投料和反应。反应热应由油类冷却剂带走,不应用水作为冷却剂,以防止水漏入反应器内而发生爆炸事故。

用氢化钠作还原剂与水、酸的反应与氢化锂铝相似。氢化钠与甲醇、乙醇等反应相当激烈,有燃烧、爆炸的危险。

异丙醇铝常用于高级醇的还原,反应较温和。但在制备异丙醇铝时必须加热回流,将产生大量氢气和异丙醇蒸气,如果铝片或催化剂三氯化铝的质量不佳,反应就不正常,往往先是不反应,温度升高后又突然反应,引起冲料,增加了燃烧爆炸的危险。

还原反应的中间体,特别是硝基化合物还原反应的中间体具有一定的火灾危险性。例如,邻硝基苯甲醚还原为邻氨基苯甲醚的过程中,产生氧化偶氮苯甲醚,该中间体受热到150℃能自燃。苯胺在生产中如果反应条件控制不好,可以生成爆炸危险性很大的环己胺。

在还原过程中采用危险性小而还原性强的新型还原剂对安全生产有很大的意义。例如采用硫化钠代替铁粉还原,可以避免氢气产生,同时还消除了铁泥堆积的问题。

7.3 硝化反应

7.3.1 硝化及硝化产物

有机化合物分子中引入硝基(—NO_2)取代氢原子而生成硝基化合物的反应,称为硝化。常用的硝化剂是浓硝酸或混合酸(浓硝酸和浓硫酸的混合物)。例如:

$$\text{C}_6\text{H}_6 + HNO_3 \longrightarrow \text{C}_6\text{H}_5NO_2 + H_2O$$

硝化过程是染料、炸药及某些药物生产的重要反应过程。

硝化过程中硝酸的浓度对反应温度有很大的影响。硝化反应是强放热反应(引入一个硝基放热 36.4kcal/克原子~36.6kcal/克原子),所以硝化需在降温条件下进行。

对于难硝化的物质以及制备多硝基物时,常用硝酸盐代替硝酸。先将被硝化的物质溶于浓硫酸中,然后在搅拌下将某种硝酸盐(KNO_3、$NaNO_3$、NH_4NO_3)渐渐加入浓酸溶液中。除此之外,氧化氮也可以做硝化剂。

硝基化合物一般都具有爆炸危险性,特别是多硝基化合物,受热、摩擦或撞击都可能引起爆炸。所用的原料甲苯、苯酚等都是易燃、易爆物质。硝化剂浓硫酸和浓硝酸所配置的混合酸具有强烈的腐蚀性和氧化性。

7.3.2 混酸制备的安全

硝化多采用混酸,混酸中硫酸量与水量的比例应当计算,混酸中硝酸量不应少于理论需要量,实际上稍稍过量 1%~10%。

制备混酸时,可采用压缩空气进行搅拌,也可机械搅拌或用循环泵。用压缩空气不如机械搅拌好,有时会带入水或油类,并且酸易被夹带出去,造成损失。酸类混酸中,放出大量热,温度可达到90℃或更高。在这个温度下，硝酸部分分解为二氧化氮和水，假若有部分硝基物生成，高温下可能引起爆炸，因此必须进行冷却。机械搅拌和循环搅拌可以起到一定的冷却作用。由于制备好的混酸具有强烈的氧化性，因此应防止和其他易燃物接触，避免因强烈氧化而引起自燃。

7.3.3 硝化器

搅拌式反应器是常用的硝化设备。这种设备由锅体(或釜体)、搅拌器、传动装置、夹套和蛇管组成。一般是间歇进行。物料由上部加入锅内，在搅拌下迅速地混合并进行化学反应。如果需要加热，可在夹套或蛇管内通入蒸汽；如果需要冷却，可通冷却水或冷却剂。为了扩散冷却面，通常是将侧面的器壁做成波浪形，并在设备的盖上装有附加的冷却装置。这种硝化器里面常有推进式搅拌器，并附有扩散圈，在设备底部某处制成一个凹形并装有压出管，以保证压料时能将物料全部泄出。

采用多段式硝化器可使硝化过程达到连续化，连续硝化不仅可以显著地减少能量的消耗，也可以由于每次投料少，减少爆炸中毒的危险，为硝化过程的自动化和机械化创造条件。

硝化器夹套中冷却水压力微呈负压，在水引入管上，必须安装压力计，在进水管及排水管上都需要安装温度计。应严防冷却水因夹套焊缝腐蚀而漏入硝化物中，因硝化物遇到水后温度急剧上升，反应进行很快，可分解产生气体物质而发生爆炸。

为便于检查，在废水排出管中，应安装电导自动报警器，当管中进入极少的酸时，水的电导率会发生变化，此时，铃即发出信号。对流入及流出水的温度和流量也应特别注意。

7.3.4 硝化过程安全技术

为了严格控制硝化反应温度，应控制好加料速度，硝化剂加料比采用双重阀门控制。设置必要的冷却水源备用系统。反应中应连续搅拌。保持物料混合良好，并备有保护性气体(惰性气体氮)搅拌和人工搅拌的辅助设施。搅拌机应当有自动启动的备用电源，以防止机械搅拌在突然断电时停止而引起事故。搅拌油采用硫酸做润滑剂，温度套管用硫酸做导热剂，不可使用普通机械油或甘油，防止机械油或甘油被硝化而形成爆炸性物质。

硝化器应附设相当容积的紧急放料槽，准备在万一发生事故时，即将料放出。放料阀可采用自动控制的气动阀和手动阀。硝化器上的加料口关闭时，为了排出设备中的气体，应安装可移动的排气罩。设备应当采用抽气法或利用带有铝制透平的防爆型通风机来避风。因为温度控制是安全的基础，所以应当安装温度自动调节装置，防止超温发生爆炸。

取样时，可能发生烧伤事故。为了使取样操作机械化，应安装特制的真空仪器；此外，最好还安装自动酸度记录器。取样时应当防止未完全硝化的产物突然着火，例如，当搅拌器下面的硝化物被放出时，未起反应的硝酸可能与被硝化产物发生反应。如开关不严密使被硝化产物渗漏出来，则能增强此反应。

往硝化器中加入固体物质，必须采用漏斗或翻斗车使加料工作机械化。自加料器上的平台上将物料沿专用的管子加入硝化器中。

对于特别危险的硝化产物(硝化甘油)，则需将其放入装有大量水的事故处理槽中。为了防止外界杂质进入硝化器中，应仔细检查硝化器中半成品。

由填料口落入硝化器中的油能引起爆炸事故，因此，在硝化器盖上不得放置用油浸过的填料。在搅拌器的轴上，应备有小槽，借以防止齿轮上的油落入硝化器中。

硝化过程中最危险的是有机物质的氧化,其特点是放出大量氧化氮气体的褐色蒸气并使混合物的温度迅速升高,引起硝化混合物从设备中喷出而引起爆炸事故。仔细地配置反应混合物并除去其中易氧化的组分、调节温度及连续混合是防止硝化过程中发生氧化作用的主要措施。

进行硝化过程时,不需要压力,但在卸出物料时,必须采用一定压力,因此,硝化器应符合加压操作容器的要求。加压卸料时可能造成有害蒸气泄入厂房空气中,为了防止此类情况的发生,应改用真空卸料。装料口经常打开或者用手进行装料以及在物料压出时都可能逸出蒸气,应当尽可能采用密闭措施。由于设备易腐蚀,必须经常检修更换零部件,这也可能引起人身事故。

由于硝基化合物具有爆炸性,因此必须特别注意处理此类物质过程中的危险。例如,二硝基苯酚甚至在高温下也无危险,但当形成二硝基苯酚盐时,则变为危险物质。三硝基苯酚盐(特别是铅盐)的爆炸力是很大的。在蒸馏硝基化合物(如硝基甲苯)时,必须特别小心。因此蒸馏在真空下进行。硝基甲苯蒸馏后余下的热残渣能发生爆炸,这是由于热残渣与空气中氧相互作用的结果。

硝化设备应确保严密不漏,防止消化物料溅到蒸气管道等高温表面上而引起爆炸或燃烧。如管道堵塞时,可用蒸气加温疏通,千万不能用金属棒敲打或明火加热。

车间内禁止带入火种,电气设备要防爆。但设备需动火检修时,应拆卸设备和管道,并移至车间外安全地点,用水蒸气反复冲刷残留物质,经分析合格后,方可施焊。需要报废的管道,应专门处理后堆放起来,不可随便拿用,避免意外事故发生。

7.4 氯 化 反 应

以氯原子取代有机化合物中氢原子的过程称为氯化,此种取代过程是用氯化剂直接进行处理被氯化的原料。

在被氯化产物中,比较重要的有甲烷、乙烷、戊烷、天然气、苯、甲苯及萘等。被广泛应用的氯化剂有液态或气态的氯、气态氯化氢和各种浓度的盐酸、三氯氧磷、三氯化磷、次氯酸钙(漂白粉 $Ca(ClO)_2$)等。

在氯化过程中,不仅原料与氯化剂发生作用,而且所生成的氯化衍生物与氯化剂同时也发生作用。因此在反应物中除一氯取代物之外,中试含有二氯及三氯取代物。所以氯化的反应物是各种不同浓度的氯化产物的混合物。氯化过程往往伴有氯化氢气体生成。

影响氯化反应的因素,是被氯化物及氯化剂的化学性质、反应温度及压力(压力影响较小)、催化剂和反应物的聚积状态等。氯化反应是在接近大气压下进行的,多数稍高于大气压力(以1mmHg柱计)或者比大气压力稍低(不大的真空度),以促使气体氯化氢逸出。真空度常常通过在氯化氢排出导管上设置喷射器来实现。

最常用的氯化剂是氯气。在化工生产中,氯气通常液化储存和运输。常用的容器有储罐、气瓶和槽车等。储罐中的液氯在进入氯化器使用之前必须先进入蒸发器使其气化。在一般情况下不能把储存氯气的气瓶或槽车当储罐使用,因为这样有可能使被氯化的有机物质倒流进气瓶或槽车,引起爆炸。对于一般氯化器应装设氯气缓冲罐,防止氯气断流或压力减小时形成倒流。

氯化反应的危险性主要取决于被氯化物质的性质及反应过程的控制条件。由于氯气本身的毒性较大,储存压力较高,一旦泄漏是很危险的。反应过程所用的原料大多是有机物,易燃易爆,所以生产过程同样有燃烧爆炸危险,应严格控制各种点火能源,电气设备应符合防火防爆的要求。

氯化反应是一个放热过程,尤其在较高温度下进行氯化,反应更为激烈。例如环氧氯丙烷生产中,丙烯预热至300℃左右进行氯化,反应温度可升至500℃,在这样高的温度下,如果物料泄漏就会造成燃烧或引起爆炸。因此,一般氯化反应设备必须备有良好的冷却系统,并严格控制氯气的流量,以避免因氯流量过快,温度剧升而引起事故。

液氯的蒸发气化装置,一般采用汽水混合办法进行升温,加热温度一般不超过50℃,汽水混合的流量可以采用自动调节装置。在氯气的入口处,应当备有氯气的计量装置,从钢瓶中放出氯气时可以用阀门来调节流量。但阀门开得太大,一次放出大量气体时,由于气化吸热的缘故,液氯被冷却了,瓶口处压力因而降低,放出速度则趋于缓慢,其流量往往不能满足需要,此时在钢瓶外面通常附着一层白霜。因此若需要气体氯流量较大时,可并联几个钢瓶,分别由各钢瓶供气,就可避免上述问题。若采用此法氯气量仍不足时,可将钢瓶的一端置于温水中加温。

由于氯化反应几乎都有氯化氢气体生成,因此所用的设备必须防腐蚀,设备应严密不漏。氯化氢气体可回收,这是较为经济的。氯化氢气体极易溶于水中,通过增设吸收和冷却装置就可以除去尾气中绝大部分氯化氢。除用水洗涤吸收之外,也可以采用活性炭吸附和化学处理方法。采用冷凝方法较为合理,但要消耗一定的冷量。采用吸收法时,则须用蒸馏方法将被氯化原料分离出来,再次处理有害物质。为了使逸出的有毒气体不致混入周围的大气中,采用分段碱液吸收器将有毒气体吸收。与大气相通的管子上,应安装自动信号分析器,借以检查吸收处理进行的是否安全。

7.5 催化反应

7.5.1 催化过程的安全技术

催化反应是在催化剂的作用下所进行的化学反应。例如由氮和氢合成氨,由二氧化硫和氧合成三氧化硫,由乙烯和氧合成环氧乙烷等都属于催化反应。

在化学反应中能改变反应速度而本身的组成和质量在反应前后保持不变的物质,叫做催化剂。能加快反应速度的叫做正催化剂;减慢的称做负催化剂或缓化剂。通常所说的催化剂是指正催化剂。常用的催化剂主要有金属、金属氧化物和无机酸等。催化剂一般具有选择性,能专门改变某一个或某一类型反应的速度。有些反应,在不同条件下,使用各种适当的催化剂,可以使人们得到各种各样产品。

在选择催化剂时,大体有以下几种类型。

(1) 生产过程中产生水汽的,一般采用具有碱性、中性或酸性反应的盐类、无机盐类、三氯化铝、三氯化铁、三氧化磷及二氧化镁等。

(2) 反应过程中产生硫化氢的,一般采用盐基、卤素、碳酸盐、氧化物等。

(3) 反应过程中产生氯化氢的,一般采用碱、吡啶、金属、三氯化铝、三氯化铁等。

(4) 反应过程中产生氢气的,应采用氧化剂、空气、高锰酸钾、氧化物及过氧化物等。

催化反应又分单相反应和多相反应两种。单相反应是在气态下或液态下进行的,危险性较小,因为在这种情况下,反应过程中的温度、压力及其他条件较易调节。在多相反应中,催化作用发生于相界面及催化剂的表面上,这时温度、压力较难控制。

从安全要求来看，催化过程中主要应正确选择催化剂；散热要良好，催化剂加量适当，防止局部反应激烈；并注意严格控制温度。

如果催化反应过程能够连续进行，采用温度自动调节系统，就可以减少其危险性。

在催化反应过程中有的产生氯化氢，有腐蚀和中毒危险；有的产生硫化氢，则中毒危险性更大。另外，硫化氢在空气中的爆炸极限较宽（4.3%～45.5%），生产过程还有爆炸危险。在产生氢气的催化反应中，有更大的爆炸危险性，尤其高压下，氢的腐蚀作用使金属高压容器脆化，从而造成破坏性事故。

原料气中某种能与催化剂发生反应的杂质含量增加，可能生成爆炸危险物，也是非常危险的。例如，乙烯在催化氧化合成乙醛的反应中，由于在催化剂体系中含有大量的亚铜盐，若原料气含乙炔过高，则乙炔与亚铜反应生成乙炔铜。

$$2CuCl + C_2H_2 \longrightarrow Cu_2C_2 + 2HCl$$

Cu_2C_2 为红色沉淀，自燃点为 260℃～270℃，干燥状态下极易爆炸，在空气作用下易氧化成暗黑色，并易起火。

7.5.2 催化重整

在加热、加压和催化作用下进行汽油馏分重整，叫催化重整。所用的催化剂有钼铝催化剂、铬铝催化剂、铂催化剂、镍催化剂等。主要反应有脱氢、加氢、芳香化、异构化、脱烷基化和重烷基化等。直馏汽油、粗汽油等馏分的催化重整，主要使原料油中脱氢、芳香化和异构化，同时伴有轻度的热裂化，可以提高辛烷值。其他烃类的催化重整，主要用于制取芳香烃。

提高汽油的辛烷值可以消除汽车发动机通常易产生的"爆震"现象。而汽油的催化重整，是改善汽油辛烷值最好方法。

催化重整的装置根据所用设备不同，有固定床催化重整、流动床催化重整、蓄热器催化重整等；根据所用催化剂和其他条件的不同，有加氢催化重整、铂重整等；按催化剂再生方法分为非再生催化剂型、间歇再生催化剂型、连续再生催化剂型；按产物分为燃料型（汽油）、化工性（芳烃）和综合型。

反应器应当有热电偶管和催化剂引出管；反应器和和再生器都需采用绝热措施；为了便于观察壁温，常在反应器外表面涂上变色漆，当温度超过规定指标就会变色显示。铂重整的反应族装置，包括加氢精制反应器，由于高温、加压和氢腐蚀，对材质要求较高，如选用镇静钢、合金钢的复合钢板或衬里。

催化剂在装卸时，要防破碎和污染，未再生的含催化剂卸出时，要预防自燃超温烧坏。

加热炉是热的来源，在催化重整过程中，重整和预加氢的反应需要很大的炉子才能供应所需的反应热，所以加热炉的安全和稳定是很重要的。此外，过程中物料预热或塔底加热器、重沸器的热源，依靠热载体加热炉，热载体在使用过程中要防止局部过热分解，防止进水或进入其他低沸点液体造成水汽化超压爆炸。加热炉必须保证燃烧正常，调节及时。

加热炉出口温度的高低、是反应器入口温度稳定的条件，而炉温变化与很多因素有关，如燃料流量、压力、质量等。为了稳定炉温，保证整个装置安全生产，加热炉应采用温度自动调节器，操作室的温度指示有测温元件将感受信号通过温度变送器送过来。

催化重整装置中，安全警报应用较普遍，对于重要工艺参数，温度、压力、流量、液位等都有报警，重要的液位显示器、指示灯、喇叭等警报装置见表 7-1。

重整循环氢和重整进料量，对于催化剂有很大的影响，特别是低氢量和低空速运转，容易造成催化剂结焦,所以除报警外,应备有自动保护系统。这个保护系统,就是当参数变化超出正常范围,发生不利于装置运行的危险状况时,自动仪表可以自行做出工艺处理,如停止进料或使加热炉灭火等,以保证安全。

除了警报和自动保护之外,所有压力塔器都应装设"安全阀"。

表7-1 催化重整主要警报点与参数范围

警报点	警报参数	范围	方式
重整进料泵	低流量	低于正常量50%	喇叭
预分馏塔底	低液面	低于正常量25%	指示灯
预加氢汽提塔底	低液面	低于正常值20%	指示灯
脱戊烷塔底	低液面	低于正常值80%	指示灯
抽提塔底	低界面	低于正常值25%	指示灯
汽提塔底	高液面	高于正常值90%	指示灯
重整循环氢	低流量		喇叭自动保护

7.5.3 催化加氢

催化加氢是多相反应,一般是在高压下有固相催化剂存在下进行的。这类过程的主要危险性,是由于原料及成品(氢、氨、一氧化碳等)大都易燃、易爆或具有毒性,高压反应设备及管道易受到腐蚀并常因操作不当而发生事故。

在催化加氢过程中,压缩工段的安全极为重要。氢气在高压下,爆炸范围加宽,燃点降低,从而增加了危险。高压氢气一旦泄漏将立即充满压缩机室并因静电火花引起爆炸。压缩机各段都应装有压力表和安全阀。在最后一段上,安装两个压力表和安全阀更为可靠。

高压设备和管道的选材要考虑能防止氢腐蚀的问题,管材选用优质无缝钢管。设备和管线应按照有关规定定期进行检验。

为了避免吸入空气而形成爆炸危险,供气主管压力必须保持稳定在规定的数值。为了防止因高压致使设备损坏氢气泄漏达到爆炸浓度,应有充足的备用蒸汽或惰性气体,以便应急。另外,室内通风应当良好。因氢气密度较小,宜采用天窗排气。

为了避免设备上的压力表及玻璃液位指示器在爆炸时其碎片伤人,这些部位应包以金属网,液面测量器应定期进行水压试验。

冷却机器和设备用水不得含有腐蚀性物质。在开车或检修设备、管线之前,必须用氮气吹扫。吹扫气体应当排至室外,以防止窒息或中毒。

由于停电或无水而停车的系统,应保持正压,以免空气进行系统。无论在任何情况下处理压力下的设备不得进行拆卸检修。

7.6 裂 解 反 应

裂解反应有时又称裂化反应,是指有机化合物在高温下发生分解的反应过程。裂解可分为热裂解、催化裂解、加氢裂解三种类型。石油产品的裂解主要以重质油为原料,在加热、加压或催化作用下,使其所含分子量较高的烃类断裂成分子量较小的烃类(也有分子量较小的烃类缩合成分子量较大的烃类),在经过分馏而得裂解气、汽油、煤油和残油等产品。分子量较小的烃类主要是烷烃和烯烃，分子量较大的烃类主要是芳烃。

7.6.1 热裂解

热裂解在加热和加压下进行，根据所用压力的高低，分为高压热裂解和低压热裂解两种。高压热裂解在较高压力（20个～70个大气压）和较低温度（450℃～550℃）下进行；低压热裂解在较低压力（1个～5个大气压）和较低温度（550℃～770℃）下进行。产品有裂化气体、汽油、煤油、残油和石油焦等。

热裂解装置的主要设备有管式加热炉、分馏塔、反应塔等。管式加热炉就是用钢管做成的炉子。管子里是原料油，管外用火加热至800℃～1000℃使原料发生裂解。管式炉经常在高温下运转，要采用高镍铬合金钢。

热裂解生成的焦炭会沉积在加热炉管内，形成坚硬的焦层，叫做结焦。炉管结焦后，使加热炉效率下降，炉管出现局部过热，甚至烧穿。

裂解炉炉体应有防爆门，备有蒸汽吹扫管线和灭火管线。设置紧急放空管和放空罐，防止因阀门不严或设备漏气造成事故。

处于高温下的裂解气，要直接喷水急冷，如果因停水和水压不足，或因误操作，气体压力大于水压而冷却不起来，会烧坏设备从而引起火灾。为了防止此类事故发生，应配备两路电源和水源。操作时，要保证水压大于气压，发现停水或气压大于水压时要紧急放空。

裂解后的产品多数是以液态储存，有一定的压力，如有不严之处，储槽中的物料就会散发出来，遇明火发生爆炸。高压容器和管线要求不泄漏，并应安装安全装置和事故放空装置。压缩机房应安装固定的蒸气灭火装置，其开关设在外边易接触的地方。机械设备、管线必须安装完备的静电接地和避雷装置。

分离主要是在气相下进行的，所分离的气体均有火灾爆炸危险，如果设备不严密或操作失误泄漏可燃气体，遇火源就会燃烧或爆炸。分离都是在压力下进行的，原料经压缩机压缩有较高的压力，若设备材质不良，误操作造成负压或超压，或者因压缩机冷却不好，设备因腐蚀、裂缝而泄漏物料，就会发生设备爆炸和油料着火。另外，分离大都在低温下进行，操作温度有的低达−30℃～−100℃，在这样的低温条件下，如果原料气或设备含水，就会发生冻结堵塞，以致引爆炸起火。分离的屋子在装置系统内流动，尤其在压力下输送，易产生静电火花，引起燃烧，因此应该有完善的消除静电的措施。分离塔设备均应安装安全阀和放空管；低压系统和高压系统自检应有止逆阀；配备固定的氮气装置、蒸汽灭火装置。发现设备有堵塞现象时，可用甲醇解冻疏通。操作过程中要严格控制温度和压力。发生事故需要停车时，要停掉压缩机、关闭阀门、切断与其他系统的通路，并迅速开启系统放空阀，再用氮气或水蒸气、高压水等扑救。放空时应先放液相后放气相，必要时送至火炬。

7.6.2 催化裂解

催化裂解，是在催化剂存在的条件下，对石油烃类进行高温裂解来生产乙烯、丙烯、丁烯等低碳烯烃，并同时兼产轻质芳烃的过程。由于催化剂的存在，催化裂解可以降低反应温度，增加低碳烯烃产率和轻质芳香烃产率，提高裂解产品分布的灵活性。

催化裂解用于重质油生产轻质油的工艺时，由于常减压塔底的塔底油和渣油含有多量胶质、沥青质，易生产焦炭，同时还含有金属铁、镍等，因此一般采用较重的馏分油为原料，在460℃～520℃及1atm～2atm下进行反应。

催化裂解装置主要由三个系统组成,即反应系统或反应再生系统、分馏系统以及吸收稳定系统,如图7-1所示。

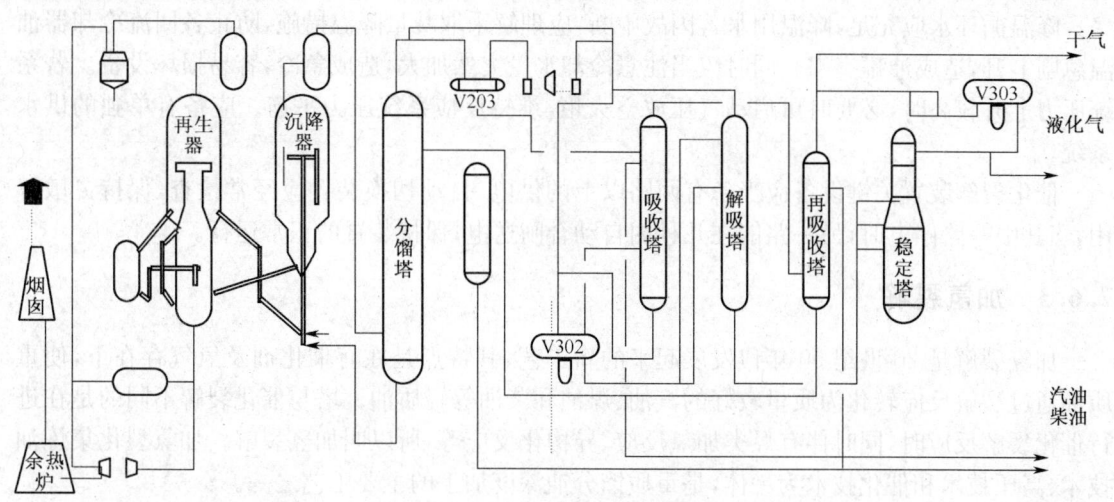

图7-1 催化裂化装置简易流程图

催化剂以天然膨润土、矾土或高岭土为原料制成。现代催化裂解装置是采用流化床,催化剂做成粉状或微球状,靠加热的原料油气携带,循环于反应器和再生器之间。催化剂与油气形成外观与流体相似的流化状态。在流化床中,由于催化剂的激烈运动,油气与催化剂充分接触,加速了反应的进行,同时也使热量传递加快,床层温度均匀,避免局部过热。

反应再生系统是催化裂解装置中重要的组成部分,也是生产中的关键。反应过程中生成的焦炭在催化剂表面上,从而使催化剂失去活性,沉到反应器底部,不断送入再生器。在再生器内鼓入空气烧掉焦炭,使催化剂恢复活性,再返回反应器。分馏系统的任务是把反应器送来的产物进行冷却并分馏成各种产品,主要设备有分馏塔,轻、重柴油汽提塔。吸收稳定系统的主要任务是进行废气分离和使汽油、干气、液态烃等质量合乎要求。主要设备包括气体压缩机、吸收解析塔、二级吸收塔、稳定塔和汽油水洗、碱洗等。

在生成过程中,这三个系统是紧密相连的整体。反应系统的变化很快影响到分馏和吸收稳定系统,后两个系统的变化反过来又影响到反应部分。在反应器和再生器间,催化剂悬浮在气流中,整个床层温度要保持均匀,避免局部过热,造成事故。

反应器与再生器之间的压差保持稳定是催化裂解反应中最重要的安全问题。在反应再生系统中,压差一般都是正压,即反应器压力高于再生器压力;在提升管反应器中,压差是负值,即再生器压力高于反应器压力。两器压差一定不能超过规定的范围,目的就是要使两器之间的催化剂沿一定方向流动,避免倒流而造成油气与空气混合发生爆炸。当维持不住两器压差时,应迅速启动自动保护系统,关闭两器间的单动滑阀。在反应器与再生器内存有催化剂的情况下,必须通以流化介质维持流动状态,防止造成死床。正常操作时,主风量和进料量不能低于流化所需的最低值,否则应通入一定量的事故蒸汽,以保持系统内正常流化状态,保证压差的稳定。当主风量由于某种原因停止时,应自动切断反应器进料,同时启动主风与进料及增压风自动保护系统,向再生器与反应器、提升管内通入流化介质,而原料则经事故旁通线进入回炼罐或分馏塔,切断进料,并保持系统的热量。

在反应正常进行时,分馏系统要保持分馏塔底油浆经常循环,防止催化剂从油气管线进入分馏塔被携带到塔盘上及后面系统,造成塔盘堵塞。要防止因回流过多或过少形成的憋压和冲塔现象。在切断进料以后,加热炉应根据情况适当减火,防止炉管结焦和烧坏,再生器也应防止在稀相层发生二次燃烧,因这种燃烧往往放出大量热,损坏设备。

降温循环水应充足,降温用水若因故中断,应理解采取减量降温措施,防止各回流冷却器油温急剧上升,造成油罐突沸。同时应当注意冷却水量突然加大,造成急冷,容易损坏设备。若系统压力上升较高时,必要时可启动气压放空火炬,维持反应系统压力平衡。应备有单独的供水系统。

催化裂解装置关键设备应当备有两路以上的供电,自动切换装置应经常检查,保持灵敏好用,当其中一路停电时,另一路能在几秒内自动合闸送电,保持装置的正常运行。

7.6.3 加氢裂解

加氢裂解是 20 世纪 60 年代发展起来的新工艺,其特点是在有催化剂及氢气存在下,使重质油通过裂解反应转化为质量较好的汽油、煤油和柴油等轻质油。塔与催化裂解不同的是在进行催化裂解反应时,同时伴有烃类加氢反应、异构化反应等,所以叫加氢裂解。加氢裂化集炼油技术、高压技术和催化技术为一体,是重质馏分油深度加工的主要工艺之一。

加氢裂解装置有多种类型,按照反应器中催化剂的放置方式不同,可分为固定床、沸腾床等。反应器是加氢裂解装置最主要的设备之一,目前新建加氢裂解装置所用反应器,多数是壁厚大于 179mm、直径大于 3000mm、高度大于 20000mm、总量超过 500t 的大型反应器,可承受 11MPa 以上压力和 400℃～510℃ 温度。

加氢裂化装置处于高温、高压、临氢、易燃、易爆、有毒介质操作环境,其强放热效应有时使反应变得不可控制;工艺物流中的氢气具有强爆炸危险性和穿透性;脱硫反应产生的 H_2S 为有毒气体;高压串低压可能引起低压系统爆炸;高温、高压设备设计、制造产生的问题,可能引起火灾或爆炸;管线、阀门、仪表的泄漏可能产生严重的后果。

加热炉平稳操作对整个装置安全运行十分重要,要防止设备局部过热,防止加热炉的炉管烧穿或者高温管线、反应器漏气而引起燃烧。高压下钢与氢气接触易产生氢脆,因此应加强检查,定期更换管道设备,防止事故发生。

7.7 聚 合 反 应

由低分子单体合成聚合物的反应称为聚合反应。聚合反应的类型很多,按聚合物和单体元素组成和结构的不同,可分为加聚反应和缩聚反应两大类。

单体加成而聚合起来的反应称为加聚反应。聚乙烯聚合成聚氯乙烯就是加聚反应。加聚反应产物的元素组成与原料单体相同,仅结构不同,其相对分子量是单体相对分子量的整数倍。

另外一类聚合反应中,除了生成聚合物外,同时还有低分子副产物发生。这类聚合反应称为缩聚反应。如己二胺和己二酸反应生成尼龙-66 的缩聚反应。缩聚反应的单体分子中都有官能团,根据单体官能团的不同,低分子副产物可能是水、醇、氨、氯化氢等。由于副产物的析出,缩聚物结构单元要比单体少若干原子,缩聚物的相对分子量不是单体相对分子量的整数倍。

按照聚合方式聚合反应又可分为以下 5 种。

(1) 本体聚合。本体聚合是在没有其他截止的情况下(如乙烯的高压聚合、甲醛的聚合等),用浸在冷却剂中的管式聚合釜(或在聚合釜中设盘管、列管冷却)进行的一种聚合方法。这种聚合方法往往由于聚合热不易传导散出而导致危险。

(2)溶液聚合。溶液聚合是选择一种溶剂,使单体溶成均相体系,加入催化剂或引发剂后,生成聚合物的一种聚合方法。这种聚合方法在聚合和分离过程中,易燃溶剂容易挥发和产生静电火花。

(3)悬浮聚合。悬浮聚合是用水做分散介质的聚合方法。它是利用有机分散剂或无机分散剂,把不溶于水的液态单体连同溶在单体中的引发剂经过强烈搅拌,打碎成小水珠状,分散在水中成为悬浮液,在极细的单位小珠液滴中进行聚合,因此又叫珠状聚合。这种方法在整个聚合过程中,如果没有严格控制工艺条件,使设备运转不正常,则易出现溢料,如若溢料,则水分增发后未聚合的单体和引发剂遇火源极易引发着火或爆炸事故。

(4)乳液聚合。乳液聚合是在机械强烈搅拌或超声波振动下,利用乳化剂使液态单体分散在水中,引发剂则溶在水里而进行聚合的一种方法。这种聚合方法常用无机过氧化物(如过氧化氢)作为引发剂。如果过氧化物在介质(水)中配比不当,温度太高,反应速度过快,会发生冲料,同时聚合过程中还会产生可燃气体。

(5)缩合聚合。缩合聚合也称缩聚反应,是具有两个或两个以上功能团的单体相互缩合,并析出小分子副产物而形成聚合物的聚合反应。缩合聚合反应是吸热反应,但如果温度过高,也会导致系统的压力增加,甚至引起爆裂,泄漏出易燃易爆的单体。

由于聚合反应的单体大多数是易燃、易爆物质,聚合反应多在高压下进行,反应本身又是放热过程,如果反应条件控制不当,很容易出事故,下面以高压下乙烯聚合、氯乙烯聚合和丁二烯聚合为例,阐述这些聚合反应过程中的安全技术要点。

7.7.1 高压下乙烯聚合

高压聚乙烯反应一般在 $1300kg/cm^2 \sim 3000kg/cm^2$ 压力下进行。反应过程流体的流速很快,停留于聚合装置中的时间仅为 10s 到数分钟,温度保持在 150℃～300℃。在该温度和高压下,乙烯是不稳定的,能分解成碳、甲烷、氢气等。

一旦发生裂解,所产生的热量可以使裂解过程进一步加速直到爆炸。国内外曾发生过聚合反应器温度异常升高、分离器超压而发生火灾、压缩机爆炸以及反应器管路中安全阀喷火后发生爆炸等事故。因此,严格地控制反应条件是十分重要的。

采用轻柴油裂解制取高纯度乙烯装置,产品从氢气、甲烷、乙烯到裂解汽油、渣油等,都是可燃性气体或液体,炉区的最高温度达 1000℃,而分离冷冻系统温度低到－169℃。反应过程以有机过氧化物作为催化剂,采用 750L 大型釜式反应器。乙烯属高压液化气体,爆炸范围较宽,操作又是在高温、超高压下进行,而超高压节流减压又会引起温度升高,所有这些因素,都要求高压聚乙烯生产操作要十分严格。

高压聚乙烯的聚合反应在开始阶段或聚合反应进行阶段都会发生暴聚反应,所以设计时必须充分考虑到这一点。可以添加反应抑制剂或加装安全阀(反倒闪蒸槽中去)来防止。在紧急停车时,聚合物可能固化,停车再开车时,应检查管内是否堵塞。

高压部分应有两重、三重防护措施,要求远距离操作。由压缩机出来的油严禁混入反应系统(因为油中含有空气,进入聚合系统可形成爆炸性混合物)。

采用管式聚合装置的最大问题是反应后的聚乙烯产物黏挂管壁发生堵塞。由于堵管引起管内压力与温度的变化,甚至因局部过热引起乙烯裂解成为爆炸事故的诱因。解决这个问题可采用加防黏剂的方法或在设计聚合管是设法在管内周期性地赋予流体以脉冲。脉冲在管内传递时,使物料流速突然增加,因而将管壁上积存的黏壁物冲去。

聚合装置个点温度反馈具有当温度超过限界时组建降低压力的作用。用此方法来调节管式聚合装置的压力和温度。另外,可以采用振动器使聚合装置的固定压力按一定周期有意地加以变动,利用振动器的作用使装置内压力很快下降 70atm～100atm,然后再逐渐恢复到原来压力。用此方法使流体产生脉冲可以将黏在管壁上的聚乙烯冲掉,使管壁保持洁净。

在这一反应系统中,添加催化剂必须严格控制,应装设联锁装置,以使反应发生异常现象时,能降低压力并使压缩机停车。为防止因乙烯裂解产生爆炸事故,可采用控制有效直径的方法,调节气体流速,在聚合管开始部分插入具有调节作用的调节杆,避免初期反应的突然爆发。

由于乙烯的聚合反应热较大,如果加大聚合反应器,单纯靠夹套冷却或在器内通冷却蛇管的方法是不够的,况且在器内加蛇管很容易引起聚合物黏附,从而发生故障。清除反应热较好的办法是采用单体或溶剂气化回流,利用它们的蒸发潜热把反应热带出。蒸发了的气体再经冷凝器或压缩机进行冷却后返回聚合釜再用。

7.7.2 氯乙烯聚合

氯乙烯聚合的生产方法一般是将精氯乙烯单体在聚合釜中按一定配方和操作条件,以偶氮化合物或过氧化合物为引发剂,纤维素醚、聚乙烯醇为分散剂,水作为分散和传热介质,并伴有搅拌进行反应,悬浮聚合成聚氯乙烯树脂。将聚合工段汽提好的悬浮液,经离心、洗涤、脱水、气流干燥、沸腾干燥、过筛、包装,送仓库存放。

聚合工序以一定体积的反应釜,采用等温入料工艺,并由 DCS(分散控制系统)对装置生产全过程进行自动控制。纯水、氯乙烯单体及各种助剂按照一定程序加入聚合釜内,在一定温度、压力下发生聚合反应生成聚氯乙烯,聚合后的聚氯乙烯浆料送至出料槽,再经汽提塔脱除 PVC(聚氯乙烯)颗粒内部的氯乙烯后,送至干燥脱除水分,经包装后入库。未反应的气相氯乙烯经压缩机压缩冷凝后回收至回收单体槽。聚氯乙烯生产工艺流程如图 7-2 所示。

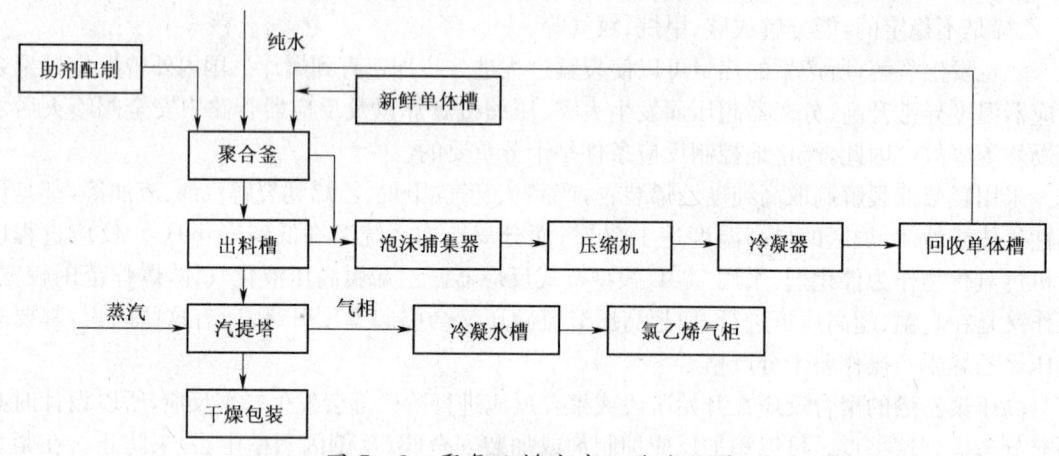

图 7-2 聚氯乙烯生产工艺流程图

工业化生产时,根据树脂的用途,一般采用四种聚合方式:悬浮聚合、本体聚合(含气相聚合)、乳液聚合(含微悬浮聚合)、溶液聚合。其中悬浮聚合生产产量最大,生产过程简单,便于控制及大规模生产,产品适用性强,是聚氯乙烯的主要生产方式。

聚合釜形状为一长形圆柱体,上下为蝶形盖底,上盖有各种物料管、排气管、平衡管、温度计套管、安全阀和人孔盖等。下底有储料罐、排水管,侧壁有加热蒸汽和冷却水的进出口管,如图 7-3 所示。聚合釜一般用不锈钢板、复合钢板或搪瓷制成,其容量已趋于大型化,我国目前已有多家企业投产使用超过 100m³ 的大型聚合釜,如中国石油化工股份有限公司齐鲁分公司和上海氯碱化工股份有限公司引进的 127m³ 大型聚合釜及生产技术,中国石油化工股份有限公司齐鲁分公司引进了 135m³ 大型聚合釜生产装置技术。

图 7-3 氯乙烯聚合釜

聚合生产过程主要包括氯乙烯聚合单元、聚氯乙烯汽提单元和氯乙烯压缩回收单元。

聚合单元主要反应为氯乙烯以偶氮化合物或过氧化合物为引发剂,纤维素醚、聚乙烯醇为分散剂,水作为分散和传热介质,并伴有搅拌进行反应。该反应属于聚合反应,该单元的主要危险因素及安全要点如下:

(1) 聚合所用的引发剂应储存在 0℃ 以下,必须单独存放,不与明火或其他热源接触,否则可能会发生爆炸事故。

(2) 聚合所用的氯乙烯具有易燃性和毒性,大量的氯乙烯泄漏到空气中遇明火会引起爆炸事故,被人体吸入会产生头晕,浑身软弱无力等症状,逐渐神志不清,站立不稳,四肢痉挛,呼吸由急变弱,最后失去知觉,甚至死亡。

(3) VC 单体入料期间,管道压力较高,如果管道泄漏,遇到明火极易发生火灾爆炸事故。

(4) 聚合釜内若混入惰性气体,反应过程中会造成聚合釜压力急剧上涨,进而导致泄漏,严重时会产生爆炸事故。

(5) 聚合反应中链的引发阶段是吸热过程,所以需要加热。在链的增长阶段又放热,需要将釜内的热量及时移走,从而将反应温度控制在规定的范围内。在两个过程分别向夹套通入加热蒸汽和冷却水。温度控制多采用串级调节系统。聚合釜的大型化,关键在于有效措施移去反应热。为了及时移走热量,必须有可靠的搅拌装置。搅拌器一般采用顶伸式,由釜上的点击通过变速器传动。为了防止气体泄漏,搅拌轴穿出釜外部必须密封,一般采用具有水封的填料函或机械密封。

(6) 冷却所用的盐水含有 Cl^-,会造成设备管线腐蚀。

聚氯乙烯汽提单元中,浆料中固体 PVC 中的 VC,无论通过解析还是扩散,首先,VC 都要通过 PVC 颗粒中的孔隙穿过 PVC 皮膜层,向 VC 浓度低的水中扩散,而 VC 在水中溶解。VC 脱析要具备不断的降低浆料中气相 VC 蒸汽分压,降低浆料的液层高,减少水相静压阻力,树脂颗粒具有均匀多孔和皮膜结构等条件。该单元的主要危险因素如下:

(1) 汽提采用蒸汽给予 PVC 中的 VC 热能,冲破水液层静压阻力扩散到气相中。如果蒸汽泄漏或者接触蒸汽管道,容易造成烫伤。

(2) 汽提塔顶、塔底温度低,会影响 PVC 的汽提效果,影响产品质量。

(3) 汽提塔长期使用,会造成塔内结垢,塔内压差升高,造成蓬料,带入冷凝水槽,影响正常生产。

(4) 汽提塔开车运行一段时间后,取样分析合格后再回收至气柜,否则会产生混合性爆炸气体,发生爆炸事故。

聚合釜的转化率一般在 80% 左右,这样就存在需要回收大量未反应的单体。回收前期由于压力高,气相 VC 直接进入冷凝器,冷凝为液相 VC,当回收后期,压力降低时,启动压缩机提高压力入冷凝器,继续回收,直至回收压力达到目标值。氯乙烯压缩回收单元的主要危险因素如下:

(1) 回收氯乙烯的管线或设备发生泄漏,遇到明火、热源可能会发生火灾、爆炸事故。

(2) 回收气中含氧量较高的情况下,进入回收单体槽或气柜时,可能发生爆炸事故。

(3) 回收过程中,阻聚剂含量小,造成管道自聚,影响回收下液,液相单体流至气柜,产生安全隐患及影响聚合收率。

(4) 冷凝器结垢严重,影响气相 VC 冷凝效果,造成大量 VC 回收至气柜,产生安全隐患和影响聚合收率。

(5) 冷凝器冷却水温度高、压力低时,不仅影响其冷凝效果,而且可能造成爆炸事故。

氯乙烯聚合过程间歇操作及聚合物黏壁是造成聚合岗位毒物危害的最大问题,通常用人工定期清理的办法来解决。这种方法劳动强度大,浪费时间。多年来,各国对这个问题进行了各种途径的研究,其中接枝共聚和水相共聚等方法较有效,通常也采用加水相阻聚剂或单体水相溶解抑制剂来减少聚合物的黏壁作用。常用的助剂有硫化钠、硫脲和硫酸钠。也可以采用"醇溶黑"涂在釜壁上,减少清釜的次数。采用超高压水喷射清洗釜壁效果较好,但装置和操作都较复杂。

由于聚氯乙烯聚合是采用分批间歇方式进行的,反应主要依靠调节聚合温度,因此聚合釜的温度自动控制十分重要。

7.8 电 解 反 应

7.8.1 电解过程

电流通过电解质溶液或熔融电解质时,在两个电极上所引起的化学变化,称为电解。电解过程中能量变化的特征是电能转变为电能产物蕴藏的化学能。

电解在工业生产中有广泛的应用。许多有色金属(钠、钾、镁等)和稀有金属(铬、锆等)的冶炼、金属铜、锌、铅等的精炼,许多基本化学工业产品如氢、氧、氯、烧碱、氯酸钾、过氧化氢等的制备以及电镀、电抛光、阳极氧化等都是通过电解来实现的。

盐水电解是化学工业中最典型的电解反应例子之一。氯碱的主要工业生产方法就是电解盐水的方法,其生产工艺经历了水银法—隔膜法—离子膜法 3 个发展阶段。2001 年,国内水银法烧碱装置已基本关停,隔膜电解装置技术成熟,并出现了可降低极距的扩张阳极、改性隔膜等先进技术,隔膜法烧碱成为主流装置产能随氯碱市场的好转而快速增加,但离子膜法烧碱装置的发展势头更加强劲。离子膜法是 20 世纪 80 年代发展的新技术,具有工艺流程简单、能耗低、产品质量高,生产稳定,且无有害物质的污染,是较理想的烧碱生产方法。

7.8.2 离子膜电解食盐生产氯碱工艺

原盐首先送盐水工段，在盐水工段首先除硫酸根，再通过干盐饱和，加入氢氧化钠、碳酸钠、氯化铁，经过预处理器及膜过滤器，用盐酸中和变成一次精盐水。一次精盐水送入螯合树脂塔进行二次精制，精制出的二次精盐水调配后送到离子膜电解槽。电解出两股物料，阳极液经过分离，氯气送至氯氢处理总管，淡盐水通过消除游离氯后送至盐水工段；阴极液经过分离，湿氢气送至氢气处理工序，碱液至碱液循环缸，一部分 32% 液碱冷却后送至酸碱站，另一部分进电解槽参加循环。

湿氯气用泵抽入氯氢处理工序，经过洗涤、冷却干燥后送至液氯工段，一部分氯气送至氯气用户，一部分氯气冷却后变成液氯，液氯用于包装或气化后送至成品氯用户，未被液化的尾氯送至盐酸工段做盐酸。湿氢气用泵抽入氯氢处理工序，经过洗涤、冷却送至氢气用户。液氯工段产生的尾酸与氯氢处理工序送来的氢气在盐酸工段合成生产高纯盐酸或合成工业盐酸。高纯盐酸返送至离子膜电槽工序。离子膜烧碱工艺流程示意图如图 7-4 所示。

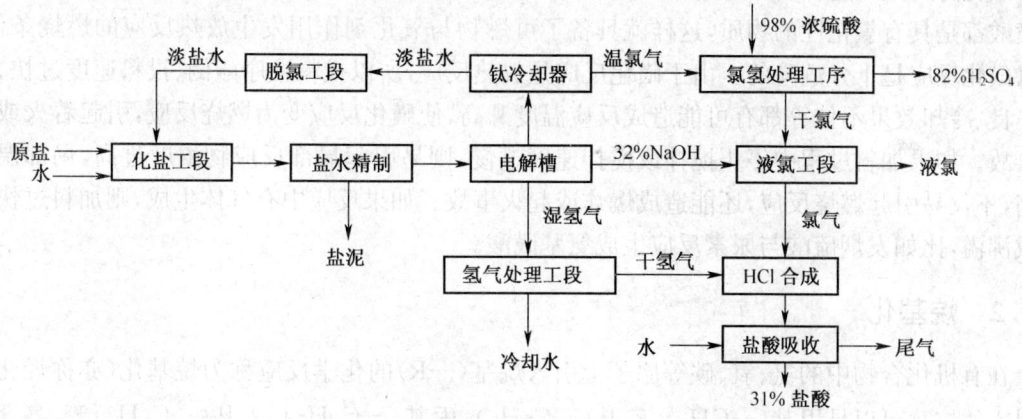

图 7-4 离子膜烧碱工艺流程示意图

7.8.3 电解槽

电解槽是离子膜装置的关键设备，是整个装置的核心。电解槽被离子膜分成阳极室和阴极室，其中，阳极室产生氯气和淡盐水；阴极室产生氢气和烧碱。按照电解槽的供电方式划分，电解槽分为单极槽和复极槽。由于复极槽具有生产能力大、投资相对较小等优点，因此，复极式电解槽越来越被广泛采用。然而随着复极单元数目不断增加，静密封点也相对增加，必然导致泄漏概率增大。而氢气属于易燃易爆危险物质，与空气混合极易发生爆炸，一旦发生泄漏容易发生事故。

复极式电解槽由多个单元槽组装而成，通过油压系统挤压或长杆螺栓紧固进行密封。阴极液出、入口集管分别通过软管与每个单元槽连接，软管与单元槽及集管之间通过 O 形环密封，并通过软管螺母紧固。为防止空气进入氢气系统，氢气系统采用正压操作。

从图 7-5 中可以看出，螺母处密封泄漏、电槽垫片密封泄漏以及单元槽本身泄漏，都可导致物料泄漏。

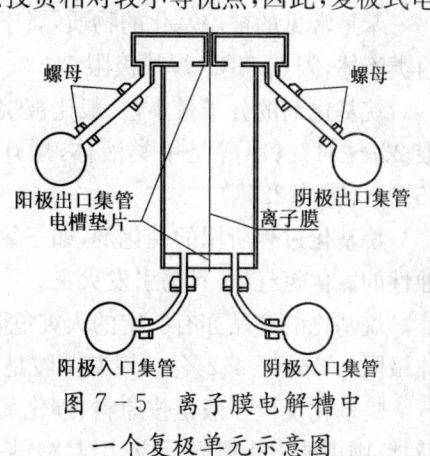

图 7-5 离子膜电解槽中一个复极单元示意图

7.9 磺化、烷基化和重氮化反应

7.9.1 磺化

磺化是在有机化合物分子中引入磺酸基（—SO_3H）的反应。常用的磺化剂有发烟硫酸、亚硫酸钠、亚硫酸钾、三氧化硫等。阴离子表面活性剂原料十二烷基苯磺酸及氨基苯磺酸等具有磺酸基的化合物及其盐都是经磺化反应生成的。

磺化反应的危险性主要源于磺化剂的强腐蚀性、强氧化性、反应放热等特性。

发烟硫酸中的 SO_3 含量远高于 98% 硫酸，脱水性、氧化性也强于浓硫酸，以发烟硫酸为磺化剂的磺化反应所具有的危险性与硝化反应类似。用三氧化硫作为磺化剂时，如遇到比硝基苯更易燃的物质时会很快引起着火。

磺化防火生产过程所用原料苯、硝基苯、氯苯等都是可燃物，而磺化剂发烟硫酸、二氧化硫、氯磺酸都是具有氧化性的物质，这样就具备了可燃物与氧化剂作用发生放热反应的燃烧条件，所以磺化反应是十分危险的。由于磺化反应是放热反应，所以投料顺序颠倒、投料速度过快、搅拌不良、冷却效果不佳等都有可能造成反应温度升高，使磺化反应变为燃烧反应，引起着火或爆炸事故。如果加料过程中停止搅拌或搅拌速度过慢，则易引起局部反应物浓度过高，局部温度升高，不仅易引起燃烧反应，还能造成爆炸或起火事故。如果反应中有气体生成，则加料过快会造成沸溢，比如发烟硫酸与尿素反应生成氨基磺酸。

7.9.2 烷基化

在有机化合物中的氮、氧、碳等原子上引入烷基（—R）的化学反应称为烷基化（亦称烃化），被引入的烷基可以是甲基（—CH_3）、乙基（—C_2H_5）、丙基（—C_3H_7）、丁基（—C_4H_9）等，甚至是十二烷基。常用作烷基化的化合物为烯烃、卤代烃、醇等活泼性有机化合物，如利用苯胺和甲醇作用制取二甲基苯胺。

烷基化反应系统温度、压力较高，反应条件较苛刻，物料易燃、易爆且有强腐蚀性。反应器需使用性能良好的防腐隔热衬砖为衬里。其他设备和阀门、管线应采用特殊防腐材料，防止存在着跑、冒、滴、漏现象。

苯是常见的被烷基化的物质，属于甲类液体，闪点 -11℃，爆炸极限 1.5%～9.5%；苯胺是丙类液体，闪点 71℃，爆炸极限 1.3%～4.2%。

烷基化剂的分子量小，一般比被烷基化物质的火灾危险性要大，如丙烯是易燃气体，爆炸极限 2%～11%；甲醇是甲类液体，爆炸极限 6%～36.5%；即使是十二烯也是乙类液体，闪点 35℃，自燃点 220℃。

烷基化过程所用的催化剂，如三氯化铝、三氯化磷，都是忌湿物质，遇水分解放热，放出强腐蚀性的氯化氢气体，且易引发火灾。

烷基化的产品亦有一定的火灾危险。如异丙苯是乙类液体，闪点 35.5℃，自燃点 434℃，爆炸极限 0.68%～4.2%；二甲基苯胺是丙类液体，闪点 61℃，自燃点 371℃。

烷基化反应一般是按原料、催化剂、烷基化剂次序加料，如果顺序颠倒、加料速度过快、停止搅拌，则可能发生剧烈反应，引起跑料。

7.9.3 重氮化

重氮化是使芳伯胺变为重氮盐的反应。通常是把含芳胺的有机化合物在酸性介质中与亚硝酸钠作用,使其中的氨基(—NH$_2$)转变为重氮基(—N≡N—)的化学反应,反应式如下:

$$\text{C}_6\text{H}_5\text{—NH}_2 + 2\text{NO}_2 \longrightarrow \text{C}_6\text{H}_5\text{—N}^+\equiv\text{N} + 2\text{H}_2\text{O}$$

重氮化过程中的主要危险性如下:

(1) 重氮化反应的主要火灾危险性在于所产生的重氮盐,如重氮盐酸盐($C_6H_5N_2Cl$)、重氮硫酸盐($C_6H_5N_2HSO_4$),特别是含有硝基的重氮盐,如重氮二硝基苯酚[$(NO_2)_2N_2C_6H_2OH$]等,它们在温度稍高或光的作用下,即易分解,有的甚至在室温时亦能分解。一般每升高10℃,分解速度加快两倍。在干燥状态下,有些重氮盐不稳定,活性大,受热或摩擦、撞击能分解爆炸。含重氮盐的溶液若洒落在地上、蒸汽管道上,干燥后也能引起着火或爆炸。在酸性介质中,有些金属如铁、铜、锌等能促使重氮化合物激烈地分解,甚至引起爆炸。

(2) 作为重氮剂的芳胺化合物都是可燃有机物质,在一定条件下也有着火和爆炸的危险。

(3) 重氮化生产过程所使用的亚硝酸钠是无机氧化剂,于175℃时分解能与有机物反应,发生着火或爆炸。亚硝酸钠并非强氧化剂,所以当遇到比其氧化性强的氧化剂时,又具有还原性,故遇到氯酸钾、高锰酸钾、硝酸铵等强氧化剂时,有发生着火或爆炸的可能。

(4) 在重氮化的生产过程中,若反应温度过高、亚硝酸钠的投料过快或过量,均会增加亚硝酸的浓度,加速物料的分解,产生大量的氧化氮气体,有引起着火爆炸的危险。

思 考 题

1. 乙烯聚合、氯乙烯聚合过程中存在的危险分别是什么?应分别采取哪些安全措施?
2. 催化重整和催化加氢过程中应注意哪些安全问题?
3. 硝化过程中潜在的危险因素有哪些?应当采取怎样的安全措施?
4. 氯化反应存在的危险因素有哪些?应当采取哪些安全措施?
5. 电解过程中存在哪些危险?应采取相应的安全措施有哪些?
6. 催化裂化、热裂化和加氢裂化过程总存在哪些危险?应采取的相应的安全措施有哪些?

第8章 典型化工操作过程安全技术

化工过程包括化工工艺过程(化学反应过程)和化工操作过程(物料处理过程)两部分。基本化工操作过程包括：流体流动过程，即流体输送、过滤、固体流态化等；传热过程，即热传导、蒸发、冷凝等；传质过程，即物质的传递，包括气体吸收、蒸发、萃取、吸附、干燥等；热力过程，即温度和压力变化的过程，包括液化、冷冻等；机械过程，包括固体输送、粉碎、筛分等。化工操作是物质状态发生改变、能量集聚、传输、两类危险源相互作用的过程，控制化工操作的危险性是进行化工安全工作的重点之一。

化工操作过程中，有一些操作使用的设备和生产过程存在的危险性具有共性特点。本节将主要介绍加热、冷却、冷凝、冷冻、筛分、过滤、粉碎、混合、熔融、干燥、蒸发、蒸馏、吸收、萃取、气、液、固体输送等典型化工操作过程的危险性及安全技术。

8.1 加热操作

温度是化工生产过程中最常见和重要的参数之一。加热是控制温度的重要手段，是化工生产的基本操作，其操作的关键是按规定严格将温度控制在预定范围内或达到预定的升温速度。化工生产过程中，加热方式主要包括直接用火加热(包括火焰或烟道气加热)、蒸汽或热水加热、有机载体或无机载体加热、余热换热以及电加热等。

加热温度在100℃以下，常用热水或蒸汽作为热源进行加热；100℃～140℃温度范围，用过热蒸汽加热；超过140℃以上时，则用加热炉直接加热或用热载体加热；超过250℃时，一般采用电加热。余热换热一般用于对物料进行预热，以充分利用热能，降低生产成本。

8.1.1 加热操作过程的危险性分析

加热操作在化工生产过程中较常见，可以用于促进化学反应和进行物料的干燥、蒸发、蒸馏、熔融等操作。对于化学反应过程，加热能够使化学反应速度加快，并保持在较高的反应速度，提高化工生产效率；若是放热反应，加热速度过快，则放热量增加，一旦散热冷却不及时，使反应超温，温度失控，就会发生溢料、物料意外分解和设备增压爆炸等危险。当加热温度接近或超过物料的自燃点或物料分解温度时，都存在发生燃烧爆炸的危险性。

8.1.2 加热操作过程安全技术

水蒸气是最常用的加热介质，当用高压水蒸气加热时，对设备耐压要求高，为避免造成事故，需严防泄漏或与物料混合。直接用火加热危险性最大，温度须严格控制，否则可能造成局部过热烧坏设备，或由于温度不稳定而引起物料意外分解爆炸。在有爆炸危险性场所使用电加热时，电气设备要符合相关防爆要求。使用热载体进行加热时，要防止热载体循环系统堵塞，热油喷出，酿成事故。

当加热温度接近或超过物料的自燃点时,应采用惰性气体保护。加热温度接近物料分解温度的工艺过程属于危险工艺,应采用负压或加压操作。熔融盐作为加热介质时,能够提供比水蒸气更高的温度,如果熔融盐是氧化性物质,如硝酸盐和亚硝酸盐,要特别防范加热介质与设备内可燃物料意外混合而引发事故。例如,在煤焦油下游产品——粗酚的蒸馏分离过程中,设备内的意外超压会导致熔融盐夹套破裂,粗酚与熔融状态的硝酸钾和亚硝酸钠等加热介质意外接触混合,能引发爆炸事故。

8.2 冷却、冷凝和冷冻操作

8.2.1 冷却与冷凝

冷却和冷凝的主要区别在于被冷却的物料是否发生相的改变。无相变只是温度降低,则为冷却。若发生相变(如气相变为液相)的降温过程,则称为冷凝。

1. 冷却与冷凝方法

根据冷却使用的方式和设备不同,可将冷却分为直接冷却与间接冷却两类。

直接冷却法,指的是可直接向所需冷却的物料加入冰或冷水,也可将物料置入敞口槽中或喷洒于空气中,使之自然汽化而达到冷却的目的,此种冷却方法也称为自然冷却。水是直接冷却法常用的冷却剂。直接冷却法的缺点是物料被稀释。

间接冷却法是在间壁式的换热器中进行的。壁的一边为低温载体,如冷水、盐水、冷冻混合物以及固体二氧化碳等,而壁的另一边为所需冷却的物料。间接冷却法在化工生产中使用较为广泛。使用间接冷却法的冷却水所达到的冷却效果不能低于0℃;20%浓度的盐水,其冷却效果可达 0~-15℃;以压碎的冰或雪与盐类混合制成冷冻混合物作为冷却剂时,冷却效果可达 0~-45℃。

2. 冷却与冷凝设备

冷却、冷凝所使用的设备统称为冷却器,实质上均属换热器,依其传热面形状和结构可分为:

(1) 管式冷凝、冷却器。常用的有蛇管式、套管式和列管式等。
(2) 板式冷凝、冷却器。常用的有夹套式、螺旋式、平板式、翼片式等。
(3) 混合式冷凝、冷却设备。包括填充塔、喷淋式冷却塔、泡沫冷却塔、文丘里冷却器、瀑布式混合冷凝器。混合式冷凝器又可分为干式、湿式;并流式、逆流式;高位式、低位式等。

按冷凝、冷却器材质还有金属与非金属材料之分。

8.2.2 冷冻

在化工生产过程中,蒸汽或气体的液化,某些组分的低温分离,甚至某些合成反应以及某些物品的输送、储藏等,常需将温度控制在常温以下,这种将物料温度降到比水或周围空气更低的操作,称为冷冻或制冷。冷冻程度与冷冻操作的技术有关,凡冷冻范围在-100℃以内的称冷冻;而在-100℃~-210℃或更低的温度,则称为深度冷冻或简称深冷。

冷冻操作其实质是不断地由低温物体取出热量并传递给高温物质(水或空气),以使被冷冻的物料温度降低。借助于冷冻剂实现热量由低温物体到高温物体的传递过程。适当选择冷冻剂及其操作过程,可以获得由零度至接近于绝对零度的任何程度的冷冻。

生产中常用的冷冻方法有以下三种。

(1) 低沸点液体的蒸发。如液氨在 0.2MPa 压力下蒸发,可以获得 -15℃ 的低温,若在 0.04119MPa 压力下蒸发,低温可达 -50℃;液态乙烷在 0.05354MPa 压力下蒸发可达 -100℃,液态氮蒸发可达 -210℃ 等。

(2) 冷冻剂在膨胀机中膨胀,气体对外做功,致使内能减少而获取低温。该法主要用于那些难以液化的气体(如空气、氢等)的液化过程。

(3) 利用气体或蒸气在节流时产生的温度降而获取低温。

8.2.3　冷却、冷凝操作过程的安全技术

冷却、冷凝操作过程不仅涉及原材料定额消耗,以及产品收率,而且也是安全工作中不容忽视的一个方面。因此,应做好以下几个方面工作。

(1) 根据被冷却物料的温度、压力、理化性质以及所要求冷却的工艺条件,正确选用冷却设备及冷却剂。

(2) 对于具有腐蚀性的物料的冷却,应选用耐腐蚀材料的冷却设备,如石墨冷却器、塑料冷却器,以及用高硅铁管、陶瓷管制成的套管冷却器和钛材冷却器等。

(3) 严格注意冷却设备的密闭性,防止物料窜入冷却剂中。也不允许冷却剂窜入被冷却的物料中,特别当物料是酸性气体时,应格外注意防范。

(4) 冷却设备所用的冷却水不能中断也不能降低流量;否则,热量积累,致使反应异常,系统温度和压力骤升,甚至导致爆炸。另外,冷凝、冷却器如断水,会使后部系统温度增高,未冷凝的危险气体外逸,可能导致燃烧或爆炸。

(5) 开车前应先清除冷凝器中的积液,再打开冷却水,然后再将高温物料通入。

(6) 为保证不凝可燃气体排空安全,可进行充氮保护。

(7) 检修冷凝、冷却器时,应将其彻底清洗、置换,切勿带料焊接。

(8) 对于凝固点较低的物料,遇冷易变得黏稠甚至发生凝固,在冷却时要特别注意控制温度,防止物料卡住搅拌器或堵塞设备及管道。

8.2.4　冷冻操作过程的安全技术

保障冷冻操作过程安全涉及冷冻剂、载冷体和冷冻机的选择及其安全使用。

1. 冷冻剂

冷冻剂的选择与冷冻机的大小、结构和材质等因素有着密切关系。选择冷冻剂一般考虑以下几个因素。

(1) 在可选范围内,冷冻剂的气化潜热应尽可能大,以便在固定冷冻能力下,尽可能减少冷冻剂的循环量。

(2) 冷冻剂在蒸发温度下的比容以及与该比容相应的压强均不宜太大,以降低动能的消耗;同时,为了降低费用支出,在冷凝器中与冷凝温度相应的压强亦不应太大。

(3) 冷冻剂需具有一定的化学稳定性,同时对循环所经设备产生尽可能小的腐蚀破坏作用;此外,还应选择无毒或低毒的冷冻剂,以免因冷冻剂的泄漏而危害操作人员。

(4) 冷冻剂最好不燃或不爆。

(5) 冷冻剂应价廉而易于获得。

冷冻剂的种类较多。无论是工业生产过程还是冷藏库储藏的制冷机组中,目前广泛使用的冷冻剂是氨。在化学工业中,常用石油裂解产品乙烯、丙烯作冷冻剂。但丙烯的制冷程度与氨

接近,但蒸发潜热小,危险性较氨大。乙烯的临界温度为9.5℃,沸点为-103.7℃。在常压下蒸发即可得到-70℃~100℃的低温。

氨易溶于水,一个体积的水可溶解700个体积的氨,所以在氨系统内无冰塞现象。氨在大气压下沸点为-33.4℃,冷凝压力不高。它的气化潜热和单位质量冷冻能力均远超过其他冷冻剂,同等条件下,所需氨的循环量少。它的操作压力同其他冷冻剂相比也不高;即使冷却水温较高时,在冷凝器中也不超过1.6MPa压力。而当蒸发器温度低至-34℃时,其压力也不低于0.1MPa压力。因此,空气不会漏入以致妨碍冷冻机正常操作。

纯氨与铁、铜不反应,但若氨中含水时,则对铜及铜的合金具有强烈的腐蚀作用。因此,在氨压缩机中不能使用铜及铜合金的零件。

氨有强烈的刺激性臭味,在空气中超过$30mg/m^3$,长期作业会对人体产生危害。氨属易燃、易爆物质,其爆炸下限为15.5%。氨于130℃开始明显分解,至890℃时全部分解。以液氨为制冷剂的制冷机组,其最大的危险是泄漏,致使人员中毒、冻伤,并可能发生火灾爆炸事故。

2. 载冷体

冷冻机中产生的冷效应,通常不用冷冻剂直接作用于被冷物体,而是以一种盐类的水溶液作冷载体传给被冷物。冷载体在冷冻机和被冷物之间往返循环,不断自被冷物取走热量,向冷冻剂放出热量,达到冷冻目的。

常用的冷载体有氯化钠、氯化钙、氯化镁等的水溶液。对于一定浓度的冷冻盐水,有一定的冻结温度。冻结现象使蒸发器蛇管外壁结冰,严重影响冷冻机安全操作,因此,在一定的冷冻条件下,所用冷冻盐水的浓度应较所需的浓度偏大。

此外,盐水对金属有较大的腐蚀作用,在空气存在下,其腐蚀作用更强。因此,一般均采用闭式的盐水系统,并在盐水中应加入一定量的缓蚀剂。

3. 冷冻机

一般常用的压缩冷冻机由压缩机、冷凝器、蒸发器与膨胀阀等组成。冷冻设备所用的压缩机以氨压缩机最为多见,安全使用氨冷冻压缩机时应注意以下几个方面。

(1) 采用不发生火花的电气安全设备。

(2) 在压缩机出口方向,应在气缸与排气阀间安设一个能使氨通到吸入管的安全装置,以防止超压;为避免管路爆裂,在旁通管路上不应装设任何阻气设施。

(3) 易于污染空气的油分离器应设于室外。

(4) 压缩机应采用低温不冻结、且不与氨发生化学反应的润滑油。

(5) 制冷系统压缩机、冷凝器、蒸发器以及管路系统,应注意其耐压程度和气密性,防止各种形式的泄漏;同时要加强安全阀、压力表等安全装置的日常检查和维护。

(6) 制冷系统因发生事故或停电而紧急停车,应注意其被冷物料的排空处理。

(7) 装载冷料的设备、容器、管线等工作温度低,设计时应注意其低温材质的选择,防止低温脆裂的发生。

8.3 筛分、过滤操作

8.3.1 筛分

在生产中为满足生产工艺或产品要求,常将固体原材料、产品进行固体粒度分级。而这种分级一般是通过筛选办法实现的。将固体颗粒度(块度)分级,选取符合工艺要求或产品要求的粒度的操作过程称为筛分。

筛分分为人工筛分和机械筛分。由于人工筛分劳动强度大,操作者直接接触粉尘,对呼吸器官及皮肤有很大危害。而机械筛分,可大大减轻体力劳动、减少与粉尘接触机会,从而减少粉尘对人员的危害。

筛分所采用的主要设备是筛子,筛子分固定筛及运动筛两类。若按筛网形状又可分为转筒式和平板式两类。转筒式运动筛可分圆盘式、滚筒式和链式等;在平板式运动筛可分为摇动式及簸动式。筛分实质上就是通过筛网孔的尺寸控制物料粒度。在筛分过程中,有的是要求筛余物符合工艺要求;有的是要求筛下部分符合工艺要求的。根据工艺要求还可进行多次筛分,去掉颗粒较大和较小部分而留取中间部分。

8.3.2 过滤

在化工生产中将悬浮液中的液体与悬浮固体微粒有效地分离,一般通过采取过滤实现。过滤是使悬浮液中的液体在重力、真空、加压及离心力等动力的作用下,通过多细孔物体将固体悬浮微粒截留进行分离的操作。

1. 过滤方法和过滤设备

过滤操作过程一般包括悬浮液的过滤、滤饼洗涤、滤饼干燥和卸料等四个组成部分。按操作方法可分为间歇过滤和连续过滤。依推动力不同,过滤又可分为重力过滤、加压过滤、真空过滤和离心过滤。

(1) 重力过滤。是依靠悬浮液本身的液柱压差进行过滤。重力过滤的速度不快,一般仅用于处理固体含量少而易于过滤的悬浮液。

(2) 加压过滤。是在悬浮液上面施加压力进行过滤。加压过滤可提高推动力,但对设备的强度和严密性有较高的要求。其所加压力要受到滤布强度、堵塞、滤饼可压缩性以及对滤液清洁度要求程度的限制。

(3) 真空过滤。是将过滤介质下面抽真空进行过滤。由于真空过滤其推动力较重力过滤强,所以,真空过滤能适应很多过滤过程的要求,在化工生产中应用较为广泛。但真空过滤受大气压力与溶液沸点的限制,且需要设置专门的真空装置。

(4) 离心过滤。是借悬浮液高速旋转所产生之离心力进行过滤。离心过滤效率高、占地面积小,因而在生产中被广泛应用,但离心过滤的滤液挥发量大。

过滤机按操作方法分为间歇式过滤机和连续式过滤机。也可按照过滤时推动力的不同将过滤机划分为重力过滤机、真空过滤机、加压过滤机和离心过滤机。

2. 过滤材料介质的选择

常用的过滤介质种类比较多,一般可归纳为粒状介质(如细砂、石砾、玻璃渣、木炭、骨灰、酸性白土等,适于过滤固相含量极少的悬浮液)、织物介质(可由金属或非金属丝织成)、多孔性固体介质(如多孔陶瓷板及管、多孔玻璃、多孔塑料等)。生产上选择过滤介质需具备如下几个基本条件。

(1) 具有多孔性、使滤液易通过,且孔隙的大小应能截留悬浮液粒。

(2) 具有化学稳定性,如耐热性、耐腐蚀性等。

(3) 具备足够的机械强度。

8.3.3 筛分、过滤操作过程的危险性分析和安全技术

1. 筛分操作过程的危险性分析和安全技术

（1）筛分操作是大量扬尘过程，操作人员长期暴露在此环境下，易患尘肺病。因此，在不妨碍操作、检查的前提下，应将其筛分设备密闭化，实现自动控制，减少粉尘对人员的危害；如粉尘具有毒性、吸水性或腐蚀性，要注意操作人员在意外接触这些粉尘时的呼吸器官及皮肤的个体防护；以防引起中毒或皮肤伤害。

（2）筛分操作过程中，粉尘如具有可燃性，应注意防范因碰撞和静电等原因产生火花而引起粉尘燃烧、爆炸，应选用防爆电气。

（3）要加强检查，注意筛网的磨损和筛孔堵塞、卡料，以防筛网损坏和混料。

（4）筛分设备的机械转动部分要加防护罩以防绞伤、擦伤或撞击等机械伤害。

（5）振动筛会产生大量噪声，应采用隔离等消声措施，使噪声低于85dB以下，以减少噪声危害。

2. 过滤操作过程的危险性分析和安全技术

过滤操作过程中，悬浮液的化学性质对过滤有很大影响。如液体有强腐蚀性，则滤布与过滤设备的各部件均应选择耐腐蚀材料制造。如果滤液的挥发性很强，或其蒸气具有毒性，则整个过滤系统必须密闭。

从操作方式角度讲，连续过滤比间歇式过滤安全。连续式过滤机循环周期短，能自动洗涤和自动卸料，其过滤速度较间歇式过滤机为高，且连续式过滤密闭性要求高，操作人员脱离与有毒物料接触，因而比较安全。而间歇式过滤机由于加料、卸料、装合过滤机等辅助操作频繁重复，所以较连续式过滤周期长，且多为人工操作，作业劳动强度大，操作人员直接接触物料，如物料具有毒性，则增加了操作过程的危险性。

加压过滤机，当过滤中能散发有毒有害或爆炸性气体时，不能采用敞开式过滤机操作，而要采用密闭式过滤机，并以压缩空气或惰性气体保持压力。在取滤渣时，应先泄放压力，通风吹扫，防止中毒或爆炸事故发生。

对于离心过滤机，应注意设备的选材和焊接质量，并应限制其转鼓直径与转速，防止转鼓承受高压而引起爆炸。因此，在有爆炸危险的生产中，最好不使用离心机而采用转鼓式、带式等真空过滤机。另外，离心机超负荷运转、时间过长、转鼓磨损或腐蚀、启动速度过高均有可能导致事故的发生。

对于上悬式离心机，当负荷不均匀时运转会发生剧烈振动，不仅磨损轴承，且可能使转鼓撞击外壳而发生事故。转鼓高速运转，也可能由外壳中飞出造成重大事故。

当离心机无盖或防护装置设计不当时，工具或其他杂物有可能落入其中，并高速飞出伤人。即使杂物留在转鼓边缘，也可能引起转鼓振动造成其他危险。不停车或未停稳时违章清理器壁，铲勺可能造成物体打击伤害，同时，也存在机械伤害的可能性。在开停离心机时，身体的任何部位，不应在危险区，防止机械伤害的发生。

当处理具有腐蚀性物料时，不应使用铜质转鼓而应使用钢质衬铅或衬硬橡胶的转鼓。并应经常检查衬里有无裂缝，以防腐蚀性物料通过裂缝腐蚀转鼓。镀锌、陶瓷或铝制转鼓，用于速度较慢、负荷较低的情况，必须有特殊的外壳保护。

此外，操作过程中加料不均匀，也会导致剧烈振动，引起故障和事故发生。

综上所述，保证离心机操作过程安全应注意如下几个方面。

(1) 转鼓、盖子、外壳及底座应用韧性金属制造。对于轻负荷转鼓（50kg 以内），且处理物料不具有腐蚀性时，可用铜制造，并应符合质量要求。

(2) 处理腐蚀性物料，离心机内接触物料部分需要采取耐腐蚀措施。

(3) 盖子应与离心机启动连锁，运转中处理物料时，可减速在盖上开孔处处理。

(4) 离心机应有限速装置，不要在临界速度操作。在有爆炸危险厂房中，其限速装置不得因摩擦、撞击而发热或产生火花。

(5) 离心机开关应安装在易及易见部位，并应有锁闭装置。

(6) 在楼上安装离心机，应用工字钢或槽钢做成金属骨架，在其上要有减振装置，应防止离心机与建筑物产生谐振。

(7) 对离心机的内、外部及负荷应定期检查。

8.4 粉碎、混合操作

8.4.1 粉碎

在生产中，为满足化工工艺要求，常需将固体物料粉碎成小块物料或研磨成粉末。采用挤压、撞击、研磨、劈裂等方法将大块物料变成小块物料的操作称为粉碎；而将小块变成粉末的操作则称研磨。一般对于特别坚硬的物料，使用挤压和撞击的粉碎方法有效。对韧性物料用研磨或剪力较好，而对脆性物料则以劈裂为宜。一般情况下，粉碎研磨操作可同时利用多种作用力进行。

粉碎操作分为湿法与干法两类。其中，干法粉碎是最常用的方法，按被粉碎物料的直径尺寸可分为粗碎（直径范围为 40mm～1500mm）、中碎（直径范围为 5mm～50mm）、细碎、磨碎或研磨（直径＜5mm）。

按粉碎要求和被粉碎物料性质的不同，选择不同的粉碎机械。在干法粉碎中，按被粉碎物料的大小和粉碎后所获得成品的尺寸，粉碎设备可分为四类：

(1) 粗碎或预碎设备。用于处理直径为 40mm～1500mm 范围的原料，所得成品的直径约为 5mm～50mm。

(2) 中碎和细碎设备。用于处理直径为 5mm～50mm 范围的原料，所得成品的直径为 0.1mm～5mm。

(3) 磨碎或研磨设备。用于处理直径为 2mm～5mm 范围的原料，所得成品的直径约为 0.1mm 上下，并可小于 0.074mm。

(4) 胶体磨。用于处理直径在 0.2mm 左右的原料，所得产品可以小到 0.01μm。

8.4.2 混合

将两种以上物料相互分散，达到温度、浓度以及组成一致的操作，均称为混合。混合分为液态与液态物料的混合、固态与液态物料的混合、气态与液态的混合、气态与气态的混合和固态与固态物料等的混合。固体混合又分为粉末、散粒的混合。此外，尚有糊状物料的混合。混合操作是用机械搅拌、气流搅拌或其他混合方法完成的。

混合设备中，液体混合设备有机械搅拌（桨式搅拌器、螺旋桨式搅拌器、涡轮式搅拌器、特种搅拌器）与气流搅拌（用压缩空气或蒸汽以及氮气通入液体介质中进行鼓泡，以达到混合目的的一种装置）。固体、糊状物混合设备包括螺旋混合器、干粉混合器等。

8.4.3 粉碎、混合操作过程危险性分析和安全技术

1. 粉碎操作过程危险性和安全技术

粉碎研磨可燃物料时,产生大量粉尘,悬浮于空气中的可燃粉尘,处在一定浓度范围,遇火源会发生粉尘爆炸,且粉尘爆炸易产生二次爆炸。厂房内各角落、设备、管道上的粉尘应及时清理,使设备外和系统内各部件之间的粉尘减至最少。车间内可设自动喷淋设备,保证空间湿度在70%以上,对于易燃易爆物料粉碎要求很细时,应考虑采用湿法粉碎。对不易除尘的粉碎作用也应采用湿法。

研磨易燃、易爆物质时,可进行惰性气体保护,以减少设备中粉尘—空气混合物中的氧含量,如金属粉尘采用N_2保护,有机粉尘采用CO_2保护比较有效。可燃物料研磨后,应先进行冷却,再进行分装或储存,以防热量蓄积引起燃烧。

设备内部,由于机械运转部位缺乏润滑而摩擦生热;粉碎物料、硬性杂质或脱落的零件与设备内壁撞击产生火花、电气设备故障引起电火花或物料在输送和粉碎研磨的搅拌中,粉料与管壁、设备壁,粉料的颗粒与颗粒之间的摩擦和撞击产生静电,均可能成为点火源。因此,粉碎研磨生产场所的电气设备要按规定选择相应的防爆型设备,整个电气线路应经常维护和检查。对于能产生可燃粉尘的破碎和研磨设备,要安装可靠的接地装置和爆破片。距离较近的设备、管道、器具应用导体使之连成一体,进行接地。

在物料投入破碎前,应去除坚硬物件(如松脱的机械零件)、杂质和金属。必要时,在粉碎研磨机的加料处或其他部位安装磁性分离器或其他分离器,以除掉物料中的金属杂物。注意机械转动部位的润滑防止摩擦发热,如发现轴承过热,应立即停车检修。料斗需保持满料,破碎研磨机的供料流量要均匀正常,防止断料,空转而摩擦生热。设备的外表面温度应比被加工材料的阴燃温度低50℃以上。排尘系统应采用不产生火花的除尘器。球磨机如研磨具有爆炸性的物质,则外壳内部需衬以橡皮或其他柔软材料,所用的研磨体需应用青铜球。

另外,长期积聚在设备裂缝中和管道拐弯处的粉尘易发生自燃。沉积在热表面如照明装置、电动机、机械设备热表面的粉尘,受热一段时间可能会出现阴燃,最终也可能转变为明火,成为粉尘爆炸的引火源。

粉碎操作过程中使用的粉碎机必须符合下列几个安全条件。

(1) 实现进出料自动化,连续操作。

(2) 发生故障或损坏时,紧急制动装置可迅速停车,设备应按操作规程进行检查清理、调节和检修。

(3) 设备应密闭,使产生的粉末尽可能少。操作间通风良好,以降低空气中粉尘含量。

球磨设备必须具有一个带抽风管的严密外壳,防止物料损失和粉尘外逸。加料斗需用严密性好的耐磨材料制成。在粉碎、研磨时料斗不得卸空,盖子应盖严。粉末输送管道应消除粉末沉积的可能。为此,输送管道不允许铺成水平状态,不得有气流死角;粉末输送管线与水平夹角不得小于45°。

发现粉碎系统中粉末阴燃或燃烧时,应立即中断送料,并采取措施消除空气进入系统的可能性,必要时充入氮气、二氧化碳以及水蒸气等惰性气体,但不宜使用加压水流或泡沫进行扑救,以免引起可燃粉尘飞扬,引发二次事故。

粉碎研磨厂房和车间应有足够的泄压面积。粉碎研磨设备内部可安装防爆膜、阀、爆破板、

爆破门等安全装置,以减小粉尘爆炸威力。在相连设备之间设置阻火器、隔焰板、自动阀等,以防出现事故时火焰或爆炸波的传播。对于难于安装防爆泄压装置的设备如磨碎机,则要求设备自身能抵抗爆炸压力的破坏,或配置有自动切断系统。易发生粉尘爆炸的设备和管道,可考虑安装抑爆系统。

2. 混合操作过程危险性和安全技术

化工生产过程中,如混合一般的物料,其主要危险有害因素是是产生粉尘、可能造成人员机械伤害和触电,而混合可燃粉料则有爆炸的危险。因此,混合操作的危险性也不容忽视,应根据物料性质,如腐蚀性、易燃易爆性、粒度等特性,正确地选择和使用设备。

对于利用机械搅拌进行混合的操作过程,桨叶的强度是非常重要的。首先桨叶制造要符合强度要求,安装要牢固,不允许产生摆动。在修理或改造桨叶时,应重新核算其强度。桨叶消耗能量与其长度的 5 次方成正比,在加长桨叶时,应防止电机超负荷以及桨叶折断等事故发生。

搅拌器不可随意提高转速,尤其对于搅拌非常黏稠的物质,否则可能造成电机超负荷、桨叶断裂以及物料飞溅等故障或事故。对于搅拌黏稠物料,宜采用推进式及透平式搅拌机。对于混合操作的进出料应实现机械化、自动化。为防止超负荷造成事故,应安装超负荷停车装置,即当超负荷时,设备立即自动停车。对于可能产生易燃、易爆或有毒物质的混合,使用的混合设备应密闭良好,并采用惰性气体保护。对于混合可燃粉料,设备应可靠接地以导除静电,并应在设备上安装爆破片。混合设备不允许落入金属物件,防止产生火花引发燃烧爆炸。

当搅拌过程中物料产生热量时,如因故停止搅拌会导致物料局部过热。因此,在安装机械搅拌的同时,还要辅以气流搅拌或增设冷却装置。有危险的气流搅拌尾气应加以回收处理。进入大型机械搅拌设备检修属受限空间作业,其设备应切断电源或开关加锁,应加强管理,不允许任意启动。

1) 液—液混合

一般在有电动搅拌的容器中进行液—液混合。搅拌过程的设计常依据液体的黏度及所进行的过程,如分散、反应、除热、溶解或多个过程的组合。还需要有仪表测量和报警装置保证系统安全运行。为防止反应物分层或偶尔结一层外皮引起的危险反应,装料时或进料前就必须开启搅拌。在设计中应充分估计设备故障,如机械、电器和动力故障的影响。

对于低黏度液体的混合,一般采用静止混合器或某种类型的高速混合器,除去与旋转机械有关的普通危险外,没有特殊的危险。对于高黏度流体,一般在搅拌机或碾压机中处理,必须排除混入的固体,防止危害人员和机械的安全。对于爆炸混合物的处理,需使用软墙或隔板隔开,进行远程控制。

2) 固—液混合

固—液混合可在搅拌容器或重型设备中进行。如果是重质混合,必须移除一切坚硬的无关的物质。在搅拌容器内固体分散或溶解操作中,必须考虑固体在器壁的结垢和出口管线的堵塞现象。

3) 气—液混合

有时应用喷雾器将气体喷入容器或塔内,借助机械搅拌实现气—液混合。如果液体易燃,而喷入的是气体(如空气),可与此液体蒸气形成爆炸混合物或易燃烟雾、易燃泡沫。此种情况需要采取防护措施,如低流速或低压报警、自动断路、防止静电产生等措施。如果是液体在气体中分散,可能会形成毒性或易燃性悬浮微粒,也应采取防护措施防止人员中毒和发生燃烧爆炸。

4) 固—固混合

一般均采用重型设备,这个操作过程主要涉及机械危险。如果固体具有可燃性,必须采取防护措施把粉尘爆炸危险性降至最小程度,如进行惰性气体保护,采用爆炸卸荷防护墙设施,消除火源,要防止产生静电或轴承过热等。应采用筛分、磁分离、手工分类等移除金属或过硬固体等。

5) 气—气混合

由于气体本身的特性,只要简单接触,无需机械搅拌,便能达到充分混合。易燃混合物和爆炸混合物需采用防火防爆措施。

8.5 熔融、干燥操作

8.5.1 熔融

在化工生产过程中,化学反应前常需将某些固体物料(如苛性钠、苛性钾、萘、磺酸等)进行熔融处理。熔融过程的主要危险来源于被熔融物料的化学性质、固体质量、熔融时的黏稠程度、熔融中副产物的生成、熔融设备、加热方法以及被熔物料的破碎程度等方面。熔融是在不间断的搅拌下进行的,以使物料加热均匀,以免局部过热。对于加压熔融的操作设备,应安装压力表、安全阀和排放装置。碱熔过程中的碱屑或碱液飞溅到皮肤上或眼睛里会造成灼伤。应尽量除掉碱融物和磺酸盐中的无机盐杂质,否则这些无机盐因不熔融会造成局部过热、烧焦,甚至致使熔融物喷出,造成人员烧伤。

8.5.2 干燥

在化工生产中,将固体和液体分离的操作方法是过滤,而进一步去除固体中液体(水分或其他溶剂)的方法是干燥。干燥操作实质就是利用热能将湿物料中的湿分(如水)汽化分离掉,以利于进一步加工、运输、储存和使用。干燥操作分为常压干燥和减压干燥,也有连续干燥和间断干燥之分。干燥所用热源有热空气、过热蒸汽、烟道气、明火等。按照热能供给的方法不同,干燥还可分为传导干燥、对流干燥、辐射干燥和电加热干燥。

化工生产中,对流干燥应用较广。在对流干燥过程中,干燥介质与湿物料直接接触,热能以对流方式作用于物料,干燥介质带走产生的蒸气。例如,当热空气或烟道气等惰性气体作为干燥介质经过物料表面时,湿物料获得热能,使物料表面湿气汽化,从而造成物料表面与内部湿分浓度的差异,内部湿分以液态或气态的形式向表面扩散。空气或烟道气既是热载体,又是湿气载体,传热与传质同时进行,干燥速率由传热速率与传质速率共同控制。

8.5.3 干燥操作过程危险性和安全技术

干燥过程中应根据物料性质严格控制干燥温度,防止超温引发物料燃烧,或由于局部过热引发物料分解爆炸。如在转筒干燥器连续操作过程中,若供料突然减少或断料而热载体供给量和温度未随之改变时,器内温度急剧升高,而导致物料起火。应视具体情况安装温度自动调节系统与报警系统。蒸汽干燥设备必须能控制内部蒸汽压力,防止因压力升高引起温度升高。

物料中含有自燃点低或其他有害杂质,在干燥前须加以消除。尤其是干燥氧化产品前,应用清水洗净残存的氧化剂,防止因受热起火。

间歇式干燥过程中,如物料与火源距离过近或设备的风道内、管道外积聚的可燃物长期受热,均可能发生自燃现象,而引发火灾事故。电加热设备长期运行,热量积累,导致被干燥物质或加热设备附近的其他可燃物燃烧。因此,应注意可燃物直接接触热源。使用电热干燥,电热丝要加防护罩,加热器应与物料保持一定距离。干燥室内不准放置其他任何可燃物质。

对于易燃易爆、易氧化、易分解物料,在干燥结束后,必须待其温度降低后方可放进空气,进行排料,防止物料遇空气自燃。电热干燥器工作结束后,应及时切断电源,以防长时间运行,温度升高,引燃物料。

非防爆型的电气开关均应安装在工作室或干燥箱外。采用流速较大的热空气干燥可燃物时,排气用的设备和电机均应选用防爆型电气。

在干燥过程中,密封不良的干燥器可能散发可燃蒸气或泄漏粉尘,易形成爆炸混合物,若遇火源易引发爆炸。真空干燥器还可能将空气吸入设备内,形成爆炸性混合物。加热器表面的高温也可成为可燃物的引火源。在喷雾干燥、气流干燥和沸腾干燥中,物料由于高速流动、碰撞和摩擦,易产生静电,导致静电积累和放电火花。所以,喷雾、气流和沸腾干燥设备和管道要有可靠接地装置,并严格控制气流速度,防止静电产生和静电积聚。

滚筒干燥器中的刮刀有时与筒壁摩擦、干燥设备上排风机的铁质叶轮与铁壳摩擦产生火花,应根据情况调整刮刀与筒壁的间隙或采用有色金属材料的刮刀,干燥器排风机采用非金属或有色金属材料叶轮,以防止摩擦产生火花。

喷雾、气流和沸腾干燥器要尽可能采用含氧量低的烟道气作热源,可充入惰性气体稀释其氧浓度。干燥用热源尽量选用既能满足工艺条件要求,温度又较低的热水、蒸汽或热风。干燥易燃易爆物料宜采用真空干燥器。干燥可燃物料不应用或少用电热或远红外热源,严禁使用明火。

干燥系统的排气管上宜安装感温感烟自动报警装置,以及氮气或蒸汽灭火自动联锁装置。干燥设备上应安装爆破片,以减弱爆炸破坏。设备附近应备有蒸汽灭火管线和灭火器材。

8.6 蒸发、蒸馏操作

8.6.1 蒸发

借加热作用使溶液中所含溶剂不断气化,以提高溶液中溶质的浓度,或使溶质析出的物理过程,称为蒸发。蒸发按其操作压力不同可分为常压蒸发、加压蒸发和减压蒸发;按蒸发所需热量的利用次数不同可分为单效蒸发和多效蒸发两类。

8.6.2 蒸馏

蒸馏是分离均相液体混合物操作的一种。借液体混合物各组分挥发性的不同,使其按照沸点大小不同顺序,先后离开混合液体本体,经冷凝分离为纯组分的操作,即为蒸馏。混合液中沸点低的组分较易挥发,称为易挥发组分,也可称为轻组分;沸点高的组分较难挥发,称为难挥发组分,也可称为重组分。蒸馏操作按原料组分数目不同可分为双组分蒸馏和多组分蒸馏。按操作流程不同可分为间歇蒸馏和连续蒸馏;按操作压强不同可分为常压、减压和加压(高压)蒸馏。按蒸馏操作方式不同可分为简单蒸馏、平衡蒸馏(闪蒸)、精馏和特殊蒸馏,其中,特殊蒸馏用在一般不能进行分离的场合,包括水蒸气蒸馏、萃取蒸馏、恒沸蒸馏和反应蒸馏等。

对不同的物料应选择正确的蒸馏方法和设备。在处理难于挥发物料时(常压下沸点在150℃以上)应采用减压(真空)蒸馏,可以降低操作温度,防止物料在高温下分解、变质或发生聚合。在处理中等挥发性物料(沸点为100℃左右)时,采用常压蒸馏。对于沸点低于30℃的物料,则应采用加压蒸馏。

水蒸气蒸馏通常用于在常压下沸点较高,或在沸点时容易分解的热敏性物质的蒸馏,也常用于高沸点物与不挥发杂质的分离。此法要求馏出物与水不互溶。用水蒸气蒸馏时,将水蒸气通入蒸馏釜内的混合液中,水达到沸点时,部分物质随水蒸气蒸馏出来,又同时被冷凝为液态。

萃取蒸馏与恒沸蒸馏主要用于分离由沸点极接近或恒沸组成的各组分所组成的、难以用普通蒸馏方法分离的混合物。萃取蒸馏是在被分离的混合液中加入一种经过特殊选择的第三组分,即萃取剂,以实现混合液分离的操作。但萃取剂并不是与组分形成恒沸物,而是与混合物各组分有选择地互溶,与其中某一或某些组分有较强的溶解能力,使其蒸气压显著降低,从而加大了原来组分之间的相对挥发度,使其容易分离。

恒沸蒸馏又称共沸蒸馏,是在被分离的混合液中加入第三组分,使其与原混合物中的一个或多个组分形成新的恒沸物,而且其沸点比原来任一组分的沸点都要低。这样,蒸馏时新的恒沸物从塔顶被蒸出,而塔底产品则为纯组分,从而达到将原混合物分离的目的。

8.6.3 蒸发和蒸馏操作过程安全技术

1. 蒸发操作过程安全技术

蒸发过程即是传热过程,凡被蒸发的溶液皆有一定的特性,如溶质在浓缩过程中可能有结晶、沉淀和污垢生成,导致传热效率的降低,并产生局部过热,促使物料分解、燃烧和爆炸,因此,必须控制蒸发温度。为防止热敏性物质的分解,可采用真空蒸发的方法,降低蒸发温度或采用高效蒸发器,增加蒸发面积,减少停留时间。具有腐蚀性的溶液进行蒸发时,蒸发器的材质应耐腐蚀或采取防腐措施。

2. 蒸馏操作危险性分析

用于蒸馏的主要设备是蒸馏塔。除蒸馏塔之外,蒸馏装置还包括再沸器(蒸馏釜)、冷凝器、预热器、高位槽和储槽等。蒸馏过程中,由于处于沸腾状态,体系内始终处于气、液共存状态,若因设备破裂或操作失误,使物料外泄或吸入空气,或由于冷凝、冷却不足,使大量蒸气经储槽等部位逸出,均可形成爆炸性气体混合物,遇引火源就会发生容器内或外部的燃烧爆炸。尤其对于高温下蒸馏自燃点低的物料,一旦高温物料泄漏,遇空气能发生自燃。若蒸馏的有机烃类物料为电介质,它们在管道内高速流动产生静电积聚,使装置静电放电引起火灾和爆炸。

蒸馏操作中若温度过高,则有超压爆炸、"液泛"、冲料、过热分解、自聚或积热及自燃的危险,甚至使操作失控而引起爆炸;若温度过低,则有淹塔的危险。加料量超负荷时,对于釜式蒸馏,可能造成沸溢性火灾,而对于塔式蒸馏,则可使气化量增大,使未冷凝的蒸气进入受液槽,导致槽体超压爆炸。如操作中回流量增大,不但会降低蒸馏系统内的操作温度,而且容易出现淹塔以致造成操作失控。蒸馏设备的出口管道如被凝结、结垢堵塞,将造成设备内压增加,引发爆炸。在高温下操作的蒸馏设备内,进入冷水或其他低沸点物质,瞬间会引起大量气化,造成设备内压力骤升,引起爆炸。

减压蒸馏正确的操作程序是开车时先开真空阀门,再开冷却器阀门,最后打开蒸气阀门。否则,物料被吸入真空泵将引起冲料事故或使设备受压,甚至引起爆炸。

高温条件下的蒸馏操作,设备管线易变形或破裂。若物料具有腐蚀性,例如含硫量较高的原油的蒸馏操作,易造成设备及管道的腐蚀穿孔、壁厚减薄、结焦速度加快,进而失去承载能力或发生泄漏而造成火灾。

塔式蒸馏设备底部有蒸馏釜和再沸器,釜式蒸馏设备内部或外部有加热盘管或夹套,直接用火加热的蒸馏釜下部设置有炉灶或电热丝,这些引火源极易与可燃物料接触。另外,氧化反应热和分解反应热积累也可能引起蒸馏釜或再沸器爆炸事故发生。

间歇蒸馏中的蒸馏釜中残留物或传热面污垢、连续蒸馏中的预热器或再沸器污染物的积累，都有可能酿成事故。

3. 蒸馏操作安全技术

采用明火加热的蒸馏设备，明火和设备之间应有隔墙，防止火焰接触到液体或蒸气。可燃、易燃液体的蒸馏不宜采用明火或电热器具作热源，应利用水蒸气、过热水或油浴等方法加热，加热热源尽量采用密闭的夹套式或内置的报管式加热装置，避免使用直接明火加热方式。

对于可能产生静电的设备要采取有效接地措施，设备和管线连接处应跨线接地。可燃、易燃液体蒸馏厂房的电气设备应达到防爆等级要求。

蒸馏能与水进行化学反应的物料，不应采用水及水蒸气作为加热载体或制冷剂，以免发生泄漏接触，导致反应失控类火灾或爆炸。

避免低沸物和水进入高温蒸馏系统。高温蒸馏系统开车前，必须将塔及附属设备内的冷凝水清除，以防水突然接触高温物料，发生瞬间汽化使系统内压剧增而导致喷料或爆炸事故。冷凝—冷却器中的冷却剂或冷冻盐水不能中断，防止高温蒸气引起后续设备的温度增高，或未冷凝蒸气逸出设备遇火源引起火灾爆炸事故。

对于沸点较高、难挥发、高温下蒸馏能引起分解、聚合的物料使用减压蒸馏，可以降低物料的沸点，借以降低蒸馏温度，从而增加了操作安全性。减压蒸馏使用的真空泵应装有单向阀，防止突然停车时空气窜入设备。

加压蒸馏设备应设置安全泄放装置。加热炉应设防爆门，以便发生爆炸时能及时泄压。系统应附设紧急放空管等紧急放料安全装置，在出现事故时能保证迅速排放掉反应器内物料，以防止发生火灾爆炸事故。蒸馏完毕后应正确消除真空，对于特别危险的物质，应待蒸馏设备冷却并充入惰性气体后，再停止真空泵工作，防止在设备内形成爆炸性混合物。

间歇式蒸馏操作中，应防止料液蒸干，造成残渣焦化结垢，引起局部过热而着火或爆炸，故应及时妥善清除残渣和清洗蒸馏釜。清焦时，要严格遵守操作程序，如发现不明物质必须请示技术人员后再处理。

蒸馏系统应保持良好的密闭性，设备经过气密性和耐压性检验合格方能使用。处理有腐蚀性的物料时要有防腐措施，比如含硫物料在进入蒸馏设备之前要经除硫处理。

在蒸馏操作中，不但要严格控制温度、压力、进料量、液面高度、回流量等工艺参数，而且要注意工艺参数之间的相互影响，应具有完善的自动操作与控制装置，稳定工艺参数，加强系统的参数监控，以减少人为操作的失误造成事故。

系统的排气管应通至厂房外，管上应安装阻火器，大型石化企业中的排放管应通向火炬装置。在装置区、罐区应设置固定式可燃气体泄漏监测报警器。在蒸馏生产岗位安装蒸汽灭火、泡沫灭火系统等防灭火装置。建立健全安全管理制度，及时排查事故隐患，防止其发展成为事故。

8.7 吸收、萃取操作

8.7.1 吸收

吸收是分离均相气体混合物的重要手段之一。吸收操作是用液体与气体混合物接触，使气体混合物中的一个或几个组分溶解到液体中，从而与其余组分分离的操作过程。如在污染控制中常见的,溶质的浓度很低,这时就称为"洗气"。吸收按是否发生化学反应分类,分为物理吸收和化学吸收。由于化学吸收吸收剂选择性高,在化工生产中应用较广。用碱液吸收二氧化碳、酸吸收氨的化学过程,都属于化学吸收。按吸收组分的数目分类,可分为单组分吸收和多组分吸收。按吸收过程中体系温度的变化分类,分为等温吸收和非等温吸收。吸收过程一般在吸收塔或洗涤塔中进行。吸收设备大致可分为填料塔和板式塔两类。

8.7.2 萃取及其操作过程的危险性分析

萃取过程选择何种萃取设备取决于具体过程的需要,并应确保安全。液—液萃取中,系统的物理性质对设备选择比较重要。石油有关的工业一般采用连续的重力沉降式塔器,而矿物萃取工业则倾向于采用串联的混合沉降槽。对于腐蚀性强的物系,易选取结构简单的填料塔、耐腐蚀金属或非金属材料制成的萃取设备。

萃取过程常常有易燃的稀释剂或萃取剂的应用。除去溶剂储存和回收的适当设计外,还需要有效的界面控制。因为包含相混合、相分离以及泵输送等操作,需要采取消除静电的措施。对于放射性化学物质的处理,可采用无需机械密封的脉冲塔。在需要最小持液量和非常有效的相分离的情形,则应该采用离心式萃取器。

溶质和溶剂的回收一般采用蒸馏或蒸发操作,所以萃取全过程包含这些操作所具有的危险。

8.7.3 吸收操作过程危险性分析

吸收操作有时使用可燃液体作为吸收剂,有时吸收的气体、蒸气混合物具有可燃性时,因此,此类吸收过程存在发生火灾爆炸的危险性。当高压、高速气流作用下,设备或管线破裂,物料泄漏易与空气形成爆炸性混合物。当系统内产生负压,空气被吸入与可燃气体或蒸气可形成爆炸性混合物。

当回收具有化学腐蚀性的气体混合物,以及用酸、碱水溶液作为吸收剂时,会强烈腐蚀自控、检测仪表和设备,而引发事故。吸收处理的物料为电介质,它们在管道内高速流动或经阀门、喷嘴喷出时会产生静电放电,存在引起火灾的可能性。吸收过程中自燃性化合物,如硫化铁,可能沉积在器壁和管道内壁上,干燥时并遇到空气,常温下可能发生自燃。

当操作温度异常时,可燃液体液面上的蒸气浓度可能达到爆炸范围。高压操作的吸收塔内,液面过低而未被及时发现和处理,高压气体就会突破水封而窜入低压再生系统,使再生系统设备爆破,大量可燃气体外泄。

当塔内"液泛"严重时,塔顶与塔釜的压力降急剧增加,气体以鼓泡状通过液层和把液体大量带出塔顶,塔内被液体充满,造成淹塔,导致事故。在吸收塔中,当填充物被盐垢或其他固体沉淀物堵塞时,设备内的压力会随填充物层或塔板流体阻力的增大而上升,引起危险。

8.7.4 吸收操作过程安全技术

厂房内还应设置可燃气体报警仪,能散发可燃气体、挥发性蒸气的场所应安装通风设备,以消除有害气体或蒸气与空气的混合物。气体输送管道应安装阻火器,防止火焰沿气体管道传播。吸收过程中,常有一些可燃组分或与空气的混合物一起排空,应注意将放空管引出生产车间外,并高出附近有人操作的平台和屋顶2m以上,并配备阻火器和采取一定的防雷措施。

当控制变量不正常时，系统应能自动启动报警装置。自动调控温度装置保证吸收剂和送去吸收的原料气体混合物能够被冷却至规定温度。控制仪表和操作程序应能防止气相溶质载荷的突增以及液体流速的波动。定期清洗吸收塔填充物的沉淀积垢，防止吸收塔内因流体阻力增大造成压力升高。低压再生系统应设压力升高报警仪，以监视高压气体的窜入。

监控设备内可燃气体或蒸气的浓度，将其控制在爆炸极限范围外。吸收操作过程的电气设备应符合防爆要求。吸收设备与管线必须安装导除静电的接地装置，接地线必须连接牢靠，有足够的机械强度，要定期检查。

吸收过程中产生硫化铁等自燃物质的场所，设备停工进行清洗检修时，清洗过程中应用水蒸气吹洗设备，使自燃性化合物缓慢氧化，使设备保持湿润，避免自燃。

容器中的液面应自动控制和易于检查，防止产生假液面引起事故。对于毒性气体，必须设置低液位报警。控制仪表和操作程序应能防止气相中溶质载荷的突增以及液体流速的波动。为防止"液泛"发生，应严格控制混合气体的入塔气速在"液泛"气速以下，并控制好溶剂液体的入塔流量。

设备停车排液时应遵循"先排液，后停气"的操作程序，最后用惰性气体置换，以防设备排液时产生负压，吸进空气。

在回收化学腐蚀性气体和吸收剂对设备有腐蚀作用时，设备的材质要使用耐腐蚀材料，设备壁面要采用防腐保护。腐蚀严重的设备停车检修时，尤其是局部设备检修时，要采取拆掉一段联系管段的方法，使之与生产系统彻底隔断，因为盲板在强腐蚀的作用下易穿孔，仅靠阀门隔断是不允许的。

高压高速气流对管道、弯头部位产生冲刷作用，而使管壁变薄，因此，应建立设备管理档案，定期测厚，及时更换。设备焊接后应经过热处理消除热应力，防止产生应力腐蚀，造成局部穿孔。对所有设备和管线应加强日常管理，发现问题及时更换或维修。

为防止火灾爆炸沿污水管网蔓延，流出吸收装置的工业废水应经水封后方能进入下水管网。吸收系统万一发生泄漏着火，在冷却设备的同时，要立即切断气源，同时放空减压，但须保留微正压，然后灭火，最好在放空的同时，使用氮气等惰性气体保护，既可保证设备正压，又可帮助灭火。

8.8 输送操作

化工生产过程中，常需要使用各种手段将各种物料，包括原料、中间体、产品、副产品及废弃物从一处送至另一处，有时是在生产设备和车间之间的物料连续传输，有时是将产品送至用户，此过程为输送操作。所输送物料可能处于块状、粉状、液体、气体等形态，物料本身的理化性质各异，温度、压力、流量不同，所采用的输送方式和机械亦不同，使其存在的危险性也有很大差异。

8.8.1 液体输送

流体输送是最常见的输送方式，通常是通过向流体（液体和气体）提供机械能，将流体经管道输送。为液体提供能量的机械称为液泵或简称为泵，包括离心泵、往复泵、轴流泵、喷射泵、旋转泵、隔膜泵、齿轮泵、螺杆泵等。一般溶液可选用任何类型泵输送；悬浮液可选用隔膜式往复泵或离心泵输送；黏度大的液体、胶体溶液、膏状物和糊状物时可选用齿轮泵、螺杆泵和高黏度泵,这几种泵在高聚物生产中广泛应用;毒性或腐蚀性较强的可选用屏蔽泵;输送易燃易爆的有机液体可选用的防爆型电机驱动的离心式油泵等。

选择泵时,除需考虑流量和扬程值外,还应根据现有系列产品、介质物性和工艺要求选择泵的型号。对于流量均匀性没有一定要求的间歇操作可用任何一类的泵;对于流量要求均匀的连续操作以选用离心泵为宜;扬程大而流量小的操作可选用往复泵;扬程不大而流量大时选离心泵合适;流量很小但要求精确控制流量时可用比例泵,如输送催化剂和助剂的场所。此外,还需要考虑设置泵的客观条件,如动力种类(压缩空气、电、蒸汽等)、厂房空间大小、防火、防爆等级等。因离心泵结构简单,输液无脉动,流量调节简单,因此,除离心泵难以胜任的场合外,应尽可能选用离心泵。为保证泵的安全使用,应定时检查各部轴承温度、各出口阀压力、温度、润滑油压力、润滑油油质、填料密封泄漏情况,检查各传动部件应无松动和异常声音,各连接部件紧固情况,防止松动;加强对泵房的巡检监测,当泵出现泄漏、振动、超温、超压、超负荷运转等异常情况时应及时处理。泵在正常运行中不得有异常振动声响,各密封部位无滴漏,压力表、安全阀灵活好用。

使用级泵输送物料时,随着泵级数的增加,泵的输液能力会增大,但泵的级数越多,泵轴会越长。若轴的制造强度不能满足设计要求,在运转时易导致动、静零部件之间发生摩擦,而使部件间隙变大,致使泵发生振动,严重时会引起泵轴断裂。由于泵的设计欠合理,使泵的运行处于共振区。泵在运行一段时间后,由于振动磨损而使动、静零部件间隙越来越大,这样又加剧了泵的振动从而导致恶性循环。另外,泵的安装高度过高,会导致"汽蚀现象"。离心泵在产生汽蚀条件下运转,会造成泵体振动产生噪声;流量、扬程和效率都明显下降;严重时吸不上液体;泵的寿命缩短。因此,离心泵安装时应严格控制安装高度在允许安装高度以下。

泵体和管线输送可燃液体时,应限制流速并设置良好接地,或采取加缓冲器、增湿、加抗静电剂等措施,防止静电产生危险。由于输送的流体具有可燃性,可燃液体一旦泄漏可能引发燃烧爆炸事故,因此,应加强对输送系统的管道阀门、法兰等连接处的安全管理,预防"跑冒滴漏"现象产生。当泵出现故障和损坏时,可能造成大量液体喷出、泄漏,引起火灾;温度超过自燃点以上的高温液体泄漏后即发生自燃现象。从设备泄漏出来的可燃液体蒸发,与空气混合形成爆炸性混合物而引发爆炸。尤其是输送低闪点的液体时,此种危险性更大。

在输送有爆炸性或燃烧性物料时,要采用氮气、二氧化碳等惰性气体代替空气,以防燃烧和爆炸发生。选用蒸汽往复泵输送易燃液体可以避免产生火花,安全性较好。只有对闪点高及沸点在130℃以上的可燃液体才用空气压送。在化工生产中,用压缩空气为动力输送酸碱等有腐蚀性液体的设备要符合压力容器相关设计要求,满足足够的强度,输送此类流体的设备应耐腐蚀或经防腐处理。

泵应运转平稳,按照工艺要求严格控制压力、真空、流量、电压、电流、功率和转速等参数在规定范围。冷却系统保持畅通。控制和消除明火、摩擦、撞击火花。甲、乙类火灾危险性的泵房,应安装自动报警系统。在泵房的阀组场所,应有能将可燃液体经水封引入集液井的设施,集液井应加盖,并有用泵抽除的设施。

可燃液体泵宜露天或半露天布置,以便可燃蒸气和气体散发。若在封闭式泵房内,泵的布置及其泵房的设计应符合相关要求。泵房一般使用各种类型的防爆封闭电动机,在非正常的故障条件下,例如电动机过负荷运行,机械摩擦使转子、定子发生扫膛,电动机接地不良等原因,都会引发电动机故障火灾。电动机的功率应考虑有一定的安全系数,防止因过载而发热燃烧;严格电动机质量检查,及时更换绝缘严重老化的电动机,保持其线圈绝缘性能;注意维修保养电动机,减少和避免定子、转子的摩擦。泵房应采取防雷措施。

8.8.2 固体输送

除人工搬运外,固体块状和粉状物料的输送一般多采用皮带输送机、螺旋输送器、刮板输送机、链斗输送机、斗式提升机以及气流输送等多种机械输送方式。还可以采用电动葫芦、气动葫芦、电梯等间断式机械输送方式。这类输送设备除了设备本身会发生故障外,还可能造成触电、机械伤害等人身伤害。

另外,输送机械运转部位多,极易由于碰撞起火和摩擦生热引燃物料。输送固体粉料的管道内介质高速流动摩擦易产生静电或电气设备及线路漏电、短路产生的电气火花,可能引燃可燃物料,甚至能引起粉尘爆炸。物料在输送过程中,输送系统容易产生堵塞,若不及时处理,极易导致憋压,引起爆燃。发生堵塞的原因很多,如具有黏性或湿度过高的物料在供料处、转弯处黏附在管壁逐渐造成堵塞;管道连接不同心,有错偏或焊渣突起等障碍处,易沉积堵塞;输送管径突然扩大,物料在输送状态下突然停车;大管径长距离输送比小管径短距离输送更易发生堵塞。

粉料气流输送系统应保持良好的严密性,为减少空气中粉尘含量,可采用封闭式输送带(提升机),并在设备吸尘罩处安装吸尘器和采用湿润物料方法。输送机械的传动和转动部位,要保持正常润滑,防止摩擦生热。对于电气设备及其线路注意保护,防止绝缘损坏发生漏电及短路事故。粉料输送管道材料应选择导电性材料并可靠接地,如采用绝缘材料管道,则管外应采取接地措施。对于输送可燃粉料,以及输送过程中能产生可燃粉尘的情况,输送速度应不超过该物料允许的流速,风速、输送量不要急剧改变,防止产生静电发生危险。

为了避免管道发生堵塞,管道输送的速度、直径、连接应设计合理。要定期对管壁进行清理,防止物料在管道内堆积堵塞管道。输送设备的开停车均应设置手动和自动双重操作系统,并宜设置超负荷、超行程和应急事故停车自动连锁控制装置。对于长距离输送系统,应安装开停车联系信号,以及给料、输送、中转系统的自动程序控制系统或连锁控制装置。除要加强对机械设备的常规维护外,还应对齿轮、皮带、链条等部位采取防护措施,如按照防护罩、防护网等措施,并不得随意拆卸。

8.8.3 气体输送

在化工生产中,常运用通风机、鼓风机、压缩机和真空泵等设备为气体提供能量,达到压缩输送气体的目的。例如,用通风机或鼓风机提高气体的压力,克服气体在输送过程中的阻力。有些单元操作要在高压下进行,如合成氨气、冷冻,要采用压缩机产生高压气体;还有些化学反应或单元操作,如缩合、蒸发等往往要在低于大气压下进行,需要采用真空泵从设备中抽出气体,以形成真空。

气体压缩输送过程中,可燃性气体通过压缩机缸体连接处、吸/排气阀门、轴封处、设备和管道的法兰、焊口和密封等缺陷部位泄漏,或设备外壳局部腐蚀穿孔、疲劳断裂等,导致高压可燃性气体喷出,与空气混合形成爆炸性气体混合物,遇火源引起爆炸或火灾。

当设备发生故障或停电、误操作等事故时,压缩机未及时停车,使压缩机入口处发生抽负现象,轻则管道抽瘪,重则致使空气进入压缩机系统内部形成爆炸性气体混合物。达到爆炸极限浓度的混合物遇到火源或经压缩机压缩升温增压,就会发生燃烧甚至引起爆炸事故。

如果压缩机循环冷却水水质差,冷却系统不能有效发挥作用,会使压缩机汽缸内温度过高,而高温会使润滑油失去润滑作用，使压缩机的运行部件摩擦生热增加，进一步造成汽缸内温度超高，高温使某些介质发生聚合、分解以至自燃，甚至引发爆炸。

高温过热、意外机械撞击、气流冲击、电器短路、外部火灾等条件下可能引燃积炭。积炭燃烧后产生大量一氧化碳，当含量达到爆炸极限时就会引发爆炸。

气体带液造成设备内压力升高，呈现"液击"现象，致使设备损坏，从而导致可燃气体泄漏，意外遇点火源而发生火灾爆炸。

另外，在气体输送操作过程中，人员操作失误或设备缺陷等原因也可能导致各种类型的事故。

气体输送过程应保持压缩系统高度密封，加强温度、压力等工艺参数的检测，对极易因腐蚀或疲劳断裂的部件，应加强管理、随时检查、及时更换，保持部件的强度和密封性能，杜绝"跑冒滴漏"现象。压缩机系统应设置汽缸温度指示仪和自动调节、自动报警装置，以及设有自动停车的安全联锁装置和安全泄压保护装置。严格控制冷却水的水质、温度、压力和流量在操作范围内，确保冷却系统正常工作，防止超温。输送可燃气体的管道应经常保持正压状态，并根据实际需要安装逆止阀、水封和阻火器等安全装置。压缩机吸入口应保持余压，如进气口压力偏低，压缩机应减少吸入量或紧急停车，以免造成负压吸入空气引起爆炸。在操作中，应保持进气压力在允许范围，谨防出现真空状态。当压缩机意外发生抽负现象，形成爆炸混合物时，应从入口阀注入惰性气体置换出空气，防止爆炸事故发生。

在压缩机运行过程中，应严格按照操作规程进行，必须认真检查、巡视和监视，密切注视轴承温度、润滑油、密封油的压力、温度和油质状态，严格保证润滑部位的可靠运行，既可以预防积炭产生，又可以防止"液击"现象发生。

大、中型压缩设备均应安装在独立的防爆隔离间内，并安装可燃气体浓度监测报警装置，设有良好的通风设施和自动灭火系统，如必须与其他厂房或装置紧邻，中间应以防爆墙隔开；压缩设备也应有良好的导出静电接地装置。电动机采用封闭式防爆电机或正压通风结构的电机，设有接地装置，电动机的轴穿越墙壁处缝隙应用密封填料紧密封闭。

此外，应做好日常巡检工作，应用仪器仪表对设备定期进行状态监测，油品定期化验，电动机定期诊断，及时发现设备异常，避免事故的发生。定期对压缩系统作探伤检查，发现裂纹、空隙等缺陷和严重腐蚀情况，及时维修和处理。零部件做好记录，禁止超期使用。带有叶轮的压送机械，叶轮和机壳之间要保持规定的间隙，防止因摩擦撞击而产生火花引起燃烧和爆炸。

思 考 题

1. 加热操作过程的安全技术有哪些？
2. 简述冷却、冷凝生产过程的主要区别。
3. 过滤操作过程存在的主要危险有哪些？
4. 不同状态的物质互相混合时应注意哪些安全问题？
5. 蒸馏操作过程中应重点防范哪些事故？
6. 输送可燃液体时应注意哪些安全问题？

第 9 章　化工事故应急救援

随着工业化进程的迅猛发展,特别是第二次世界大战以后,危险化学品的使用种类和数量急剧增加,各种事故呈现不断上升的趋势,尤其是群死群伤的重大、特大事故时有发生,对生命安全、国家财产和环境构成了重大威胁。例如:1947 年,美国发生硝酸铵爆炸事故,造成 576 人死亡,3000 多人受伤;1984 年印度博帕尔市的美国联合碳化公司农药厂毒气泄漏,造成 2500 人死亡,20 多万人中毒,5 万人失明,10 万人终生致残。要想从容地应付紧急情况,需要周密的应急计划、严密的应急组织、精干的应急队伍、灵敏的报警系统和完备的应急救援设施。化工事故的应急救援是根据预先制定的应急处理方法和措施,一旦发生重大、特大事故时,能做出及时、有效的应急反应,尽可能地缩小事故的影响范围,降低对生命安全、国家财产和环境造成的危害。

9.1　应急救援系统概述

9.1.1　事故应急救援的概念及意义

1. 应急预案的基本概念

应急预案又称应急计划,是针对可能的重大事故(件)或灾害,为保证迅速、有序、有效地开展应急与救援行动、降低事故损失而预先制定的有关计划或方案。它是在辨识和评估潜在的重大危险、事故类型、发生的可能性及发生过程、事故后果及影响严重程度的基础上,对应急机构职责、人员、技术、装备、设施(备)、物资、救援行动及其指挥与协调等方面预先做出的具体安排。应急预案明确了在突发事故发生之前、发生过程中以及刚刚结束之后,谁负责做什么,何时做,以及相应的策略和资源准备等。

2. 应急预案的重要意义

编制化工事故应急预案是应急救援准备工作的核心内容,是及时、有序、有效地开展应急救援工作的重要保障。不但可以预防重大事故的出现,而且一旦紧急情况出现,可以按照计划和步骤进行行动,有效地减少经济损失和人员伤亡。应急预案在应急救援中的重要意义有以下五点。

(1) 应急预案确定了应急救援的范围和体系,使应急准备和应急管理不再是无据可依、无章可循。尤其是培训和演习,它们依赖于应急预案:培训可以让应急响应人员熟悉自己的责任,具备完成指定任务所需的相应技能;演习可以检验预案和行动程序,并评估应急人员的技能和整体协调性。

(2) 制定应急预案有利于做出及时的应急响应,降低事故后果。应急行动对时间要求十分敏感,不允许有任何拖延。应急预案预先明确了应急各方的职责和响应程序,在应急力量和应急资源等方面做了大量准备,可以指导应急救援迅速、高效、有序地开展,将事故的人员伤亡、财产损失和环境破坏降到最低限度。此外,如果预先制定了预案,对重大事故发生后必须快速解决的一些应急恢复问题,也就很容易解决。

（3）成为城市应对各种突发重大事故的响应基础。通过编制城市的综合应急预案，可保证应急预案具有足够的灵活性，对那些事先无法预料到的突发事件或事故，也可以起到基本的应急指导作用，成为保证城市应急救援的"底线"。在此基础上，城市可以针对特定危害，编制专项应急预案，有针对性制定应急措施，进行专项应急准备和演习。

（4）当发生超过城市应急能力的重大事故时，便于与省级、国家级应急部门的协调。

（5）有利于提高全社会的风险防范意识。应急预案的编制，实际上是辨识城市重大风险和防御决策的过程，强调各方的共同参与，因此，预案的编制、评审以及发布和宣传，有利于社会各方了解可能面临的重大风险及其相应的应急措施，有利于促进社会各方提高风险防范意识和能力。

9.1.2 相关的技术术语

（1）危险化学品：指属于爆炸品、压缩气体和液化气体、易燃液体、易燃固体、自燃物品和遇湿易燃物品、氧化剂和有机过氧化物、有毒品和腐蚀品的化学品。

（2）危险化学品事故：指由一种或数种危险化学品或其能量意外释放造成的人身伤亡、财产损失或环境污染事故。

（3）应急救援：指在发生事故时，采取的消除、减少事故危害和防止事故恶化，最大限度降低事故损失的措施。

（4）重大危险源：指长期地或临时地生产、搬运、使用或者储存危险物品，且危险物品的数量等于或者超过临界量的单元（包括场所和设施）。

（5）危险目标：指因危险性质、数量可能引起事故的危险化学品所在场所或设施。

（6）预案：指根据预测危险源、危险目标可能发生事故的类别、危害程度，而制定的事故应急救援方案。要充分考虑现有物质、人员及危险源的具体条件，能及时、有效地统筹指导事故应急救援行动。

（7）分类：指对因危险化学品种类不同或同一种危险化学品引起事故的方式不同发生危险化学品事故而划分的类别。

（8）分级：指对同一类别危险化学品事故危害程度划分的级别。

（9）应急救援系统：指负责事故预测和报警接收、应急计划的制订、应急救援行动的开展、事故应急培训和演习等事物，由若干机构组成的综合工作系统。

（10）应急计划：指用于指导应急救援行动的关于事故抢险、医疗急救和社会救援等的具体方案。

（11）应急资源：指在应急救援行动中可获得的人员、应急设备、工具及物质。

9.1.3 应急救援系统的组成

应急救援工作涉及众多的部门和多种救援力量的协调配合，除了应急救援系统本身的组织外，还应当与当地的公安、消防、环保、卫生、交通等部门查清事故原因，评估危害程度及建立协调关系，协同作战。应急救援系统组织机构可分为五个方面：应急指挥机构、事故应急现场指挥机构、支持保障机构、媒体机构和信息管理机构。应急救援系统内的各组织机构都有各自的功能职责及构建特点，每个组织机构都是相对独立的工作机构，但在执行任务时又相互联系、相互协调，呈现系统性运作状态的应急救援系统各组织机构关系。

1. 应急指挥机构

应急指挥机构是整个系统的核心，负责协调事故应急期间各个应急组织与机构间的动作和关系，统筹安排整个应急行动，避免因应急行动混乱而造成不必要的损失。应急指挥机构一般由各级政府领导人或政府的职能机关负责。

1) 应急指挥机构的功能

应急指挥机构主要负责事故应急行动中的协调信息、提供应急对策、处理应急后方支持及其他的管理职责，是进行应急行动全面统筹的中心，保证整个应急救援行动能有条理地进行，减少因事故救援不及时或救援组织工作混乱而造成的额外人员的伤亡和财产损失。

2) 应急指挥机构的构建

应急指挥机构具有相对固定的机构成员，成员定期接受必要的培训，但是部分成员分散于社会各部门，无事故发生期间，在各自部门从事自己的职业，一旦事故发生，应急救援工作开始，必须立刻聚集，组成一个应急运作中心，赶赴事故现场参与应急行动。应急运作中心必须有相应的配置并有专人管理，以保证事故应急期间能获得工作所需要的一切设备和资源。

2. 事故应急现场指挥机构

事故应急现场指挥机构是事故现场指挥部及其工作人员的工作区域，也是应急战术策略的制定中心，通过对事故的评价、设计战术和对策、调用应急资源、确保应急对策的实施、保持与应急指挥机构管理者的联系来完成对事故的现场应急行动。

1) 事故应急现场指挥机构的功能

事故应急现场指挥机构与应急指挥机构的不同之处在于事故应急现场指挥机构偏重于事故现场的应急救援指挥和管理工作，职责主要是在事故应急中负责在事故现场制定和实施正确、有效的事故现场应急对策，确保应急救援任务的顺利完成。

2) 事故应急现场指挥机构的构建

事故应急现场指挥机构的地位和作用是举足轻重的，它的运转有效性直接关系到整个事故现场应急救援行动的成败，因此必须重视事故应急现场指挥机构的建设和完善。

3. 支持保障机构

支持保障机构是应急救援组织中人员最多的机构。具体来说，可以分为应急救援专家委员会(组)、应急救援专业队、应急医疗救护队和应急特勤队。

应急救援专家委员会(组)在事故应急救援行动中，利用专家的专业知识和经验，对事故的危害和事故的发展情况等进行分析预测，为应急救援的决策提供及时的和科学合理的救援决策依据和救援方案。专家委员会成员由主管当局提名，经评议产生。专家委员会平时作好调查研究，参与应急系人员的培训和咨询工作，对重大危险源进行评价，并协助事故的调查工作，当好领导参谋。

应急救援专业队在应急救援行动中，各救援专业队伍应该在作好自身防护的基础上，快速实施救援。由于事故类型的不同，救援专业队的构成和救援任务也会有所不同。例如：化学事故应急救援专业队主要任务是快速测定出事故的危险区域，检测化学品和性质及危害程度；堵住泄漏源；清消现场和组织人员撤离、疏散等。而火灾应急救援专业队主要任务是破拆救人、灭火和组织人员撤离、疏散等。

应急医疗救护队在事故发生后，尽快赶赴事故现场，设立现场医疗急救站，对伤员进行现场分类和急救处理，及时向医院转送。对救援人员进行医学监护，处理死亡者尸体以及为现场救援指挥部提供医学咨询等。

应急特勤队负责应急救援的后勤工作，保证医疗急救用品和灾民的必需用品的供应，负责联系安排交通工具；运送伤员、药品、器械或其他的必需品。

1) 支持保障机构的功能

支持保障机构在整个应急救援系统中为应急救援提供所需的物质和人力资源,以保证应急救援行动可靠、有效、快速地执行。支持保障可以影响到伤员的营救和事故现场的控制等,建立一个完善的支持保障中心是十分必要也是极其重要的,它的存在不仅保证了应急资源的充足供应,节约了由于盲目购置设备和添置人员而浪费的应急经费,同时通过众多部门的参与也提高了整个社会的安全意识。

2) 支持保障机构的构建

支持保障机构是作为事故应急的后防力量而存在的,该机构的成员来自社会各个部门并在各自不同的部门就职和接受专业培训。一旦发生事故,支持保障机构成员立刻进入备战状态,等候应急指挥机构的调遣,赶赴事故现场进行救援工作。

4. 媒体机构

任何一个事故都有将引起媒体的注意,尤其是涉及人民生命财产的重大事故。事故发生单位必须设有专门的机构来处理与媒体的关系,以保证媒体报道事故的真实性,否则将会影响应急救援行动,破坏事故单位在公众中的形象,甚至可能引起社会的恐慌。

1) 媒体机构的功能

媒体机构的功能就是负责与新闻媒体接触的机构,处理一切与媒体报道、采访、新闻发布会等相关事务,保持对外的一致口径,保证事故报道的客观性和可信性,对事故单位、政府部门和公众负责,为应急救援工作营造一个良好的社会环境。

2) 媒体机构的构建

媒体机构是事故单位通过各种新闻媒体与公众接触的纽带,经媒体将有关事故的信息向大众公布,解释事故真相,消除公众的恐慌心理。

5. 信息管理机构

信息管理机构是事故现场应急的支持机构,为应急指挥机构、事故应急现场指挥机构、支持保障机构和媒体机构提供所需要的各类信息,以便指导应急行动和应急计划的制订。

1) 信息管理机构的功能

信息管理机构负责为应急救援提供一切必要的信息,在现代化计算机技术、网络技术支持下,实现资源共享,为应急救援工作提供方便快捷的信息。信息管理机构的作用体现在事故应急中就是信息的高效利用,能极大地节约原有应急所需花费的时间,便于吸收全世界各国先进的应急救援经验,从而使我国的应急救援系统得到发展和完善,有效地保护人民的生命财产安全,促进国民经济的健康发展。

2) 信息管理机构的构建

信息管理是指将信息作为一种资源来进行管理,研究信息的获取、加工、存储、报道、传递等,主要内容包括信息需求分析、信息资源建设和信息资源开发利用三大部分。要建立一个信息管理机构必须具有的基本条件是:先进的信息管理技术、完善的信息管理设备和专业的信息管理人员。建立为事故应急服务的信息管理机构,除了应该具备上述的三大基本条件以外,还必须特别强调信息的及时性、有效性和可靠性,因为事故应急的目的是减少事故可能造成的人员伤亡和财产损失,如果所使用的信息是错误的或者是过时的,将有可能造成不必要的应急资源浪费,加剧事故的危害性后果,甚至可能导致灾难性后果发生。

9.1.4 应急救援系统的运作程序

应急救援系统是一个有机的整体,其中包括的应急指挥机构、事故应急现场指挥机构、支持保障机构、媒体机构和信息管理机构要不断调整运行状态、协调关系,形成合力,才能使系统快速、有序、高效地开展现场应急救援行动。应急救援系统内各个机构的协调努力是圆满处理各种事故的基本条件,当发生事故时,由信息管理中心首先接收报警信息,并立即通知应急指挥机构和事故应急现场指挥机构在最短的时间内赶赴事故现场,投入应急工作,并对现场实施必要的交通管制,如有必要,应急指挥机构进而通知支持保障机构和媒体机构进入工作状态,并协调各机构的运作,保证整个应急行动有序高效地进行。同时,事故应急现场指挥机构在现场开展应急的指挥工作,并保持与应急指挥机构的联系,从支持保障机构调用应急救援所需要的人员和物质支持投入事故的现场应急,信息管理机构开始为其他各单位提供信息服务。这种应急救援运用能使各机构明确自己的职责,管理统一,从而满足事故应急救援快速、有效的需要。应急救援系统的运作程序如图 9-1 所示。

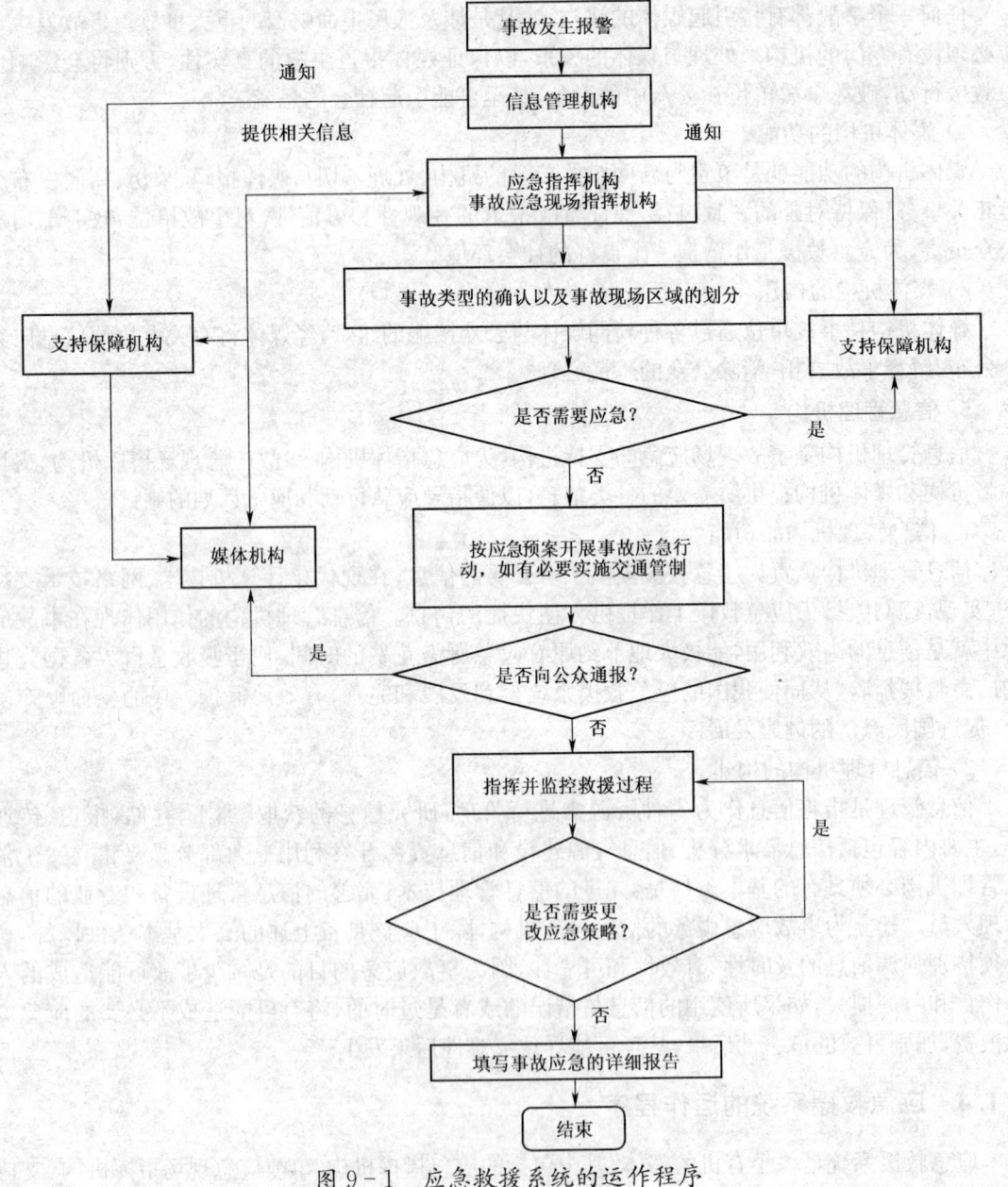

图 9-1 应急救援系统的运作程序

9.2 化工事故应急救援预案

9.2.1 应急救援预案编制概述

"安全第一、预防为主、综合治理"是安全生产的方针,然而无论预防工作如何周密,事故和灾害总是难以根本避免的。为了避免或减少事故和灾害的损失,应付紧急情况,就应居安思危,常备不懈,才能在事故和灾害发生的紧急关头反应迅速、措施正确。要从容地应付紧急情况,需要编制应急救援预案。

化工事故应急预案是针对化学危险物品等由于各种原因造成或可能造成的众多人员伤亡及其他具有较大社会危害的事故,根据预测危险源、危险目标可能发生事故的类别、危害程度,而制定的事故应急救援方案。充分考虑现有物质、人员及危险源的具体条件,能及时、有效地统筹指导事故应急救援行动。

1. 化工事故应急预案的基本原则

化工事故的应急救援预案的基本原则是在预防为主的情况下,贯彻统一指挥、分级负责、区域为主、单位自救与社会救援相结合的原则。除了平时作好事故的预防工作,避免和减少事故的发生,还要落实好救援工作的各项准备措施,一旦发生事故就能及时救援。由于化工事故发生突然、扩展迅速、危害途径多、作用范围广的特点,决定了应急救援行动必须迅速、准确、有序和有效。因此,救援工作只能实行统一指挥下的分级责任制,以区域为主,根据事故的发展情况,采取单位自救与社会救援相结合的方式,能够充分发挥事故单位及所在地区的优势和作用。在指挥部统一指挥下,各部门密切配合,协同作战,有效地组织和实施应急救援工作,尽可能避免和减少损失。

2. 化工事故应急预案的基本任务

1) 控制危险源

及时有效地控制造成危险源是编制化工事故应急预案的首要任务。只有及时控制危险源,才能从源头上有效预防化工事故的发生,并在事故发生后控制事故的扩展和蔓延,实施及时有效的救援活动。

2) 抢救受害人员

抢救受害人员是实施事故应急预案的重要任务。在实施事故应急预案行动中,及时、有序、科学地进行现场急救和安全转送伤员,对降低受害人伤亡率、减少事故损失等具有重要的意义。

3) 指导群众防护和撤离

由于化工事故的突然性,发生后的迅速扩散性以及波及范围广、危害性大的特点,应及时指导和组织群众采取各种措施进行自身防护和互救工作,并迅速从危险区域或可能受到伤害的区域撤离。

4) 清理现场,消除危害

对事故产生的有毒、有害物质以及可能对人体和环境继续造成危害的物质,及时组织人员予以清除,防止进一步的危害。

5) 查找事故原因,估算危害程度

事故发生后,及时做好事故调查与处理工作,并估算出事故的波及范围和危险程度。

3. 化工事故应急预案的基本要求

制定化工事故应急预案的目的是为了发生化工事故时能以最快的速度发挥最大的效能、有组织、有秩序地实施救援行动，达到尽快控制事态的发展，降低化工事故造成的危害，减少事故损失。化工事故应急预案应具备以下的基本要求。

1) 科学性

化工事故应急救援工作是一项科学性很强的工作，制定预案也必须坚持科学的态度，在对潜在危险进行科学分析的基础上，通过对应急资源的科学评价，按照科学的管理方法组织应急机构，提出科学的应急响应程序。

2) 系统性

表现在危险分析和风险评价方法的系统性、应急能力评价的系统性、应急管理的系统性和应急措施的系统性。

3) 实用性

化工事故应急预案是建立在对特定潜在危险分析的基础上的，应急响应也是建立在现有资源的基础上的，具有明确的针对性，可操作性很强。

4) 灵活性

尽管化工事故应急预案针对的是特定危险并依赖特定资源，但是并不妨碍预案的灵活性。一般在关键资源和关键措施上都有备用手段，以应对事件的复杂性。

5) 动态性

化工事故应急预案不是一成不变的操作手册，而是需要不断发现问题和适应新的情况，不断修订逐步完善的。

9.2.2 应急救援预案类型与内容的确定

1. 应急救援预案类型

1) 根据预案的适用对象范围进行分类

可将事故应急救援预案划分为综合预案、专项预案和现场预案三种。

(1) 综合预案。是城市的整体预案，从总体上阐述城市的应急方针、政策、应急组织结构及相应的职责，应急行动的总体思路等。通过综合预案可以很清晰地了解城市的应急体系及预案的文件体系，更重要的是可以作为城市应急救援工作的基础和"底线"，即使对那些没有预料的紧急情况，也能起到一般的应急指导作用。

(2) 专项预案。是针对某种具体的、特定类型的紧急情况，如危险物质泄漏、火灾、某一自然灾害等的应急而制定的计划或方案，是综合应急预案的组成部分，应按照综合应急预案的程序和要求组织制定，并作为综合应急预案的附件。专项预案是在综合预案的基础上，充分考虑了某特定危险的特点，对应急的形势、组织机构、应急活动等进行更具体的阐述，具有较强的针对性。

(3) 现场预案。是在专项预案的基础上，根据具体情况需要而编制的。它是针对特定的具体场所（即以现场为目标），通常是该类型事故风险较大的场所或重要防护区域等所制定的预案。例如，危险化工品事故专项预案下编制的某重大危险源的场外应急预案、防洪专项预案下的某洪区的防洪预案等。现场应急预案的特点是针对某一具体现场的特殊危险及周边环境情况，在详细分析的基础上，对应急救援中的各个方面做出具体、周密而细致的安排，因而现场预案具有更强的针对性和对现场具体救援活动的指导性。

2) 根据可能的事故后果的影响范围、地点及应急方式进行分类

我国事故应急救援体系通常将事故应急预案分为五种级别。

(1) Ⅰ级(企业级)应急预案。这类事故的有害影响范围局限在一个单位(如某个工厂、仓库、石油管道加压站等)的界区之内,并且能够被现场的操作者遏制和控制在该区域内。这类事故可能需要投入整个单位的力量来控制,其影响范围不会扩大到社区(公共区)。

(2) Ⅱ级(县、市/社区级)应急预案。这类事故所涉及的影响范围可扩大到公共区(社区),但能够被该县(市、区)或社区的救援力量,加上发生事故的工厂或工业部门的救援力量所控制。

(3) Ⅲ级(地区/市级)应急预案。这类事故影响范围大,后果严重,或是发生在两个县或县级市管辖区边界上的事故。应急救援需动用地区的力量。

(4) Ⅳ级(省级)应急预案。对可能发生的特大火灾、爆炸、毒物泄漏事故,特大危险品运输事故以及属省级特大事故隐患、省级重大危险源应建立省级事故应急救援预案。它可能是一种规模极大的灾难性事故,或可能是一种需要用事故发生的城市或地区所没有的特殊技术和设备进行处理的特殊事故。这类事故需用全省范围内的救援力量来控制。

(5) Ⅴ级(国家级)应急预案。对事故后果超过省、直辖市、自治区边界以及列为国家级事故隐患、重大危险源的设施或场所,应制定国家级应急预案。

3) 根据事故应急预案的对象和级别进行分类

应急预案可以分为四个类型。

(1) 应急行动指南或检查表。是指针对已辨识的危险采取特定应急行动,简要描述应急行动必须遵从的基本程序,包括发生情况向谁报告、报告什么信息、采取哪些应急措施等方面的内容。

(2) 应急响应预案。是指针对现场每项设施和场所可能发生的事故情况编制的应急响应预案。

(3) 互助应急预案。是指相邻企业为在事故应急处理中共享资源,相互帮助制定的应急预案。

(4) 应急管理预案。是指应急管理预案是综合性的事故应急预案,这类预案详细描述事故前、事故过程中和事故后什么人做什么事、什么时候做、如何进行等方面的内容。

2. 预案的基本结构

不同的应急预案由于各自所处的层次和适用的范围不同,其内容在详略程度和侧重点上会有所不同,但都可以采用相似的基本结构。采用基于应急任务或功能的"1+4"预案编制结构,即一个基本预案加上应急功能设置、特殊风险预案、标准操作程序和支持附件构成,以保证各种类型预案之间的协调性和一致性。

1) 基本预案

基本预案是对应急预案的总体描述。主要阐述应急预案所要解决的紧急情况,应急的组织体系、方针,应急资源,应急的总体思路,并明确各应急组织在应急准备和应急行动中的职责,以及应急预案的演练和管理等规定。

2) 应急功能设置

应急功能是对在各类重大事故应急救援中通常都要采取的一系列基本的应急行动和任务而编写的计划,如指挥和控制、警报、通信、人群疏散、人群安置、医疗等。它着眼于城市对突发事故响应时所要实施的紧急任务。由于应急功能是围绕应急行动的,因此它们的主要对象是那些任务执行机构。针对每一应急功能,应明确其针对的形势、目标、负责机构和支持机构、任务

要求、应急准备和操作程序等。应急预案中包含的功能设置的数量和类型因地方差异会有所不同，主要取决于所针对的潜在重大事故危险类型，以及城市的应急组织方式和运行机制等具体情况。

尽管各类重大事故的起因各异，但其后果和影响却是大同小异。例如，地震、洪灾和飓风等都可能迫使人群离开家园，都需要实施"人群安置与救济"，而围绕这一任务或功能，可以基于城市共同的资源在综合预案上制定共性的计划，而在专项预案中针对每种具体的不同类型灾害，可根据其爆发速度、持续时间、袭击范围和强度等特点，只需对该项计划作一些小的调整。同样，对其他的应急任务也是相似的情况。而关键是要找出和明确应急救援过程中所要完成的各种应急任务或功能，并明确其有关的应急组织，确保都能完成所承担的应急任务。为直观地描述应急功能与相关应急机构的关系，可采用应急功能矩阵表。

3）特殊风险预案

特殊风险预案是基于城市潜在重大事故风险辨识、评价和分析的基础上，针对每一种类型的可能重大事故风险，明确其相应的主要负责部门、有关支持部门及其相应的职责，并为该类专项预案的制定提出特殊要求和指导。

4）标准操作程序

由于在应急预案中没有给出每个任务的实施细节，各个应急部门必须制定相应的标准操作程序，为组织或个人提供履行应急预案中规定的职责和任务时所需的详细指导。标准操作程序应保证与应急预案的协调和一致性，其中重要的标准操作程序可附在应急预案之后或以适当的方式引用。

5）支持附件

主要包括应急救援的有关支持保障系统的描述及有关的附图表，如危险分析附件，通信联络附件，法律法规附件，机构和应急资源附件，教育、培训、训练和演习附件，技术支持附件，协议附件，其他支持附件等。

3. 应急救援预案内容

根据安监管危化字[2004]43号《危险化工品事故应急救援预案编制导则（单位版）》，化工事故应急预案的主要内容包括以下方面。

（1）基本情况。主要包括单位的地址、经济性质、从业人数、隶属关系、主要产品、产量等内容，周边区域的单位、社区、重要基础设施、道路等情况。危险化学品运输单位运输车辆情况及主要的运输产品、运量、运地、行车路线等内容。

（2）危险目标的确定。可选择对以下材料辨识的事故类别、综合分析的危害程度，确定危险目标：①生产、储存、使用危险化学品装置、设施现状的安全评价报告；②健康、安全、环境管理体系文件；③职业安全健康管理体系文件；④重大危险源辨识结果；⑤其他。并且根据确定的危险目标，明确其危险特性及对周边的影响。

（3）危险目标周围可利用的安全、消防、个体防护的设备、器材及其分布。

（4）应急救援组织机构、组成人员和职责划分。依据危险化学品事故危害程度的级别设置分级应急救援组织机构。组成人员包括：①主要负责人及有关管理人员；②现场指挥人。主要职责包括：①组织制订危险化学品事故应急救援预案；②负责人员、资源配置、应急队伍的调动；③确定现场指挥人员；④协调事故现场有关工作；⑤批准本预案的启动与终止；⑥事故状态下各级人员的职责；⑦危险化学品事故信息的上报工作；⑧接受政府的指令和调动；⑨组织应急预案的演练；⑩负责保护事故现场及相关数据。

(5) 报警、通讯联络方式。依据现有资源的评估结果,确定以下内容:①24h 有效的报警装置;②24h 有效的内部、外部通信联络手段;③运输危险化学品的驾驶员、押运员报警及与本单位、生产厂家、托运方联系的方式、方法。

(6) 事故发生后应采取的处理措施。①根据工艺规程、操作规程的技术要求,确定采取的紧急处理措施;②根据安全运输卡提供的应急措施及与本单位、生产厂家、托运方联系后获得的信息而采取的应急措施。

(7) 人员紧急疏散、撤离。依据对可能发生危险化学品事故场所、设施及周围情况的分析结果,确定以下内容:①事故现场人员清点,撤离的方式、方法;②非事故现场人员紧急疏散的方式、方法;③抢救人员在撤离前、撤离后的报告;④周边区域的单位、社区人员疏散的方式、方法。

(8) 危险区的隔离。依据可能发生的危险化学品事故类别、危害程度级别,确定以下内容:①危险区的设定;②事故现场隔离区的划定方式、方法;③事故现场隔离方法;④事故现场周边区域的道路隔离或交通疏导办法。

(9) 检测、抢险、救援及控制措施。依据有关国家标准和现有资源的评估结果,确定以下内容:①检测的方式、方法及检测人员防护、监护措施;②抢险、救援方式、方法及人员的防护、监护措施;③现场实时监测及异常情况下抢险人员的撤离条件、方法;④应急救援队伍的调度;⑤控制事故扩大的措施;⑥事故可能扩大后的应急措施。

(10) 受伤人员现场救护、救治与医院救治。依据事故分类、分级,附近疾病控制与医疗救治机构的设置和处理能力,制订具有可操作性的处置方案,应包括以下内容:①接触人群检伤分类方案及执行人员;②依据检伤结果对患者进行分类现场紧急抢救方案;③接触者医学观察方案;④患者转运及转运中的救治方案;⑤患者治疗方案;⑥入院前和医院救治机构确定及处置方案;⑦信息、药物、器材储备信息。

(11) 现场保护与现场洗消。包括:事故现场的保护措施;明确事故现场洗消工作的负责人和专业队伍。

(12) 应急救援保障。内部保障依据现有资源的评估结果,确定以下内容:①确定应急队伍,包括抢修、现场救护、医疗、治安、消防、交通管理、通信、供应、运输、后勤等人员;②消防设施配置图、工艺流程图、现场平面布置图和周围地区图、气象资料、危险化学品安全技术说明书、互救信息等存放地点、保管人;③应急通信系统;④应急电源、照明;⑤应急救援装备、物资、药品等;⑥危险化学品运输车辆的安全、消防设备、器材及人员防护装备;⑦保障制度目录包括:责任制;值班制度;培训制度;危险化学品运输单位检查运输车辆实际运行制度(包括行驶时间、路线、停车地点等内容);应急救援装备、物资、药品等检查、维护制度(包括危险化学品运输车辆的安全、消防设备、器材及人员防护装备检查、维护);安全运输卡制度(安全运输卡包括运输的危险化学品性质、危害性、应急措施、注意事项及本单位、生产厂家、托运方应急联系电话等内容。每种危险化学品一张卡片;每次运输前,运输单位向驾驶员、押运员告之安全运输卡上有关内容,并将安全卡交驾驶员、押运员各一份);演练制度。外部救援依据对外部应急救援能力的分析结果,确定以下内容:①单位互助的方式;②请求政府协调应急救援力量;③应急救援信息咨询;④专家信息。

(13) 预案分级响应条件。依据危险化学品事故的类别、危害程度的级别和从业人员的评估结果,可能发生的事故现场情况分析结果,设定预案的启动条件。

(14) 事故应急救援终止程序。确定事故应急救援工作结束,通知本单位相关部门、周边社区及人员事故危险已解除。

(15) 应急培训计划。依据对从业人员能力的评估和社区或周边人员素质的分析结果，确定以下内容：①应急救援人员的培训；②员工应急响应的培训；③社区或周边人员应急响应知识的宣传。

(16) 演练计划。依据现有资源的评估结果，确定以下内容：①演练准备；②演练范围与频次；③演练组织。

(17) 附件。主要包括：①组织机构名单；②值班联系电话；③组织应急救援有关人员联系电话；④危险化学品生产单位应急咨询服务电话；⑤外部救援单位联系电话；⑥政府有关部门联系电话；⑦本单位平面布置图；⑧消防设施配置图；⑨周边区域道路交通示意图和疏散路线、交通管制示意图；⑩周边区域的单位、社区、重要基础设施分布图及有关联系方式，供水、供电单位的联系方式；⑪保障制度。

9.2.3 事故应急救援预案的编写

编制事故应急预案要求高、难度大、组织复杂。预案中要有侦查、洗消、灭火、抢救、人员防护撤离、通信联络、器材保障等多项内容。因此，应急指挥部必须在全面调查的基础上，周密细致地制定出事故应急预案。

1. 编制要求

事故一旦发生，事故应急预案就是救援行动的指南。为确保应急行动的准确性，在制定事故应急预案时要根据系统、企业单位事故潜在威胁的情况和现有救援力量的实际，将分散在各系统、各部门的各种力量有效的组织起来，形成整体力量，最大限度地发挥整体效能。另外，编制事故应急预案是一项系统工程，它具有严格的科学性和实践性，预案一定要组合实际情况认真细致地考虑各项影响因素，并经演习的实践考验，不断补充、修正和完善。

应急预案的编制基本要求如下：①分级、分类制定应急预案内容；②做好应急预案之间的衔接；③结合实际情况，确定应急预案内容。

2. 编制的依据

(1) 依据单位重大灾害事故危险源的数量和发生事故的可能性，并结合可能发生的事故类型、性质、影响范围以及后果的严重程度等来制定预案，预案应该具有一定的现实性和实用性，提供的数据资料必须真实、准确、可靠。

(2) 预案中有权威性的应急指挥组织系统情况和有关应急救援方面的立法文件和规范规定，如《安全生产法》第十七条规定、《消防法》第十六条规定、《职业病防治法》第十九条规定、《危险化学品安全管理条例》第六十九条规定、《特种设备安全监察条例》第三十一条规定、《使用有毒物品作业场所劳动保护条例》第十六条规定和《关于特大安全事故行政责任追究的规定》第七条规定等。

(3) 调查相关事项并出具有关图表。有关图表主要包括城市地图、城市交通图、城市水系及管道分布图、重点防护目标分布图、建筑物情况图、人口情况图、救援能力分布总图、监测、化验力量分布图、连续 3 年的气象资料、救援能力调查表等。

(4) 调查应急事故状态下所需要应急器材、设备、物资的储备和供给保障的可能性。

(5) 选择 2 个～3 个撤离安置点和对撤离路线上休息站的实地调查。

3. 编制步骤

制定事故应急预案，按以下四步进行。

1) 编制准备

(1) 成立预案编制小组。预案编制小组的成员一般应包括：市长或其代表，应急管理部门，下属区或县的行政负责人，消防、公安、环保、卫生、市政、医院、医疗急救、卫生防疫、邮电、交通和运输管理部门，技术专家，广播、电视等新闻媒体，法律顾问，有关企业，以及上级政府或应急机构代表等。预案编制小组是将各有关职能部门、各类专业技术有效结合起来的最佳方式，可有效地保证应急预案的准确性、完整性和实用性，而且为应急各方提供了一个非常重要的协作与交流机会，有利于统一应急各方的不同观点和意见，明确编制计划，保证整个预案编制工作的组织实施。

预案编制小组的主要目标是制定反应计划，其更深层次的目标在于：发现和预测任何可能出现紧急事故的类型和程度；制定紧急状态时的反应行动方案，以提高准备程度；确保企业在紧急情况下，做到准备充分，通信线路和程序畅通；保证人员进行培训和演习，定期更新计划和重新评价其有效性。

(2) 制定编制计划。制定编制计划是对事故应急人员的职责做出说明。

总指挥。来自应急指挥机构，主要负责事故应急行动期间各单位的运作协调，按照应急救援预案合理布置应急策略，并且与事故应急现场指挥员保持联系、协同工作，保证事故应急救援工作的顺利完成。

事故应急现场指挥员。来自事故应急现场指挥机构，主要负责对事故应急现场的控制，协调应急人员的救援工作，识别危险物质及存在的潜在危险，并且对事故应急现场进行分析，执行有效的应急操作，保证应急人员的安全，同时负责事故后的现场清除工作。

支持人员。来自支持保障机构，主要包括安全人员、环境工作者、医疗工作者等。在事故应急期间，接受事故应急现场指挥员的调遣，提供各类应急所需要的技术支持和医疗支持。

公共关系员。来自媒体机构，主要负责在发生紧急情况时与新闻媒体的联系工作，接受媒体的采访，必要时负责召开新闻发布会，并且与安全人员、法律人员及其他事故应急人员保持联系。

信息管理人员。来自信息管理机构，负责接收事故报警信息，并且在事故应急期间向事故应急人员提供所需要的各类信息，负责各应急小组之间的通信联系，设置专线电话等。

(3) 收集资料。收集应急预案编制所需要的各种资料，主要包括适用的法律、法规和标准，企业基础资料，企业的危险源普查，企业事故档案，国内外同类企业的事故资料，相关企业的应急预案。

(4) 初始评估。在制定一个新的预案之前，应该对已有的计划或程序进行评估和回顾，因为评估和回顾不仅能为预案制定者提供新预案制定的参考模式，特别是针对类似事故的应急预案制定，而且还能使制定者弥补原有预案的不足和缺陷，避免原有预案中不适当的应急步骤再次出现。主要包括对应急预案的横向回顾与纵向回顾。

横向回顾。主要是指对社会各类应急组织和政府部门所拥有的应急预案和程序以及它们的工作状况和运转过程的了解，包括消防部门、应急医疗部门、当地政府部门等。此种回顾有助于明确各部门的应急责任分配，在应急行动中互相提供援助。

纵向回顾。主要是指对曾经发生过的事故的应急预案和程序的回顾，具体包括危险品运输手册、火灾预防计划、危险品泄漏应急预案、自然灾害应急预案、事故评价报告等。此类回顾可以充分了解事故应急方法的演变历史，以利于制定新预案时扬长避短，保持预案的连续性和时效性以及应急资源的合理有效的利用。

(5) 危险辨识和风险评价。在危险因素分析及事故隐患排查、治理的基础上,确定本单位的危险源、可能发生事故的类型和后果,进行事故风险分析并指出事故可能产生的次生、衍生事故,形成分析报告,分析结果作为应急预案的编制依据。

危险辨识可以明确下列内容:危险化学品工厂(尤其是重大危险源)的位置和运输路线;伴随危险化学品的泄漏而最有可能发生的危险(如火灾、爆炸和中毒);城市内或经过城市进行运输的危险化学品的类型和数量;重大火灾隐患的情况,如地铁、大型商场等人口密集场所;其他可能的重大事故隐患,如大坝、桥梁等;可能的自然灾害,以及地理、气象等自然环境的变化和异常情况。

风险评价可以提供下列信息:发生事故和环境异常(如洪涝)的可能性,或同时发生多种紧急事故的可能性;对人造成的伤害类型(急性、延时或慢性的)和相关的高危人群;对财产造成的破坏类型(暂时、可修复或永久的);对环境造成的破坏类型(可恢复或永久的)。

(6) 应急资源与应急能力评估。依据危险分析的结果,对本单位的应急装备、应急队伍等应急能力进行评估,包括城市应急资源的评估和企业应急资源的评估,明确应急救援的需求和不足。应急资源包括应急人员、应急设施(备)、装备和物资等;应急能力包括人员的技术、经验和接受的培训等。应急资源和能力将直接影响应急行动的快速有效性。预案制定时应当在评价与潜在危险相适应的应急资源和能力的基础上,选择最现实、最有效的应急策略。

① 应急资源。

应急人员。评估应急人力资源时,主要考虑应急人员的数量、素质和在紧急情况下应急人员的可获得性,以及人员对紧急情况的承受能力和应变能力。

应急设备。可以分为现场应急设备和场外应急设备。现场应急设备包括灭火装置、危险品泄漏控制装置、个人防护设备、通信设备、医疗设备、营救设备、文件资料等。场外应急设备是指在列出设备清单以后,不必自备的应急设备,因为在事故发生现场的附近单位和公共安全机构会有一些必要的应急设备。利用这些设备,可以使内部和外部的应急资源得到相互补充,提高应急工作的效率,节约经费的支出,使节约的资金可以用于其他用途。

② 应急能力。在完成了应急资源评估以后,更重要的工作是对应急能力的评估,因为应急能力的大小会影响一个应急行动是否能实现快速有效、其重要性是不可以忽视的。与应急资源的评估相似,应急能力评估也可以分为内部应急能力和外部应急能力的评估。通常,在对现场内、外的应急能力进行评估以后,根据实际情况合理确定两种应急能力发展的比例关系。

内部应急能力。是指事故发生单位自身对事故的应急能力,其可以确保事故单位采取合理的预防和疏散措施来保护本单位的人员,其余的事故应急工作留给应急救援系统中的其他机构来实现。

外部应急能力。是指利用事故单位以外的外部机构来对紧急情况进行应急的处理能力。发展外部应急能力可以节省发展内部应急能力所需要的过多的人员培训、人力资源补充和装备配置的费用。

2) 编写预案

针对可能发生的事故,结合危险分析和应急能力评估结果等信息,按照有关规定和要求编制应急预案。应急预案编制过程中,应该注重编制人员的参与和培训,充分发挥各自的专业优势,分工负责,组织编写制定预案要涉及各个方面、各个部门,必须在统一领导下,制定专门的部门牵头组织,吸收有关单位参加,共同拟定。应急预案应充分利用社会应急资源,与地方政府预案、上级主管单位以及相关部门的预案相衔接。预案编制小组在设计应急预案编制格式时则应考虑：

（1）合理组织。应合理地组织预案的章节，以便每个不同的读者能快速地找到各自所需要的信息，避免从一堆不相关的信息中去查找所需要的信息。

（2）连续性。保证应急预案各个章节及其组成部分，在内容上的相互衔接，避免内容出现明显的位置不当。

（3）一致性。保证应急预案的每个部分都采用相似的逻辑结构来组织内容。

（4）兼容性。应急预案的格式应尽量采取与上级机构一致的格式，以便各级应急预案能更好地协调和对应。

3）审定、实施

为保证应急预案的科学性、合理性以及与实际情况相符合，应急预案编制单位或管理部门必须依据我国有关应急的方针、政策、法律、规章、标准和其他有关应急预案编制的指南性文件与评审检查表，组织开展应急预案评审工作，经过评审，包括组织内部评审和专家评审，必要时请上级应急机构进行评审，取得政府有关部门和应急机构的认可。

应急预案经评审通过和批准后，应由最高管理者签署发布，并报送有关部门和应急机构备案，才可以进行正式发布。

应急预案经批准发布后，应急预案的实施便成了化工企业应急管理工作的重要环节。应急预案的实施包括：开展预案的宣传贯彻，进行预案的培训，落实和检查各个有关部门的职责、程序和资源准备，组织预案的演练，并定期评审和更新预案，使应急预案有机地融入到城市的公共安全保障工作之中，真正将应急预案所规定的要求落到实处。

4）适时修订预案

为使预案切实可行，尤其是重点目标区的具体行动预案，拟定前需要组织有关部门、单位的专家、领导到现场进行实地勘查，现场勘查，反复修改。随着社会、经济和环境的变化，应急预案中包含的信息可能发生了变化。因此，应急组织和应急管理机构应定期或根据实际需要对应急预案进行评审、检验、更新和完善，以便及时更换变化或过时的信息，并解决演习、实施中反映出的问题。新预案拟定后还要组织有关部门、单位的领导和专家进行评议，使制定的预案更加清楚、更加科学合理。

当出现下列情况时，应该进行应急预案的修订。

（1）法律、法规的变化。

（2）需对应急组织和政策作相应的调整和完善。

（3）机构或部门、人员调整。

（4）通过演习和实际安全生产事故应急反应取得了启发性经验。

（5）需对应急反应的内容进行修订。

（6）应急预案生效并执行时间超过五年时间。

（7）其他情况。

4. 编制的格式及要求

（1）格式包括：①封面：标题、单位名称、预案编号、实施日期、签发人（签字）、公章；②目录；③引言、概况；④术语、符号和代号；⑤预案内容；⑥附录；⑦附加说明。

（2）基本要求包括：①使用 A4 白色胶板纸（70g 以上）；②正文采用仿宋 4 号字；③打印文本。

9.3 化工事故应急救援行动

9.3.1 应急设备与资源

应急设备与资源是开展应急救援工作必不可少的条件。为保证应急工作的有效实施,各应急部门都应制定应急救援装备的配备标准。我国救援装备的研究与开发工作起步较晚,尚未形成完整的研发体系,产品的数量和质量都有待于提高。另外,由于各地的经济技术的发展水平和重视程度的不同,在装备的配备上有较大的差异。总的来说大都存在装备不足和装备落后的情况。

事故应急救援的装备可分为两大类:基本装备和专用救援装备。应急救援装备的配备应根据各自承担的应急救援任务和要求选配。选择装备要根据实用性、功能性、耐用性和安全性,以及客观条件配置。平时各部门都应制定应急装备的保管、使用制度和规定,指定专人负责,并进行定时检查。做好应急装备的交接清点工作和应急装备的调度使用,严禁装备被随意挪用,保证事故应急预案的顺利实施。

1. 基本装备

(1) 通信装备。目前,我国应急救援所用的通信装备一般分为有线和无线两类,在救援工作中,常采用无线和有线两套装置配合使用。移动电话(手机)和固定电话是通信中常用的工具,由于使用方便,拨打迅速,在社会救援中已成为常用的工具。在近距离的通信联系中,也可使用对讲机。另外,传真机的应用缩短了空间的距离,使救援工作所需要的有关资料及时传送到事故现场。

(2) 交通工具。良好的交通工具是实施快速救援的可靠保证,在应急救援行动中常用汽车和飞机作为主要的运输工具。国外,直升机和救援专用飞机已成为应急救援中心的常规运输工具,在救援行动中配合使用,提高了救援行动的快速机动能力。目前,我国的救援队伍主要以汽车为交通工具,在远距离的救援行动中,借助民航和铁路运输,在海面、江河水网,救护气艇也是常用的交通工具。另外,任何交通工具,只要对救援工作有利,都能运用,如各种汽车、畜力车、甚至人力车等。

(3) 照明装置。重大事故现场情况较为复杂,在实施救援时需要良好的照明。因此,需对救援队伍配备必要的照明工具,有利于救援工作的顺利进行。照明装置的种类较多,在配备照明工具时除了应考虑照明的亮度外,还应根据事故现场情况,注意其安全性能和可靠性,如工程救援所用的电筒应选择防爆型电筒。

(4) 防护装备。有效地保护自己,才能取得救援工作的成效。在事故应急救援行动中,对各类救援人员均需配备个人防护装备。个人防护装备可分为防毒面罩、防护服、耳塞和保险带等。在有毒救援的场所,救援指挥人员、医务人员和其他不进入污染区域的救援人员多配备过滤式防毒面具。对于工程、消防和侦检等进入污染区域的救援人员应配备密闭型防毒面罩。目前,常用正压式空气呼吸器。

2. 专用装备

专用装备,主要指各专业救援队伍所用的专用工具(物品)。在现场紧急情况下,需要使用的大量的应急设备与资源。如果没有足够的设备与物质保障,如没有消防设备、个人防护设备、清扫泄漏物的设备或是设备选择不当,即使受过很好的训练的应急队员面对灾害也无能为力。

随着科技的进步,现在有不少新型的专用装备出现,如消防机器人、电子听漏仪等。

各专业救援队在救援装备的配备上,除了本着实用、耐用和安全的原则外,还应及时总结经验,自己动手研制一些简易可行的救援工具。在工程救援方面,一些简易可行的救援工具,往往会产生意想不到的较好效果。

侦检装备,应具有快速准确的特点,现代电子和计算机技术的发展产生了不少新型的侦检装备,侦检装备应根据所救援事故的特点来配备。在化工救援中,多采用检测管和专用气体检测仪,优点是快速、安全、操作容易、携带方便,缺点是具有一定的局限性。国外采用专用监测车,除配有取样器、监测仪器外,还装备了计算机处理系统,能及时对水源、空气、土壤等样品就地实行分析处理,及时检测出毒物和毒物的浓度,并计算出扩散范围等救援所需的各种救援数据。在煤矿救援中,多采用瓦斯检测仪等。

医疗急救器械和急救药品的选配应根据需要,有针对性地加以配置。急救药品,特别是特殊、解毒药品的配备,应根据化学毒物的种类备好一定的数量的解毒药品。世界卫生组织为对付灾害的卫生需要,编制了紧急卫生材料包标准,由两种药物清单和一种临床设备清单组成,还有一本使用说明书,现已被各国当局和救援组织采用。

事故现场必需的常用应急设备与工具如下:
(1) 消防设备:输水装置、软管、喷头、自用呼吸器、便携式灭火器等。
(2) 危险物质泄漏控制设备:泄漏控制工具、探测设备、封堵设备、解除封堵设备等。
(3) 个人防护设备:防护服、手套、靴子、呼吸保护装置等。
(4) 通信联络设备:对讲机、移动电话、电话、传真机、电报等。
(5) 医疗支持设备:救护车、担架、夹板、氧气、急救箱等。
(6) 应急电力设备:主要是备用的发电机。
(7) 资料:计算机及有关数据库和软件包、参考书、工艺文件、行动计划、材料清单等。

3. 现场地图和有关图表

地图和图表是最简洁的语言,是应急救援的重要工具,使应急救援人员能够在较短的时间内掌握所必需的大量信息。

地图最好能由计算机快速方便地变换产生,应该是计算机辅助系统的一部分,现在已有不少电子地图和应急救援计算机辅助决策系统成功开发并得以实施。所使用的地图不应该过于复杂,它的详细程度最好由使用者来决定,使用的符号要符合预先的规定或是国家或政府部门的相关标准。地图应及时更新,确保能够反映最新的变化。

图表包括厂区规划图、工艺管线图、公用工程图(消防设施、水管网、电力网、下水道管线等)和能反映场外的与应急救援有关的特征图(如学校、医院、居民区、隧道、桥梁和高速公路等)。

9.3.2 应急救援行动的一般程序与评估程序

1. 应急救援行动的一般程序

一旦发生重大事故,启动企业内应急救援行动的一般程序如下。

1) 事故发生区

事故现场、企业或社区负责人或安全主管部门应采取以下行动。

(1) 掌握情况。不论事故现场何种局面,必须掌握的情况有:事故发生时间与地点;种类、强度;已泄漏物质数量;已知的危害方向;事故现场伤亡情况,现场人员是否已安全撤离;是否还在进行抢险活动;有无火灾与爆炸伴随,这种伴随的可能性;现场的风向、风速;泄漏(释放)危及企业外的可能性。

(2) 报告与通报。在基本掌握事故情况,并判明或已经发现事故危及企业外时,应立即向各有关部门进行如下报告:①报告负责本厂附近应急工作的市或区的应急指挥中心;②上报本系统直接领导部门;③根据事故的严重程度及情况的紧急程度,按预案规定的应急级别发出警报。

(3) 组织抢救与抢险。制止危害扩散的最有效措施是迅速消除事故源,制止事故扩展。同时,事故发生单位最熟悉事故设施和设备的性能,懂得抢险方法,必须组织尽早抢救与抢险。事故发生单位要迅速集中抢险力量和未受伤的岗位职工,投入先期抢险,抢救与抢险应包括:①抢救受伤害人员和在危险区的人员,组织本单位医务力量抢救伤员,并将伤员迅速转移至安全地点;②堵漏、闭阀、停止设备运转、灭火、隔离危险区等;③清点撤出现场的人员数量,必要时,组织本单位人员撤离危害区;④组织力量消除堵塞,为前来应急救援的队伍创造条件。

2) 事故发生区的附近地区

首先受到危害的应该是事故发生区下风方向贴近事故区的公众。如果事故发生区与城市居民区呈交织状态,情况就会十分复杂。如果事故泄漏(释放)物质一般为有色有味,判断有毒有害气体的到达是有可能的。一旦发现已经受到危害,或听到事故发生区的警报后,各有关部门应采取以下应急行动。

(1) 交通民警:①立即向上级报告;②根据指令或情况危急程度,封锁通往事故发生区的交通路口;③迅速疏导车辆与行人撤离决定封锁的通道;④维持封锁区内的治安;⑤注意自身防护。

(2) 社区或街道(居民委员会)工作人员:①立即报告上级;②根据指令或情况危急程度,指导高层楼居民进行隐蔽(关闭门窗)或撤出;③协助民警疏导行动中的人流,有秩序地向安全方向移动;④检查有否进入非密闭的地下工事或地下室的公众,并迅速组织撤离;⑤组织公众自救与互助,并注意自身防护。

3) 应急指挥中心(部)

(1) 值班员的行动:①记录事故发生区报告的基本情况;②按预案规定,通知指挥部所有人员到达集中地点,并规定到达时限;③报告市(区)行政当局值班室;④与参与应急救援工作的当地驻军取得联系,并向他们通报情况;⑤根据情况的危急程度,或按预案规定通知各应急救援组织做好出动准备。

(2) 指挥组的行动:①根据事故发生区报告的情况,指示安全技术人员进行危害估算;②会同专家咨询组判断情况,研究应急行动方案,并向总指挥提出建议,其主要内容是:事故危害后果及可能发展趋势的判断,应急的等级与规模,需要调动的力量及其部署,公众应采取的防护措施,现场指挥机构开设的必要性、开设的地点与时间;③按总指挥的指令调动并指挥各应急救援组投入行动;④开设现场指挥机构;⑤向驻军通报应急救援行动方案,并提出要求支援的具体事宜。

(3) 其他有关组织的行动:①专家咨询组进行技术判断及力量使用估计,会同指挥组向总指挥提供建议的内容;②安全评价(扩散估算)组根据事故发生区报告的基本情况和已知的气象参数,进行事故后果评价,扩散趋势预测,向指挥组做出技术报告;③气象保障组收集天气资料,若有可能可在现场开设气象观测哨;④各保障组做好后援准备;⑤各应急救援专业组织按指挥组指令投入行动。

2. 评估程序

在应急救援的不同阶段实施什么行动要依靠决策过程,反过来这要求对事故发展过程的连续评价。无论是谁只要发现危险的异常现象,第一反应人就要开始启动应急。这种事故评估过程在特定时间首先由主管协调反应行动的人来履行,然后由企业应急总指挥和其工作人员来执行,这些以后再详细讨论。在紧急事件初始阶段,某人可能是第一个发现者,会决定是否启动报警程序,这也会启动相应的反应机制。应急行动启动的顺序流程图如图9-2所示。

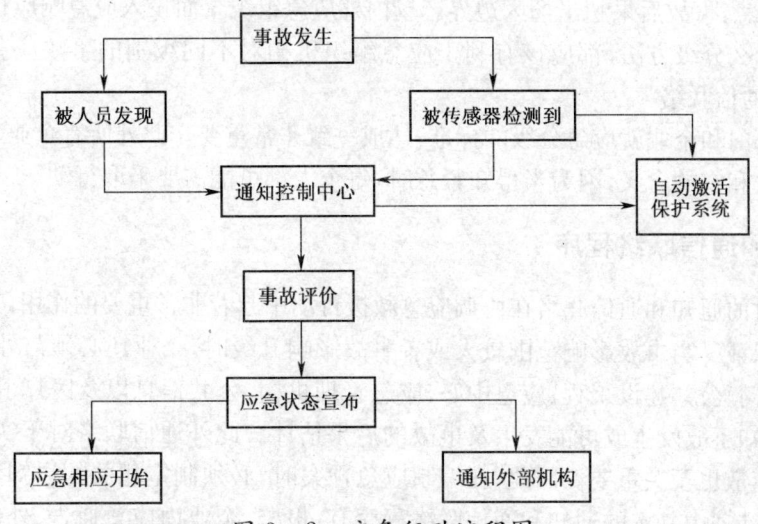

图9-2 应急行动流程图

对事故分级有几种方法。不同的人判断相同事故会产生不同的分级。为了消除紧急情况下产生的混乱,应参考企业和政府有关部门制定的事故分级指南。

应急行动级别是事故不同程度的级别数。事故越严重,数值越高。根据此分级标准,负责人可在特定时刻把事故严重程度转化为相应的应急行动级别。应急行动级别数值跟企业性质和内在危险有关。大多工业企业采用三级分类系统就足够了。

一级——预警,这是最低应急级别。根据企业不同,这种应急行动级别可以是可控制的异常事件或容易被控制的事件。像小型火灾或轻微毒物泄漏对企业人员的影响可以忽略。这样的事故可定为此级。根据事故类型,可向外部通报,但不需要援助。

二级——现场应急,这是中间应急级别,包括已经影响企业的火灾、爆炸或毒物泄漏,但还不会超出企业边界。外部人群一般不会受事故的直接影响。这种级别表明企业人员已经不能或不能立即控制事故,这时需要外部援助。企业外人员像消防、医疗和泄漏控制人员应该立即行动。

三级——全体应急,这是最严重的紧急情况,通常表明事故已经超出了企业边界。在火灾、爆炸事故中,这种级别表明要求外部消防人员控制事故。如有毒物质泄漏发生,根据不同事故类型和外部人群可能受到影响,可决定要求进行安全避难或疏散。同时也需要医疗和其他机构的人员支持,启动企业外应急预案。

不同于上述应急行动级别,核工业应急标准有更详细的分级。

在核电厂应急预案中,通常根据事故的特征、性质、规模、后果及严重程度,把核事故应急状态划分为4个等级:应急待命、厂房应急、场区应急和总体应急,明确地规定了宣布进入各级应急状态的条件和准则。

(1) 应急待命:已经出现或即将出现可能导致危及核电厂安全运行的特定内部或外部事件。核电厂进入应急待命状态,核电厂的有关人员得到警报并做好应急待命的准备。

(2) 厂房应急:事故后果仅局限于核电厂的局部区域。核电厂工作人员按照场内应急预案的要求采取各种应急响应行动,向场外的应急组织发出应急通知。

(3) 场区应急:事故后果局限于场区边界以内。核电厂工作人员按场内应急预案的要求采取各种应急响应行动,场外应急组织得到应急通知并处于待命状态。

(4) 总体应急:事故后果超出场区边界。场内外应急组织全面投入应急响应行动。

无论采用什么分级方法,都应该有利于应急组织机构对不同级别的事故应急反应的标准化,简化和改善通信联络。

政府主管部门和企业就应急分级的标准,达成一致非常重要。此外所有企业人员都应该知道这种分级方法和它的含义,因为当得知紧急时,每个人都可能需要采取行动。

9.3.3 通知和通信联络程序

应急救援时的通知和通信联络在协调应急救援行动中起着非常重要的作用,是有效开展应急救援的基本保证。当事故影响范围较大或者事故影响升级时,企业还必须与外部机构(如消防部门、公安部门、公共建设工程、应急中心、应急管理机构、公共信息以及医疗卫生部门等)进行通信联络,通知事故发生或可能发生及事故的后果估计。此外通信联络对于实施防护措施,如群众的紧急疏散也至关重要。因此,在编制应急预案时,必须制定相关的通知和通信联络程序,在应急救援计划中基本的通知和通信联络程序有:报警、企业内应急通告、外部机构应急通告、建立和保持企业反应组织不同功能之间的通信联络、建立和保持现场反应组织和外部机构及其他反应组织之间的通信联络,如果大众的生活环境被影响,应该通知企业外人员应急救援、通知媒体。

事故的最初通告程序特别重要,因为它决定何时启动应急预案的行动,应急预案启动的早与晚,将直接影响应急救援的成败。早期应急通告也能提供外部资源的早期动员,为避免通信联络中断,应急组织内的所有职能岗位必须配备通信设备,否则会严重影响应急预案的有效性。

1. 报警

报警是实施应急预案的第一步。通常在企业内,所有员工都能拉响警报或进行事故报告,这样便于及早的发现企业内的异常情况。从报警这一阶段开始,应急反应会按照预先的计划实施。首先将通知最初的应急评估负责人,确定应急级别并且根据应急行动级别启动相应的应急反应预案。

2. 通知企业人员

最初应急的首要任务是让企业内人员知道发生紧急情况。一般企业最常使用的是声音报警系统,报警有两个主要目的:一是动员应急预案中的应急人员;二是建议其他无关人员和来访者采取必要的防护行动,如将人员转移到更安全的地方、进入安全避难点或撤离至企业外部。

3. 通知外部机构

根据事故类型和事故严重程度,工厂应急救援总指挥或其他有关人员必须通知相关外部机构,一般是通知地方事故应急指挥中心或消防部门等。应急通报是强制性的:一是相关法规的要求;二是通报企业外应急救援组织并且动员其进行应急救援。在通知应急严重程度时,使用一套事先确定的应急行动级别非常有效,企业外的应急行动是否启动,要根据应急预案中事故类型和严重程度由现场应急总指挥的判断来决定。

4. 建立和保持企业内的应急通信联络

一旦企业应急救援总指挥决定启动应急预案,有关通信联络部门应该负责保持应急指挥机构、事故应急现场指挥机构、支持保障机构、媒体机构和信息管理机构之间高效的通信联络。企业应急救援指挥中心内必须设置通信联络中心,装备有固定通信设备。如果应急救援指挥中心与外部通信中断,必须立刻报告通信联络负责人,由通信联络负责人动员现有资源和人力来解决问题。

5. 建立和保持与外部应急救援组织的通信联络

当应急预案启动后,企业应急总指挥和副总指挥将在事故应急救援指挥中心内通过通信功能保持与外部机构联络,并且通过事故应急现场指挥员来保持协调事故现场的外部应急机构联络,事故应急现场指挥员直接与事故应急救援指挥中心进行联系。

6. 向公众通报应急情况

当事故后果会影响到公众生活环境时,可以采取疏散或躲避在建筑内的防护行动。无论采取何种行动,必须及时向公众进行通知,告诉公众可以避难的位置和疏散路线。一般公众防护行动的决定权由地方政府负责,但是企业应急组织应该做好一系列准备活动,并且向地方应急救援管理部门提供相关技术支持信息,其主要内容包括:①准备向当地政府主管部门提供建议;②根据危险分析,制定关于何时进行公众疏散或者是安全避难的指南;③根据事故性质、气象条件、地形和原有逃生路线提出疏散的最佳路线;④保存当地电台、电视台的电话簿;⑤事先联系这些电台以协调信息发布;⑥建立填单式信息向公众广播,减少紧急时的混乱和避免忽略某些信息。

企业负责人没有权力决定涉及公众的行动,可是这并不减少企业负责人的事故责任,企业负责人应该确保对公众建立起防护措施和有效通信机制,尽量减小事故后果。

7. 通报媒体

当事故发生时,新闻媒体如报纸、电视和电台的记者可能会到达事故现场或企业采集有关新闻消息,保护人员应该确保没有批准一律不得入内,任何无关人员都不能进入事故应急救援指挥中心或事故现场,以免影响应急救援行动。为了防止媒体事故报道出现偏差,以免造成公众不必要的恐慌情绪,应该建立专门负责协调公众、媒体的机构,来提供准确的事故信息和事态发展状况以及采取的救援行动。

9.3.4 现场应急对策的确定和执行

应急人员赶到事故现场后首先要确定应急对策,即应急行动方案。正确的应急行动对策,不仅能够使行动达到所预期的目的,保证应急行动的有效性,而且可以避免和减少应急人员的自身伤害。无数事实表明,在营救过程中,应急救援人员的风险很大。没有一个清晰、正确的行动方案,会使应急人员面临不必要的风险。应急对策实际上是正确的评估判断和决策的结果,而初始的评估来源于最初应急行动所经历的情况。

事故现场处理的基本内容:①预防。事故处置工作是立足于事故的发生,但是同时要做好预防工作,包括事故发生之前所采取的预防措施和事故发生过程中为避免二次事故而采取的措施。对可能发生事故的各种危险源进行登记、安全评估、实施各类安全检查等,这些都是在预防阶段不可缺少的工作。②准备。准备工作主要体现安全、可靠、有效的方针,即一旦发生事故,要保证处置和救援工作能够有效地实施。③反应。反应阶段就是事故处置的具体实施阶段,是事故发生之后各种处置和救援力量所采取的行动。对反应过程来讲,并不具体模式,一方面要遵循事故处置的基本原则;另一方面也需要根据事故的性质与所影响的范围灵活掌握。④恢复。恢复阶段的工作主要是使那些受到事故影响的人、受到损害和影响的地区的秩序恢复到正常状态。对于不同类型的事故,参加事故救援处置的社会组织和力量会有所不同。无论国内或国外的处置实践,其共同点是不同程度地动用大量的社会组织和力量,救援处置力量多,就需要进行有效的协作和分工,否则,会造成处置工作效率低下,甚至是处置工作陷入混乱中。

现场应急对策的确定和执行包括:①始评估;②危险物质的探测;③建立现场工作区域;④确定重点保护区域;⑤防护行动;⑥应急行动的优先原则;⑦应急行动的支援。

1. 初始评估

事故应急的第一步工作是对事故情况的初始评估。初始评估应描述最初应急人员在事故发生后几分钟里观察到的现场情况,包括事故范围和扩展的潜在可能性,人员伤亡,财产损失情况,以及是否需要外界援助。初始评估是由应急指挥者和应急人员共同决策的结果,可以使用LOCATE因素分析或DECIDE方法进行初始评估。

LOCATE因素分析,它描述了在初始评价阶段需要考虑的问题。Life 生命:危险区人员以及如何保护应急人员、雇员和附近居民的生命安全;Occupancy 影响程度:事故范围与破坏车辆、储槽、管道和其他设备的情况;Construction 建筑:结构尺寸、高度和类型;Area 附近区域:在直接区域和周边区域需要的保护;Time 时间:日期,季节,火灾燃烧泄漏持续时间,到行动之前有多长时间;Exposure 暴露:在事故中有什么是需要保护的,如人员、建筑、附近区域、环境。初始应急人员必须在到达现场时考虑这些因素。应用 LOCATE 因素分析,应急人员能够制定一个良好的应急行动对策。

另一种初始评估技术方法是 DECIDE 方法。Detect 探测:探测何种危险物质的存在;Estimate 估计:估计在各种情况下的危害;Choose 选择:选择应急的目标;Identify 确定:确定行动;Do 行动:做最好的选择;Evaluate 评价:评价进展。处理危险物质泄漏引发的事故的关键是确定事故物质。没有确定物质之前,没法采取适当正确的行动。初始评估的事故应急指挥者要和操作人员交流,以确定所包含的物质,识别事故发生的原因。掌握事故的原因有助于应急人员减轻或控制事故。

2. 危险物质的探测

危险物质的探测实际上是对事故及事故起因的探测。第一种方法是由两个人组成的小组在远离(在逆风向的较高位置,并且确保他们不会接触危险物质)事故现场的地方测定发生事故的物质;第二种方法可能更危险些,要求两名应急人员组成的小组,到事故区域进行状况评估,采用这种方法,应急人员要穿上防护服。

需要探测和了解的情况包括:①所涉及物质的类型和特性,如闪点、燃烧值、蒸气密度、蒸气压力、可溶性、活性、pH 值、相容性、燃烧的产物。②泄漏、反应、燃烧的数量。③密闭系统的状况,例如,当前的压力和温度(特别是在不正常的情况下)、容器损坏的数量和类型、正在进行中的反应及泄漏的后果。④控制系统的控制水平和转换、处理、中和的能力。

3. 建立现场工作区域

在初始评估阶段,另一项重要的任务是建立一个现场工作区域。在这个区域明确应急人员可以进行工作,这样有利于应急行动和有效控制设备进出,并且能够统计进出事故现场的人员。

在初始评价阶段确定工作区域时,主要根据事故的危害、天气条件(特别是风向)和位置(工作区域和人员位置要高于事故地点)。在设立工作区域时,要确保有足够的空间。开始时所需要的区域要大,必要时可以缩小。

对危险物质事故要设立的三类工作区域:危险区域、缓冲区域、安全区域。

危险区域是把一般人员排除在外的区域,是事故发生的地方。它的范围取决于事故级别的范围以及清除行动的执行。只有受过正规训练和有特殊装备的应急操作人员能够在这个区域作业。所有进入这个区域的人员必须在安全人员和指挥者的控制下工作。还应设定一个可以在紧急情况下得到后援人员帮助的紧急入口。

环绕危险区域的是缓冲区域,也是进行净化和限制通过的区域。在这里污染将会受到净化,可称为人口通道,只有受过训练的净化人员和安全人员可以在这里工作。根据现场的实际情况,净化过程可以是简单的,例如,仅仅使用一桶水和一把刷子;也可以是非常复杂的多重步骤。净化工作非常必要,排除污染的方法必须和所污染的物质相匹配。

安全区域(也叫做支持区域),这个区域是指挥和准备区域。它必须是安全的,只有应急人员和必要的专家能在这个区域。

限制区域的大小、地点、范围将依赖于泄漏或事故的类型、污染物的特性、天气、地形、地势和其他因素。在现场实时的观察、仪器的读数、多方面的参考资料能决定受控制区域的大小和程度。有关组织编制的运输应急指南、化工事故应急信息系统、应急预案指南、物质安全数据(MSDS)和其他的资料与信息也能帮助将建立控制区域。

其他的控制区域可能由现场内和现场外的防护区域组成,如疏散区域和掩体。应急预案应该包括决定疏散或进入掩体的原则。经过授权进行防护性行动的人员必须要对他们的任务和处理的方法有过良好的培训。特殊行动修改或扩大保护性行动必须由应急指挥者决定。如果泄漏有可能向现场外扩展,指挥者应该及时与当地政府应急主管部门联系。

4. 确定重点保护区域

通过事故后果模型和接触危险物质浓度,应急指挥者能够估计出事故影响的区域,在这个区域内,要考虑以下因素:

(1) 人员接触:①哪些人最可能接触危险;②影响程度;③达到危险浓度的时间。

(2) 对事故现场内重要系统的考虑:①任何重要的控制区域是否在危险区域内;②是否有必要在危险区域内对重要设施进行有序的停车程序,以防止更大的潜在危险。

(3) 对环境的考虑:①对危险很敏感的土壤区域;②对野生生物的保护;③渔业;④水生生物。

(4) 财产:①现场内的财产(设备、操作系统、车辆、油罐车、原材料、产品、存货);②现场外的财产。

(5) 现场外的关键系统:①可能受到事故影响的主要运输系统;②可能受到事故影响的公用水、电、气、通信服务系统等。

(6) 应急人员的工作区域:①指挥中心;②准备区域;③支援的路线。

5. 防护行动

防护行动目的在于保护应急中企业人员和附近公众的生命和健康。这些行动包括:

(1) 搜寻和营救行动。

(2) 人员查点。

(3) 疏散。

(4) 避难。

(5) 危险区进出管制。

这些行动大多要求完善的准备和与各种应急组织和机构的广泛合作以便在应急中有效实施。此外实施某些行动,例如,疏散可能要求与许多轻度危险或无危险区人员的合作。这要求必须认真进行事先计划。

1) 搜寻和营救行动

此类行动通常由消防队或救护队执行。如果人员受伤、失踪或困在建筑和单元中,就需要启动搜寻和营救行动。

进行营救行动的人员应该穿戴防护服。执行速度是至关重要的。在建筑或单元中的营救行动是极困难和危险的。营救人员应成对工作,应该配备自持式呼吸器。内部营救常要求移动受害者身体,因为他们可能已经让烟或气体熏倒昏迷。这种行动大多需要小队联合行动,也可能要求其他小队提供水喷淋掩护以减少热影响和驱散气体。在行动过程中随时进行通讯联络是绝对必要的。此外,在进行营救行动前或过程中,需要实施防护行动,如切断动力、单元隔离或灭火。

2) 人员查点和集合区

重大事故应急可能要求所有企业人员实行防护行动。无论采取什么行动,不能使任何人被遗漏,这很重要。这要求在应急时进行人员查点。

企业每个单元或建筑应该派有疏散监督管理员。这些人通常是没有其他专门职责的企业员工,他们负责向其他员工报警和在疏散最初阶段负责查找人员。他们应该指挥关闭所有设备、设施、空调和通风系统。当决定放弃单元或建筑时,他们应该保证没有人被遗漏。在这种事故时,他们应该检查所有房屋(包括可能遗漏区域,如厕所),引导员工到集合点。这些疏散监管员应该熟悉内部报警系统(如不同的警笛声调)和集合地点,指挥人员按预定逃生路线疏散。所有员工都应能辨认警报,并知道集合点和熟悉逃跑路线和总体疏散程序。

非应急人员的集合点应该预先指定。如果原有集合点不稳定或不安全,应指定其他的集合点。逃生路线和替代逃生路线也应该事前确定出来。天气条件,特别是风向,将确定最合适的逃跑路线,应该使用工厂报警系统,向工厂不同位置进行通报。

如果可能发生毒物泄漏的危险,应该设置专用避难所作为指定集合点。应该制定专门程序减少人员到达避难所前的风险。

3) 疏散

在重大事故应急发生时,可能要求从事故影响区疏散企业人员到其他区域。有时甚至要求全企业人员除了负责控制事故的应急人员都必须疏散。小企业或事故迅速恶化时,可直接进行全体疏散。被影响区无关人员应该首先撤离,接着是当全面停车时的剩余工人撤离。所有人员应该熟悉关于疏散的有关信息,在放弃他们的企业时,应该根据指示关闭所有设施和设备。此外,单元操作人员应该确切知道如何以安全方式进行应急停车。对于控制主要工艺设备停车的应急设备和公用工程,如果没有通知不能实施停车程序。

现场疏散的实际计划通常与企业大小、类型和位置有关。应事先确定出通知企业员工疏散的方法、主要或替换集合点、疏散路线和查点所有员工的程序。应该制定规定以警示和查找企业来访者。保卫人员应该持有这些人的名单。企业陪同人员负责来访者的安全。

如果发生毒气泄漏,应该设计转移企业人员的逃生方法,特别对于泄漏影响地区。所有在影响区域的人员都应配备应急逃生呼吸器。如果有毒物质泄漏能透过皮肤进入身体,还应该提供其他防护设备。人员应该横向穿过泄漏区下风以减少在危险区的暴露时间。逃生路线、集合点和企业地图应该在整个企业内设置,并清楚标识出来。此外,晚上应保证照明充足,便于安全逃生。企业内应该设置风标和南北指示标志,让人员辨识逃生方向。

4) 现场安全避难

当毒物泄漏时,一般有两类保护人员的方法:疏散或安全避难。选择正确的保护方案要根据泄漏类型和有关标准。

当人员受到毒物泄漏的威胁,且疏散又不可行时,短期安全避难可给人员提供临时保护。如果有毒气体渗入量在标准范围内,大多建筑都可提供一定程度保护。行政管理楼内也可设置避难所。

短期避难所通常是具有空气供给的密封室,空气可由瓶装压缩空气提供。一般控制室设计为短期避难所,使操作人员在紧急时安全使用。有些控制室如果为保证有序停车防止发生更大事故,需要设计为防止有毒气体的渗入。选择短期避难所的另一原因是人员到达可长期避难场所的距离过远,或因缺少替代疏散路线而不能安全疏散。

指挥者根据事故区域大小、相对距离的远近和主导风向,为其员工选择短期避难所。避难所不应过远,使人员不能及时到达。在选定某建筑作为短期避难所前,指挥者应该考虑一下其设计特点。

(1) 结构良好,没有明显的洞、裂口或其他可能使危险气体进入内部的结构弱点。

(2) 门窗有良好的密封。

(3) 通风系统可控制。

短期避难所不能长期驻留。如果需要长期避难设施,在计划和设计时必须保证安全的室内空气供给和其他支持系统。

避难场所应该能提供限定人员足够呼吸的空气量和足够长的时间下有效保护。对大多常见情况,临时避难所是窗户和门都关闭的任何一个封闭空间。

在许多情况下(如快速、短暂的气体泄漏等),采取安全避难是一个很有效的方法,特别是与疏散相比它具有实施所需时间少的优点。

5) 企业外疏散和安全避难

在紧急情况尤其是发生毒物泄漏时,企业经理或应急指挥者一个首要任务是向外报警并建议政府主管部门采取行动保护公众。

接到企业通报,地方政府主管部门应决定是否启动企业外应急行动,协调并接管应急总指挥的职责。

前面提到,计算机软件可预测有毒气体在环境中扩散的情况,这些软件建立在数学扩散模型基础上,它包括许多参数,像泄漏类型、泄漏物质物化特性、释放形式、释放位置、天气条件和地形等。企业或技术支持机构应配有这些计算机软件提供有毒物质浓度的信息,这种信息在确定采取最佳行动时极为有用。在特大毒物泄漏事故时,唯一现实的选择几乎只有疏散或避难。如果地方政府没有周密的应急预案,疏散或避难是很难做到的。

迅速有效地对公众通报应急是十分重要的。使用可听报警器,如警笛系统和无线电广播系统,也非常有效。通报的应急信息应该能提醒和通知大众该做什么。安全避难一般不涉及后勤问题。如前面提到对于短期毒气泄漏,如果通风系统停止,渗漏甚小,大多数房屋甚至车辆也能作为临时避难所。如果建议进行疏散,后勤问题难度会很快升级,例如,通常是在下风向 1 km 区域内开始疏散,在大城市地区需要疏散人群数目会很大,要求更多时间。没有组织周密的计划结果可能是灾难性的。

为了建立有效疏散计划,企业管理层不能单独行动。企业管理层应该积极与地方政府主管部门合作,制定应急预案保护公众免受紧急事故危害。

6. 应急救援行动的优先原则

应急行动的优先原则如下:

(1) 员工和应急救援人员的安全优先。

(2) 防止事故扩展优先。

(3) 保护环境优先。

以火灾为例:首先,要建立疏散和营救遇险者及探测者可以进入的安全区域;其次,选择一个防御性的计划来防止火势蔓延。在实施防御措施中,事故指挥者一定不要忘了第一优先是人员的安全。要努力保护环境使其免受燃烧流体、烟雾和危险气体的污染,例如,应急人员临时构筑防堤,防止燃烧流体与附近化学物质发生反应。应急人员进入事故区域灭火并设法减少损失。

灭火的基本对策就是抑制和扑灭火焰。尽管这听起来非常简单,在浓烟滚滚的情况下决定如何和在哪里切断火势并不容易,营救员工可能使操作更加复杂。

简述应急救援行动的一般程序与评估程序?

事故现场处理的基本内容有哪些?

7. 应急救援行动的支援

支援行动是当实施应急救援预案时,需要援助事故反应行动和防护行动的行动。这种活动可以包括对伤员的医疗救治,建立临时区,企业外部调入资源,与临近企业应急机构和地方政府应急机构协调,提供疏散人员的社会服务、企业重新入驻以及在应急结束后的恢复等。

1) 医疗救治

许多组织可提供应急医疗救治和医疗援助:

(1) 接受过急救和心脏恢复培训的应急反应人员。

(2) 企业医生或护士。

(3) 当地医生、护士和其他医疗人员。

(4) 当地救护公司。

(5) 来自附近企业的医疗人员和其他救援小组。

(6) 当地卫生部门官员。

(7) 医疗设备和医药供应商。

(8) 毒物控制中心。

为实现有效的医疗救治应该注意:介入的迅速性和介入单位之间的协调。负责医疗救治的人员必须熟悉最基本的急救技术。保证在应急行动后立刻开始医疗救治。迅速把伤员从事故现场转移到临时区域,他们可在那里得到充分医疗救治。

2) 临时区行动

临时区是应急救援活动后勤运作的活动区域,包括以下操作。

(1) 接收、临时储存和给应急救援人员分发后勤物资。

(2) 应急部署前集合企业外应急人员。

(3) 停放所有运输车辆、救护车、起重机械、消防车和其他来到现场的车辆。

(4) 提供直升机的降落场地。

(5) 建立非污染区。

临时区不应该离事故现场太远,当然也要考虑安全。临时区域应该有充足的车位,保证应急车辆自由移动。应设置保卫防止无关人员进入此区域,临时区选址时要考虑保证电力照明和水源充足。

临时区可位于应急指挥中心附近。临时区的位置应该让所有有关人员知道,要张贴标识以指示应急人员。

临时区的一个很重要任务是保存物资清单,包括收到什么、发放给应急人员什么。企业应急指挥必须知道现有物资、设备和需求,这样可及时提出申请。临时区常用的供应物资、设备是呼吸器、灭火剂、泡沫、水管、水枪、检测器、挖土和筑堤设备、吸收剂、照明设备、发电机、便携式无线电和其他通信设备、重型设备和车辆、特种工具、堵漏设备、食物、饮料、卫生设施、衣物、汽油、柴油。

临时区也可以用于接收伤员、管理急救和安排伤员转入待用救护车。在严重事故时,临时区可以作为临时停尸所。

清除污染也是临时区任务的一部分,尽管清污场所可能处于其他位置。应配有塑料盆和安装喷头以擦洗防护设备和进行人员清洁。处理水和溢流水也应该尽可能收集,在消毒后处理。

3) 互助与协调外部机构行动

附近企业经常是拥有技术、人员、物资和设备的另一个资源。其他当地外部机构只有事先介入计划才能有效合作。可以成立互助协会,成员单位事先知道能提供什么合作和由谁提供。

4) 值勤和社会服务

应急时事故影响区的值勤主要由保安和当地公安部门负责。他们的主要任务是防止无关人员和旁观者进入企业或事故现场,指挥交通以保证公众安全,保护应急行动。企业保安也要控制人员进入应急指挥中心、新闻发布室、有重要记录和商业秘密的敏感地区。

全体应急时,当地警方有指挥疏散和在疏散区执法(防止抢劫)的任务,这些在政府应急预案中应有详细说明。

社会服务,如对事故受害者家属的援助或对疏散者的帮助应该在政府主管部门的直接指挥下进行,编制地方政府应急预案应予以考虑。对企业员工的其他救助可由企业管理层通过人事部门和当地志愿组织提供。

5) 恢复和重新进入

从应急到恢复和重新进入现场需要编制专门程序,根据事故类型和损害严重程度,具体问题具体解决。主要考虑如下内容:①组织重新进入人员;②调查损坏区域;③宣布紧急结束;④开始对事故原因调查;⑤评价企业损失;⑥转移必要操作设备到其他位置;⑦清理损坏区域;⑧恢复损坏区的水、电等供应;⑨清除废墟;⑩抢救被事故损坏的物资和设备;⑪恢复被事故影响的设备、设施;⑫解决保险和损坏赔偿。

当应急结束,企业应急总指挥应该委派有关人员重新入驻,清理重大破坏地区和保证恢复操作的安全。根据危险的性质和事故大小,重新入驻人员可能不同,可包括应急人员、企业技术、工程、抢修人员。重新入驻人员的安全应该保证,如果危险,人员应佩带个人防护设备。重新入驻要直接观察现场和采取适当措施后才能进入破坏区域。

进入现场的人员应将发现的情况及时通知企业应急指挥,他会决定是否宣布应急结束。只有在所有火灾扑灭、没有点燃危险存在、所有气体泄漏物质已经被隔离和剩余气体被驱散时,才可以宣布结束应急状态。

小型应急事故,可以及时指示企业人员重新进入建筑或企业单元,并恢复正常操作。可是重大事故时,应急指挥者可能决定暂不允许大多数员工进入。人事部门负责通知员工什么时候可以开始工作。

事故调查应该尽早进行,并应严格遵守有关事故调查处理法规和标准。

如果事故涉及有毒或易燃物质,清理工作必须在进行其他恢复工作之前进行。消除污染包括建立临时净化单元如洗池,用于清除场所内所有有毒物质和使用前的处理。由于事故直接造成的或者由于进行应急操作时(如消防用水,如果污染水流失没有存留和回收)造成的土壤污染可能已经发生,土壤净化是一项花费时间、消耗大量资金的极为复杂的任务。

水、电供应的恢复只有在对企业彻底检查之后才能开始,以保证不会产生新危险。

恢复工作的最终目的是恢复到企业原有状况或更好。所需时间进程、费用和劳动力与事故的严重程度有关。无论怎样,从事故中吸取教训是极为重要的,包括重新安装防止类似事故发生的装置,这也是审查应急反应预案、评价应急行动有效性的一个因素。通过加入新的内容,改善原应急预案,提高事故预防水平。

思 考 题

1. 应急救援计划的基本要求有哪些?
2. 简述应急救援计划的主要内容。
3. 事故应急救援计划地编写步骤有哪些?

参 考 文 献

[1] 赵雪娥,孟亦飞,刘秀玉. 燃烧与爆炸理论[M]. 北京:化学工业出版社,2010.
[2] 吴宗之,刘茂. 重大事故应急救援系统及预案导论[M]. 北京:冶金工业出版社,2003.
[3] 中华人民共和国建设部. GB 50016—2006 建筑设计防火规范[S].
[4] 中华人民共和国国家质量监督检验检疫总局,中国国家标准化标准管理委员会. GB 13690—2009 化学品分类和危险性公示[S].
[5] 中华人民共和国建设部. GB 50098—1992 爆炸和火灾危险环境电力装置设计规格[S].
[6] 中华人民共和国建设部. GB 50057—2000 建筑物防雷设计规范[S].
[7] 中华人民共和国住房和城乡建设部. GB 50650—2011 石油化工装置防雷设计规范[S].
[8] 刘彦伟,朱兆华,徐丙根. 化工安全技术[M]. 北京:化学工业出版社,2012.
[9] 许文,张毅民. 化工安全工程概论[M]. 北京:化学工业出版社,2011.
[10] 王凯全. 化工安全工程学[M]. 北京:中国石化出版社,2007.
[11] 蔡凤英,唐宗山,孟赫,等. 化工安全工程[M]. 北京:科学出版社,2009.
[12] 杨泗霖. 防火防爆技术[M]. 北京:中国劳动社会保障出版社,2008.
[13] 田兰,曲和鼎,蒋永明,等. 化工安全技术[M]. 北京:化学工业出版社,1984.
[14] 蒋军成. 化工安全[M]. 北京:机械工业出版社,2008.
[15] 蔡凤英,唐宗山. 化工安全工程[M]. 北京:科学出版社,2001.
[16] 孙维生. 化学事故应急救援[M]. 北京:化学工业出版社,2008.
[17] 田水承,景国勋. 安全管理学[M]. 北京:机械工业出版社,2009.
[18] 刘诗飞,詹予忠. 重大危险源辨识及危害后果分析[M]. 北京:化学工业出版社,2004.
[19] 董文庚,苏昭桂. 化工安全工程[M]. 北京:煤炭工业出版社,2007.
[20] 王凯全. 化工安全工程学[M]. 北京:中国石化出版社,2007.
[21] 马良,杨守生. 石油化工生产防火防爆[M]. 北京:中国石化出版社,2005.
[22] 黄郑华,李建华. 化工工艺设备防火防爆[M]. 北京:中国劳动社会保障出版社,2008.
[23] 崔克清,张礼敬,陶刚. 化工安全设计[M]. 北京:化工工业出版社,2004.
[24] (瑞士)弗朗西斯斯特塞尔. 化工工艺的热安全——风险评估与工艺设计[M]. 陈网桦,彭金华,陈利平,译. 北京:科学出版社,2009.
[25] 程春生,秦福涛,魏振云. 化工安全生产与反应风险评估[M]. 北京:化学工业出版社,2011.
[26] 徐龙君,张巨伟. 化工安全工程[M]. 徐州:中国矿业大学出版社,2011.
[27] 邵辉. 化工安全[M]. 北京:冶金工业出版社,2012.
[28] (日)邓波桂芳. 化工厂安全工程[M]. 李崇理,陈振兴,孙世杰,译. 北京:化学工业出版社,1996.
[29] 冯肇瑞,杨有启. 化工安全技术手册[M]. 北京:化学工业出版社,1998.
[30] 田震. 化工过程安全[M]. 北京:国防工业出版社,2007.
[31] 焦宇,熊艳. 化工企业生产安全事故应急工作手册[M]. 北京:中国劳动社会保障出版社,2008.
[32] 朱宝轩. 化工安全技术基础[M]. 北京:化学工业出版社,2008.
[33] 解立峰,于永刚,韦爱勇,等. 防火与防爆工程[M]. 北京:冶金工业出版社,2010.
[34] 廖学品. 化工过程危险性分析[M]. 北京:化学工业出版社,2000.
[35] 崔克清. 化工单元运行安全技术[M]. 北京:化学工业出版社,2006.
[36] 刘铁民. 应急体系建设和应急预案编制[M]. 北京:气象出版社,2008.
[37] 刘景良. 化工安全技术[M]. 北京:化学工业出版社,2003.